中国石油高技能人才培训丛书

化工分析技师培训教程

（基础知识分册）

中国石油天然气集团公司人事部　编

石油工业出版社

内 容 提 要

本书围绕生产实际中化验分析操作者的岗位知识需要和国内外新技术发展应用情况，从实用的角度出发，对理论基础知识，如有机化学、无机化学、误差及数据处理、化学分析法等简明扼要地进行了叙述。同时，介绍了电化学分析法、气相色谱分析法、高效液相色谱法、气相色谱—质谱联用分析法、紫外分析法、原子吸收法、电感耦合等离子发射光谱法、红外吸收光谱法这几大类分析方法的原理、过程、方法应用等。

本书可作为化工分析工技师培训、化工分析工职业技能竞赛、中等职业学校化工类专业的教学用书，也可供与分析化学实验有关的其他专业或在职分析化验人员学习参考。

图书在版编目(CIP)数据

化工分析技师培训教程．基础知识分册/中国石油天然气集团公司人事部编．—北京：石油工业出版社，2011.12

(中国石油高技能人才培训丛书)

ISBN 978-7-5021-8509-1

Ⅰ．化…

Ⅱ．中…

Ⅲ．化学工业-分析方法-技术培训-教材

Ⅳ．TQ014

中国版本图书馆CIP数据核字(2011)第119600号

出版发行：石油工业出版社

(北京安定门外安华里2区1号　100011)

网　址：www.petropub.com.cn

编辑部：(010)64523582　发行部：(010)64523620

经　销：全国新华书店

印　刷：石油工业出版社印刷厂

2011年11月第1版　2011年11月第1次印刷

787×1092毫米　开本：1/16　印张：20

字数：500千字

定价：40.00元

(如出现印装质量问题，我社发行部负责调换)

《中国石油高技能人才培训丛书》
编　委　会

前　言

为加快高技能人才知识更新，提升高技能人才职业素养、专业知识水平和解决生产实际问题的能力，进一步发挥高端带动作用，在总结“十一五”技师、高级技师跨企业、跨区域开展脱产集中培训的基础上，中国石油天然气集团公司人事部依托承担集团公司技师培训项目的培训机构，组织专家力量，历时一年多时间，将教学讲义、专家讲座、现场经验及学员技术交流成果资料加以系统整理、归纳、提炼，开发出首批15个职业（工种）高技能人才培训系列教材，由石油工业出版社陆续出版。

本套教材在内容选择上，突出新知识、新技术、新材料、新工艺等“四新”技术介绍，重视工艺原理、操作规程、核心技术、关键技能、故障处理、典型案例、系统集成技术、相关专业联系等方面的知识和技能，以及综合技能与创新能力的知识介绍，力求体现“特、深，专、实”的特点，追求理论知识体系的通俗易懂和工作实践经验的总结提炼。

本套教材是集团公司加快适用于高技能人才现代培训技术和特色教材开发的有益尝试，适合于已取得技师、高级技师职业资格的人员自学提高、研修培训、传承技艺使用，也适合后备高技能人才超前储备知识使用，同时，也为现场技术人员和培训机构提供了一套实践参考用书。

《化工分析技师培训教程（基础知识分册）》由中国石油辽阳石化机电仪培训中心组织编写，由朱景利、刘殿丽任主编，参加编写的人员有孙颖、张以夫、董小慢、蒋国亮、荣小晶、唐忠敏、姜华淑、郑立梅、李华文，参加审定的人员有中国石油炼油与化工分公司林炯、兰州石化公司薛珍、抚顺石化公司戴红艳等。

由于编者水平有限，书中错误、疏漏之处在所难免，请广大读者提出宝贵意见。

编　者

2011年10月

目　　录

第一章　无机和有机化学基础知识

第一节　无机化学基础知识

一、物质结构

事物发展的根本原因,不是在事物外部,而是在事物的内部。物质在不同条件下表现出来的性质,不论是物理性质,还是化学性质,都与它们的结构有关。为了更好地学习物质的性质及其变化规律,必须了解其内因,这就需要学习物质结构理论的基础知识。

(一)原子结构

1. 原子的组成

原子是由居于原子中心的带正电荷的原子核和核外带负电的电子构成的。电子带1个单位负电荷,它在核外空间一定范围内绕核作高速运动。由于原子核所带的电量跟核外电子所带的电量相等,而电性相反,所以原子作为一个整体不显电性。原子很小,它的直径约为10^{-10}m。

原子核比原子更小,它的半径大约是原子半径的万分之一,它的体积只占原子体积的几千亿分之一。假如原子有一座十层大楼那样大,那么原子核却只有一个樱桃那样大。原子核是由质子和中子两种微粒构成。质子带1个单位正电荷,中子不带电,因此原子核所带的正电荷数由质子数决定。原子核所带的电荷数,简称核电荷数,用符号Z表示。元素的种类是由质子数决定的。不同种类元素的原子核内质子数不相同,核外电子数也不相同。一种元素的原子,可以在化学反应中失去电子或得到电子,但只要它的原子核内的质子数不变,即核电荷数不变,元素就不会由一种元素变成另一种元素。把现在已发现的112种元素,按核电荷数由小到大依次递增的顺序排列起来,得到的顺序号称为原子序数。原子序数在数值上等于核电荷数、核内质子数和核外电子数,即:

$$原子序数 = 核电荷数 = 核内质子数 = 核外电子数$$

原子有一定的质量,应该是质子、中子和电子质量的总和。但是与质子和中子相比,电子的质量非常小,所以原子的质量主要集中在原子核上。忽略电子的质量,将原子核内所有的质子和中子的相对质量取近似整数值加起来,所得到的数值,称为质量数。质量数用符号A表示,中子数用符号N表示,则:

$$质量数(A) = 质子数(Z) + 中子数(N)$$

归纳起来,若以${}_Z^AX$代表一个质量数为A、质子数为Z的原子,则构成原子的粒子间的关系可以表示如下:

原子($^{A}_{Z}X$) { 原子核 { 质子 Z 个; 中子 $(A-Z)$ 个 }; 核外电子 Z 个 }

2. 同位素

在化学上,把具有相同的核电荷数(即质子数)的同一类原子总称为某种元素。同种元素的原子其质子数相同,科学研究证明,它们的中子数不一定相同。只要核内有相同数目的质子,即使中子数不同的原子,都属于同一种元素。因此,一种元素往往有质子数相同而中子数不相同的几种原子。例如,氢元素的原子都含 1 个质子,但有的氢原子不含中子,有的氢原子含 1 个中子,还有的氢原子含 2 个中子。把不含中子的氢原子称为氕,即普通氢原子,记为$^{1}_{1}H$;含 1 个中子的氢原子称为氘,俗称重氢,记为$^{2}_{1}H$(或 D);含 2 个中子的氢原子称为氚,俗称超重氢,记为$^{3}_{1}H$(或 T)。元素符号的左下角记核电荷数,左上角记质量数。人们把原子里具有相同的质子数和不同的中子数的同一元素的原子互称同位素。

同一元素的各种同位素虽然质量数不同,但它们的化学性质几乎完全相同。自然界的大多数元素都是由几种同位素均匀地混合在一起的。在化学反应中,同种元素的各种同位素都起相同的反应,最后又均匀地混合而共存于该元素原子生成的各种物质之中。所以,人们通常所说的元素,实际上是该元素各种同位素原子形成的混合体。在天然存在的某种元素里,不论是游离态还是化合态,各种同位素所占的原子百分比一般是不变的。人们平常所说的某种元素的相对原子质量,实际上是按各种天然同位素原子所占的一定分数计算出来的平均值。例如,氯元素$^{35}_{17}Cl$和$^{37}_{17}Cl$两种同位素的混合物,从下列数据就可计算出氯元素的相对原子质量:

同位素符号	相对原子质量	在自然界里各同位素原子的百分组成
$^{35}_{17}Cl$	34.969	75.77%
$^{37}_{17}Cl$	36.966	24.23%

氯元素的相对原子质量为:

$$34.969\times75.77\%+36.966\times24.23\%=35.453$$

同理,根据同位素的质量数,也可以计算出该元素的近似相对原子质量。

(二)原子核外电子的排布

在化学反应中,原子核并不发生变化,发生变化的只是原子核外的某些电子。

1. 电子云

电子是一种质量很小的带负电荷的微粒,它在原子核外很小的空间(直径约为 10^{-10}m)范围内运动,速度很快,约为 1.5×10^{8}m/s,接近光速的一半。电子是微观粒子,其运动规律与质量大、速度小的宏观物体不同。高速运动着的电子,有时离核近,有时离核远,在瞬刻之间,同一电子可以出现在核外空间的不同位置,所以核外电子的运动没有确定的轨道,不能准确地测定或计算出它在某一时刻所在的位置和速度,也不能描画出它的运动轨迹。在描述核外电子运动时,只能指出它在原子核外空间某处出现几率的大小。通常用小黑点的疏密来表示电子在核外空间单位体积内出现几率的大小。电子在原子核外空间一定范围内出现,好像带负电荷的云雾笼罩在原子核周围,人们形象地称它为电子云。

2. 核外电子的排布规律

在含有多个电子的原子中,电子的能量是不相同的。能量低的电子,通常在离核近的区域运动,能量高的电子,通常在离核远的区域运动。根据电子的能量高低和通常运动的区域离核的远近不同,可以把电子看做是在能量不同的电子层上运动的,电子层用 n 表示。把能量最低、离核最近的称为第 1 层,能量稍高、离核稍远的称为第 2 层,由里往外依此类推,称为第 3 层、第 4 层、第 5 层、第 6 层、第 7 层。也可以用字母依次表示为 K、L、M、N、O、P、Q 层。电子层数反应了电子的能量高低和运动区域离核的远近。

电子层数:	1	2	3	4	5	6	7
常用符号:	K	L	M	N	O	P	Q

电子离核由近及远

电子的能量由低到高

处在不同能级层的电子,其电子云的形状不同,第一层 K 层电子的电子云只有一种形状:球状,这种球状的电子云称为 S 轨道,S 轨道上最多只能容纳 2 个旋转方向相反的电子,表示为 1s;处在第 2 层 L 层电子的电子云有两种形状:球状和双纺锤状,双纺锤状电子云称为 p 轨道,最多只能容纳 6 个旋转方向相反的电子,这样,第 2 层电子层最多能容纳 8 个电子,用 2s、2p 表示;处在第 3 层的电子云有 3 种形状:球状、双纺锤状、多纺锤状,除了 3s、3p 轨道外,还有 3d 轨道,d 轨道最多只能容纳 10 个电子;第 4 层电子云除了 4s、4p、4d 外,还有 4f 轨道,可容纳 14 个电子……

根据实验结果和理论推算,原子核外电子的排布遵循如下规律:

(1)在通常情况下,核外电子总是尽先排布在能量最低的电子层里,然后再由里往外,依次排布在能量逐步升高的电子层里,即排满了 K 层($n=1$)才排 L 层($n=2$),排满了 L 层才排 M 层($n=3$)。这样,就能够使原子的结构处于最稳定的状态。

(2)各电子层最多容纳的电子数目为 $2n^2$(n 为电子层数)。例如,K 层($n=1$)为 $2\times1^2=2$ 个;L 层($n=2$)为 $2\times2^2=8$ 个;M 层($n=3$)为 $2\times3^2=18$ 个等。

(3)最外电子层电子数目不能超过 8 个(K 层为最外层时不超过 2 个)。

(4)次外层电子数目不能超过 18 个,倒数第 3 层电子数目不超过 32 个。

(三)化合价

元素的化合价与原子的电子层结构有密切关系,特别是与最外电子层上的电子数目有关。因此,除稀有气体外,元素原子的最外层电子,称为价电子。有些元素的化合价还与它们原子的次外层或倒数第三层的部分电子有关,这部分电子也称为价电子。价电子的数目决定元素的化合价。

在周期表中,主族元素的化合价是由原子最外层电子数决定的,而它们的最外层电子数,即价电子数,与族的序数相同,所以,主族元素的最高正化合价等于它所在族的序数(氧元素和氟元素除外)。由于非金属元素的最高正化合价等于原子在化学反应中所失去或偏移的最外层电子数,而它的负化合价则等于原子最外层达到8个电子稳定结构所需要得到的电子数。所以,非金属元素的最高正化合价和它的负化合价绝对值的和等于8。例如,ⅦA族的氯元素,它的最高正化合价是+7价,负化合价是-1价,最高正化合价和它的负化合价绝对值的和等于8。

副族和Ⅷ族元素的化合价比较复杂,常有多种可变化合价。它们原子的次外层或倒数第三层上的电子不很稳定,在适当的条件下,和最外层上的电子一样,也可以失去。它们失去电子的最大数目,一般也等于元素所在族的序数(ⅠB除外),如ⅦB族的锰元素,它的最高正化合价是+7价。Ⅷ族中大多数元素的最高正化合价都达不到+8价。副族和第Ⅷ族元素都是金属元素,它们的原子不能得到电子,所以没有负化合价。

稀有气体元素原子的最外电子层有8个电子(氦因只有一个电子层而有2个电子),已达到饱和,形成稳定结构,一般情况下很难失去或得到电子,所以它们的化合价为0。

(四)化学键

1. 概念

分子是由原子结合而成的,但分子能够稳定存在,说明在分子中原子之间必然存在着相互作用,这种相互作用不仅存在于直接相邻的原子之间,而且也存在于分子内的非直接相邻的原子之间。不过前一种相互作用比较强烈,要破坏它需要消耗比较大的能量,这是原子相互作用而形成分子的主要因素。化学上把分子中直接相邻的两个或多个原子之间强烈的相互作用,称为化学键。例如,在水分子中,直接相邻的氢原子与氧原子之间,存在强烈的相互作用,即氢、氧原子之间构成了化学键;而水分子中,氢原子之间的相互作用比较弱,而且是排斥的,也就是说,氢原子之间并不构成化学键。

2. 化学键的类型

根据原子间相互作用的方式和强度不同,化学键的基本类型主要有离子键、共价键和金属键。

1)离子键

在化学反应中,都有使各自的最外电子层达到8个电子稳定结构的趋势。例如,钠原子的最外层只有1个电子,在化学反应中容易失去这个电子,使次外层变成最外层,达到8电子的稳定结构。氯原子的最外层有7个电子,在化学反应中容易结合1个电子,使最外层达到8电子稳定结构。当金属钠和氯反应时,钠原子最外电子层上的1个电子转移到氯原子的最外电子层上,形成了带正电荷的钠离子(Na^+)和带负电荷的氯离子(Cl^-)。带有相反电荷的Na^+和Cl^-之间,除了有静电相互吸引外,还存在着原子核之间、电子之间的相互排斥作用。当两种离子接近到一定距离时,两个原子的原子核之间、电子之间的排斥作用,阻碍它们进一步接近,当吸引和排斥作用达到平衡时,阴、阳离子之间就形成了稳定的化学键,即形成了离子化合物氯化钠。像氯化钠这样,阴、阳离子间通过静电作用所形成的化学键称为离子键。

一般的,活泼金属(如碱金属、镁、钙等)与活泼非金属(如卤素、氧、硫等)化合时,都能形成离子键,由离子键形成的化合物称为离子化合物。

2)共价键

氢分子是由两个氢原子结合而成的。氢原子只有1个电子,在通常情况下,当两个氢原子互相靠近时，就互相作用而生成氢分子。在形成氢分子的过程中，由于两个原子核对电子的吸引作用相等，所以，电子不可能从一个氢原子转移到另一个氢原子，而是两个氢原子各提供1个电子，在两个氢原子之间共用，形成共用电子对。这两个共用的电子在两个原子核周围运动，使每个氢原子都具有稀有气体氦原子的稳定结构。当两个氢原子靠近到一定距离时，共用电子对与两个原子核的吸引作用和两个带正电荷的原子核之间存在的排斥作用达到平衡时，就形成了稳定的氢分子。氢分子的形成可用电子式表示如下：

$$H\cdot + \cdot H \rightarrow H:H$$

在化学上用一根短线来代表一对共用电子，因此氢分子又可表示为：H—H。这种用短线来代表一对共用电子的图示称为结构式。像氢分子这样，原子间通过共用电子对所形成的化学键，称为共价键。由共价键形成的分子称为共价型分子。

氯分子的形成与氢分子相似，两个氯原子共用一对电子，使每个氯原子都具有氩原子的8电子稳定结构。氮分子的形成与氯分子相似，只是两个氮原子共用3对电子，形成三键。在分子中，原子间由一个共用电子对形成的共价键称为共价单键；由两个或三个共用电子对形成的共价键称为共价双键或共价三键。氯化氢是由不同的非金属原子以共价键结合成的分子，氯化氢的结构式可表示为：H—Cl。

3）金属键

金属原子的价电子比较少，价电子与原子核的联系比较松弛，所以金属原子容易失去电子形成阳离子。从金属原子脱落下来的电子，不是固定在某一个金属离子的附近，而是在整块金属内部不停地进行交换和移动。这些能自由移动的电子称为自由电子。由此可见，金属是由金属原子、金属离子和自由电子构成的。这种由于自由电子的运动而引起金属原子和金属离子相互结合的作用力称为金属键。

（五）晶体结构

在通常情况下，物质的聚集状态有气态、液态和固态。固态物质可分为晶体和非晶体两大类。晶体是经过结晶过程而形成的具有规则的几何外形的固体。例如，食盐晶体是立方体，明矾晶体是正八面体等。非晶体则没有一定的几何形状，如玻璃、沥青等。晶体具有固定的熔点，而非晶体没有固定的熔点，只有软化的温度范围，当温度升高时，它慢慢变软，直到最后成为流动的熔融体。绝大多数的固体物质属于晶体。实验证明，在晶体中，构成晶体的微粒（分子、原子或离子）是有规则地排列的，因此，晶体具有整齐的、有规则的几何外形。

构成晶体的微粒有规则地排列在空间的一定点上，这些点按一定规则组成的几何图形称为晶格（或点阵）。在晶格上排列有微粒的那些点称为晶格结点。

根据组成晶体的微粒的种类及微粒之间的作用力不同，晶体的基本类型有离子晶体、分子晶体、原子晶体和金属晶体四类。

1. 离子晶体

NaCl是离子化合物，在NaCl中，Na^+和Cl^-是以离子键相结合的。在化合物中，像NaCl这样以离子键相结合的离子化合物还有很多，如CaF_2、KNO_3、CsCI、Na_2O等，它们在室温下都以晶体形式存在。像这样离子间通过离子键结合而成的晶体称为离子晶体。

在离子晶体中,阴、阳离子是按一定规律在空间排列的。下面,以 NaCl 晶体为例来探讨在离子晶体中阴、阳离子是怎样排列的。在 NaCl 晶体中,每个 Na^+ 同时吸引着 6 个 Cl^-,每个 Cl^- 也同时吸引着 6 个 Na^+,Na^+ 和 Cl^- 以离子键相结合,由图 1-1 可以看出,在离子晶体中,构成晶体的粒子是离子。在离子晶体中,离子间存在着较强的离子键,使离子晶体的硬度较大、难于压缩;而且,要使离子晶体由固态变成液态或气态,需要较多的能量破坏这些较强的离子键。因此,一般的,离子晶体具有较高的熔点和沸点,如 NaCl 的熔点为 801℃,沸点 1413℃。

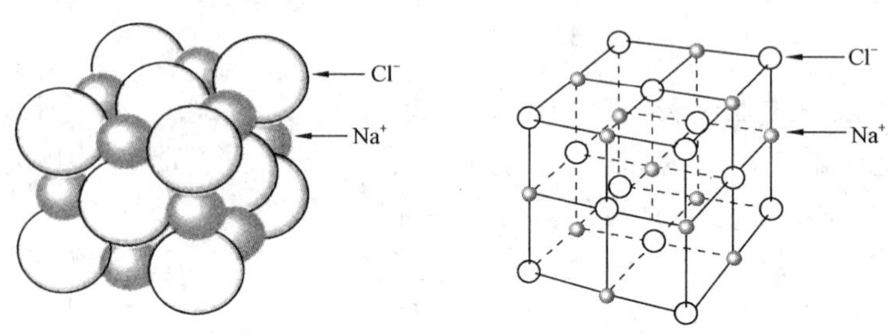

图 1-1　NaCl 的晶体结构模型图

2. 分子晶体

1) 分子间作用力和氢键

我们知道,分子间存在着分子间作用力,也称范德华力。分子间作用力对物质的熔点、沸点、溶解度等有影响。一般的,对于组成和结构相似的物质,相对分子质量越大,分子间作用力越大,物质的熔点、沸点也越高。但是,有些氢化物的熔点和沸点的递变却与以上事实不完全符合。例如,HF 的沸点按沸点曲线的下降趋势应该在 -90℃以下,而实际上是 20℃;H_2O 的沸点按沸点曲线下降趋势应该在 -70℃以下,而实际上是 100℃。为什么 HF、H_2O 和 NH_3 的沸点会反常呢?这是因为它们的分子之间存在着一种比分子间作用力稍强的相互作用,使得它们只能在较高的温度下才能汽化。上述物质的分子之间存在的这种相互作用,称为氢键。

图 1-2 和图 1-3 分别是 HF 分子间的氢键和 H_2O 分子间的氢键示意图,F 原子吸引电子的能力很强,H-F 键的极性很强,共用电子对强烈地偏向 F 原子,即 H 原子的电子云被 F 原子吸引,使 H 原子几乎成为"裸露"的质子。这个半径很小、带部分正电荷的 H 核,与另一个 HF 分子带部分负电荷的 F 原子相互吸引。这种静电吸引作用就是氢键。它比化学键弱得多,但比分子间作用力稍强。通常我们也可把氢键看做是一种比较强的分子间作用力。

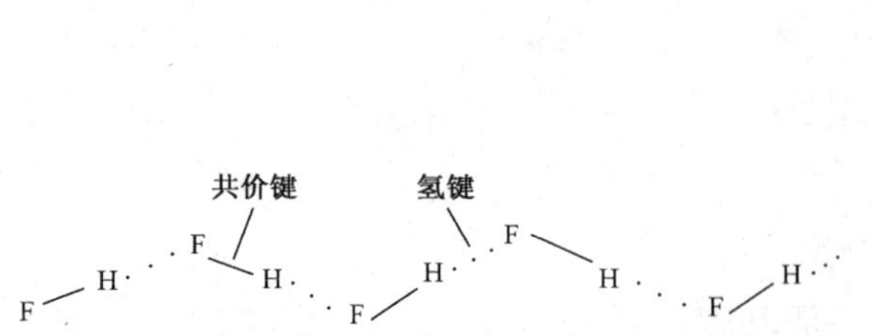

图 1-2　HF 分子间的氢键示意图

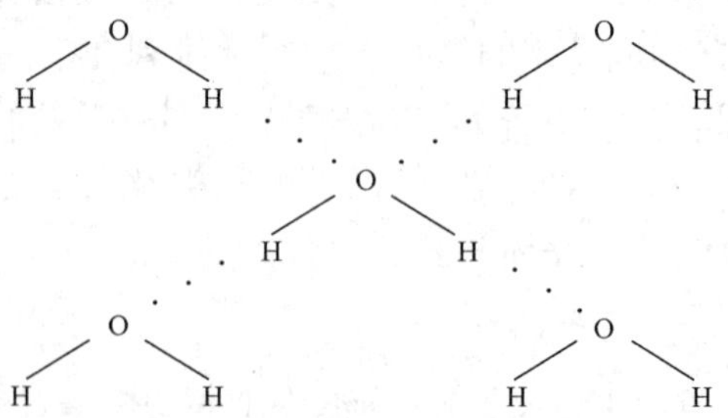

图 1-3　H_2O 分子间的氢键示意图

在水蒸气中，水以单个的 H_2O 分子形式存在；在液态水中，经常是几个水分子通过氢键结合起来，形成 $(H_2O)_n$；在固态水(冰)中，水分子大范围的以氢键互相联结，形成相当疏松的晶体，从而在结构中有许多空隙，造成体积膨胀，密度减小，因此冰能浮在水面上。分子间形成的氢键会使物质的熔点和沸点升高，这是因为固体熔化或液体汽化时必须破坏分子间的氢键，从而需要消耗较多能量的缘故。

2)分子晶体

分子晶体结点上的粒子是共价分子，分子间通过分子间力或氢键相结合。由于分子间力比化学键小得多，所以分子晶体的熔点、沸点低，并且分子晶体的硬度也较小，在常温下通常为液态或气态。大多数非金属单质、简单的共价化合物，如 H_2O、CO_2、NH_3、CH_4、N_2、HCl、卤素、稀有气体、O_2、CO 等，它们在固态时都以晶体的形式存在。在这些晶体中，构成晶体的粒子是分子，像这样分子间以分子间作用力相结合的晶体称为分子晶体。干冰晶体结构模型如图 1－4 所示。

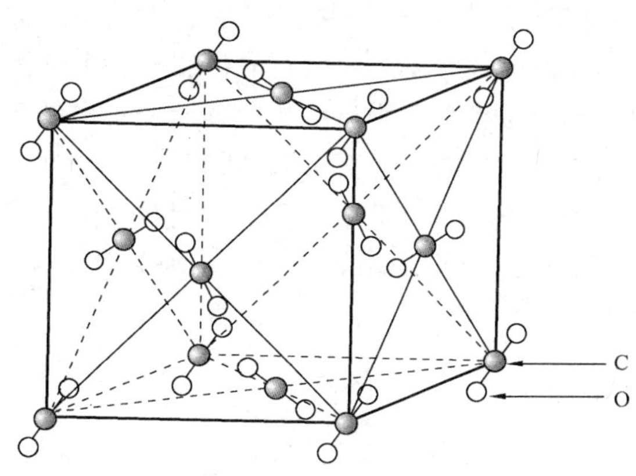

图 1－4 干冰晶体结构模型

3. 原子晶体及混合型晶体

固态 CO_2 是分子晶体，它的熔、沸点都很低。Si 与 C 同属于第ⅣA 族，那么，SiO_2 晶体与 CO_2 晶体是否具有相似的结构和性质呢？CO_2 的熔点 －56.2℃，状态(室温)为气态；SiO_2 的熔点为 1723℃，为固态，SiO_2 与 CO_2 在熔点等物理性质上存在很大的差异，可以推断 SiO_2 不属于分子晶体。研究发现，SiO_2 和 CO_2 的晶体结构不同。在 SiO_2 晶体中，1 个 Si 原子和 4 个 O 原子形成 4 个共价键，每个 Si 原子周围结合 4 个 O 原子；同时，每个 O 原子跟 2 个 Si 原子相结合。实际上，SiO_2 晶体是由 Si 原子和 O 原子按 1∶2的比例所组成的立体网状的晶体。图1－5为二氧化硅的晶体结构模型。

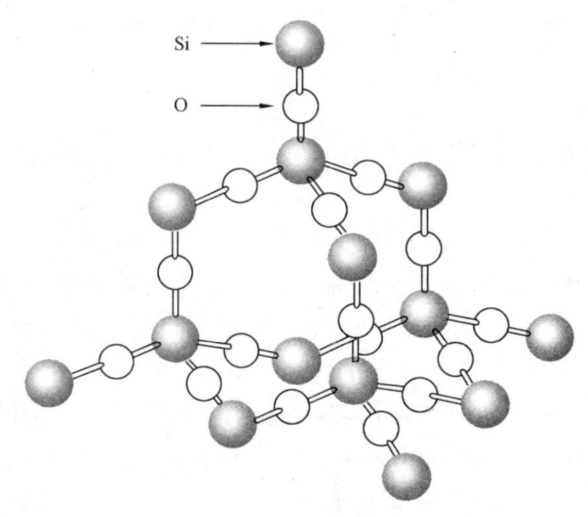

图 1－5 二氧化硅的晶体结构模型

这种相邻原子间以共价键相结合而形成空间网状结构的晶体，称为原子晶体。在原子晶体中，构成晶体的粒子是原子，原子间以较强的共价键相结合，而且形成空间网状结构，要破坏它就需要很大的能量，所以原子晶体的熔点和沸点高。如 SiO_2 晶体的熔点为 1723℃，沸点为 2230℃。原子晶体的硬度大，不导电，难溶于一些常见的溶剂。例如,金刚石是天然存在的最硬的物质,它是原子晶体,其晶体结构与 SiO_2 晶体相似。金刚石的熔点(>3550℃)和沸点(4827℃)都很高。在金刚石的晶体中,C 原子的排列与 Si 原子相同,只是碳原子之间没有 O 原子,即每个碳原子都被相邻的 4 个碳原子包围,处于 4 个碳原子的中心,以共价键与这 4 个碳原子结合,形成正四面体结构,这些正四面体向空间发展,构成彼此联结的立体网状晶体。金刚石晶体结构模型如图 1 - 6 所示。

石墨晶体和金刚石都是由碳原子形成的单质,但它们的性质却不相同,这是由于它们的晶体结构不同的缘故。石墨晶体是层状结构如图 1 - 7 所示。在每一层内,碳原子排成六边形,每个碳原子以共价键结合,形成网状结构;在层与层之间,是以分子间作用力相结合的。由于同一层的碳原子间的分子间作用力较弱,容易滑动,使石墨的硬度很小。像石墨这样的晶体一般称为过渡型晶体或混合型晶体。

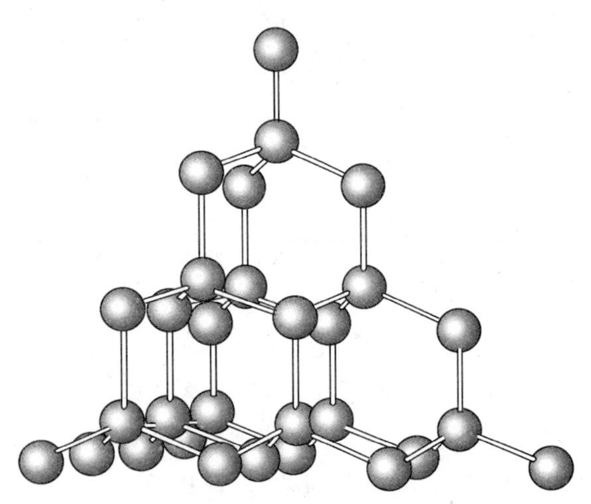

图 1 - 6　金刚石晶体结构模型

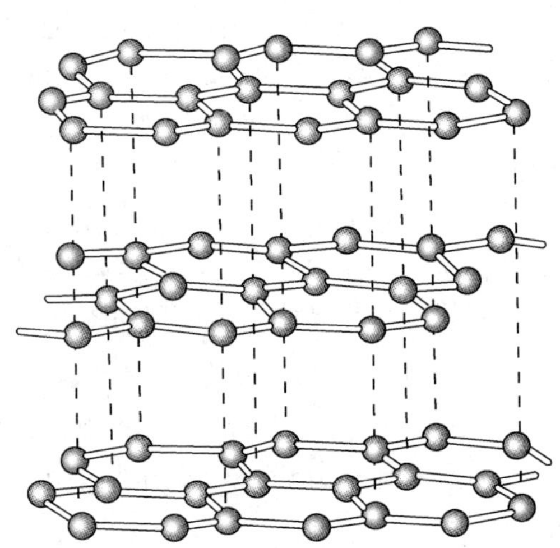

图 1 - 7　石墨晶体结构模型

4. 金属晶体

金属之所以有许多共同的物理性质,是因为金属具有某些相似的内部结构。金属(除汞外)在常温下,一般都是晶体。

金属晶体的晶格结点上的粒子是中性原子或金属正离子,结点之间通过金属键结合。这种结合力一般也较大,所以金属的熔点、沸点也较高。由于金属晶体内存在着自由流动的电子,在外电场作用下,自由电子便朝电场的相反方向流动形成电子流,显示出良好的导电性。金属受热后,晶格结点上的原子或离子振动加剧,阻碍自由电子的运动,故金属的导电性随温度升高而减小。金属一端受热后,通过高速自由运动的电子便可将热能迅速地“输送”到冷的一端,从而显示出良好的导热性。在外力作用下,由于自由电子不属于某一特定原子所有,故晶格中粒子位置相对位移后不致破坏金属键,从而显示出金属特有的延展性。离子晶体和原子晶体由于没有自由电子,在外力作用下,表现出硬而脆,没有延展性。在电子“胶合”作用下,金属原子尽可能以最紧密的堆积形成晶体。铝金属结构如图 1 - 8 所示。

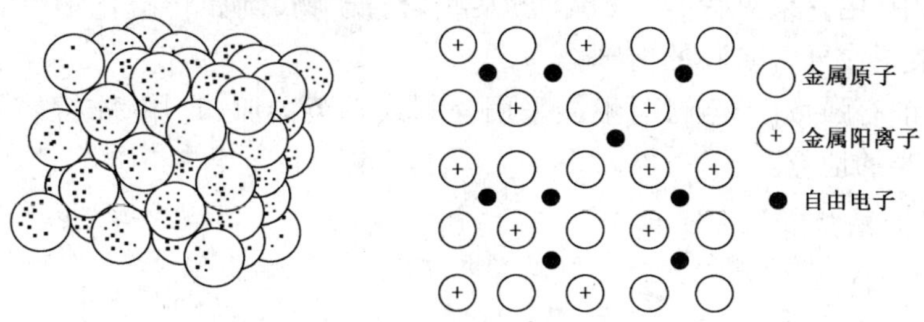

图 1-8 铝金属结构示意图

二、几种常用的金属及其化合物

(一)钠的氧化物及重要的钠盐

钠的氧化物有氧化钠和过氧化钠。

1. 氧化钠(Na_2O)

氧化钠是白色固体,属于碱性氧化物。氧化钠具有碱性氧化物的通性,能和酸起反应,生成盐和水;与水起剧烈的反应生成氢氧化钠;与酸性氧化物反应生成盐。氧化钠暴露在空气中,能与二氧化碳反应,生成碳酸钠,所以应密封保存。

2. 过氧化钠(Na_2O_2)

钠在空气中燃烧生成淡黄色固体过氧化钠:

$$2Na + O_2 = Na_2O_2$$

过氧化钠在熔融状态几乎不分解,但遇到棉花、碳或铝粉等就会发生爆炸,因此使用 Na_2O_2 时应当十分小心。

过氧化钠与空气接触,即和空气中的二氧化碳反应,并放出氧气:

$$2Na_2O_2 + 2CO_2 = 2Na_2CO_3 + O_2\uparrow$$

因此,必须将盛过氧化钠的容器加以封闭,防止过氧化钠与空气接触过久。在潜水艇中,可以用 Na_2O_2 作为 CO_2 的吸收剂和供氧剂。

过氧化钠与水或稀酸在室温下反应,生成过氧化氢。由于有大量的热产生,过氧化氢迅速分解放出氧,因此过氧化氢常用作漂白剂和氧气发生剂:

$$Na_2O_2 + 2H_2O = 2NaOH + H_2O_2$$

$$Na_2O_2 + H_2SO_4 = Na_2SO_4 + H_2O_2$$

$$2H_2O_2 = 2H_2O + O_2\uparrow$$

过氧化钠在碱性介质中是一种强氧化剂,例如在碱性溶液中它可以把 As(Ⅲ)氧化成 As(Ⅴ)化合物,把 Cr(Ⅲ)氧化成 Cr(Ⅵ)化合物,等等。

$$2NaCrO_2 + 3Na_2O_2 + 2H_2O = 2Na_2CrO_4 + 4NaOH$$

在分析化学中,用它来氧化分解(碱熔)某些岩石矿物,例如将硫化物氧化熔融成可溶性的硫酸盐,因此常用作分解矿石的熔剂。

由于过氧化钠有强碱性,熔融时不能采用瓷制或石英器皿,宜用铁、镍容器。过氧化钠必须密封保存在干燥的地方。

3. 几种重要的钠盐

1)氯化钠(NaCl)

氯化钠俗名食盐。纯净的氯化钠是白色晶体,熔点801℃,沸点1413℃。纯净的氯化钠易溶于水,但在空气中不潮解。氯化钠是重要的化工原料,用于制取氯气、氢氧化钠、金属钠、纯碱等化工产品。

2)硫酸钠(Na_2SO_4)

硫酸钠晶体俗称芒硝,化学式为$Na_2SO_4 \cdot 10H_2O$。硫酸钠是制造玻璃、硫化钠、造纸等的重要原料,也用在制水玻璃、纺织、染色等工业上,在医药上用作缓泻剂。

3)碳酸钠和碳酸氢钠

碳酸钠(Na_2CO_3)俗称苏打,工业上称纯碱,白色粉末,易溶于水。碳酸钠晶体含结晶水,化学式是$Na_2CO_3 \cdot 10H_2O$。碳酸钠晶体在空气中很容易失去结晶水,表面失去光泽而逐渐变暗,并逐渐碎裂成无水碳酸钠粉末。

碳酸氢钠($NaHCO_3$)俗称小苏打,是一种细小的白色晶体。碳酸氢钠在水的溶解度比碳酸钠小。

碳酸钠和碳酸氢钠都能与盐酸反应放出二氧化碳。碳酸氢钠与盐酸的反应要比碳酸钠与盐酸的反应剧烈得多。

碳酸钠很稳定,碳酸氢钠却不很稳定,受热容易分解放出二氧化碳。

$$2NaHCO_3 \xlongequal{\triangle} Na_2CO_3 + H_2O + CO_2 \uparrow$$

这个反应可以用来鉴别碳酸钠和碳酸氢钠,也是工业上制备纯碱的重要反应。

碳酸钠广泛地用于玻璃、肥皂、造纸、纺织等工业,还用于制造其他钠的化合物。在日常生活中,碳酸钠常用作洗涤剂。碳酸氢钠是制作糕点、馒头所用的发酵粉的主要成分之一,在医疗上是治疗胃酸过多的一种药剂,在纺织工业上用作羊毛洗涤剂,还大量用作选矿、灭火用药剂等。

4)氢氧化钠

氢氧化钠俗称烧碱,又称苛性钠或火碱,为白色固体,固体烧碱暴露在空气里容易潮解。在水中的溶解度很大,溶解时放出大量的热。烧碱溶液有油腻感,并有很强的腐蚀性。氢氧化钠能腐蚀玻璃,并与金属铝反应,生成铝酸钠($NaAlO_2$)和氢气,所以熔融氢氧化钠时不能使用玻璃、石英坩埚,也不能使用铝制坩埚,应该使用铁制坩埚。

氢氧化钠的制法:

(1)苛化法:以纯碱(Na_2CO_3)或天然碱($NaHCO_3$),与石灰乳[$Ca(OH)_2$]反应制取。

$$Na_2CO_3 + Ca(OH)_2 \xlongequal{} 2NaOH + CaCO_3 \downarrow$$

$$NaHCO_3 + Ca(OH)_2 \xlongequal{} NaOH + CaCO_3 \downarrow + H_2O$$

(2)电解法:以饱和食盐的水溶液为原料,通入直流电进行电解反应制取。

$$2NaCl + 2H_2O \xlongequal{电解} 2NaOH + H_2 \uparrow + Cl_2 \uparrow$$

氢氧化钠用于造纸、纺织印染、医药、农药、石油化工等。

(二)镁、钙及其化合物

1. 镁和钙的物理性质

镁和钙都是银白色的轻金属,镁即使在粉末状态时,仍能保持金属光泽,钙比镁稍软一些。

2. 镁和钙的化学性质

1)与氧反应

常温下镁和钙在空气里都能与氧反应,但镁是缓慢氧化,在表面生成一层十分致密的氧化膜,可以保护内层镁不再被氧化,因此镁无需密闭保存;而钙是迅速氧化,在表面形成一层疏松的氧化钙,对内层的钙没有保护作用,因此钙必须密闭保存。

镁在空气里点燃可以燃烧,放出大量的热,并发出耀眼的白光,可利用镁的这种性质来制造焰火、照明弹。

$$2Mg + O_2 \xlongequal{点燃} 2MgO$$

镁不仅可以与空气中的氧气起反应,而且能够夺取氧化物中的氧。如燃烧着的镁条放进二氧化碳气体中,镁条可以继续燃烧,生成氧化镁,析出游离的碳。

$$2Mg + CO_2 \xlongequal{燃烧} 2MgO + C$$

2)与卤素、硫或氮气的反应

镁、钙在一定温度下,能与卤素、硫或氮气反应生成卤化物和硫化物。但钙比镁容易发生化合反应。

$$Mg + Br_2 \xlongequal{\triangle} MgBr_2$$

$$Ca + S \xlongequal{\triangle} CaS$$

镁、钙在空气中燃烧生成氧化物的同时,还可生成少量的氮化镁和氮化钙。

$$4Mg + 3N_2 \xlongequal{高温} 2Mg_2N_3$$

$$4Ca + 3N_2 \xlongequal{高温} 2Ca_2N_3$$

3)与水、稀酸的反应

镁在冷水中反应缓慢,但在沸水中有较显著的反应。

$$Mg + 2H_2O \xlongequal{\text{沸水}} Mg(OH)_2 \downarrow + H_2 \uparrow$$

钙在冷水中就能迅速反应。

$$Ca + 2H_2O \xlongequal{} Ca(OH)_2 \downarrow + H_2 \uparrow$$

镁、钙都能与稀酸反应放出氢气,并生成相应的盐。

$$Mg + H_2SO_4(\text{稀}) \xlongequal{} MgSO_4 + H_2 \uparrow$$

$$Ca + 2HCl \xlongequal{} CaCl_2 + H_2 \uparrow$$

3. 镁和钙的用途、存在、制法

镁的主要用途是制造各种轻合金,如铝镁合金(含10%~30%的镁)、电子合金(90%镁、微量的铝、铜、锰等)。这些合金密度小,硬度大,韧性强,耐腐蚀,适用于飞机和汽车的制造。镁还常用作冶炼稀有金属的还原剂及制造照明弹。镁也是叶绿素中不可缺少的元素。钙在加热时,几乎能和所有的金属氧化物反应,将其还原为单质,所以钙主要用于高纯度金属的冶炼。钙和铅的合金可做轴承材料。钙也是植物生长的营养素之一。

镁、钙在自然界中均以化合态存在。镁的主要矿物质有菱镁矿($MgCO_3$)、白云石($CaCO_3 \cdot MgCO_3$)、光卤石($KCl \cdot MgCl_2 \cdot 6H_2O$),海水中也含有氯化镁。钙的主要矿物是含碳酸钙的各种矿石,如石灰石、大理石、方解石等,还有石膏($CaSO_4 \cdot 2H_2O$)、萤石(CaF_2)、磷灰石[$Ca_5F(PO_4)_3$]等。

工业上电解熔融态氯化镁或氯化钙可分别制得金属镁或金属钙。

$$MgCl_2 \xlongequal[\text{熔融}]{\text{电解}} Mg + Cl_2 \uparrow$$

$$CaCl_2 \xlongequal[\text{熔融}]{\text{电解}} Ca + Cl_2 \uparrow$$

4. 镁和钙的化合物

1)氧化物

氧化镁是很轻的白色粉末状固体,它不溶于水,熔点高达2800℃,可做耐火材料,制造坩埚、耐火砖、高温炉的内壁等。工业上通常煅烧美菱矿而制得:

$$MgCO_3 \xlongequal{\text{煅烧}} MgO + CO_2 \uparrow$$

氧化钙是白色块状或粉末状固体,俗称生石灰,是碱性氧化物,在高温下能和二氧化硅、五氧化二磷等化合。

$$CaO + SiO_2 \xlongequal{\text{高温}} CaSiO_3$$

$$3CaO + P_2O_5 \xlongequal{\text{高温}} Ca_3(PO_4)_2$$

在冶金工业中利用这两个反应,可将矿石中的硅、磷等杂质转入矿渣而除去。工业上通常用煅烧含碳酸钙的石灰石来制得氧化钙。

$$CaCO_3 \xlongequal{煅烧} CaO + CO_2 \uparrow$$

氧化钙的主要用途：可做耐火、建筑材料（水泥原料）；实验室用于氨气的干燥和醇的脱水等。氧化钙还可以作为电厂的脱硫剂，与烟气中的 SO_2、SO_3 发生化学反应生成 $CaSO_3$、$CaSO_4$，烟气中的 SO_2、SO_3 被脱除后，既保护了环境又可以得到回收利用。氧化钙还用于液碱、漂白粉和石膏（$CaSO_4 \cdot 2H_2O$）等的生产原料。

氧化钙与焦炭在高温电弧炉中熔炼，可制成重要的乙炔生产原料碳化钙（CaC_2），也称电石。

$$CaO + 3C \xlongequal[高温电弧]{1900 \sim 2200℃} CaC_2 + CO \uparrow$$

2）氢氧化物

氢氧化镁是一种微溶于水的白色粉末，是中等强度的碱，通常用易溶性镁盐来制取。医药上将氢氧化镁配成乳剂，用作轻泻剂。氢氧化镁也是造纸工业中的填充材料及制造牙膏和牙粉的原料。

氢氧化钙也称熟石灰或消石灰，是白色粉末状固体，微溶于水，其溶解度随温度的升高而减小，它的饱和水溶液称石灰水，是一种便宜的强碱。

氢氧化钙是重要的建筑材料，此外，在化学工业上用于制取漂白粉、纯碱等。

3）盐类

钙、镁的盐类中比较重要的有氯化物和硫酸盐。

六水合氯化镁（$MgCl_2 \cdot 6H_2O$）是无色晶体，味苦，易溶于水，也极易吸收空气中的水分而潮解。它是生产金属镁的主要原料。粗制食盐在空气中容易吸湿变潮，就是由于里面含有少量氯化镁杂质的缘故。氯化镁可以从光卤石（$KCl \cdot MgCl_2 \cdot 6H_2O$）里提取出来，也可从海水晒盐的母液中制得不纯的 $MgCl_2 \cdot 6H_2O$，六水合氯化镁受热至 527℃ 以上时，分解为氧化镁和氯化氢气体。

$$MgCl_2 \cdot 6H_2O \xlongequal{527℃} MgO + 2HCl + 5H_2O$$

所以，仅用加热的方法得不到无水氯化镁，要得到无水氯化镁，必须在干燥的氯化氢气流中加热 $MgCl_2 \cdot 6H_2O$ 使其脱水。

六水合氯化钙（$CaCl_2 \cdot 6H_2O$）是白色晶体，高温时可将结晶水全部脱掉、变成无水氯化钙。

无水氯化钙吸水性很强，实验室常用它做干燥剂，消除水分。但不能用它干燥酒精和氨，因为它能与酒精和氨发生化学反应，分别生成 $CaCl_2 \cdot 4C_2H_5OH$ 和 $CaCl_2 \cdot 8NH_3$。

氯化钙可用作制冷剂，与水 1.44∶1的比例混合，可获得 $-55℃$ 的低温，在建筑工程上可用作防冻剂。

七水合硫酸镁（$MgSO_4 \cdot 7H_2O$）是一种无色晶体，易溶于水，有苦味。在医药上常用作泻药，故又称之为泻盐。$MgSO_4 \cdot 7H_2O$ 极易脱水，在 200℃ 时就可制得无水硫酸镁。造纸、纺织工业常用到它。

天然的硫酸钙有硬石膏($CaSO_4$)和石膏($CaSO_4 \cdot 2H_2O$)两种。石膏为无色晶体,微溶于水。当加热到150℃时失去3/4的结晶水而转变为熟石膏[$(CaSO_4)_2 \cdot H_2O$]

$$2CaSO_4 \cdot 2H_2O \xlongequal{150℃} (CaSO_4)_2 \cdot H_2O + 3H_2O$$

此反应是可逆的。当用水将熟石膏拌成浆状物后,它又会转变为石膏并凝固为硬块,在硬化过程中,体积略有增大,因而可用熟石膏制造模型、塑像、粉笔和医疗用的石膏绷带。水泥厂也用石膏来调节水泥的凝结时间。

5. 硬水的软化

1)硬水的概念

工业上按水中含Ca^{2+}、Mg^{2+}的多少,将天然水分为硬水和软水。

所谓硬水,就是含有大量钙盐和镁盐离子的水。这种水在家庭使用时,不能使肥皂产生泡沫,从而浪费了肥皂,还会在所洗涤的衣物上沉淀一层水垢;在烧开水时会在壶底和热水瓶底部渐渐地结上一层坚硬的白色水垢。如果这种硬水使用在锅炉或蒸汽机车上,会在锅炉底部和管道壁上形成一层硫酸钙或二氧化硅的"硬垢",或一层碳酸钙的软垢,因而使管壁过热变形,使锅炉和管道存在发生爆炸的危险。

当然,水中的铁盐和锰盐离子也是使水变硬的原因之一。含有此离子的水会把肥皂沉淀出来的水垢在织物上产生锈斑,若再漂白却使污斑变得更糟。这种水用来泡茶时,茶水面上会显出一层"水皮",且茶的清香味儿也不翼而飞。镁盐是一种轻泻剂。但是镁离子仅仅使人讨厌,而不会威胁人的健康。

2)水的硬度

由碳酸氢钙或碳酸氢镁引起水的硬度的,这种硬度称为暂时硬度。这种水经过煮沸以后,水里所含的碳酸氢钙就分解成不溶于水的碳酸钙,水里所含的碳酸氢镁就生成难溶于水的碳酸镁沉淀。这些沉淀物析出,水的硬度就可以降低,从而使硬度较高的水得到软化。

由钙和镁的硫酸盐或氯化物引起的水的硬度,这种硬度称为永久硬度。永久硬度不能用加热的方法软化。天然水大多同时具有暂时硬度和永久硬度,因此,一般所说水的硬度是指上述两种硬度的总和。

水的硬度是指水中钙、镁离子的总和,以碳酸钙含量毫克/升(mg/L)来表示的。

依照水的总硬度值大致划分,总硬度0~30mg/L称为软水,总硬度60mg/L以上称为硬水。水的硬度太高和太低都不好,因为水的硬度和一些疾病有密切关系。最适宜的饮用水的硬度为150~320mg/L,属于轻度或中度硬水。国家标准《生活饮用水卫生标准》(GB 5749—2006)中规定,常规水质硬度指标为不超过450mg/L。

3)硬水的软化

将硬度高的水处理成低硬度水的过程称为硬水的软化。天然水在使用之前要进行分析检验,一般的天然水硬度都小于450mg/L,满足生活饮用水的硬度要求,不需要进行软化处理;但天然水在用于化工生产时,就必须进行处理,把钙、镁等的可溶性盐从水中除去,这个过程称为硬水软化。

暂时硬水可用煮沸的方法使其软化。但天然水中往往既有暂时硬度成分,又有永久硬度成分,仅用煮沸的方法是达不到软化的要求的。

硬水软化的常用方法有两种:石灰纯碱法和离子交换法。

(1)石灰纯碱法。

石灰纯碱法就是根据水的硬度,加入适量的石灰乳和纯碱,使其中钙、镁的可溶性盐发生如下反应:

$$Ca(HCO_3)_2 + Ca(OH)_2 = 2CaCO_3\downarrow + 2H_2O$$

$$Mg(HCO_3)_2 + Ca(OH)_2 = Mg(OH)_2\downarrow + 2CaCO_3\downarrow + 2H_2O$$

$$MgSO_4 + Ca(OH)_2 = Mg(OH)_2\downarrow + CaSO_4$$

$$MgCl_2 + Ca(OH)_2 = Mg(OH)_2\downarrow + CaCl_2$$

水中所有含钙、镁可溶性盐转化成难溶性盐,并以沉淀形式析出而除去。反应生成的硫酸钙、氯化钙和原来硬水中的硫酸钙、氯化钙可与纯碱反应生成碳酸钙沉淀,从而达到软化的目的。

$$CaSO_4 + Na_2CO_3 = CaCO_3\downarrow + Na_2SO_4$$

$$CaCl_2 + Na_2CO_3 = CaCO_3\downarrow + 2NaCl$$

(2)离子交换法。

离子交换法是借助离子交换剂来软化硬水的一种现代方法。离子交换剂包括天然或人造沸石、磺化煤和离子交换树脂等物质。在工业上常用磺化煤和离子交换树脂做离子交换剂。

磺化煤是由煤烟、褐煤用发烟硫酸或浓硫酸处理后的产物,黑色颗粒状物质,不溶于酸和碱。为了简便起见,可以用 NaR 表示。其中的 Na^+ 可被 Ca^{2+}、Mg^{2+} 等代换。当水通过磺化煤时,硬水中的 Ca^{2+}、Mg^{2+} 与磺化煤的 Na^+ 发生交换反应

$$2NaR + Mg^{2+} = MgR_2 + 2Na^+$$

$$2NaR + Mg^{2+} = MgR_2 + 2Na^+$$

通过这种离子交换反应,将水中的 Ca^{2+}、Mg^{2+} 留在磺化煤上,硬水便被软化了。

当磺化煤的 Na^+ 全都被 Ca^{2+}、Mg^{2+} 交换后,它就失去了软化能力。此时可用 8% ~10% 氯化钠溶液浸泡,氯化钠中 Na^+ 又把磺化煤上的 Ca^{2+}、Mg^{2+} 交换出来,磺化煤的软化能力得到恢复,这个过程称为再生。

离子交换树脂是一种带有可交换离子的高分子化合物。带有能交换阳离子的树脂称为阳离子交换树脂,如 $R-SO_3H$,它带有可交换的 H^+;带有能交换阴离子的树脂称为阴离子交换树脂,如 $R-N(CH_3)_3{}^+OH^-$,它带有可交换的 OH^-。当水通过阳离子交换树脂时,树脂上的 H^+ 可与水中的阳离子 Ca^{2+}、Mg^{2+} 等进行交换,如:

$$2R-SO_3H + Ca^{2+} = (R-SO_3)_2Ca + 2H^+$$

此水再进入阴离子交换树脂时,树脂上的 OH^- 可与水中的阴离子 $SO_4{}^{2-}$、Cl^-、$HCO_3{}^-$ 等进行交换,如:

$$R-N(CH_3)_3^+OH^-+Cl^- = R-N(CH_3)_3^+Cl^-+OH^-$$

同时使用阳、阴离子交换树脂处理硬水,就可以除去水中所有的离子,这样的水称为去离子水。纯度很高,可供制药工业及某些科研上使用。

离子交换树脂使用一段时间后,也会失去交换能力,这时可以分别使用酸、碱溶液处理,使树脂再生,反复使用。

(三)铁及其化合物

1. 铁的性质

1)铁的物理性质

纯净的铁是具有银白色光泽的金属,密度为 7.86g/cm³,熔点为 1535℃,沸点为 2750℃。纯铁的抗腐蚀力相当强,但通常用的铁一般都含有碳和其他元素,因而使它的抗蚀力减弱,熔点显著降低。铁也有延展性和导热性、导电性,铁的导电性次于铜、铝。铁能被磁体吸引,在磁场的作用下,铁自身也能产生磁性。

2)铁的化学性质

铁在金属化学活动性顺序表里位于氢的前面,是比较活泼的金属。

(1)铁与氧气及其他非金属的反应。

常温下铁在干燥的空气里不易与氧气反应,但把铁放在氧气里灼烧,就会生成一种黑色的四氧化三铁。

$$3Fe+2O_2 \xlongequal{500℃} Fe_3O_4$$

加热时,铁也能与其他非金属,如硫、氯气等发生反应,分别生成硫化亚铁和氯化铁。

$$Fe+S \xlongequal{\triangle} FeS$$

$$2Fe+3Cl_2 \xlongequal{\triangle} 2FeCl_3$$

在上述的反应里,由于氯气是比硫更强的氧化剂,它夺取电子的能力比硫强。所以氯气与铁反应时,铁原子被夺去 3 个电子,变成 Fe^{3+}。而硫与铁反应时,铁原子只能被夺去 2 个电子,变成 Fe^{2+}。

高温下,铁还能与碳、硅、磷等化合。例如,铁与碳能化合成一种灰色的,十分脆硬而又难熔的碳化铁。

(2)铁与水的反应。

在常温下,铁与水不起反应。但是,在水和空气里的氧气、二氧化碳等的共同作用下,铁很容易发生电化腐蚀。红热的铁能与水蒸气起反应,生成四氧化三铁和氢气。

$$3Fe+4H_2O(g) \xlongequal{高温} Fe_3O_4+4H_2\uparrow$$

(3)铁与酸或盐的反应。

铁能与盐酸或稀硫酸发生置换反应,生成 +2 价的亚铁盐,并放出氢气,以离子方程式表示如下:

$$Fe + 2H^+ \longequal Fe^{2+} + H_2 \uparrow$$

但在常温下,铁不与浓硫酸和浓硝酸反应,这是因为铁在冷的浓硫酸或浓硝酸中发生钝化。铁能从比它活动性弱的金属盐溶液里,把金属置换出来,例如:

$$Fe + Cu^{2+} = Fe^{2+} + Cu$$

2. 铁的氢氧化物

铁的氢氧化物有两种,即氢氧化亚铁[$Fe(OH)_2$]和氢氧化铁[$Fe(OH)_3$]。氢氧化亚铁和氢氧化铁是与氧化亚铁和氧化铁相对应的碱,这两种氢氧化物都可用相应的可溶性铁盐与碱溶液反应制得。

在硫酸亚铁溶液中逐滴滴入氢氧化钠溶液,开始时析出一种白色的絮状沉淀,这就是氢氧化亚铁。它迅速被空气里的氧所氧化,变成灰绿色,最后变成红褐色的 $Fe(OH)_3$。

$$Fe^{2+} + 2OH^- = Fe(OH)_2 \downarrow \text{(白色的絮状)}$$

$$4Fe(OH)_2 + O_2 + 2H_2O = 4Fe(OH)_3 \downarrow \text{(红褐色)}$$

在氯化铁溶液中逐滴滴入氢氧化钠溶液,立即生成红褐色的氢氧化铁沉淀。

$$Fe^{3+} + 3OH^- = Fe(OH)_3 \downarrow \text{(红褐色)}$$

加热氢氧化铁,它就失去水而生成红棕色的氧化铁粉末状固体。

$$2Fe(OH)_3 \xlongequal{\triangle} Fe_2O_3 + 3H_2O$$

氢氧化亚铁和氢氧化铁都是不溶性碱,它们能与酸反应,分别生成亚铁盐和铁盐。

$$Fe(OH)_2 + 2H^+ = Fe^{2+} + 2H_2O$$

$$Fe(OH)_3 + 3H^+ = Fe^{3+} + 3H_2O$$

3. 亚铁盐和铁盐

将单质铁溶于盐酸或稀硫酸中,可分别得到淡绿色的氯化亚铁(晶体为 $FeCl_2 \cdot 4H_2O$)和硫酸亚铁(晶体为 $FeSO_4 \cdot 7H_2O$)。

硫酸亚铁是比较重要的亚铁盐,它的晶体俗称绿矾。绿矾加热失水可得白色粉末状的无水盐。在空气中可逐渐风化而失去一部分水,并且表面容易氧化为黄褐色的碱式硫酸铁(Ⅲ),其分子式为 $Fe(OH)SO_4$。

亚铁盐的显著特点是还原性较强,在较强的氧化剂作用下,会氧化成铁盐。例如,氯化亚铁溶液与氯气反应,立即被氧化成氯化铁。

$$2Fe^{2+} + Cl_2 = 2Fe^{3+} + 2Cl^-$$

铁盐中,氯化铁比较重要。它可用铁屑与氯气直接反应而得到棕黑色的无水氯化铁,也可将铁屑溶于盐酸中,再往溶液中通入氯气,经浓缩、冷却,就有黄棕色的六水合氯化铁($FeCl_3 \cdot 6H_2O$)晶体析出。无水氯化铁在空气中易潮解。

铁盐具有一定的氧化性,在较强的还原剂作用下,可被还原为亚铁盐。例如,氯化铁溶液遇铁等还原剂,能被还原生成氯化亚铁。

$$2Fe^{3+} + Fe = 3Fe^{2+}$$

因此保存 Fe^{2+} 盐溶液时,加入一定量的酸和少量铁屑可防止氧化。

从以上事实可以说明,Fe^{2+} 和 Fe^{3+} 在一定条件下是可以相互转变的。

$$Fe^{2+} = Fe^{3+} + e^{-}$$

在工业上,硫酸亚铁与鞣酸($C_{76}H_{52}O_{46}$)反应可生成易溶的鞣酸亚铁,由于它在空气中易被氧化成黑色的鞣酸铁,所以可用来制蓝黑墨水。此外,硫酸亚铁可用在染色、木材防腐、农业杀虫剂、治疗贫血等方面。氯化铁主要用于有机染料的生产,在印刷制版中,它可用做铜片的腐蚀剂。由于氯化铁能引起蛋白质迅速凝固,在医疗上可用做伤口的止血剂。

4. 铁离子的检验

在 Fe^{2+} 的溶液中,加入铁氰化钾(俗称赤血盐)溶液,或在 Fe^{3+} 的溶液中,加入亚铁氰化钾(俗称黄血盐)溶液,都能生成蓝色沉淀,据此可以检验 Fe^{2+} 或 Fe^{3+} 的存在。

$$3Fe^{2+} + 2[Fe(CN)_6]^{3-} = Fe_3[Fe(CN)_6]_2\downarrow$$(铁氰化亚铁)　　滕氏蓝

$$4Fe^{3+} + 3[Fe(CN)_6]^{4-} = Fe_4[Fe(CN)_6]_3\downarrow$$(亚铁氰化铁)　　普鲁士蓝

在 Fe^{3+} 盐溶液中,加入无色的硫氰化钾(KSCN)或硫氰化铵(NH_4SCN)溶液,则能生成血红色的硫氰化铁 $Fe(SCN)_3$。这是 Fe^{3+} 的灵敏反应之一。

$$FeCl_3 + 3KSCN = Fe(SCN)_3 + 3KCl$$

据此可以检验微量的 Fe^{3+} 的存在。但 Fe^{2+} 与 SCN^- 反应不显红色。

三、几种常用的非金属及其化合物

(一)硫及其化合物

1. 硫

1)硫的物理性质

单质态的硫(俗称硫黄)通常是一种淡黄色的晶体,质脆,容易研成粉末。硫的密度是 2.07g/cm^3,约为水的2倍。硫的熔点是112.8℃,沸点是444.6℃。它不溶于水,微溶于酒精,易溶于有机溶剂二硫化碳中。

2)硫的化学性质

硫是一种化学性质比较活泼的非金属单质,它与氧气相似,容易与许多金属和非金属发生反应。

硫能与金、铂、铱以外的金属发生反应,生成金属硫化物,并放出热量。

2. 硫的化合物

1)硫化氢和氢硫酸

(1)硫化氢的物理性质。

硫化氢是硫的氢化物,它是一种无色有臭鸡蛋气味的气体。它的密度比空气略大。硫化氢能溶解于水,在常温、常压下,1 体积水能溶解 2.6 体积的硫化氢。硫化氢有剧毒,是一种大气污染物,空气中含有微量硫化氢时,就会使人感到头痛、头晕和恶心,吸入较多的硫化氢会使人中毒昏迷,甚至死亡。我们国家规定的车间空气中硫化氢的最高允许浓度为 $10mg/m^3$。

(2)硫化氢的化学性质。

硫化氢在较高温度时能发生分解,生成氢气和硫。

$$H_2S \xlongequal{\triangle} H_2 + S$$

硫化氢是一种可燃性气体,在空气中燃烧时,产生淡蓝色火焰。空气充足时,硫化氢能完全燃烧,生成水和二氧化硫。空气不足时,硫化氢燃烧生成水和单质硫。

$$2H_2S + 3O_2 \xlongequal{} 2H_2O + 2SO_2$$

$$2H_2S + O_2 \xlongequal{} 2H_2O + 2S$$

硫化氢还能与二氧化硫发生反应。如果在一个集气瓶里,硫化氢和二氧化硫两种气体充分混合,不久在瓶的内壁上会出现黄色粉末状的硫。

$$SO_2 + 2H_2S \xlongequal{} 2H_2O + 3S$$

由此可见,硫化氢具有还原性。硫化氢里的硫是 -2 价,它能够失去电子变成游离态的单质硫(硫为 0 价)或高价硫的化合物。

(3)硫化氢的实验室制法。

在实验室里,通常用硫化亚铁与稀盐酸或稀硫酸起反应来制取硫化氢。

$$FeS + 2HCl(\text{稀}) \xlongequal{} FeCl_2 + H_2S\uparrow$$

$$FeS + H_2SO_4(\text{稀}) \xlongequal{} FeSO_4 + H_2S\uparrow$$

制备硫化氢气体时不能用浓盐酸、浓硫酸和硝酸。因为浓盐酸是挥发性的酸,会挥发出较多的氯化氢气体,使制得的硫化氢气体不纯。浓硫酸和浓硝酸、稀硝酸都有很强的氧化性,能与具有还原性的硫化氢起反应。

制取硫化氢气体所用的试剂,一种是块状固体(硫化亚铁),另一种是液体(稀酸),反应时又不需要加热,因此,可以用启普发生器来制取硫化氢气体(图 1-9)。制取或使用硫化氢气体,必须在通风橱中进行。

(4)氢硫酸。

硫化氢的水溶液称为氢硫酸。它是一种挥发性的酸,受热时易挥发出硫化氢。氢硫酸和硫化氢一样,有较强的还原性,很容易被氧化而析出单质硫。氢硫酸是一种易挥发的弱酸,具有酸的通性。

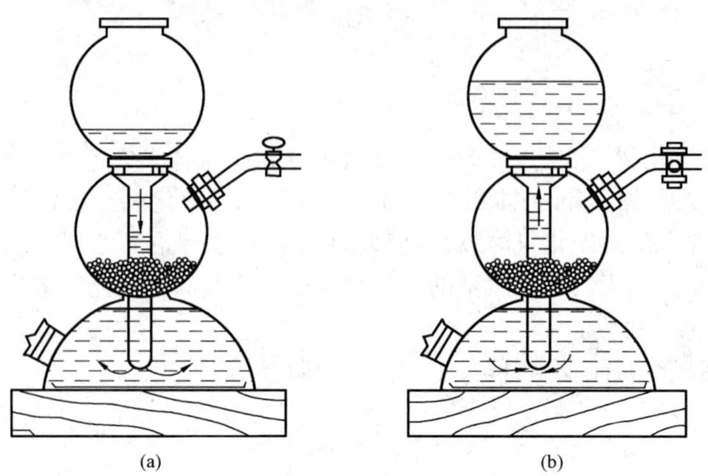

图1-9 启普发生器

(a)扭开活塞时的情形;(b)关闭活塞时的情形

2)硫的氧化物

(1)二氧化硫。

二氧化硫是一种无色而具有刺激性气味的气体。它的密度比空气大。二氧化硫的沸点是-10℃,熔点是-75.5℃,容易液化。二氧化硫是极性分子,易溶解于水,在常温、常压下,1体积水大约能溶解40体积的二氧化硫。二氧化硫有毒,对粘膜有强烈的刺激作用,人吸入少量二氧化硫,会使嗓子变哑,呼吸困难甚至失去知觉。它是一种大气污染物,工业上规定:空气中二氧化硫含量不得超过0.02mg/L。

二氧化硫是酸性氧化物,具有酸性氧化物的通性。能与水反应生成亚硫酸(H_2SO_3),因此二氧化硫又称亚硫酸。亚硫酸很不稳定,同时又容易分解成水和二氧化硫。通常把向生成物方向进行的反应称正反应,向反应物方向进行的反应称逆反应。像这种在同一条件下,既能向正反应方向进行,同时又能向逆反应方向进行的反应,称可逆反应。在化学方程式里,用两个方向相反的箭头代替等号来表示可逆反应。

$$SO_2 + H_2O \rightleftharpoons H_2SO_3$$

二氧化硫在适当的温度并有催化剂存在的条件下,还可以被氧气氧化而生成三氧化硫。三氧化硫在同样条件下也可以分解生成二氧化硫和氧气,所以这也是一个可逆反应。

$$2SO_2 + O \underset{\Delta}{\overset{\text{催化剂}}{\rightleftharpoons}} 2SO_3$$

二氧化硫中的硫为+4价,是S元素的中间价态。二氧化硫若与氧化性比它强的物质反应时,所含硫元素化合价升高,二氧化硫呈现出还原性,如上述二氧化硫与氧气的反应。二氧化硫若与还原性比它强的物质反应时,所含硫元素化合价降低,二氧化硫就呈现出氧化性,如二氧化硫与硫化氢的反应。

二氧化硫能漂白某些有色物质,但漂白原理与氯气不同。二氧化硫的漂白作用,实质上是二氧化硫能与某些有色物质化合生成无色物质,这种无色物质不稳定,受热或日光照射容易分解而使有色物质恢复原来的颜色。二氧化硫主要用于制造硫酸和亚硫酸盐。工业上常用二氧化硫来漂白纸浆、毛、丝、草帽辫等。此外,它还用于杀菌、消毒等。

实验室常用亚硫酸盐与稀硫酸起反应来制取二氧化硫。例如:

$$Na_2SO_3 + H_2SO_4(稀) = Na_2SO_4 + H_2SO_3$$

$$H_2SO_3 = H_2O + SO_2\uparrow$$

(2)三氧化硫。

三氧化硫是一种无色易挥发的晶体,熔点是17℃,沸点是45℃,密度为2.29g/cm^3。

三氧化硫是一种酸性氧化物,具有酸性氧化物的通性。三氧化硫溶于水立即与水发生剧烈反应,生成硫酸同时放出大量的热。因此三氧化硫是硫酸的酸酐,称为硫酐。

$$SO_3 + H_2O = H_2SO_4$$

三氧化硫还能与碱性氧化物和碱类起反应生成硫酸盐,例如:

$$SO_3 + Na_2O = Na_2SO_4$$

$$SO_3 + 2KOH = K_2SO_4 + H_2O$$

3)硫酸和硫酸盐

(1)硫酸的物理性质。

纯净的硫酸是一种无色、粘稠、油状的液体,98.3%(质量分数)的浓硫酸的沸点为338℃。常用浓硫酸的质量分数为98%,密度为1.84g/cm^3。硫酸是一种难挥发(即高沸点)的强酸。

浓硫酸极易溶解于水,同时放出大量的热。因此,稀释浓硫酸时,千万不能把水倒入浓硫酸中,一定要把浓硫酸沿着器壁慢慢地注入水里,并不断搅拌,使产生的热量迅速扩散,这样就可以避免事故的发生。

(2)硫酸的化学性质。

硫酸具有酸的通性。浓硫酸有强烈的吸水性,它能吸收气体中的水蒸气,因此浓硫酸常用做某些贵重仪器、药品以及不与它反应的气体的干燥剂。浓硫酸又有强烈的脱水性,能将纸张、木柴、衣服、皮肤等物质中的氢、氧元素按水的组成比(氢原子和氧原子的个数比为2:1)脱去,使它们炭化而变黑。因此,浓硫酸能严重地破坏动植物组织,有强烈的腐蚀性,使用时要注意安全。

浓硫酸还有很强的氧化性。在常温下,浓硫酸与某些较活泼的金属(如铁、铝等)接触,金属表面立刻被浓硫酸氧化,生成比较复杂的金属氧化物,这种金属氧化物不能溶解在浓硫酸里,它在金属表面形成一层致密的氧化物保护膜,阻止内部金属继续与酸反应,这种现象称为金属的钝化。因此,工业上用铁或铝制容器贮存和运输冷的浓硫酸。但是,在受热的情况下,浓硫酸不仅能与铁、铝等金属起反应,而且能与绝大多数金属反应。

(3)硫酸的用途。

硫酸是化学工业中最重要的产品之一,又是一种重要的化工原料。在化学肥料工业上用硫酸制造磷酸钙等磷肥和硫酸铵。大量的硫酸用于精炼石油,制造炸药、染料、颜料、农药等。硫酸还用于制备许多有实用价值的硫酸盐(如硫酸亚铁、硫酸铜等)及各种挥发性酸(如盐酸、氢氟酸、硝酸等)。在电镀、搪瓷等工业中以及金属加工中用硫酸做清洗剂,以除去金属表面的氧化物。在工业上和实验室里常用浓硫酸做干燥剂,用来干燥氯气、二氧化碳等气体。在化学实验室里,硫酸也是一种重要的化学试剂。

(4)硫酸的工业制法——接触法。

接触法是工业上制造硫酸的一种重要方法。接触法制造硫酸的反应原理:燃烧硫或黄铁矿制取二氧化硫,使二氧化硫在适当的温度和催化剂的作用下氧化成三氧化硫,再使三氧化硫与水化合生成硫酸。关键的一步反应,是二氧化硫与氧气在催化剂的表面上接触时起反应,二氧化硫被氧化成三氧化硫,故把此法称为接触法。

(5)重要的硫酸盐。

硫酸盐一般都是晶体,绝大部分溶解于水。硫酸钙、硫酸银和硫酸亚汞微溶于水。硫酸钡和硫酸铅难溶于水。现在介绍几种重要的硫酸盐。

硫酸锌($ZnSO_4$)是一种白色粉末状物质。含7个分子结晶水的硫酸锌($ZnSO_4 \cdot 7H_2O$)是无色晶体,俗称皓矾,用于制造白色颜料(锌钡白,又名立德粉),可做木材防腐剂。在铁路施工中,用它的溶液浸泡枕木。可做媒染剂,用于印染工业上使染料牢固附着在纺织纤维上。在医疗上用做收敛剂,能使有机体组织收缩,减少腺体的分泌。

硫酸钡($BaSO_4$)是一种白色粉末状物质,不溶于水也不溶于酸。利用这种性质及不易被X射线透过的性质,医疗上常用硫酸钡做X射线透视肠胃的内服药剂,俗称“钡餐”。硫酸钡还可做白色颜料。天然硫酸钡称为重晶石,是制造其他钡盐的原料。

硫酸亚铁晶体($FeSO_4 \cdot 7H_2O$)是淡绿色晶体,俗称绿矾。绿矾可做木材防腐剂、染料的媒染剂,可制造蓝黑墨水、普鲁士蓝(一种蓝色颜料,用于制造油漆)。在农药上也用来防治果园中的病虫害。

硫酸钠(Na_2SO_4)大量用在玻璃工业上。硫酸钠晶体($Na_2SO_4 \cdot 10H_2O$),俗名芒硝,在医药上用作泻药。

(二)氧的重要化合物

1. 臭氧

1)臭氧的物理性质

臭氧的化学式为O_3,在常温、常压下,是一种具有特殊臭味(臭氧因此而得名)的淡蓝色气体,它的密度比O_2的大,比O_2易溶于水。液态臭氧呈深蓝色,沸点为-112.4℃。固态臭氧为紫黑色,熔点为-250℃。

2)臭氧的化学性质

臭氧的化学性质比氧气活泼。

(1)不稳定性:臭氧不稳定,常温时缓慢分解生成氧气,高温时迅速分解,放出热量。

$$2O_3 = 3O_2$$

(2)强氧化性:臭氧的氧化性比氧气还强,可氧化一些弱还原性物质。例如,一些在空气或O_2中不易被氧化的金属(如Ag、Hg等),可以与O_3发生反应。另外,某些染料受到O_3的强烈氧化作用会褪色。

3）臭氧的存在

（1）在空气中高压放电时（如打雷时）会产生 O_3：

$$3O_2 \xlongequal{\text{放电}} 2O_3$$

（2）高压电动机和复印机在工作时会产生 O_3，因此这些地方要注意通风，保持空气流通。

（3）臭氧层中含少量 O_3：自然界中 90% 的 O_3 集中在距地面 15～50km 的大气平流层中，这就是人们通常所说的臭氧层，它是氧气因吸收了太阳的紫外线而生成的。

4）臭氧的用途

（1）臭氧可用于漂白、消毒和杀菌，所以是一种很好的脱色剂和消毒剂。

（2）空气中的微量 O_3 能刺激中枢神经，加速血液循环，令人产生爽快和振奋的感觉。但当空气中 O_3 的体积分数超过 10^{-7}时，就会对人体、动植物以及其他暴露在空气里的物质造成危害。

（3）臭氧层是人类和生物的保护伞。臭氧层中臭氧的含量虽然很少，却可以吸收来自太阳的大部分紫外线，使地球上的生物免遭其伤害。

近年来，臭氧层遭到氟氯烃（商品名称为氟利昂）等气体的破坏，这已引起人们的普遍关注，并采取各种措施，减少并逐步停止氟氯烃等的生产和使用，保护臭氧层。

2. 过氧化氢

氧和氢除可形成水 H_2O 外，还可形成过氧化氢 H_2O_2，其中氧为 -1 价。

1）物理性质

过氧化氢是一种无色粘稠的液体，其水溶液俗称双氧水，呈弱酸性。

2）化学性质

（1）不稳定性。

过氧化氢在低温和高纯度时比较稳定，但加热、光照或有杂质等存在时，易发生分解。如果在过氧化氢的水溶液中加入少量二氧化锰，可以极大地促进它的分解，因此实验室常用过氧化氢来制取氧气。

$$2H_2O_2 \xlongequal{} 2H_2O + O_2\uparrow$$

（2）氧化性。

过氧化氢可氧化 SO_2、H_2S、HI、Fe_2^{2+} 等还原性物质，而自身则被还原成 -2 价的氧并生成 H_2O。

$$H_2O_2 + 2HI \xlongequal{} 2H_2O + I_2$$

$$H_2O_2 + SO_2 \xlongequal{} H_2SO_4$$

（3）还原性。

H_2O_2 遇到较强氧化剂（如 $KMnO_4$、Cl_2 等）时，表现出还原性，其氧化产物为 O_2。

$$H_2O_2 + Cl_2 \xlongequal{} 2HCl + O_2\uparrow$$

3)用途

(1)做消毒杀菌剂。市售双氧水中 H_2O_2 的质量分数一般为30%。医疗上广泛使用 H_2O_2 的质量分数为3%或更小的稀过氧化氢水溶液作为消毒杀菌剂。

(2)做氧化剂、漂白剂、消毒剂、脱氧剂等。如工业上用10%的过氧化氢水溶液漂白毛、丝以及羽毛等。

(3)做火电燃料及生产过氧化物的原料。

(三)氯及其化合物

1. 氯气

氯约占地壳总质量的0.017%。由于氯很活泼,所以在自然界里没有单质氯存在,氯总是呈化合态存在。氯的化合物有氯化钠、氯化钾、氯化镁等。氯化钠主要存在于海水中,海水中约含2.8%的氯化钠,还含有少量其他盐类(如氯化镁等)。另外氯还存在于岩盐、井盐和湖盐中。

1)氯气的物理性质

在通常状况下,氯气是黄绿色,有强烈刺激性气味的气体,密度为2.95g/L,是空气的2.5倍。氯气很容易液化,在常温时加压到607.95kPa或在常压下冷却到-34.6℃,变为黄色油状液体(即液氯)。液氯通常贮存在钢瓶中,便于运输和使用。液氯继续冷却到-101℃时,就变成固态氯。

氯气有毒,吸入少量氯气,会使鼻和喉头的粘膜受到强烈的刺激,引起咳嗽和胸部疼痛;吸入大量氯气,会发生严重中毒,能造成肺水肿,甚至窒息死亡。因此,在实验室里闻氯气的时候,必须小心,千万不要把鼻子凑到瓶口直接闻,应该用手轻轻地在瓶口扇动,让极少量的氯气飘进鼻孔。当闻其他气体的气味时,也应采取这种方法。若发生较重的氯气中毒时,可以吸入酒精和乙醚混合蒸气或氨水蒸气来解毒。

氯气能溶解于水,但在水中的溶解度不大,在常温下,1体积的水能溶解2体积的氯气,氯气的水溶液称为“氯水”,有强烈的氯气的刺激性气味,饱和氯水呈淡黄绿色。

2)氯气的化学性质

氯原子最外电子层上有7个电子,在化学反应中容易结合1个电子,使最外层达到8个电子的稳定结构。因此,氯气是一种化学性质非常活泼的非金属单质,它能与金属、非金属、水、碱等发生化学反应。

(1)氯气与金属的反应。

氯气几乎能与所有的金属直接化合生成氯化物,但有些反应需要加热,当加热时,很多金属还能在氯气中燃烧。

(2)氯气与非金属的反应。

氯气能与许多非金属直接化合。在空气中点燃氢气,然后将导管伸入盛有氯气的集气瓶中。可以观察到,纯净的氢气在氯气中安静地燃烧,发出苍白色的火焰,同时放出大量的热,集气瓶口有白雾生成。这是因为氯气能与氢气起反应生成氯化氢气体,它在空气中易与水蒸气结合呈现雾状。这个反应的化学方程式为:

$$H_2 + Cl_2 \xlongequal{点燃} 2HCl$$

氯气和氢气在常温下化合非常缓慢，但在强光直接照射氯气和氢气的混合气体时，可迅速化合爆炸，反应后也生成氯化氢气体。

$$H_2 + Cl_2 \xlongequal{光照} 2HCl$$

如果点燃氯气和氢气的混合气体时，也能发生剧烈反应并引起爆炸，生成氯化氢。

(3)氯气与水的反应。

氯气能溶解于水，溶解的氯气有一部分与水起反应，生成盐酸和次氯酸。

$$Cl_2 + H_2O \xlongequal{} HCl + HClO$$

氯水是由水、氯气、盐酸和次氯酸组成的混合物。

(4)氯气与碱的反应。

在常温下，氯气能与碱溶液反应，生成金属氯化物、次氯酸盐和水。例如，氯气能与氢氧化钠溶液反应，生成氯化钠、次氯酸钠和水。

$$Cl_2 + 2NaOH \xlongequal{} NaCl + NaClO + H_2O$$

3)氯气的制法和用途

(1)氯气的实验室制法。

在实验室里，常用二氧化锰和浓盐酸反应制取氯气。

$$MnO_2 + 4HCl \xlongequal{\triangle} MnCl_2 + 2H_2O + Cl_2\uparrow$$

制取氯气时，首先按图 1－10 把装置连接好，检查气密性，然后在圆底烧瓶里加入少量二氧化锰粉末，从分液漏斗慢慢地注入浓盐酸（密度为 1.19g/cm³），缓缓加热使氯气均匀地放

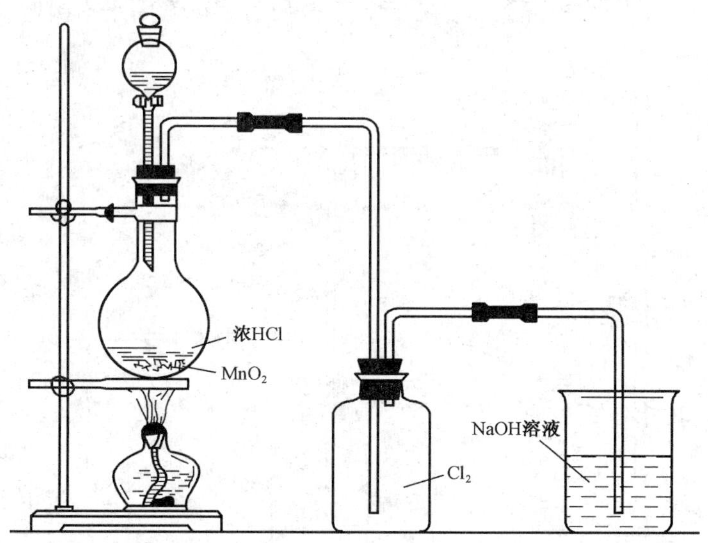

图 1－10　实验室制取氯气

出。因为氯气的密度比空气大,所以用向上排空气法(瓶口向上排空气法)收集氯气。可以在收集氯气的集气瓶后衬一张白纸,观察集气瓶全部呈现黄绿色时,表示瓶口氯气已经收满,把集气瓶直立桌上,用毛玻璃片盖好,可供有关氯气性质的实验用。

氯气是有毒的气体,因此实验室制取氯气时,多余的氯气要用浓度大的氢氧化钠溶液吸收,以消除氯气对环境的污染。

(2)氯气的工业制法。

工业上常用电解饱和食盐水溶液的方法制得氯气。

$$2NaCl + 2H_2O \xlongequal{\text{电解}} 2NaOH + Cl_2\uparrow + H_2\uparrow$$

(3)氯气的用途。

氯气除用于漂白布匹、纸张和饮水消毒外,还用于制造氯化氢、盐酸、化学试剂、有机溶剂(如氯仿等)、漂白粉、农药(如滴滴涕等)、塑料、染料、合成纤维等。因此,氯气是一种重要的化工原料。

2. 氯的几种化合物

1)氯化氢和盐酸

(1)氯化氢。

氯化氢是一种无色而有刺激性气味的气体,密度比空气略大,沸点 -85℃,熔点 -115℃。它易溶于水,常温下1体积水能溶解450体积的氯化氢。氯化氢的水溶液称为氢氯酸,俗称盐酸。氯化氢遇到空气中的水蒸气能形成盐酸液滴。因此,氯化氢在潮湿的空气中会产生白雾。

工业上利用氢气能在氯气中安全燃烧的性质,在特制的合成炉里制取氯化氢。

实验室用食盐与浓硫酸起反应来制取氯化氢。按图1-11把装置连接好,检查气密性。在干燥的烧瓶中加入少量食盐,通过分液漏斗慢慢地注入浓硫酸,同时加热。把生成的氯化氢气体,用向上排空气法,收集在干燥的集气瓶中。多余的氯化氢用水来吸收。不加热或稍微加

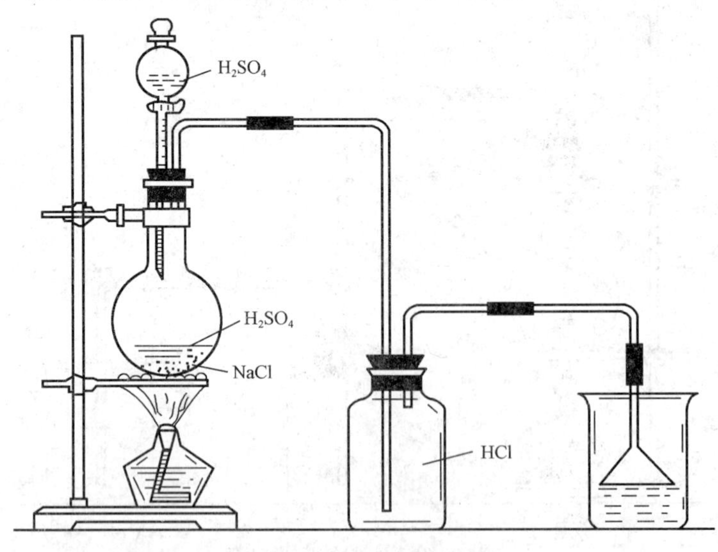

图1-11 实验室制取氯化氢

热时，食盐与浓硫酸反应，生成硫酸氢钠和氯化氢。

$$NaCl + H_2SO_4(浓) = NaHSO_4 + HCl\uparrow$$

在500～600℃的条件下，继续反应，可生成硫酸钠和氯化氢。

$$NaHSO_4 + NaCl \xlongequal{\Delta} Na_2SO_4 + HCl\uparrow$$

总的化学方程式可表示如下：

$$2NaCl + H_2SO_4(浓) \xlongequal{强热} Na_2SO_4 + 2HCl\uparrow$$

用湿润的蓝色石蕊试纸接近瓶口，试纸变红，说明气体已经积满。

由图1－10和图1－11可以发现，用来吸收多余气体的装置不同。在吸收多余氯化氢的装置里，导管没有直接插入水中。这是因为氯化氢极易溶于水，导管直接插入水中时，由于氯化氢的溶解，导管内压力减少，水会倒吸入导管继而倒吸入集气瓶中。在导气管口连接一个小漏斗，使倒扣的漏斗边缘刚刚浸没在烧杯内的水面下，既可以使氯化氢气体被充分吸收，又不会发生倒吸现象。

(2)盐酸。

纯净的盐酸是无色有刺激性气味的液体。工业浓盐酸常因含有杂质(主要是氯化铁)而呈黄色。浓盐酸易挥发，在空气里会产生白雾。常用的浓盐酸约含氯化氢37%(质量分数)，密度1.199/cm^3。盐酸是强酸，有腐蚀性。

盐酸具有酸的通性，能使紫色石蕊试液(或蓝色石蕊试纸)变红色，能与活泼金属(金属活动顺序中氢以前的金属)、碱性氧化物、碱、盐等物质反应，在反应中都有金属氯化物生成。

盐酸是一种重要的化工产品，在化学工业上常用来制备各种氯化物(如氯化锌、氯化钡等)。在机械工业上用盐酸来清洗钢铁制品表面的铁锈，在锅炉的化学清洗中盐酸是常用的清洗剂。大量的盐酸还用于食品工业(制葡萄糖、味精、酱油等)、印染工业、医药工业和皮革工业，在轧钢、电镀、搪瓷等部门都广泛地使用盐酸。在实验室里盐酸是一种重要的化学试剂。

2)氯的含氧化合物

(1)次氯酸(HClO)。

氯水中的一部分氯气缓慢地与水反应，生成盐酸和次氯酸。次氯酸是比碳酸还弱的酸，不稳定，容易分解放出氧气。当氯水受日光照射时，次氯酸的分解速度加快。

$$2HClO \xlongequal{光照} 2HCl + O_2\uparrow$$

因此，新制的氯水里盐酸的含量很少，而放置长久的氯水里盐酸的含量增加。氯水宜现用现配制，而且应该贮存在棕色瓶子里。

次氯酸是一种强氧化剂，能杀死水中的病菌(如伤寒菌、赤痢菌等)。所以自来水厂常用氯气(1L水里约通入0.002g氯气)来杀菌消毒。用氯气消毒过的自来水里虽含有微量的盐酸，但因含量很少对人体没有什么害处。次氯酸还能使染料和有机色质被氧化而褪色，可以做漂白剂。可见潮湿的氯气(或氯水)有漂白、杀菌作用，都是因为生成次氯酸的缘故。

(2)高氯酸($HClO_4$)。

高氯酸是无色透明液体,把它放在空气中,会强烈发烟。能与水以任何比例相溶,其水溶液有很好的导电性。熔点为-122℃,沸点为130℃。

高氯酸是一种强酸,又是强氧化剂,具有强腐蚀性。高氯酸受热易分解,在加热的条件下,会引起爆炸。和皮肤接触感觉激烈的刺痛而腐蚀。无水高氯酸不稳定,溶于水后,性质会稳定得多。

高氯酸能与铁、铜 锌等剧烈反应生成氧化物,还能把元素磷和硫分别氧化成磷酸和硫酸。分析上用作氧化剂,用于溶解金属的溶剂。

高氯酸烟雾对皮肤和粘膜有刺激性,尤其侵蚀眼睛和鼻腔粘膜。如不慎溅到皮肤上,应立即用大量清水和肥皂水冲洗干净;若溅入眼内,迅速用温水或稀硼酸水冲洗15min,严重者应立即送医院治疗。生产人员工作时应穿工作服,戴防护口罩、乳胶手套等劳保用品,以保护呼吸器官、眼睛和皮肤。生产设备要密闭,车间通风应良好。

高氯酸应密封存放于阴凉处,运输时防止受热、日晒、剧烈震荡和倒置。

(3)次氯酸盐。

次氯酸盐比次氯酸稳定,容易保存。工业上就用氯气和消石灰制成漂白粉,这一反应可用化学方程式简单表示如下:

$$2Cl_2 + 2Ca(OH)_2 = Ca(ClO)_2 + CaCl_2 + 2H_2O$$

次氯酸钙和氯化钙的混合物就是漂白粉,它的有效成分是次氯酸钙。次氯酸钙需要在酸性条件下转化成次氯酸,才具有漂白作用。用漂白粉漂白织物时,次氯酸钙与空气里的二氧化碳和水蒸气或稀酸反应,生成次氯酸。

$$Ca(ClO)_2 + CO_2 + H_2O = CaCO_2 \downarrow + 2HClO$$

$$Ca(ClO)_2 + 2HCl = CaCl_2 + 2HClO$$

工业上使用漂白粉时,常加入少量稀硫酸,在短时间内可收到良好的漂白效果。次氯酸钠也有漂白、杀菌作用,常用于印染、制药工业。

(四)氮及其化合物

1. 氮气

1)氮气的物理性质

氮气是一种无色、无气味的气体,比空气略轻,在标准状况下,氮气的密度是1.2506g/L。氮气的沸点-210℃,熔点-196℃。氮气难溶于水,在常状况下,1体积水中大约可溶解0.02体积的氮气。

2)氮气的化学性质

氮气分子是由2个氮原子共用3对电子结合而成的,分子中有3个共价键。它的键能很大,因此氮原子间结合很牢固,不容易分离,即使加热到3000℃时氮分子也不分解,说明氮分子的结构很稳定。在通常情况下,氮气的性质很不活泼,很难与其他物质发生化学反应。但在一定条件下(如高温、放电等),氮分子获得足够的能量,也能与某些金属和非金属发生化学反应。

氮气在高温时，能与镁、钙、锶、钡等金属直接化合生成金属氮化物。例如，镁在空气中燃烧时，除与氧气反应生成氧化镁外，还能与氮气化合生成微量的氮化镁（Mg_3N_2）。

$$3Mg + N_2 \xlongequal{点燃} Mg_3N_2$$

在高温、高压并有催化剂存在的条件下，氮气能与氢气直接化合生成氨（NH_3）。

$$N_2 + 3H_2 \underset{催化剂}{\overset{高温、高压}{\rightleftharpoons}} 2NH_3$$

在放电条件下，氮气与氧气能直接化合生成无色的一氧化氮（NO）

$$N_2 + O_2 \overset{放电}{\rightleftharpoons} 2NO$$

一氧化氮不溶于水。在常温下，它很容易与空气中的氧气反应，生成红棕色并有刺激性气味的二氧化氮（NO_2）气体。

$$2NO + O_2 = 2NO_2$$

因此，在雷雨时，大气中常有少量的 NO_2 产生。

二氧化氮有毒，是易溶于水的酸性氧化物，它溶于水后生成硝酸和一氧化氮。

$$3NO_2 + H_2O = 2HNO_3 + NO$$

二氧化氮在常温时还可以互相化合，生成无色的四氧化二氮（N_2O_4）气体。

$$\underset{红棕色}{2NO_2} \rightleftharpoons \underset{无色}{N_2O_4}$$

氮与氧在不同条件下化合能生成不同的氧化物。一氧化氮和二氧化氮是氮的两种重要氧化物。除此而外，氮的氧化物还有一氧化二氮，俗称笑气（N_2O）、三氧化二氮（N_2O_3）、四氧化二氮（N_2O_4）、五氧化二氮（N_2O_5）等，氮在 N_2O、NO、N_2O_3、NO_2、N_2O_5 这五种氧化物里，其化合价分别是 +1、+2、+3、+4、+5 价，氮的最高化合价是 +5 价。

3）氮气的制法和用途

工业上制取氮气，通常是以空气为原料，采用液态空气分馏的方法。先将空气净化（除去空气中的粉尘、二氧化碳等杂质），经加压和低温冷却将空气液化，利用液态空气中液态氮的沸点比液态氧的沸点低的性质，使氮气先蒸发出来，这样制得的氮气纯度是 99.5%。如果需要非常纯净的氮气，可将这样制得的氮气再通过赤热的铜，将其中所含的少量氧气除去。

通常在高压下将氮气液化，装入钢瓶中备用。大量的氮气在工业上主要用于合成氨、制造硝酸等，它们是制造氮肥、炸药的原料。由于氮气的化学性质很不活泼，可用来代替稀有气体做焊接金属时的保护气。氮气或氮气和氩的混合气体用来填充白炽灯泡，使灯泡经久耐用。可在低氧高氮的环境中，利用氮气保护粮食、水果等农副产品。液态氮可做冷冻剂在工业和医疗方面也有一定的用途。

4）氮的固定

在放电条件下，氮气能和空气中的氧直接化合生成一氧化氮。在高温、高压和催化剂存在下,氮气和氢气可直接化合生成氨。这种将空气中游离的氮转变为氮的化合物的过程,称为氮的固定,简称为固氮。

氮元素是农作物体内蛋白质、核酸和叶绿素的重要成分,植物在生长过程中,必须吸取含氮养料。例如,施用氮肥能使作物的茎、叶生长茂盛,叶色浓绿,所以氮元素是农作物需要的一种重要营养元素。空气中含有大量的氮气,但绝大多数植物只能吸收氮的化合物做养料,而不能直接从空气中吸取游离态的氮作为养料,因此,必须把空气中游离态的氮转变为氮的化合物。也就是说,必须进行氮的固定,氮元素才能被农作物吸收。为此就需要制造氮肥,氮肥的生产就是将空气中的氮固定,供植物吸收生长。合成氨是常用的人工固氮方法。

有些植物(如蚕豆、大豆等豆科植物、苜蓿等)的根部有根瘤菌,能把空气中的氮气变成氨作为养料吸收,这就是自然界中的生物固氮。所以这些植物可以不施或少施氮肥。

2. 氮的化合物

1)氨和铵盐

氨和铵盐是氮的重要化合物。在自然界中,氨是动物体,特别是蛋白质腐败的产物。

氨的物理性质:氨是一种具有强烈刺激性气味的无色气体。在标准状况下,氨的密度为0.771g/L,比同体积的空气轻。

氨分子是极性分子,水分子也是极性分子,所以氨极易溶解于水,在常温常压下,1体积水大约可溶解700体积的氨。氨的水溶液称为氨水。氨水的密度小于1g/cm^3,氨含量越高,氨水的密度越小。一般商品浓氨水的密度为0.90g/cm^3,质量分数约为28%。

氨很容易液化,在常压下冷却到-33.5℃或在常温下加压到$(7\sim8)\times10^5$Pa,氨气就凝结为无色的液体,同时放出大量的热。液态氨汽化时要吸收大量的热,能使它周围物质的温度急剧降低,因此,氨常用作制冷剂。

氨的化学性质:氨能与水、酸和氧气发生化学反应。

氨溶解于水中,大部分与水结合成一水合氨($NH_3\cdot H_2O$),少量的一水合氨可电离成铵离子(NH_4^+)和氢氧根离子(OH^-)。因此,氨水显弱碱性,具有碱类的通性,如能使无色酚酞试液变红色,使石蕊试液变蓝色等。一水合氨($NH_3\cdot H_2O$)很不稳定,受热时易分解而生成氨和水。氨能与酸化合生成铵盐。

氨不能在空气中燃烧,但能在纯氧中燃烧生成氮气和水蒸气。

$$4NH_3+3O_2\xlongequal{\text{燃烧}}2N_2\uparrow+6H_2O$$

在催化剂(如铂、氧化铁等)存在的条件下,氨能与空气中的氧在高温下反应生成一氧化氮和水。

$$4NH_3+5O_2\xlongequal[\triangle]{\text{燃烧}}4NO+6H_2O$$

上述反应称为氨的催化氧化,它是工业上制造硝酸的主要反应。

氨的制法:工业上在高温、高压和催化剂存在的条件下,使氮气和氢气直接化合生成氨。

$$N_2+3H_2\xlongequal[\text{催化剂}]{\text{高温、高压}}2NH_3$$

在实验室里常用加热铵盐（如氯化铵等）和碱的混合物来制取氨气，如图 1－12 所示。

$$2NH_4Cl + Ca(OH)_2 \xlongequal{\triangle} CaCl_2 + 2NH_3\uparrow + 2H_2O$$

图 1－12 中，产生氨气的试管口向下略微倾斜，是为了防止生成的水蒸气在试管口凝结后，倒流到试管底部的受热部位，使试管受热不均匀而破裂。由于氨比空气略轻，所以采取向下排气集气法收集氨。实验室要制取干燥的氨，通常使制得的氨通过碱石灰（NaOH 浓溶液中加入 CaO，加热，制成白色固体，就是碱石灰，它是 H_2O 和 CO_2 的吸收剂）以吸收其中的水蒸气。氨能使湿润的红色石蕊试纸变蓝色，用此法来检验氨。

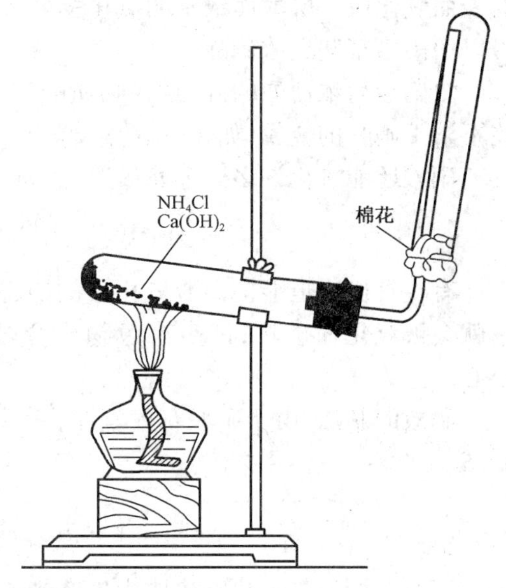

图 1－12 氨的实验室制取

氨的用途：氨是一种重要的化工产品。它是制造氮肥、硝酸、铵盐、纯碱等的重要原料，也是有机合成工业（如合成纤维、塑料、染料、尿素等）常用的一种原料。氨还用作冷冻机和制冰机中的制冷剂。

铵盐：氨气或氨水与酸起反应生成铵盐。铵盐是由铵离子（NH_4^+）和酸根离子组成的化合物。铵盐都是晶体，都易溶解于水。固态铵盐受热极易分解，放出氨气。

铵盐在工农业生产上有着重要的用途。铵盐中的碳酸氢铵、硫酸铵、磷酸铵、硝酸铵等是重要的氮肥。硝酸铵中加入可燃性物质，如铝粉、碳粉等，可用来开矿、筑路等。氯化铵常用于印染业和制干电池的原料，也可作焊接金属时除锈的焊药。

2）硝酸和硝酸盐

硝酸的物理性质：纯硝酸是无色、易挥发、有刺激性气味的液体，密度为 $1.5027g/cm^3$，沸点为 83℃，熔点为 －42℃。硝酸极易溶于水，它能以任意比例与水混溶，常用的浓硝酸质量分数大约是 69%。质量分数在 86% 以上的硝酸，在空气里由于硝酸的挥发而产生白烟，通常称为发烟硝酸。这是因为浓硝酸挥发出的硝酸蒸气遇到空气里的水蒸气，能生成极微小的硝酸液滴的缘故。在纯硝酸中溶有过量的二氧化氮，便形成红色发烟硝酸，它有极强的氧化性，可做火箭燃烧的氧化剂。

硝酸的化学性质：硝酸是一种强酸，它除了具有酸的通性外，还具有它本身的特性。

硝酸不稳定，易分解。纯净的硝酸或浓硝酸在常温下见光就会分解，生成二氧化氮、氧气和水，受热时分解得更快。

$$4HNO_3 \xlongequal[\text{或光照}]{\triangle} 4NO_2\uparrow + O_2\uparrow + 2H_2O$$

硝酸越浓、温度越高，就越容易分解。分解出的二氧化氮溶解于硝酸中，使硝酸呈黄色。为了防止硝酸分解，必须将它盛在棕色瓶中，贮放在黑暗而且温度低的地方。

硝酸是一种很强的氧化剂,浓硝酸、稀硝酸都具有很强的氧化性,几乎能与所有的金属(金、铂等少数金属除外)或非金属发生氧化还原反应。

有些金属如铝、铁、铬、镍等在冷的浓硝酸中会发生钝化现象。这是因为浓硝酸能将它们的表面氧化成一层薄而致密的氧化物薄膜,阻止了内部金属与硝酸进一步反应的缘故。所以,可以用铝槽车装运浓硝酸。

浓硝酸与浓盐酸的混合物(物质的量之比为 1:3)称为王水。它的氧化能力更强,能使一些不溶于硝酸的金属,如金、铂等溶解。

硝酸还能氧化许多非金属单质(如碳、硫、磷等),例如:

$$C + 4HNO_3(浓) \xlongequal{} 2H_2O + 4NO_2 + CO_2\uparrow$$

有些有机物也能被硝酸氧化。例如,松节油遇浓硝酸则燃烧,纸张、织物等纤维制品遇到它就会被氧化而破坏;许多有色物质会被它氧化而褪色。硝酸会灼伤皮肤,使用时要格外小心。

硝酸的制法:由于硝酸有挥发性,所以,在实验室里可用硝酸盐与浓硫酸共热来制备少量硝酸。

$$NaNO_3 + H_2SO_4(浓) \xlongequal{\triangle} NaHSO_4 + HNO_3\uparrow$$

工业上用氨的催化氧化法来生产硝酸,其生产过程大致可以分为两个阶段,下面是其生产原理。

第一阶段,氨的氧化。把氨和净化后的空气按一定比例混合,通入氧化炉。氧化炉的中部有多层水平的铂铑合金网作为催化剂,在 800℃ 的高温下,氨与氧在铂铑合金网上进行反应,生成一氧化氮和水蒸气,同时放出大量的热。

$$4NH_3 + 5O_2 \xlongequal{催化剂} 4NO + 6H_2O$$

第二阶段,硝酸的生成。从氧化炉出来的气体温度很高,经过热交换器和余热锅炉等冷却设备冷却,再被空气中的氧氧化成二氧化氮。

$$2NO + O_2 \xlongequal{} 2NO_2$$

二氧化氮在吸收塔内被水吸收,即得硝酸。

$$3NO_2 + H_2O \xlongequal{} 2HNO_3 + NO$$

在吸收反应中,只有 2/3 的二氧化氮转化成硝酸,而 1/3 的二氧化氮转化成一氧化氮。为了充分利用一氧化氮,常在吸收反应进行过程中补充一些空气,使生成的一氧化氮再氧化为二氧化氮,然后用水或稀硝酸吸收。经过这样多次的氧化和吸收,二氧化氮能够尽可能多的转化为硝酸。这样制得的硝酸质量分数一般为 50% 左右。用硝酸镁或浓硫酸做吸水剂,将稀硝酸蒸馏浓缩,就可以得到质量分数为 96% 以上的浓硝酸。

从吸收塔出来的尾气中,还含有少量未被吸收的一氧化氮和二氧化氮,常用碱液吸收处理,防止一氧化氮和二氧化氮对大气的污染。

硝酸是一种重要的化工产品。它是制造染料、炸药、塑料、硝酸盐和许多产品的重要原料。

硝酸也是一种重要的化学试剂。

多数硝酸盐是无色晶体。所有的硝酸盐都极易溶于水。硝酸盐性质不稳定,加热易分解放出氧气,在反应中所含氮元素的化合价降低,所以,在高温时硝酸盐是强氧化剂。硝酸盐受热分解的产物和成盐金属的活泼顺序有关。在金属活动性顺序表里,镁以前的活泼金属的硝酸盐,受热分解放出氧气,并生成亚硝酸盐,例如:

$$2NaNO_3 \xlongequal{\triangle} 2NaNO_2 + O_2\uparrow$$

亚硝酸钠是一种无色或淡黄色晶体,有咸味。外观类似食盐,是一种工业用盐。如果误食亚硝酸钠或含有过量亚硝酸钠的食物,就会中毒,表现为口唇、指甲、皮肤发紫,头晕、呕吐、腹泻等症状,严重时可使人因缺氧而死亡。腐烂的蔬菜中就含有亚硝酸钠,不能食用。

亚硝酸盐(如 $NaNO_2$、KNO_2 等)用于印染、漂白等行业,广泛用作防锈剂,也是建筑上常用的一种混凝土掺加剂。

在一些食品(如香肠、腊肉等)中,常加入少量亚硝酸盐作为防腐剂和增色剂,能起到防腐且使肉的色泽鲜艳的作用。但国家对食品中亚硝酸盐的含量有严格的限制,因为亚硝酸盐是一种潜在的致癌物质,过量或长期食用对人身体会造成危害。

长时间加热沸腾或反复加热沸腾的水,由于水分的不断蒸发,使水中硝酸盐含量增大,饮用后部分硝酸盐在人体内能被还原成亚硝酸盐,对人体也会造成危害。

活泼性界于镁和铜之间的金属的硝酸盐,加热分解生成金属氧化物,放出二氧化氮和氧气,例如:

$$2Cu(NO_3)_2 \xlongequal{\quad} 2CuO + 4NO_2\uparrow + O_2\uparrow$$

活泼性在铜以后的金属的硝酸盐,加热分解生成金属单质,放出二氧化氮和氧气。例如:

$$2AgNO_3 \xlongequal{\quad} 2Ag + 2NO_2\uparrow + O_2\uparrow$$

硝酸盐用于制造烟火、弹药、炸药(如黑火药)。也用于染料、制药、玻璃、电镀等工业。

四、化学反应速率和化学平衡

许多化学反应需要在一定的条件下才能进行,一个反应的进行需要这样或那样的条件。对化学反应的研究,涉及两个方面的问题:一个是反应进行的快慢,即化学反应速率问题;另一个是反应进行的程度,即有多少反应物可以转化为生成物,这就是化学平衡问题。

(一)化学反应速率

由于化学反应是在一定的空间和时间内完成的,在反应过程中,反应物和生成物都在随时间而变化。因此,化学反应速率可定义为:在化学反应过程中,单位时间、单位体积内反应物或生成物数量的变化。它是衡量化学反应快慢的物理量。

1. 化学反应速率的表示方法

怎样来衡量化学反应速率的大小,通常对于某些反应,可以通过观察反应物的消失速率和生成物的出现速率来作出对这个反应速率的定性判断。例如,把一条镁带放入一个盛稀盐酸的烧杯里,在镁带(反应物)迅速消失的同时,会很快放出氢气(生成物);当把铁块放入同浓度盐酸中时，铁块以较缓慢的速率消失，同时也较缓慢地放出氢气。显然，第一个反应的速率比第二个反应大得多。

化学反应速率与两个因素有关，一个是时间，一个是反应物或生成物的浓度。反应物的浓度随着反应的不断进行而减少，生成物的浓度则不断增加。因此，化学反应速率，通常是用单位时间内反应物浓度的减少或生成物浓度的增加来表示的，浓度单位常用 mol/L 表示。时间单位则是根据具体反应的快慢用 s(秒)、min(分)或 h(小时)表示。因此，反应速率的单位为 mol/(L·s)、mol/(L·min)或 mol/(L·h)。

在化学反应中，反应物的减少与生成物的增加是按化学方程式表示的定量关系进行的。反应速率可选用化学方程式中任意物质浓度的变化来表示。同一个反应选用不同物质的浓度变化来表示的反应速率，其数值虽然不同，但它们的比值等于化学方程式中各相应物质化学计量数之比。因此，用任一物质在单位时间内浓度的变化来表示该物质反应的速率，其意义是相同的。所以用具体数值表示某一反应的速率时，必须指明用哪种物质的浓度变化作为标准，通常可以在反应速率符号“v”的后面用小括号注明该物质的分子式来表示。

2. 影响化学反应速率的因素

在同一条件下，不同的化学反应具有不同的反应速率。化学反应速率的快慢，首先决定于反应物本身的性质，这是内因。但对某一给定的化学反应来说，外部条件对化学反应速率也有一定的影响。例如，在常温时氮与氢的化合几乎察觉不出，在高温高压并采用催化剂的条件下，反应才以显著的速率进行。影响化学反应速率的主要因素有浓度、温度和催化剂，而对于气体反应来说，压力(压强)也是一个重要因素。

1)浓度对化学反应速率的影响

木炭在氧气里燃烧比在空气里更旺，发出白光，并放出热量；硫在空气里燃烧产生微弱的淡蓝色火焰，而在氧气里燃烧得更旺，产生明亮的蓝紫色火焰，显然木炭与氧气的反应和硫与氧气的反应，在纯氧中比在空气中剧烈，反应速率快。这是因为纯氧中氧气分子的浓度比空气中氧分子浓度大的缘故。大量实验证明，当其他条件不变时，增加反应物的浓度，可以增大(或加快)反应速率；减小反应物的浓度，可以减小(或减慢)反应速率。

2)压力(压强)对化学反应速率的影响

有气体参加的反应，压力对反应速率有很大影响。因为当温度不变时，增大压力，气体体积就缩小，单位体积内的气体分子数目增多，即气体的浓度增大，反应速率也就随之增大。相反，减小压力，当温度恒定时，气体的体积增大，单位体积内的气体分子数目减少，即气体的浓度减小，反应速率减小。因此，对于有气体参加的化学反应，压力的增大或减小就等于浓度的增大或减小，压力对反应速率的影响与浓度对反应速率的影响实质上是相同的。也就是说，在其他条件不变的情况下，对于有气体参加的化学反应，增大压力，就可以增大反应速率；反之，减小压力，就可以减小反应速率。固体和液体难于压缩，压力发生变化时，对它们的体积影响非常小，因而对它们的浓度改变很小。因此，如果参加反应的物质是固体、液体或溶液时，可以认为压力的改变不影响它们的反应速率。

3)温度对化学反应速率的影响

温度对反应速率的影响特别显著。例如，在常温下，煤在空气中甚至在纯氧里也不能燃烧，但在高温时则会剧烈燃烧；氢气和氧气化合生成水的反应，在常温下进行得极慢，以致经过几年时间也觉察不出有明显的反应发生，但如果温度升高到600℃时，它们立即起反应并可发生猛烈的爆炸。当其他条件不变时，升高温度，化学反应速率增大；降低温度，化学反应速率减小。经过大量实验测得，温度每升高10℃，反应速率通常增加到原来的24倍。

4）催化剂对化学反应速率的影响

由氯酸钾加热分解制备氧气，加入少量的二氧化锰，不需加热到高温就有氧气放出，二氧化锰加快了反应速率，但反应后二氧化锰的质量、性质并没有发生改变。像二氧化锰这样，在许多化学反应中，都会由于少量某物质的存在而使反应速率显著地改变，这种现象称为催化作用。这种在化学反应里能改变其他物质的化学反应速率，而本身的质量和化学性质在化学反应前后都没有改变的物质，称为催化剂。有催化剂参加的反应，称为催化反应。

催化剂在反应前后的化学性质保持不变，但物理性质则可能有变化。如外观的改变、晶型的消失、沉淀硬结等。催化剂分为正催化剂和负催化剂两类。能加快化学反应速率的催化剂称为正催化剂。能减慢化学反应速率的催化剂称为负催化剂（或阻化剂）。例如，在橡胶或塑料制品中，为了防止老化而加入的防老化剂，就是一种负催化剂。但是一般所说的催化剂都是指正催化剂。以后提到催化剂，如果未加说明，都指正催化剂。

催化剂具有选择性。对某一反应是良好的催化剂，对其他反应就不一定有催化作用，每一反应都有它独特的催化剂。不同的反应要用不同的催化剂。催化剂的选择性还与反应条件有关。一种反应的催化剂是在一定的温度范围内发生催化作用的，催化剂发生催化作用的温度称为催化剂的活性温度。此外，有一些物质本身并没有催化作用，但由于它的存在，能使催化剂的催化作用增强，这种物质称为助催化剂（或活化剂）。例如，氧化铝、氧化钾是合成氨的铁催化剂的助催化剂，可大大提高铁的催化活性（即催化能力），还可延长其使用期。相反的，另有一些物质，即使是很少量的，当混入催化剂中或被催化剂表面吸附时，就会急剧降低甚至破坏催化剂的催化能力，这种作用称为催化剂中毒。例如，氮气、氢气混合气体中，若含极少量硫化氢、一氧化碳、氧气等会使合成氨的铁催化剂失去活性。因此，为了防止催化剂中毒，需要对原料进行一系列的净化过程。由于催化剂能大大加快反应速率，有的甚至可以提高千万倍，因此，催化剂在现代化学和化工生产中占有极为重要的地位。据统计，目前化学工业中约有85%的化学反应需要使用催化剂，尤其在当前大型化工生产、石油化学工业生产中，很多反应还必须靠使用性能优良的催化剂来实现。一些本来进行得很慢，没有工业生产价值的反应，由于采用了有效催化剂而实现了工业化。例如，硫酸工业中制取三氧化硫的反应，只要加入少量的催化剂五氧化二钒，可使反应速率提高一亿六千多万倍。催化剂的使用，促进了硫酸工业、氮肥工业，以及合成橡胶、合成纤维、塑料等工业的发展。在化工生产中，往往一种新型催化剂的出现，能引起生产的巨大变革，所以国内外很多人都在从事催化剂的研究工作。催化剂的选择性，在生物酶催化作用中更为突出，一种酶只能催化一类化学反应，甚至一种化学反应。目前关于酶催化剂（生物催化剂）的研究，取得了很大的进展，现已发现酶催化的高效能是一般催化剂所不能比拟的，有的酶催化剂比非酶催化剂提高反应速率达十几万倍，模拟固氮菌（固氮酶）的功能固定氮，使合成氨在常温常压条件下得以实现，这方面的研究获得成功，将对化学合成工业产生巨大的影响。现在化工生产中都是使用金属化合物催化剂，反应温度都较高，有些催化剂对人体还有很大的毒性，如果今后能用酶催化剂代替金属催化剂，一定会使化工生产出现一个崭新的局面。

当然,影响化学反应速率的因素很多,除了上述提及的浓度、压力(有气体参加的反应)、温度、催化剂以外,还有光、超声波、激光、放射线、电磁波、反应物颗粒的大小、扩散速率、溶剂等。例如,煤块的燃烧远不如煤粉燃烧得快等。

(二)化学平衡

在化学研究和化工生产中,只考虑反应速率是不够的。对化工生产来说,产量和原料的消耗是密切相关的,只有那些反应速率快、反应物又能最大限度地转化为产物的反应,才能保证生产达到高产、低耗。例如,合成氨工业中除了要求氮和氢尽可能快地转变为氨外,还要使氮和氢尽可能多转变为氨,这就涉及化学反应另一个问题——化学平衡。

1. 可逆反应与化学平衡

1)可逆反应和不可逆反应

在一定条件下,不同的化学反应进行的程度是不同的。有些反应几乎能进行到底(反应进行后,反应物的量减小到测不出的程度),例如,在二氧化锰做催化剂的条件下,氯酸钾受热分解的反应为:

$$KClO_3 \xrightarrow[\triangle]{MnO_2} 2KCl + 3O_2\uparrow$$

该反应向左进行的趋势很小,在目前条件下,还不能使氧气和氯化钾反应生成氯酸钾。可以认为,该反应几乎是完全向右进行,即氯酸钾分解全部变成氯化钾和氧气。像这种几乎只能向一个方向进行“到底”的反应,称为不可逆反应。

绝大多数的化学反应都是可逆反应,例如:

$$N_2 + 3H_2 \underset{\text{催化剂}}{\overset{\text{高温、高压}}{\rightleftharpoons}} 2NH_3$$

$$2SO_2 + O_2 \underset{\triangle}{\overset{\text{催化剂}}{\rightleftharpoons}} 2SO_3$$

可逆反应一般都不能进行到底,即反应物不能全部转化为生成物。

2)化学平衡

可逆反应在密闭容器中进行时,任何一个方向的反应都不能进行到底。人们把这种在一定条件下进行的可逆反应,正反应速率和逆反应速率相等,反应物和生成物的浓度都不再随时间而变化的状态,简称化学平衡。只有在一定条件下,密闭容器中进行的可逆反应,才能建立化学平衡。可逆反应在一定条件下达到化学平衡状态时,反应并没有停止,正、逆反应都仍在继续进行,只是它们的反应速率相等,但不为0,反应混合物中各组分的浓度保持不变。因此,化学平衡是一种动态平衡。化学平衡是有条件的平衡。当外界条件改变时,正、逆反应速率发生变化,原有平衡就会被破坏,直到在新的条件下达到新的动态平衡。

2. 化学平衡常数

1)浓度平衡常数

在一定条件下,任何可逆反应达到平衡时,各物质的浓度都不随时间而改变,反应物和生成物的浓度都达到相对稳定。在平衡状态下各物质的浓度称为平衡浓度,平衡浓度一定是该条件下反应物转变为生成物的最高浓度,找出平衡混合物(达到平衡时反应混合物)中各物质浓度之间的关系,具有实际意义。下面以合成氨生产过程中,一氧化碳的变换反应,即一氧化碳和水蒸气在高温时进行反应生成二氧化碳和氢气为例,找出平衡时各物质浓度之间的定量关系。经实验测定,分别在四个密闭容器中进行的下列反应:

$$CO(g) + H_2O(g) \xrightleftharpoons[\text{高温}]{\text{催化剂}} CO_2(g) + H_2(g)$$

在800℃时各物质的平衡浓度见表1-1。用符号 c 表示某物质的物质的量浓度,用平衡混合物中各生成物浓度的幂的乘积作为分子,把各反应物浓度的幂的乘积作为分母,求其比值,把求得的数值也列入表1-1CO变换反应中各物质平衡浓度的关系中。

表1-1 CO变换反应中各物质平衡浓度的关系

起始浓度,mol/L				平衡浓度,mol/L				平衡浓度关系
$c_{(CO)}$	$c_{(H_2O)}$	$c_{(CO_2)}$	$c_{(H_2)}$	$c_{(CO)}$	$c_{(H_2O)}$	$c_{(CO_2)}$	$c_{(H_2)}$	$\frac{c_{(CO_2)}c_{(H_2)}}{c_{(CO)}c_{(H_2O)}}$
1	3	0	0	0.25	2.25	0.75	0.75	1.0
0.25	3	0.75	0.75	0.21	2.96	0.79	0.79	1.0
1	5	0	0	0.167	4.167	0.833	0.833	1.0
0	0	2	1	0.67	0.67	1.33	0.33	1.0

由表1-1所列的实验数据可知,在一定温度下,可逆反应无论从正反应开始,或是从逆反应开始,又无论反应物起始浓度的大小如何,最后都能达到平衡。这时生成物浓度的幂的乘积 $[c_{(CO_2)}c_{(H_2)}]$ 和反应物浓度的幂的乘积 $[c_{(CO)}c_{(H_2O)}]$ 的比值是一个常数,这个常数称为该反应的化学平衡常数(简称平衡常数),用符号 K_c 表示。

$$K_c = \frac{c_{(CO_2)}c_{(H_2)}}{c_{(CO)}c_{(H_2O)}} \tag{1-1}$$

在这里 K_c 是以各物质的平衡浓度来表示的,所以它又称为浓度平衡常数。

对于一般的可逆反应

$$aA + bB \rightleftharpoons dD + eE$$

式中 A、B——反应物;

D、E——生成物;

a、b、d、e——化学方程式中相应物质分子式前面的化学计量数。

当在一定温度下,可逆反应达到平衡时,同样可以实验得出:

$$K_c = \frac{[c_{(D)}]^d[c_{(E)}]^e}{[c_{(A)}]^a[c_{(B)}]^b} \tag{1-2}$$

式中 $c_{(A)}$、$c_{(B)}$、$c_{(D)}$、$c_{(E)}$——平衡浓度,mol/L;

K_c——浓度平衡常数。

式(1-2)为化学平衡常数表达式的一般形式。它表明:在一定温度下,可逆反应达到平衡时,生成物平衡浓度的幂的乘积与反应物平衡浓度的幂的乘积之比是一个常数。这就是可逆反应达到平衡时,各物质浓度之间的定量关系。

2)压力平衡常数

由理想气体状态方程式

$$pV = nRT$$

可得

$$p = \frac{n}{V}RT \tag{1-3}$$

可见,温度一定时,理想气体的浓度(n/V)与压力成正比,在气体混合物中,则每种气体的浓度与它的分压成正比。因此,对于有气体参加的可逆反应,也可以用气体的平衡分压代替各物质平衡浓度来表示它的平衡常数。用分压表示的平衡常数,称为压力平衡常数。压力平衡常数用符号 K_p 表示。例如下列可逆反应:

$$CO(g) + H_2O(g) \xrightleftharpoons[\text{高温}]{\text{催化剂}} CO_2(g) + H_2(g)$$

压力平衡常数表达式为:

$$K_p = \frac{p_{(CO_2)}p_{(H_2)}}{p_{(CO)}p_{(H_2O)}} \tag{1-4}$$

式中,$p_{(CO_2)}$、$p_{(H_2)}$、$p_{(CO)}$、$p_{(H_2O)}$为可逆反应到达平衡时 CO_2、H_2、CO、$H_2O(g)$的平衡分压。

对于气体物质参加的一般反应:

$$aA(g) + bB(g) \rightleftharpoons dD(g) + eE(g)$$

在一定温度达到平衡时,其压力平衡常数表达式为:

$$K_p = \frac{[p_{(D)}]^d[p_{(E)}]^e}{[p_{(A)}]^a[p_{(B)}]^b} \tag{1-5}$$

式中 $p_{(A)}$、$p_{(B)}$——气态反应物 A、B 的平衡分压;

$p_{(D)}$、$p_{(E)}$——气态生成物 D、E 的平衡分压;

a、b、d、e——化学方程式中反应物和生成物气体的化学计量数。

对于气体物质参加的化学反应,其化学平衡常数既可以用浓度平衡常数 K_c 表示,也可以用压力平衡常数 K_p 表示。

同一化学反应中压力平衡常数 K_p 和浓度平衡常数 K_c 之间有一定的关系,对于上述气体物质的一般反应,在一定温度(T)时,若 A、B、D、E 都是理想气体,根据理想气体状态方程和分压定律,这种关系可推导出:

$$K_p = K_c(RT)^{\Delta n} \tag{1-6}$$

即 Δn 为化学反应方程式中气态生成物化学计量数总和减去气态反应物化学计量数总和所得的差值。则由上式可知，当 $\Delta n=0$ 时，得：

$$K_p = K_c \tag{1-7}$$

(三)影响化学平衡的因素

如果一个可逆反应达到平衡状态以后，因为反应条件(浓度、压力、温度等)的改变，旧的平衡被破坏，引起平衡混合物中各组成物质含量随之改变，从而达到新平衡状态的过程，称为化学平衡的移动。在化工生产中控制影响化学平衡的因素，使平衡向着有利于生产需要的方向转化，使所需要的化学反应进行的更完全，以达到增加产品产率的目的。

1. 浓度对化学平衡的影响

在一定温度下，反应速率随着反应物浓度的增减而增减。对已达到化学平衡的可逆反应，其正反应速率和逆反应速率相等，平衡混合物中各物质浓度皆已恒定，那么，当一个化学反应达到平衡时，其他条件不变，只要改变任何一种反应物或生成物的浓度，就会改变正、逆反应速率，使正反应速率和逆反应速率不再相等，平衡遭到破坏，从而引起平衡的移动。在其他条件不变的情况下，增大反应物浓度或减少生成物的浓度，可以使化学平衡向着正反应方向移动。

许多在溶液中进行的可逆反应，由于生成了易挥发的物质从溶液中逸出，或者生成了难溶物质从溶液中析出，或者生成了难电离的物质，使生成物浓度不断降低，反应可趋于完全。在一定温度下，物质的浓度改变，化学平衡发生移动，但平衡常数不变。

2. 压力(压强)对化学平衡的影响

通常所说的压力，是指总压力。对于没有气体参加的可逆反应，压力对平衡几乎没有影响。因为压力对固体和液体的体积影响很小，可以忽略不计。由于压力对气体的体积影响非常大，所以压力对化学平衡的影响，主要是对有气体物质参加的反应而言的。处于平衡状态的反应混合物里，只要有气体存在，那么，在一定温度下，增大或减小压力时，使气体的体积减小或增大，这样就增加或减小了单位体积内气体的分子数，即增加或减小了单位体积气体的物质的量，也就是增加或减小了气体的浓度，这样就会影响化学平衡的正、逆反应速率。但是，由于气体反应的类型不同，所以改变总压，对平衡的影响也是不一样的。

例如，在一定条件下，二氧化氮和四氧化二氮的混合气体处于平衡状态：

$$2NO_2(g)(\text{红棕色}) \rightleftharpoons N_2O_4(g)(\text{无色})$$

当混合气体的体积增大，压力减小，浓度也减小，则首先会看到混合气体的颜色略为变浅(因减压后混合气体的浓度减小)，接着又逐渐变深。这说明平衡向逆反应方向移动，生成了更多的二氧化氮，因此颜色变深。当混合气体的体积减小，压力增大，浓度也增大，开始时混合气体的颜色先略为变深(因加压后混合气体的浓度增大)，随之又逐渐变浅。这说明平衡向正反应方向移动，生成了更多的四氧化二氮，因此，混合气体的颜色变浅。

由此可见，当温度不变时，增大压力，会使化学平衡向着气体分子数减少的方向移动；减小压力，会使平衡向着气体分子数增加的方向移动。

对于反应物气体分子总数与生成物气体分子总数相等的可逆反应，例如：

$$N_2(g)+O_2(g)\xrightleftharpoons{\text{高温}}2NO(g)$$

在一定温度下达到平衡时,正反应速率和逆反应速率相等。当平衡混合物的总压力增大或减小一倍时,因各气体的平衡浓度同时增大或减小一倍,仍然能保持正反应速率和逆反应速率相等,所以不会使平衡遭到破坏,因此,不能使平衡移动。

由此可见,在有气体参加的可逆反应中,如果反应物气体的总分子数和生成物气体的总分子数相等,当温度不变时,增加或降低总压力,对平衡没有影响。因为在这种情况下,压力改变将同等程度地改变了正反应速率和逆反应速率,所以,改变压力只能改变达到平衡的时间,而不能使平衡移动。对于反应物气体分子总数与生成物气体分子总数不相等的可逆反应,总压力的改变,平衡有很大的影响。因为在一定温度下,如果改变压力,无论是气态反应物还是气态生成物的浓度,都要随压力成比例的变化。由于反应前后气体总分子数不同,气体总分子数多的一方,浓度较大,其反应速率受压力的影响较大,这就会使正反应速率和逆反应速率不再相等,平衡被破坏,从而引起平衡的移动,直到建立新的平衡。

3. 温度对化学平衡的影响

化学反应总是伴随着温度的变化,有的反应吸热,有的反应放热。对于一个可逆反应,如果正反应是放热反应,则逆反应必然是吸热反应;相反,如果正反应是吸热反应,其逆反应一定是放热反应。而且放出热量和吸收的热量是相等的。

在吸热或放热的可逆反应中,反应混合物达到平衡状态以后,温度改变时,吸热反应和放热反应的速率会发生不同变化,因而使正逆反应速率不再相等,使平衡被破坏,从而引起平衡移动。

在其他条件不变的情况下,升高温度,会使化学平衡向着吸热反应的方向移动;降低温度,会使化学平衡向着放热反应的方向移动。

温度对化学平衡的影响,与浓度、压力对化学平衡的影响不同。浓度或压力虽然影响可逆反应的平衡,可使平衡发生移动,但不能改变平衡常数,而温度变化却改变了平衡常数,从而使平衡发生移动。

综合以上影响平衡移动的因素可知:如果改变影响平衡的一个条件(如浓度、压力或温度等),平衡就向能够减弱这种改变的方向移动。这一条规律是1887年由勒沙特列总结得出的,称为勒沙特列原理,又称平衡移动原理。根据此原理:当增加反应物浓度时,平衡就向能减小反应物浓度的方向(即向生成物方向)移动,这是力求减弱条件改变的结果。同理,在减小生成物的浓度时,平衡就向能增加生成物浓度的方向移动。当增加压力(有气体参加的反应)时,平衡就向能减小压力(即气体分子数目减少)的方向移动。当降低压力时,平衡就向能增大压力(即气体分子数目增加)的方向移动。当升高温度时,平衡就向能降低温度(即吸热)的方向移动。当降低温度时,平衡就向能升高温度(即放热)的方向移动。

平衡移动原理是一条普遍的规律,适用于一切动态平衡(包括物理平衡,如水和它的蒸汽之间所建立的平衡等)。但必须注意,它不适用于未达到平衡的体系。在化工生产和科学实验中,常常应用平衡移动原理选择适宜的反应条件,使反应向着所需要的方向进行,以提高产品的产率和产量。

4. 催化剂与化学平衡

催化剂只能影响化学反应的速率，而且对化学反应速率的影响是很敏感的。但是催化剂以同等程度影响可逆反应的正、逆反应速率，也就是说，在可逆反应里，能加快正反应的速率，又能同等程度地加快逆反应的速率。因此，催化剂不能改变达到平衡状态时反应混合物的组成，不能使平衡发生移动，不能改变平衡常数，而只能加速平衡的到达，或者说缩短到达平衡的时间。

第二节 有机化学基础知识

一、有机化合物的分类

(一)按碳骨架分类

根据组成有机化合物的碳架不同，可将其分为三类。

1. 开链化合物（脂肪族化合物）

开链化合物的共同特点是分子中的碳原子相互连接成链状。开链化合物最早是从动植物油脂中获得的，所以又称为脂肪族化合物。如：

$CH_3—CH_2—CH_3$ 丙烷　　$CH_2═CH—CH_3$ 丙烯　　$CH_3—CH_2—OH$ 乙醇

2. 碳环化合物

碳环化合物的共同特点是碳原子间互相连接成环状。按性质不同，它们又分为两类。

1)脂环族化合物

分子中的碳原子连接成环，性质与脂肪族相似的一类化合物。如：

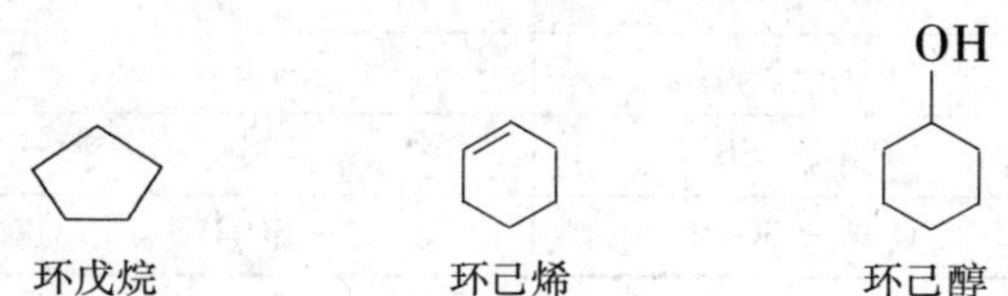

2)芳香族化合物

芳香族化合物中都含有由六个碳原子组成的苯环，且性质与脂肪族和脂环族化合物不同。由于这类化合物最初是从具有芳香味的有机化合物和香树脂中发现的，故又称芳香族化合物。如：

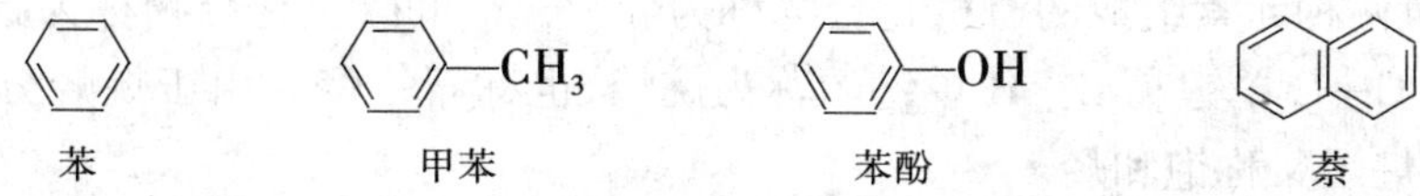

3. 杂环化合物

杂环化合物的共同特点是在它们的分子中也具有环状结构，但在环中除碳原子外，还有其他原子（如氧、硫、氮等），故称为杂环。如：

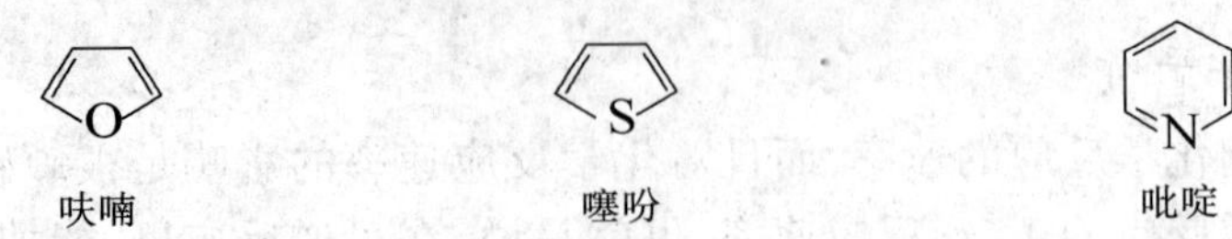

(二)按官能团分类

官能团是指有机化合物分子中那些特别容易发生反应的、决定有机化合物主要性质的原子或基团。一般的，含有相同官能团的化合物，性质也相似，所以将它们归为一类，便于学习和研究。一些常见的重要的官能团见表 1-2。

表 1-2　一些常见的重要官能团

化合物类型	化合物	官能团构造	官能团名称
烯烃	$CH_2=CH_2$	$>C=C<$	碳碳双键
炔烃	$HC\equiv CH$	$-C\equiv C-$	碳碳三键
卤代烃	CH_3-X	$-X$	卤基(卤原子)
醇和酚	C_2H_5OH, C_6H_5OH	$-OH$	羟基
醚	$C_2H_5-O-C_2H_5$	$-O-$	醚键
醛	$CH_3-C(=O)-H$	$-C(=O)-H$	醛基
酮	$CH_3-C(=O)-CH_3$	$-C(=O)-$	酮基(羰基)
羧酸	$CH_3-C(=O)-OH$	$-C(=O)-OH$	羧基
腈	$CH_3-C\equiv N$	$-C\equiv N$	氰基
胺	CH_3-NH_2	$-NH_2$	氨基
硝基化合物	CH_3-NO_2	$-NO_2$	硝基
硫醇	C_2H_5-SH	$-SH$	硫醇基
磺酸	$C_6H_5-SO_3H$	$-SO_3H$	磺基

二、烷烃

(一)定义

只有碳和氢两种元素组成的有机化合物称为烃。开链的碳氢化合物称为脂肪烃。在脂肪烃分子中，只有 C—C 单键和 C—H 单键的称为烷烃，也称石蜡烃。由于烷烃分子中碳的四价达到饱和，所以烷烃又称饱和烃。

烷烃中的碳原子与氢原子之间的数量关系为 C_nH_{2n+2}(n 为碳原子数目)，这个关系式就是烷烃的通式。任何两个烷烃的分子式之间都相差一个或整数个 CH_2。这些具有同一通式、结构和性质相似、相互间相差一个或整数个 CH_2 的一系列化合物称为同系物。

(二)烷烃的同分异构现象

烷烃的同分异构现象是由于分子中碳原子的排列方式不同而引起的,所以烷烃的同分异构又称为构造异构。甲烷、乙烷、丙烷分子中的碳原子只有1种排列方式,所以没有构造异构体。丁烷的分子中有4个碳原子,它们可以有两种排列方式,所以有两种异构体,一种是直链的,另一种是带支链的。戊烷分子中有5个碳原子,它们可以有3种排列方式,所以有3种异构体,它们的构造式如下:

$$CH_3—CH_2—CH_2—CH_2—CH_3$$

正戊烷

$$CH_3—\underset{\displaystyle CH_3}{\underset{|}{CH}}—CH_2—CH_3$$

异戊烷

$$CH_3—\overset{\displaystyle CH_3}{\overset{|}{\underset{\displaystyle CH_3}{\underset{|}{C}}}}—CH_3$$

新戊烷

(三)烷烃的物理性质

常温常压下 $C_1 \sim C_4$ 的烷烃为气体,$C_5 \sim C_{16}$的烷烃为液体,C_{17}以上的烷烃为固体。

直链烷烃的沸点随分子中碳原子数的增加而升高,这是因为烷烃是非极性分子,随着分子中碳原子数目的增加,相对分子质量增大,分子间的范德华引力增强,若要使其沸腾汽化,就需要提供更多的能量,所以烷烃的相对分子质量越大,沸点越高。在碳原子数目相同的烷烃异构体中,直链烷烃的沸点较高,支链烷烃的沸点较低,支链越多,沸点越低。例如,戊烷的3种异构体的沸点分别为:正戊烷36℃;异戊烷28℃;新戊烷9.5℃。这主要是由于烷烃的支链产生了空间阻碍作用,使烷烃分子彼此间难以靠得很近,分子间引力大大减弱的缘故。支链越多,空间阻碍作用越大,分子间作用力越小,沸点就越低。

烷烃分子没有极性或极性很弱,因此难溶于水,易溶于有机溶剂。

折射率是液态有机化合物纯度的标志。液态烷烃的折射率随分子中碳原子数目的增加而缓慢增大。

烷烃的相对密度都小于1,比水轻。随分子中碳原子数目增加而逐渐增大,支链烷烃的密度比直链烷烃略低些。

(四)烷烃的化学性质

烷烃分子中只有C—C键和C—H键,这两种键都是结合得比较牢固的共价键。烷烃分子无极性,也无特征官能团,与其他各类有机化合物相比,烷烃(特别是直链烷烃)的化学性质最不活泼,即最不容易发生化学反应。在常温下,它们与大多数试剂如强酸、强碱、强氧化剂和强还原剂等都不发生化学反应。所以烷烃是常用的有机溶剂和润滑剂。

烷烃的稳定性并不是绝对的。在一定条件下,如高温、光照或加催化剂,烷烃也能发生一系列的化学反应。正是这些化学反应,人们才可以对石油和石油产品进行化学加工和利用。

1. 氧化反应

1)完全氧化

常温下,烷烃一般不与氧化剂反应,也不与空气中的氧反应。但是,烷烃在空气中易燃烧,完全燃烧时生成二氧化碳和水,同时放出大量的热。石油产品如汽油、煤油、柴油等作为燃料就是利用它们燃烧时放出的热能。烷烃燃烧不完全时会产生游离碳,如汽油、煤油等燃烧时带有黑烟(游离碳)就是因为空气不足、燃烧不完全的缘故。

2)控制氧化

在控制的条件下,用空气氧化烷烃可以生成醇、醛、酮、酸等含氧有机化合物。因原料(烷烃和空气)便宜,这类氧化反应在有机化学工业上极为重要。例如,工业上生产乙酸的一个新方法就是以乙酸钴或乙酸锰为催化剂,在150~225℃、约5MPa的压力下,于乙酸溶液中用空气氧化正丁烷(液相氧化)。

$$2CH_3CH_2CH_2CH_3 + 5O_2 \xrightarrow{\text{催化剂}} 4CH_3COOH + 2H_2O$$

烷烃的氧化反应非常复杂,上述反应中还有许多副产物生成。

应该注意,烷烃是易燃易爆物质。烷烃(气体或蒸气)与空气混合达到一定程度时(爆炸范围以内)遇到火花就发生爆炸,在生产上和实验室中处理烷烃时必须小心。

2. 卤代反应

有机化合物分子中的氢原子或其他原子与基团被别的原子与基团取代的反应总称为取代反应。被卤素原子取代的反应称为卤化或卤代反应。烷烃的卤代通常是指氯代或溴代,因为氟代反应过于激烈,难于控制,而碘代反应又难以发生。

1)甲烷的氯代

烷烃与氯或溴在黑暗中并不作用,但在强光照射下则可发生剧烈反应,甚至引起爆炸。例如,甲烷与氯气的混合物在强烈的日光照射下,可发生爆炸性反应,生成碳和氯化氢。

$$CH_4 + 2Cl_2 \xrightarrow{\text{强光}} C + 4HCl$$

但是,如果在漫射光或加热(400~450℃)的情况下,甲烷分子中的氢原子可逐渐被氯原子取代,生成一氯甲烷(CH_3Cl)、二氯甲烷(CH_2Cl_2)、三氯甲烷($CHCl_3$)和四氯化碳(CCl_4)。

甲烷氯代反应得到的通常是4种氯代产物的混合物,工业上常把这种混合物作为有机溶剂或合成原料使用。

2)其他烷烃的氯代

丙烷和丙烷以上的烷烃发生一元卤代反应时,生成的卤代烷一般是两种或两种以上的构造异构体。例如:

$$H_3C—CH_2—CH_3 \xrightarrow[\text{光,25℃}]{Cl_2} \underset{(45\%)}{H_3C—CH_2—CH_2—Cl} + \underset{(55\%)}{H_3C—\underset{\displaystyle Cl}{\underset{|}{C}H}—CH_3}$$

$$H_3C—\overset{\displaystyle CH_3}{\overset{|}{\underset{\displaystyle H}{\underset{|}{C}}}}—CH_3 \xrightarrow[\text{光,25℃}]{Cl_2} \underset{(63\%)}{H_3C—\overset{\displaystyle CH_3}{\overset{|}{\underset{\displaystyle Cl}{\underset{|}{C}}}}—CH_3} + \underset{(37\%)}{H_3C—\overset{\displaystyle CH_3}{\overset{|}{\underset{\displaystyle H}{\underset{|}{C}}}}—CH_2—Cl}$$

由此可见,不同类型的氢原子反应活性顺序为:叔氢>仲氢>伯氢。

3. 裂化反应

烷烃在隔绝空气的情况下,加热到高温,分子中的 C—C 键和 C—H 键发生断裂,由较大分子转变成较小分子的过程,称为裂化反应。裂化反应的产物往往是复杂的混合物。一般把不加催化剂,在较高温度(500 ~ 700℃)和压力(2 ~ 5MPa)下进行的裂化称为热裂化,在比热裂化更高的温度下(高于 700℃)的裂化的过程称为裂解。

热裂化可将重质原料油转化为气体、轻质油、燃料油和焦炭。裂解的目的主要是为了获得更多的低级烯烃。

在催化剂存在下的裂化称为催化裂化。催化裂化可在较缓和的条件(450 ~ 500℃,压力 0.2 ~ 0.4MPa)下进行。催化裂化是最重要的重油轻质化工艺。

4. 异构化反应

由一种异构体转化为另一种异构体的反应称为异构化反应。例如,正丁烷在酸性催化剂存在下可转变为异丁烷:

$$CH_3CH_2CH_2CH_3 \xrightleftharpoons{AlCl_3,HCl} \underset{\displaystyle CH_3}{\overset{}{CH_3—\underset{|}{CH}—CH_3}}$$

烷烃的异构化反应主要用于石油加工工业中,将直链烷烃转变成支链烷烃,可以提高汽油的辛烷值及润滑油的质量。

(五)烷烃的来源及用途

在自然界,烷烃主要存在于天然气和石油之中。天然气中含有大量 C_1 ~ C_4 的低级烷烃,其中主要成分是甲烷。我国是最早开发和利用天然气的国家,天然气资源也十分丰富,在四川、甘肃等地都有丰富的贮藏量。沼泽地的植物腐烂时,经细菌分解也会产生大量的甲烷,所以甲烷俗称沼气。目前我国农村许多地方就是利用农产品的废弃物、人畜粪便及生活垃圾等经过发酵来制取沼气作为燃料的。从油田开采出来的原油中含有大量的烷烃,一般为 C_3 ~ C_{36} 的烷烃。某些动、植物体内也含有少量烷烃。例如,白菜叶中含有二十九烷;菠菜叶中含有三十三烷、三十五烷和三十七烷;烟草叶中含有二十七烷和三十一烷;成熟的水果中含有 C_{27} ~ C_{33} 的烷烃;一些昆虫体内用来传递信息而分泌的信息素中也含有烷烃。工业上常采用烯烃加氢、卤代烷与金属有机试剂作用等方法来制取烷烃。

甲烷、乙烷等低级烷烃是常用的民用燃料,也用作化工原料。中级烷烃如石油醚,是常用的有机溶剂。汽油中也含有大量中级烷烃,高级烷烃有多种用途,如可用于制造表面活性剂、增塑剂等,石蜡的主要成分为 C_{17} ~ C_{35} 的高级烷烃。

三、烯烃、二烯烃和炔烃

(一)烯烃

分子中含有一个碳碳双键(C═C)的链状不饱和烃,称为单烯烃,习惯上也称烯烃。烯烃比相同碳原子数的烷烃少两个氢原子,故其通式为 C_nH_{2n}($n \geqslant 2$)。碳碳双键又称烯键,是烯烃的官能团。

1. 烯烃的同分异构

烯烃的同分异构现象比烷烃复杂,除构造异构外还有顺反异构。

1)构造异构

烯烃的构造异构包括碳链异构和双键位置异构。

(1)碳链异构:它是由于分子中碳原子的排列方式不同而引起的,乙烯和丙烯分子中的碳原子只有一种排列方式,没有异构体。C_4 以上的烯烃,由于碳原子可以以不同方式进行排列,故存在碳链异构体,如烯烃 C_4H_8 有两种碳链异构体:

$CH_2{=}CHCH_2CH_3$ (1-丁烯)　　$CH_2{=}C(CH_3){-}CH_3$ (异丁烯)

(2)位置异构:它是由于双键在碳链中的位置不同而引起的。如烯烃 C_4H_8 有两种位置异构:

$CH_2{=}CHCH_2CH_3$ (1-丁烯)　　$CH_3CH{=}CHCH_3$ (2-丁烯)

2)顺反异构

由于原子或基团在空间的排列方式不同所引起的异构现象称为顺反异构,这两种异构体称为顺反异构体。并不是所有的烯烃都存在顺反异构体,只有当分子具有下列结构时,才会产生顺反异构现象:

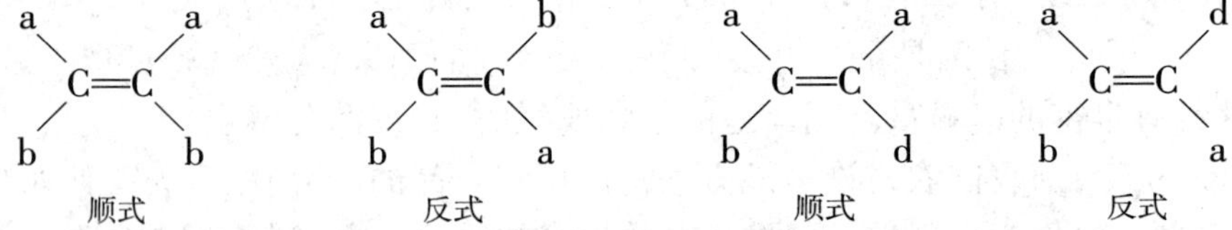

顺式　反式　顺式　反式

也就是说,构成双键的两个碳原子上所连接的原子或基团互不相同。只要有一个碳原子上连接两个相同的原子或基团,就没有顺反异构。例如,1-丁烯和异丁烯都没有顺反异构体。

$(H)_2C{=}C(CH_3)_2$ (异丁烯)　　顺-2-丁烯: $CH_3(H)C{=}C(H)CH_3$ (两个 CH_3 在同侧)　　反-2-丁烯: $CH_3(H)C{=}C(H)CH_3$ (两个 CH_3 在异侧)

2. 烯烃的物理性质

常温下,$C_2 \sim C_4$ 的烯烃为气体,$C_5 \sim C_{18}$ 的烯烃为液体,C_{19} 以上的烯烃为固体。

纯的烯烃都是无色的。乙烯略带甜味,液态烯烃具有汽油的气味。沸点随分子中碳原子数目的增加而升高,在顺反异构体中,顺式异构体的沸点略高于反式异构体。烯烃难溶于水,易溶于有机溶剂。

烯烃的相对密度都小于1,比水轻。

3. 烯烃的化学性质

1)氧化反应

烯烃的碳碳双键非常活泼,容易发生氧化反应,当氧化剂和氧化条件不同时,产物也不相同。

(1)被氧气氧化:在点燃的情况下,乙烯与纯净的氧气发生反应生成二氧化碳和水。

$$CH_2{=\!=}CH_2 + 3O_2(\text{纯}) \xrightarrow{\text{点燃}} 2CO_2 + 2H_2O$$

(2)催化氧化:在活性银催化剂作用下,乙烯被空气中的氧直接氧化,π键断裂,生成环氧乙烷。

$$2CH_2{=\!=}CH_2 + O_2 \xrightarrow[220 \sim 330^\circ C]{Ag} 2\,\underset{\diagdown\,O\,\diagup}{CH_2{-}CH_2}$$

该反应必须严格控制反应温度,反应温度低于 220℃,则反应太慢,超过 300℃,则发生部分氧化而生成二氧化碳和水,致使产率下降。

当乙烯或丙烯在氯化钯等催化剂存在下,也能被氧化,产物为乙醛或丙酮,它们都是重要的化工原料。

$$2CH_2{=\!=}CH_2 + O_2 \xrightarrow[100 \sim 125^\circ C]{PdCl_2 - CuCl_2} 2CH_3CHO$$

$$2CH_2{=\!=}CH{-}CH_3 + O_2 \xrightarrow[120^\circ C]{PdCl_2 - CuCl_2} 2CH_3{-}\underset{\underset{O}{\|}}{C}{-}CH_3$$

(3)氧化剂氧化:用适量冷的高锰酸钾稀溶液作氧化剂,在碱性或中性介质中,烯烃双键中的π键断裂,被氧化成邻二醇,而高锰酸钾被还原为棕色的二氧化锰从溶液中析出,由此来鉴定不饱和烃的存在。

$$3R{-}CH{=\!=}CH{-}R' + 2KMnO_4 + 4H_2O \longrightarrow 3R{-}\underset{\underset{OH}{|}}{CH}{-}\underset{\underset{OH}{|}}{CH}{-}R' + 2MnO_2\downarrow + 2KOH$$

如果用酸性热高锰酸钾浓溶液氧化烯烃,则碳碳双键完全断裂,不同结构烯烃得到不同的氧化物,根据反应得到的氧化产物,可以推测原来烯烃的结构。

$$R{-}CH{=\!=}CH{-}R' \xrightarrow[\Delta]{\text{过量 } KMnO_4,H^+} \underset{\text{羧酸}}{R{-}\overset{\overset{O}{\|}}{C}{-}OH} + \underset{\text{羧酸}}{R'{-}\overset{\overset{O}{\|}}{C}{-}OH}$$

$$R{-}\overset{\overset{R'}{|}}{C}{=\!=}CH_2 \xrightarrow[\Delta]{\text{过量 } KMnO_4,H^+} \underset{\text{酮}}{R{-}\underset{\underset{O}{\|}}{C}{-}R'} + CO_2$$

2)加成反应

碳碳双键中π键较易断裂,在双键的两个碳原子上各加一个原子或基团,生成饱和化合物的反应称为加成反应,这是烯烃最普遍、最典型的反应。

$$\underset{\text{烯烃}}{>C=C<} + \underset{\text{试剂}}{X-Y} \longrightarrow \underset{\text{加成产物}}{-\overset{|}{\underset{X}{\underset{|}{C}}}-\overset{|}{\underset{Y}{\underset{|}{C}}}-}$$

(1)催化加氢(H_2):在常温常压下,烯烃与氢气很难反应,但在催化剂存在下,烯烃能与氢气反应生成烷烃,故称为催化加氢。例如:

$$RCH=CHR' + H_2 \xrightarrow{\text{催化剂}} RCH_2-CH_2R'$$

工业上常用的催化剂有 Pt、Pd、Ni 等,实验常用活性较高的雷尼镍。

应用催化加氢反应,可把汽油中的不饱和烃转变为烷烃,可提高汽油的质量。还可使油脂中的不饱和脂肪酸转变为饱和脂肪酸用于生产肥皂,也可用于烯烃的化学分析,根据吸收氢气的量可以计算出混合物中不饱和化合物的含量或双键的数目(不饱和度)。

(2)加卤素(X_2):烯烃容易与卤素发生加成反应,生成邻位二卤代烃。不同的卤素反应活性不同,氟与烯烃的反应非常激烈,常使烯烃完全分解,氯与烯烃反应较氟缓和,但也要加溶液稀释;溴与烯烃可正常反应,碘与烯烃难以发生加成反应,即活性顺序为:$F_2 > Cl_2 > Br_2 > I_2$,例如:

$$CH_2=CH_2 + Cl_2 \xrightarrow[40℃,\text{溶剂}]{FeCl_3} \underset{Cl}{\underset{|}{CH_2}}-\underset{Cl}{\underset{|}{CH_2}}$$

1,2-二氯乙烷

1,2-二氯乙烷为无色油状液体,有毒,大量吸入其蒸气或误食均能引起中毒死亡。

$$CH_2=CH_2 + \underset{\text{(红棕色)}}{Br_2} \xrightarrow[40℃,\text{溶剂}]{CCl_4} \underset{Br}{\underset{|}{CH_2}}-\underset{Br}{\underset{|}{CH_2}}$$

1,2-二溴乙烷(无色液体)

此反应前后有明显的颜色变化,因此可用来鉴别烯烃,工业上即用此反应来检验汽油、煤油中是否含有不饱烃。

(3)加卤化氢(HX):烯烃与卤化氢气体或浓的氢卤酸发生加成反应,生成一卤代烷,卤化氢的活性顺序为:HI > HBr > HCl,例如:

$$CH_2=CH_2 + HCl \xrightarrow[130\sim250℃]{AlCl_3} CH_3CH_2Cl$$

氯乙烷

氯乙烷常温下是无色气体,能与空气形成爆炸性混合物,它能在皮肤表面很快蒸发,使皮肤冷至麻木而不致冻伤皮下组织,因此用作局部麻醉剂,也被称为足球场上的“化学大夫”。

乙烯是对称分子,不论氢原子和卤原子加在哪个碳原子上都得到同样的一卤代乙烷,但对于结构不对称的烯烃,与卤化氢加成时,可以得到两种加成产物。例如:

$$CH_3CH{=}CH_2 + HX \longrightarrow \begin{cases} CH_3\underset{\displaystyle X}{\underset{|}{C}}HCH_3 & \text{2-卤丙烷} \\ CH_3CH_2CH_2X & \text{1-卤丙烷} \end{cases}$$

实验证明，上述反应的主要产物是2-卤丙烷。1869年俄国化学家马尔科夫尼科夫(Markovnikov)根据大量的实验事实总结出一条经验规律：不对称烯烃与HX加成时，氢原子主要加在含氢较多的双键碳原子上，而卤原子加到含氢较少的双键碳原子上，此规律称为马尔科夫尼科夫规则，简称马氏规则。

反马氏规则加成——过氧化物效应：在过氧化物存在下，烯烃与HBr加成时，得到的产物是反马氏规则的。例如：

$$CH_3CH_2CH{=}CH_2 + HBr \longrightarrow \begin{cases} \xrightarrow{\text{有过氧化物}} CH_3CH_2\underset{\displaystyle H}{\underset{|}{C}}H{-}\underset{\displaystyle Br}{\underset{|}{C}}H_2 & \text{反马氏规则} \\ \xrightarrow{\text{无过氧化物}} CH_3CH_2\underset{\displaystyle Br}{\underset{|}{C}}H{-}\underset{\displaystyle H}{\underset{|}{C}}H_2 & \text{马氏规则} \end{cases}$$

注意：过氧化物的存在对不对称烯烃与HCl和HI的加成反应无影响，仍然遵循马氏规则。

(4)加水(H—OH)：烯烃与水不易直接作用，但在适当的催化剂和加压下也可与水直接加成生成相应的醇。例如：

$$CH_2{=}CH_2 + H_2O \xrightarrow[300℃,7MPa]{\text{磷酸-硅藻土}} \underset{\text{乙醇}}{CH_3CH_2OH}$$

$$CH_3CH{=}CH_2 + H_2O \xrightarrow[300℃,4MPa]{\text{磷酸-硅藻土}} \underset{\text{异丙醇}}{CH_3{-}\underset{\displaystyle OH}{\underset{|}{C}}HCH_3}$$

这是工业上生产乙醇、异丙醇最重要的方法，称为烯烃直接水化法。

(5)加次卤酸(HO—X)：烯烃与次卤酸加成，生成卤代醇，当不对称烯烃与次卤酸加成时，带部分正电荷的卤原子首先加到含氢较多的双键碳原子上，带部分负电荷的羟基加到含氢较少的双键碳原子上，也符合马氏规则。例如：

$$CH_3CH{=}CH_2 + HO{-}Cl \longrightarrow CH_3{-}\underset{\displaystyle OH}{\underset{|}{C}H}{-}\underset{\displaystyle Cl}{\underset{|}{C}H_2}$$

3)聚合反应

烯烃不仅能与许多试剂发生加成反应，还能在引发剂或催化剂的存在下，双键中的π键断裂,以头尾相连的形式自相加成,生成相对分子质量较大的化合物,这种由低分子质量的化合物转变为高分子质量的化合物的反应,称为聚合反应,得到的产物称为聚合物或高聚物。例如:

$$nCH_2{=}CH_2 \xrightarrow[100MPa]{100\sim300^\circ C} {+}CH_2{-}CH_2{+}_n$$

聚乙烯

式中,$CH_2{=}CH_2$ 称为单体;${+}CH_3{-}CH_2{+}_n$称为链节,n 称为链节数(聚合度)。

聚合反应在合成橡胶、塑料、纤维等三大高分子材料工业中具有十分重要的意义。

4)a－氢原子的反应

烯烃分子中的 a－氢原子因受双键的影响,表现出特殊的活泼性,容易发生取代反应和氧化反应。

(1)取代反应:在较低温度下,丙烯与卤素主要发生碳碳双键的加成反应,生成 1,2－二氯丙烷,而在较高温度下,则是 a－氢原子被取代,生成 a－氯代烯烃。

$$CH_3{-}CH{=}CH_2+Cl_2 \xrightarrow{<300^\circ C,\text{加成}} \underset{}{CH_3}\underset{|\atop Cl}{CH}\underset{|\atop Cl}{CH_2}(\text{主要反应})$$

$$CH_3{-}CH{=}CH_2+Cl_2 \xrightarrow{500^\circ C,\text{取代}} \underset{|\atop Cl}{CH_2}{-}CH{=}CH_2(\text{主要反应})$$

(2)氧化反应:在不同的催化条件下,用空气或氧气做氧化剂,氧化 a－氢原子,其产物不同。

$$CH_2{=}CH{-}CH_3 + O_2(\text{空气}) \xrightarrow[350^\circ C,0.25MPa]{Cu_2O} CH_2{=}CH{-}CHO$$

丙烯醛

这是工业上生产丙烯醛的主要方法。

$$CH_2{=}CH{-}CH_3 + O_2(\text{空气}) \xrightarrow[300\sim400^\circ C]{\text{钼酸铋}} CH_2{=}CH{-}COOH$$

丙烯酸

这是工业上生产丙烯酸的主要方法之一。

4. 烯烃的来源、制法及重要的烯烃

1)烯烃的来源、制法

(1)从石油裂解气和炼厂气中分离,主要得到乙烯、丙烯、丁烯等低级烯烃。

(2)实验室中制取少量烯烃时,通常是在催化剂存在下,由醇脱水制得。

$$CH_3CH_2OH \xrightarrow[170^\circ C]{\text{浓}H_2SO_4} CH_2{=}CH_2 + H_2O$$

乙醇

$$CH_3CH_2OH \xrightarrow[350\sim400^\circ C]{Al_2O_3} CH_2{=}CH_2 + H_2O$$

$$CH_3\underset{\displaystyle OH}{\underset{|}{C}}HCH_3 \xrightarrow[350\sim400℃]{Al_2O_3} CH_3CH{=}CH_2 + H_2O$$

异丙醇

(3)由卤代烷脱卤化氢制取烯烃,例如:

$$CH_3\underset{\displaystyle Br}{\underset{|}{C}}HCH_3 \xrightarrow[\Delta]{KOH/醇} CH_3CH{=}CH_2 + KBr + H_2O$$

2)重要的烯烃

(1)乙烯。

乙烯为无色略带甜味的气体。微溶于水,比空气轻,在空气中燃烧时火焰比甲烷明亮,这是因为乙烯分子中碳的质量分数高于甲烷。乙烯与空气混合,遇明火会发生爆炸,爆炸极限为3% ~29%(体积分数)。

乙烯是有机化学工业最重要的起始原料之一。由乙烯出发,通过各类化学反应,可以制得许多有用的化工产品和中间体。

乙烯还具有催促水果成熟的作用。

(2)丙烯。

丙烯为无色气体。在空气中的爆炸极限为2.0% ~11.1%(体积分数)。不溶于水,易溶于汽油、四氯化碳等有机溶剂。丙烯也是有机化学工业重要的起始原料之一。

(二)二烯烃

分子中含有两个碳碳双键的不饱和烃称为二烯烃,二烯烃的分子中比相应的单烯烃少两个氢原子,故通式为C_nH_{2n-2}($n\geqslant3$)。

1. 分类

在二烯烃分子中,由于两个碳碳双键的相对位置不同,致使其性质也有差异,因此通常根据二烯烃的分子中两个碳碳双键相对位置的不同,将二烯烃分为三种类型。

1)累积二烯烃

分子中两个双键连接在同一个碳原子上的二烯烃,例如:

$$CH_2{=}C{=}CH_2 \quad (丙二烯)$$

累积双键不稳定容易发生异构化,即双键位置改变,因此一般它很活泼,但也不容易制备。

2)共轭二烯烃

分子中两个双键被一个单键隔开的二烯烃,例如:

$$CH_2{=}CH{-}CH{=}CH_2 \quad (1,3-丁二烯,简称丁二烯)$$

共轭二烯烃是二烯烃中最重要的一类,它在理论和应用方面都具有重要意义。

3)孤立二烯烃

分子中两个双键被两个或两个以上单键隔开的二烯烃。孤立二烯烃的性质与单烯烃相似。

2. 共轭二烯烃的化学性质

共轭二烯烃分子中含有 C═C—C═C 共轭π键，与烯烃的双键相似，它主要可进行加成和聚合反应。现以1,3－丁二烯为例进行说明。

1）加成反应

共轭二烯烃在与lmol卤素或卤化氢等试剂加成时，既可发生1,2－加成反应，也可发生1,4－加成反应，故可得到两种产物。例如：

$$CH_2{=}CH{-}CH{=}CH_2 + Br_2 \xrightarrow{1,2\text{-加成}} \underset{\text{3,4-二溴-1-丁烯}}{CH_2{=}CH{-}CH(Br){-}CH_2Br}$$

$$CH_2{=}CH{-}CH{=}CH_2 + Br_2 \xrightarrow{1,4\text{-加成}} \underset{\text{1,4-二溴-2-丁烯}}{BrCH_2{-}CH{=}CH{-}CH_2Br}$$

一般在低温下或非极性溶剂中有利于1,2－加成产物的形成，升高温度或在极性溶剂中则有利于1,4－加成产物的生成。共轭二烯烃与卤化氢加成时，符合马氏规则。

2）聚合反应

共轭二烯烃比较容易发生聚合生成高分子化合物，工业上利用这一反应生产合成橡胶。例如：

$$nCH_2{=}CH{-}CH{-}CH_2 \xrightarrow{\text{齐格勒-纳塔催化剂}} \left[\begin{matrix} CH_2 & & CH_2 \\ & C{=}C & \\ H & & H \end{matrix}\right]_n$$

顺-1,4-聚丁二烯（顺丁橡胶）

另外，共轭二烯烃还可以与其他含有双键的化合物进行共聚生成共聚物。例如：

$$nCH_2{=}CH{-}CH{=}CH_2 + mCH(C_6H_5){=}CH_2 \xrightarrow{\text{过氧化物}} {+}CH_2{-}CH{=}CH{-}CH_2{+}_k{+}CH(C_6H_5){-}CH_2{+}_m{+}CH_2{-}CH(CH{=}CH_2){+}_l$$

丁苯橡胶

顺丁橡胶和丁苯橡胶在工业、国防和生活等领域发挥着重要作用。

(三)炔烃

分子中含有碳碳三键（C≡C）的开链不饱和烃称为炔烃，碳碳三键是炔烃的官能团。炔烃比相同碳原子数的单烯烃少两个氢原子，通式为 C_nH_{2n-2}（$n\geqslant2$），与二烯烃互为同分异构体。

1. 炔烃的物理性质

1）物态

通常情况下，$C_2 \sim C_4$ 的炔烃为气体，$C_5 \sim C_{17}$的炔烃为液体，C_{18}以上的炔烃为固体。

2）熔点、沸点

炔烃的熔点、沸点都随碳原子数目增加而升高。一般比相应的烷烃、烯烃略高，这是因为碳碳三键键长较短、分子间距离较近、作用力较强的缘故。

3）相对密度

炔烃的相对密度都小于1，比水轻，相同碳原子数的烃的相对密度为：炔烃 > 烯烃 > 烷烃。

4）溶解性

炔烃难溶于水，易溶于乙醚、石油醚、丙酮、苯和四氯化碳等有机溶剂。

2. 炔烃的化学性质

由于碳碳三键中含有两个π键，故炔烃的化学性质比较活泼，与烯烃相似，也可以发生氧化、加成和聚合反应，另外受碳碳三键的影响，炔烃还有一些特殊的性质。

1）氧化反应

（1）燃烧：乙炔在氧气中燃烧，生成二氧化碳和水，同时放出大量的热（火焰温度可达3000℃以上，故工业上广泛用作切割和焊接金属）。

（2）被高锰酸钾氧化：碳碳三键也能进行氧化反应。将乙炔通入 $KMnO_4$ 的水溶液中，$KMnO_4$被还原为棕褐色的二氧化锰沉淀，原来的紫色消失，三键断裂，生成二氧化碳和水。

$$3CH\equiv CH + 10KMnO_4 + 2H_2O \longrightarrow 6CO_2 + 10MnO_2\downarrow + 10KOH$$

$$R—C\equiv CH \xrightarrow[H_2O]{KMnO_4} \underset{\text{羧酸}}{R—COOH} + CO_2$$

$$R—C\equiv C—R' \xrightarrow[H_2O]{KMnO_4} R—COOH + R'COOH$$

因此，可根据氧化产物来推测原来炔烃的结构，也可用高锰酸钾的颜色变化来鉴别炔烃或烯烃。

2）加成反应

（1）催化加氢：炔烃催化加氢可以生成相应的烯烃或烷烃。

$$R—C\equiv CH + H_2 \xrightarrow{Pt、Pd、Ni} R—CH=CH_2 \xrightarrow{Pt、Pd、Ni} R—CH_2CH_3$$

若选择活性适当的催化剂，如用醋酸铅处理过的附在碳酸钙上的钯做催化剂，也称林德拉（Lindlar）催化剂，可使炔烃加氢生成烯烃。

$$R—C\equiv CH + H_2 \xrightarrow{\text{林德拉}} R—CH=CH_2$$

（2）加卤素（X_2）：炔烃容易与氯或溴发生加成反应。与1mol 卤素加成生成二卤代烯烃，与2mol 卤素加成生成四卤代烷烃，在较低温度下，反应可控制在二卤代烯烃阶段。

$$CH{\equiv}CH \xrightarrow[\text{较低温度}]{Cl_2} \underset{\mathrm{Cl}\quad\ \ \mathrm{Cl}}{CH{=}CH} \xrightarrow[80\sim85℃]{Cl_2} CHCl_2CHCl_2$$

$$R{-}C{\equiv}CH \xrightarrow{Br_2} R{-}\overset{\mathrm{Br}\ \ \mathrm{Br}}{C{=}CH} \xrightarrow{Br_2} R{-}\underset{\mathrm{Br}\ \ \mathrm{Br}}{\overset{\mathrm{Br}\ \ \mathrm{Br}}{C{-}CH}}$$

溴与炔烃发生加成反应后,其红棕色褪去,可由此检验碳碳三键或碳碳双键的存在。

(3)加卤化氢(HX):炔烃与 HX 的加成不如烯烃活泼,也比与卤素加成反应难,通常需要在催化剂存在下进行。例如,在氯化汞—活性炭催化作用下,在 180℃左右,乙炔与氯化氢加成生成氯乙烯,与卤化氢加成的活泼性:HI > HBr > HCl。

(4)加水(H—OH):一般情况下,炔烃与水不发生反应,但在催化剂(如硫酸汞的稀硫酸溶液)存在下,炔烃与水反应生成醛或酮。工业上利用上述反应来制取乙醛和丙酮,但汞和汞盐的毒性很大,影响健康并严重污染环境,现已利用铜、锌等非汞催化剂来代替汞盐类。

(5)加醇(R—OH):在碱的催化下,乙炔与醇加成得到乙烯基醚。甲基乙烯基醚经聚合生成的高聚物,可做涂料、增塑剂和胶粘剂等。

(6)加氢氰酸(HCN):乙炔在 Cu_2Cl_2 催化下,生成丙烯腈,它是生产腈纶的原料。

$$CH{\equiv}CH + HCN \xrightarrow[80\sim90℃,\text{约}0.7MPa]{Cu_2Cl_2\ \text{水溶液}} \underset{\text{丙烯腈}}{CH_2{=}CH{-}CN}$$

(7)加羧酸(R—COOH):在催化剂作用下,乙炔能与羧酸发生加成反应,生成羧酸乙烯酯,它是生产维纶的原料。

$$CH{\equiv}CH + \underset{\text{乙酸}}{CH_3\underset{\|\atop O}{C}O{-}H} \xrightarrow[180\sim220℃]{ZnAc_2-C} \underset{\text{乙酸乙烯酯}}{CH_3\underset{\|\atop O}{C}{-}O{-}CH{=}CH_2}$$

3. 乙炔的制法与用途

纯净的乙炔为无色无臭气体,微溶于水,易溶于丙酮。乙炔与空气混合点火则发生爆炸,爆炸极限为 2.6% ~80.0%(体积分数),范围相当宽,使用时一定要注意安全。

1)乙炔的制法

(1)电石法。

将生石灰和焦炭在高温电炉中加热至 2200 ~2300℃就生成电石(碳化钙)。电石水解即生成乙炔:

$$CaO + 3C \xrightarrow{2200\sim2300℃} \underset{\diagdown\ \mathrm{Ca}\ \diagup}{C{\equiv}C} + CO$$

$$\underset{\diagdown\ \mathrm{Ca}\ \diagup}{C{\equiv}C} + 2H_2O \longrightarrow CH{\equiv}CH + Ca(OH)_2$$

电石法技术比较成熟,但因耗能较高,故工业上多采用下述方法。

(2)甲烷裂解法。

甲烷在1500~1600℃时发生裂解,可制得乙炔:

$$2CH_4 \xrightarrow[0.001\sim0.01s]{1500\sim1600℃} CH\equiv CH + 3H_2$$

2)乙炔的用途

乙炔是三大合成材料工业重要的基本原料之一。由乙炔出发,通过化工过程,可以生产塑料、橡胶、纤维以及其他许多化工原料和化工产品。另外,乙炔在氧气中燃烧,火焰温度高达3000~4000℃,称为氧炔焰,广泛用于焊接和切割金属材料。

四、脂环烃

(一)脂环烃的分类

根据分子中含有的碳环数目,脂环烃可分为单环脂环烃(分子中只有一个碳环)和多环脂环烃(分子中有两个或两个以上的碳环)。例如:

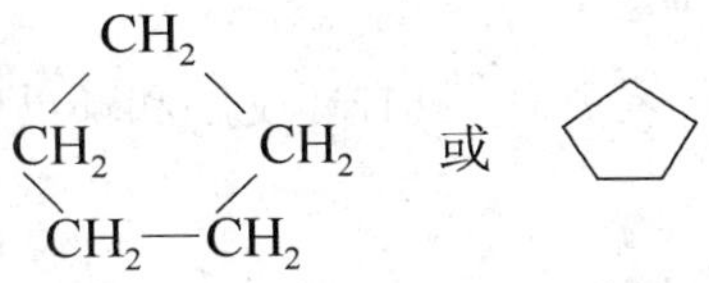

环戊烷(单环脂环烃)

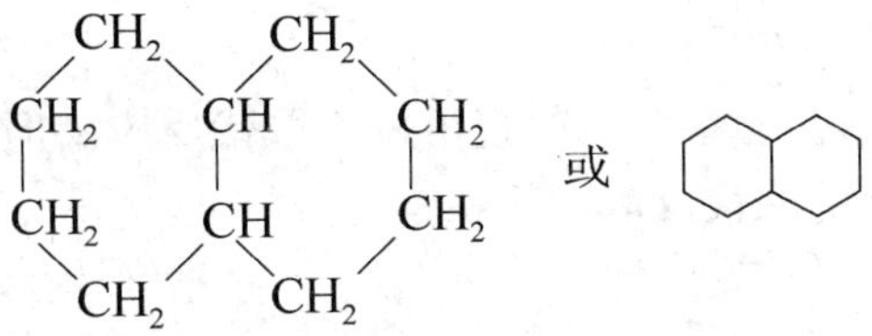

十氢化苯(二环脂环烃)

根据分子中组成环的碳原子数目,脂环烃又可分为三元环、四元环、五元环等。例如:

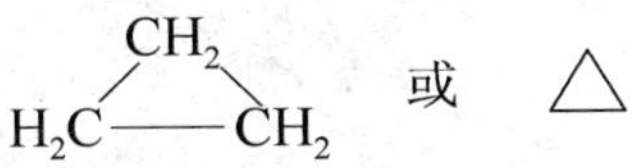

环丙烷(三元环)

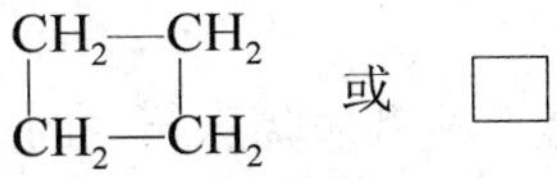

环丁烷(四元环)

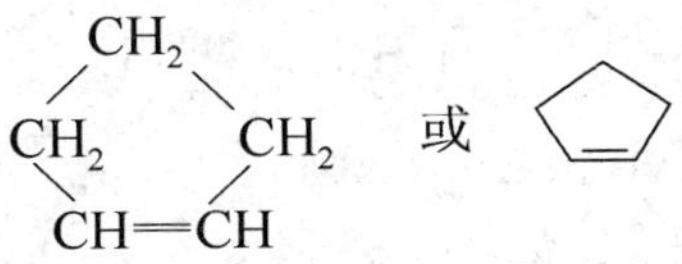

环戊烯(五元环)

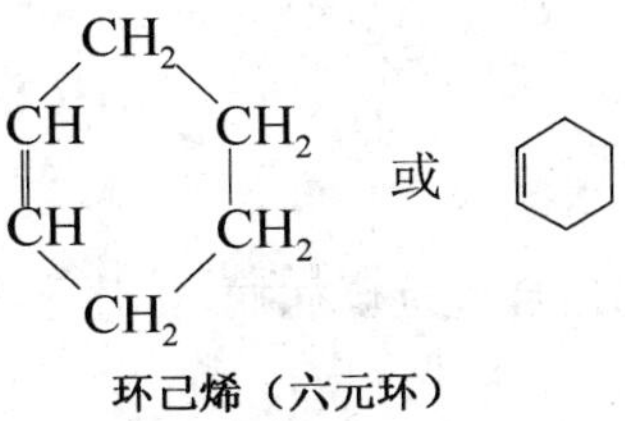

环己烯(六元环)

(二)环烷烃的物理性质

常温下 $C_3\sim C_4$ 环烷烃为气体,$C_5\sim C_{11}$ 的环烷烃为液体,高级环烷烃为固体。环烷烃的熔点、沸点变化规律是随分子中碳原子数增加而升高,且都高于同碳原子数的烷烃。环烷烃的相对密度都小于1,比水轻,但比相应的烷烃的相对密度大。环烷烃不溶于水,易溶于有机溶剂。

(三)环烷烃的化学性质

环烷烃的化学性质与相应的烷烃相似,可以发生取代反应和氧化反应。但由于具有碳环结构,因此还有与环状结构相关的一些特性,如有与不饱和烃相似的加成反应等。

1. 氧化反应

与烷烃相似,在常温下,环丙烷、环丁烷这样的小环烷烃都不能与一般的氧化剂(如高锰酸钾的水溶液)发生氧化反应。如果在加热下用强氧化剂,或在催化剂存在下用空气作氧化剂,环烷烃也能发生氧化反应。条件不同时,氧化产物也不同。例如:

$$\text{环己烷} + O_2 \xrightarrow[120\sim124℃,1.8\sim2.4\text{MPa}]{\text{醋酸钴(锰)}} \underset{\text{环己酮}}{C_6H_{10}O} + \underset{\text{环己醇}}{C_6H_{11}OH}$$

$$\text{环己烷} + \frac{5}{2}O_2 \xrightarrow{\text{热 } HNO_3} \underset{\text{己二酸}}{\begin{matrix} CH_2-CH_2-COOH \\ | \\ CH_2-CH_2-COOH \end{matrix}} + H_2O$$

2. 取代反应

环烷烃与烷烃一样,也可发生取代反应。但由于小环易开环,只有环戊烷和环己烷等较易发生环上的取代反应。例如:

$$\text{环戊烷} + Br_2 \xrightarrow[\text{或加热}]{\text{紫外光}} \underset{\text{溴代环戊烷}}{C_5H_9Br} + HBr$$

溴代环戊烷是合成利尿降压药物的原料。

$$\text{环己烷} + Cl_2 \xrightarrow[\text{或加热}]{\text{紫外光}} \underset{\text{氯代环己烷}}{C_6H_{11}Cl} + HCl$$

氯代环己烷是合成抗癫痫病、抗痉挛药物的原料。

3. 加成反应

1)催化加氢

在催化剂铂、钯或雷尼镍的作用下,环丙烷与环丁烷可以开环发生加氢反应,生成开链烷烃。例如:

$$\triangle + H_2 \xrightarrow[80℃]{Ni} CH_3-CH_2-CH_3$$

$$\square + H_2 \xrightarrow[120℃]{Ni} CH_3—CH_2—CH_2—CH_3$$

2)加卤素

环丙烷与卤素的加成常温下就可进行，而环丁烷需加热才能进行。

$$\triangle + Br_2 \xrightarrow{室温} \underset{Br}{\underset{|}{C}H_2}CH_2\underset{Br}{\underset{|}{C}H_2}$$

1,3－二溴丙烷

$$\square + Br_2 \xrightarrow{加热} \underset{Br}{\underset{|}{C}H_2}CH_2CH_2\underset{Br}{\underset{|}{C}H_2}$$

1,4－二溴丁烷

根据环丙烷、环丁烷能与溴加成但不能被高锰酸钾溶液氧化的性质，可将其与烷烃、烯烃、炔烃区别开来。也可以由此鉴别环丙烷、环丁烷。

3)加卤化氢

环丙烷、环丁烷及其烷基衍生物还可以在常温下与卤化氢发生加成反应，生成一卤代烷烃。例如：

$$\triangle + HBr \longrightarrow CH_3CH_2CH_2Br$$

溴丙烷

溴丙烷是合成医药、染料、香料的原料，也可作添加剂。

$$\square + HBr \longrightarrow CH_3CH_2CH_2CH_2Br$$

溴丁烷

溴丁烷主要用作麻醉药物的中间体，也用于合成染料和香料。

分子中带有支链的小环烷烃与卤化氢加成时，环的断裂通常发生在含氢最少与含氢最多的相邻两个成环碳原子之间，且符合马氏规则。例如：

$$\triangle\!\!—CH_3 + HCl \longrightarrow CH_3\underset{Cl}{\underset{|}{C}H}CH_2CH_3$$

2－氯丁烷

由以上讨论可知，环戊烷、环己烷易发生取代反应和氧化反应，而环丙烷、环丁烷易发生加成反应。它们的化学性质可概括为："小环"似烯，"大环"似烷。

(四)重要的脂环烃

石油是环烷烃的主要来源之一，其中常见的有环戊烷、环己烷及它们的烷基衍生物。原油中一般含有0.5%～1.0%的环己烷，粗汽油中含5.0%～15.0%的环己烷。

1. 环己烷

环己烷为无色液体，沸点80.8℃，易挥发，不溶于水，可与许多有机溶剂混溶。工业上以苯为原料，通过催化加氢制取环己烷。

$$C_6H_6 + 3H_2 \xrightarrow[150\sim250^\circ C,\,2.5MPa]{Ni} C_6H_{12}$$

环己烷是重要的化工原料,主要用于制造己二酸、己二胺和己内酰胺以及用作溶剂等。

2. 环戊二烯

环戊二烯为无色液体,沸点41.5℃,易燃,易挥发,不溶于水,易溶于有机溶剂。工业可由石油裂解产物中分离,也可由环戊烷或环戊烯催化脱氢制取。

环戊二烯主要用于制备二烯类农药、医药、涂料、香料及合成橡胶、石油树脂、高能燃料等。

五、芳香烃

芳香烃是芳香族碳氢化合物的简称,也可简称为芳烃。芳烃及其衍生物总称为芳香族化合物。芳香族化合物大多含有苯环结构,具有独特的化学性质,如不易发生加成反应和氧化反应,而容易发生取代反应。

(一)芳烃分类

芳香烃可按分子中所含苯环的数目和结构分为三大类。

1. 单环芳烃

分子只含一个苯环结构的芳烃。例如:

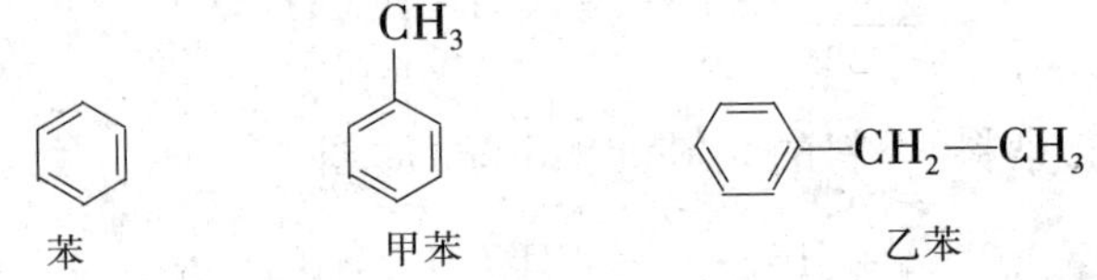

苯　甲苯　乙苯

2. 多环芳烃

分子含有两个或两个以上独立苯环的芳烃。例如:

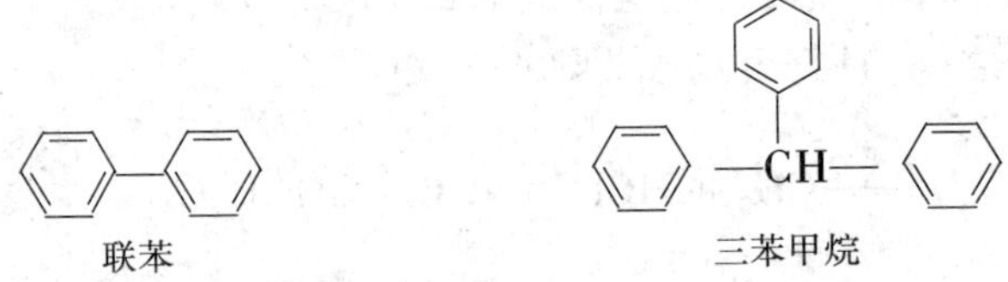

联苯　三苯甲烷

3)稠环芳烃

分子中含有两个或两个以上苯环彼此共用相邻的两个碳原子稠合而成的芳烃。例如:

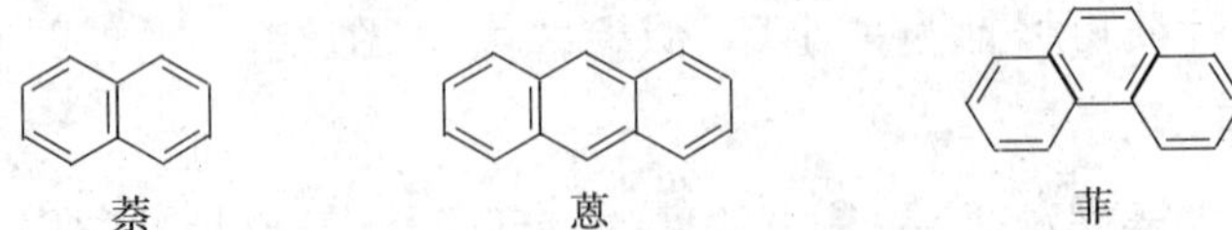
萘　蒽　菲

(二)单环芳烃

1. 单环芳烃的物理性质

在常温下,苯和苯的同系物大多是无色具有芳香气味的液体。其蒸气有毒,其中苯的毒性较大,长期吸入它们的蒸气有害于健康。

苯及其同系物的沸点随相对分子质量的增加而升高。它们的熔点与相对分子质量大小和分子形状有关。分子对称性越高,熔点也越高。一般来说,熔点越高,异构体的溶解度也就越小,易结晶。利用这一性质,通过重结晶可以从二甲苯的三种异构体中分离出对位异构体。

单环芳烃的相对密度小于1,比水轻。单环芳烃不溶于水,溶于汽油、乙醇、乙醚、四氯化碳等有机溶剂中。与脂肪烃不同的是,芳烃易溶于二甘醇、环丁砜、*N*,*N* - 二甲基甲酰胺等特殊溶剂中。因此常利用这些特殊溶剂萃取芳烃。

2. 单环芳烃的化学性质

苯具有环状的共轭π键,它有特殊的稳定性,没有典型的碳碳双键的性质,不易发生加成反应和氧化反应,而容易发生取代反应,苯这种特殊的性质称为芳香性。对于苯来说,反应只发生在环上。但苯的同系物除环上发生反应外,侧链上也能发生反应。

1)氧化反应

苯环很稳定,一般不易氧化,只有在较高的温度和催化剂存在时,被空气氧化,苯环破裂,生成顺丁烯二酸酐(简称顺酐)。

$$2\,C_6H_6 + 9O_2 \xrightarrow[400\sim500^\circ C]{V_2O_5} 2\begin{matrix}CH—CO\\ \| \quad\quad \backslash \\ \quad\quad\quad O\\ \| \quad\quad / \\ CH—CO\end{matrix} + 4CO_2 + 4H_2O$$

顺丁烯二酸酐

顺酐为白色结晶,熔点60℃,沸点200℃,相对密度1.480。主要用于制造聚酯树脂和玻璃钢,也用于增塑剂、医药、农药等的生产。

苯环上对位含有烷基时,两个烷基均被氧化成羧基,生成对苯二甲酸。例如:

$$CH_3—C_6H_4—CH_3 + [O] \xrightarrow[\Delta]{KMnO_4} HOOC—C_6H_4—COOH$$

对苯二甲酸

2)取代反应

苯及其同系物与浓硝酸和浓硫酸的混合物(通常称为混酸)在一定温度下发生反应,苯环上的氢原子被硝基($-NO_2$)取代,生成硝基化合物,这类反应称为硝化反应。例如:

$$C_6H_6 + HNO_3 \xrightarrow[50\sim60^\circ C]{H_2SO_4} C_6H_5—NO_2 + H_2O$$

硝基苯是无色或浅黄色油状液体,熔点5.7℃,沸点210.8℃,比水重,具有苦杏仁气味,有毒,不溶于水,工业上主要用来生产苯胺及制备染料和药物。

甲苯比苯容易硝化,硝化的主要产物是邻、对位硝基甲苯。

$$C_6H_5—CH_3 \xrightarrow[30^\circ C]{HNO_3,H_2SO_4} \underset{(60\%)}{o\text{-}CH_3C_6H_4NO_2} + \underset{(34\%)}{CH_3—C_6H_4—NO_2} + \underset{(3\%)}{m\text{-}CH_3C_6H_4NO_2}$$

硝化是不可逆反应,苯环上的硝化是制备芳香族硝基化合物的重要方法之一。

3)加成反应

苯及其同系物与烯烃或炔烃相比,不易进行加成反应,但在一定条件下,仍与氢、氯等加成,生成脂环烃或其衍生物。

在镍作催化剂作用下,于150~250℃、2.5MPa压力下,苯与氢加成生产环己烷。

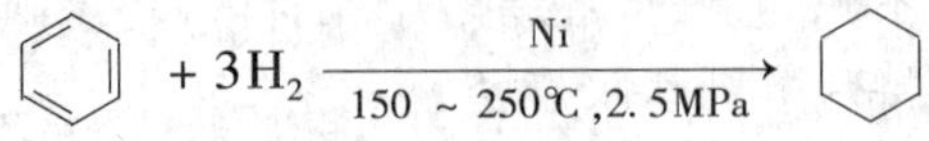

$$C_6H_6 + 3H_2 \xrightarrow[150\sim250^\circ C,\ 2.5MPa]{Ni} C_6H_{12}$$

(三)稠环芳烃

稠环芳烃分子中含有两个或两个以上的苯环,相邻的两个苯环之间有两个共用的碳原子,萘是最简单最重要的稠环芳烃。

1. 萘

为了区分不同的碳原子,通常按一定顺序对萘环进行编号,其编号如下:

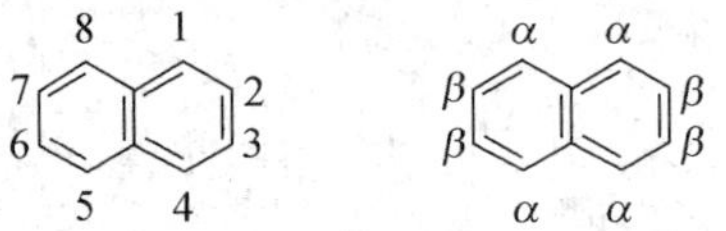

8 1 7 2 6 3 5 4 α α β β β β α α

萘是无色片状晶体,熔点80℃,沸点218℃,易升华。萘有特殊的气味,易溶于乙醇、乙醚及苯中。萘的很多衍生物是合成染料、农药的重要中间体。

萘的化学性质与苯相似,也容易发生取代反应,但萘环上的电子云不是平均分布的,α-碳原子上的电子云密度较高,β位次之,α位比β位活泼,故取代反应较易发生在α位上。萘也能够发生加成和氧化反应,且比苯容易进行。萘可做防虫剂。市售的卫生球就是萘的球形制品,一般将其误称为樟脑丸,因为萘的气味与樟脑相似,故得此名,实际上两者并非同一物质。

2. 蒽和菲

蒽和菲都是由三个苯环稠合而成的。三个苯环以直线稠合的为蒽,以角式稠合的为菲,两者互为同分异构体,并都是从煤焦油中提取的。蒽环和菲环的编号分别如下:

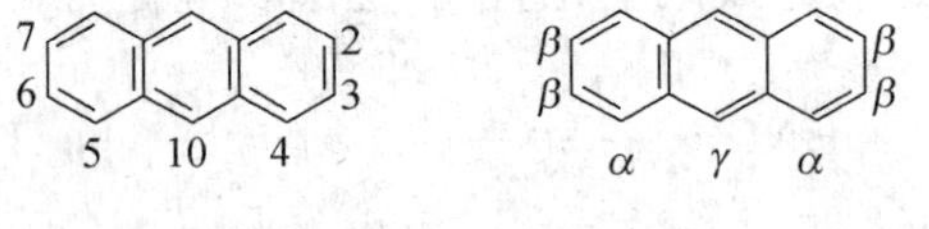

8 9 1 7 2 6 3 5 10 4 α γ α β β β β α γ α 蒽

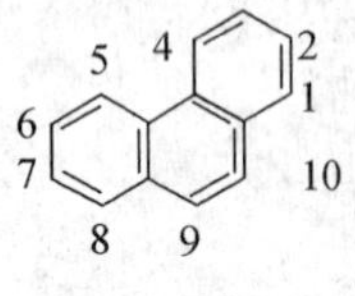

3 5 4 2 1 6 7 10 8 9 或 9 10 8 1 7 2 6 5 4 3 菲

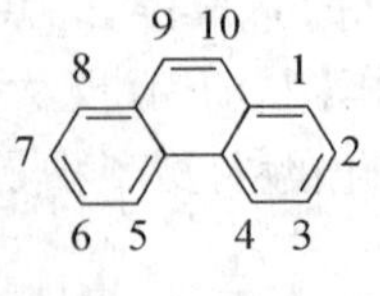

蒽和菲都是片状晶体,溶液都有蓝色荧光。蒽的熔点217℃,沸点354℃,不溶于水,难溶于乙醇和乙醚,易溶于热苯。菲的熔点101℃,沸点340℃,不溶于水,易溶于有机溶剂。

蒽是一种化工原料,用于生产蒽醌,蒽醌的许多衍生物是染料的中间体,用于制造蒽醌染料。菲可被氧化为菲醌,菲醌用于制造染料和药物,农业上用于拌种杀菌。

六、醇、酚和醚

醇、酚和醚都是烃的含氧衍生物。脂肪烃或脂环烃分子中氢原子被羟基取代的衍生物称为醇;芳环上氢原子被羟基取代的衍生物称为酚;醇或酚羟基的氢原子被烃基取代后的产物称为醚。它们的通式分别为醇:R—OH;酚:Ar—OH;醚:R—O—R′。

1. 醇

1)醇的物理性质

直链饱和一元醇中含 C_4 以下的是具有酒精味的流动液体,含 $C_5 \sim C_{11}$ 的为具有不愉快气味的油状液体,含 C_{12} 以上的醇为无臭无味的蜡状固体,二元醇、三元醇等多元醇为具有甜味的无色液体或固体。

与烷烃相似,直链饱和一元醇的沸点也是随着碳原子数的增加而上升,每增加一个碳原子,沸点升高约 18 ~20℃。碳原子数目相同的醇含支链越多,沸点就越低。低级醇的沸点比和它相对分子质量相近的烷烃要高得多,随着碳链的增长,醇与烷烃的沸点差逐渐缩小。

化合物	甲醇	乙烷	乙醇	丙烷	正十二醇	正十三烷
相对分子质量	32	30	46	44	186	184
沸点,℃	65	-88.6	78.5	-42.2	259	234
沸点差,℃	153.6		120.7		25	

这是因为醇分子中含有极性很强的羟基官能团,羟基上的氢与电负性很强的氧原子通过静电作用产生了氢键。醇在液态时,两个或多个分子之间可通过氢键形成一种不稳定的缔合体,要使液态醇汽化时,不仅要破坏分子的范德华力,还得有足够的能量使氢键破裂(O-H-O)。这就是醇具有较高沸点的原因。

对于高级醇,随着碳链的增长,一方面长碳链"R"起屏蔽作用,阻碍氢键的形成;另一方面,羟基在分子中所占的比例降低,此时"R"成为决定性质的主要因素。因此,高级醇的沸点随着碳链的增长,与相对分子质量相近的烷烃沸点相差也越小。

低级醇分子和水分子之间也能形成氢键,因此甲醇、乙醇、丙醇能以任何比例与水混溶。随着碳链的增长,醇分子与水形成氢键的能力减弱,所以从正丁醇起,在水中的溶解度显著降低,到癸醇以上则不溶于水而溶于有机溶剂中。

多元醇分子中含有两个以上的羟基,可以形成更多的氢键。分子所含的羟基越多,在水中的溶解度也越大。

低级醇与水相似,能和一些无机盐类($MgCl_2$、$CaCl_2$、$CuSO_4$ 等)形成结晶状的分子化合物,称为结晶醇,也称醇化物,如 $MgCl_2 \cdot 6CH_3OH$、$CaCl_2 \cdot 4C_2H_5OH$、$CuSO_4 \cdot 2C_2H_5OH$ 等。结晶醇不溶于有机溶剂而溶于水,在实际工作中常利用这一性质使醇与其他化合物分开或从反应物中除去醇类。

饱和一元醇的相对密度小于 1,比水轻。芳香醇和多元醇的相对密度大于 1,比水重。

2)醇的化学性质

醇(ROH)的化学性质主要由羟基官能团所决定,同时,也受烃基的一定影响。从化学键来看,C—O 键或 O—H 键都是极性键,这是醇易于发生反应的两个部位;另外,与羟基相连的碳原子上的氢(即 α - 氢原子)也具有一定的活泼性。

(1)与活泼金属的反应。

醇和水都含有羟基,它们都是极性化合物,且具有相似的化学性质。例如,水和金属钠作用,生成氢氧化钠和氢气。醇和金属钠作用则生成醇钠和氢气,但反应比水慢。这个反应随着醇的相对分子质量的增大而反应速度减慢。醇的反应活性,以甲醇最活泼,其次为一般伯醇,再次为仲醇,而以叔醇最差。甲醇 > 伯醇 > 仲醇 > 叔醇

水可以离解为 H^+ 和 OH^-。醇虽然也可以离解为 H^+ 和烷氧基负离子 OR^-,但离解比水难。可以把醇看做是比水更弱的酸。

(2)与氢卤酸的反应。

醇与氢卤酸反应生成卤代烷和水,这是制备卤代烃的一种重要方法,反应通式如下:

$$R—OH + H—X \rightleftharpoons R—X + H_2O(X = Cl,Br,I)$$

这个反应是可逆的,如果使反应物之一过量或使生成物之一从平衡混合物中移去,都可使反应向有利于生成卤代烃的方向进行,以提高产量。

$$CH_3CH_2CH_2CH_2OH + HI \xrightleftharpoons{\Delta} CH_3CH_2CH_2CH_2I + H_2O$$

$$CH_3CH_2CH_2CH_2OH + HBr \xrightleftharpoons[\Delta]{\text{浓 } H_2SO_4} CH_3CH_2CH_2CH_2Br + H_2O$$

$$CH_3CH_2CH_2CH_2OH + HCl \xrightleftharpoons[\Delta]{ZnCl_2} CH_3CH_2CH_2CH_2Cl + H_2O$$

醇与卤代酸反应速率与氢卤酸的类型及醇的结构有关。氢卤酸的活性次序:HI > HBr > HCl。醇的活性次序:烯丙型醇 > 叔醇 > 仲醇 > 伯醇 > 甲醇。

(3)脱水反应。

醇脱水有两种形式,一种是分子内脱水生成烯烃,另一种是分子间脱水生成醚。具体按哪一种方式脱水则要看醇的结构和反应条件。通常,在较高温度下发生分子内的脱水(消除反应),在较低温度下发生分子间脱水。例如:

分子内脱水:$HCH_2—CH_2OH \xrightarrow[\text{或 } Al_2O_3,360℃]{\text{浓硫酸},170℃} CH_2 = CH_2 + H_2O$

分子间脱水:$CH_3CH_2OH + HOCH_2CH_3 \xrightarrow[\text{或 } Al_2O_3,260℃]{\text{浓硫酸},140℃} CH_3CH_2OCH_2CH_3 + H_2O$

2. 酚

羟基直接连在芳环上的化合物称为酚。除少数烷基酚(如甲苯酚)是高沸点液体外,多数酚均是固体。由于酚的分子间也能形成氢键,所以它们的熔点和沸点都比相对分子质量相近的烃高。苯酚在室温下微溶于水,其余的一元酚不溶于水,而溶于乙醇、乙醚等有机溶剂。多元酚随着羟基数目的增多在水中溶解度增大。

酚类具有腐蚀性和一定的毒性,在使用时应加注意。

3. 醚

1）醚的构造

醚是两个烃基通过氧原子连接起来形成的化合物。醚也可看成是水分子中的2个氢原子都被烃基取代的产物。醚的通式为：R—O—R′、Ar—O—R 或 Ar—O—Ar′。醚分子中的氧基—O—也称为醚键。

2）重要的醚的性质

乙醚是最常见和最重要的醚。在工业上，乙醚是以硫酸和氧化铝为脱水剂，将乙醇脱水而制得。普通实验用的乙醚常含有微量的水和乙醇，在有机合成中所需用的无水乙醚可由普通乙醚用氯化钙处理后，再用金属钠处理，以除去所含微量的水和乙醇。这样处理后的乙醚通常称为绝对乙醚。

乙醚为易挥发的无色液体，比水轻，蒸气比空气重，易燃，爆炸极限为1.85% ~36.5%（体积分数），操作时必须注意安全。乙醚的极性小，较稳定，能溶解许多有机物质，是良好的有机溶剂和萃取剂。乙醚具有麻醉作用，在医药上可作麻醉剂。

乙醚在放置过程中，因与空气接触会慢慢地被氧化成过氧化物。氧化过程比较复杂，目前对过氧化物的结构还不完全清楚，过氧化氢醚可能是第一个氧化产物。乙醚的过氧化物是具有臭味的油状液体，沸点比乙醚高，不挥发，蒸馏乙醚时残留在瓶底。若再继续加热，则迅速分解并发生猛烈爆炸。因此，醚类化合物应放在棕色玻璃瓶内保存，并在蒸馏醚之前，检验是否有过氧化物，以防意外。

乙醚的检验方法有如下两种：

（1）用 KI - 淀粉过滤纸检验，如有过氧化物存在，KI 被氧化成 I_2，而使含淀粉的试纸变成蓝紫色。

（2）加入 $FeSO_4$ 和 KSCN 溶液，如有红色的 $[Fe(SCN)_6]^{3-}$ 配离子生成，则证明有过氧化物存在。

除去过氧化物的方法：

（1）加入还原剂（如 Na_2SO_3 或 $FeSO_4$）后摇荡，以破坏所生成的过氧化物。另外蒸馏乙醚时，不要完全蒸干，以免因过氧化物的存在而引起爆炸。

（2）贮存时，在醚中加入少许金属钠或铁屑，以避免过氧化物形成。

第二章　误差及数据处理

第一节　准确度和精密度

在任何一项分析工作中，我们都可以看到用同一个分析方法，测定同一个样品，虽然经过多次测定，但是测定结果，总不会是完全一样。这说明在测定中有误差。为此我们必须了解误差产生的原因及其表示方法，尽可能将误差减到最小，以提高分析结果的准确度。

一、准确度与误差

准确度是指测定值与真实值之间相符合的程度，准确度的高低常以误差的大小来衡量，即误差越小，准确度越高；误差越大，准确度越低

误差有两种表示方法：绝对误差和相对误差：

$$\text{绝对误差}(E) = \text{测定值}(x) - \text{真实值}(T) \tag{2-1}$$

$$\text{相对误差} = \frac{\text{测定值}(x) - \text{真实值}(T)}{\text{真实值}(T)} \times 100\% \tag{2-2}$$

由于测定值可能大于真实值，也可能小于真实值，所以绝对误差和相对误差都有正、负之分。

针对不同真实值的样品的两次测定的绝对误差可能是相同的，但它们的相对误差却有可能相差很大。相对误差是指误差在真实值中所占的百分率，用相对误差来衡量测定的准确度更具有实际意义。对于多次测量的数值，其准确度可按下式计算：

$$\text{绝对误差}(E) = \bar{x} - T \tag{2-3}$$

$$\text{相对误差}(RE) = \frac{(\bar{x} - T)}{T} \times 100\% \tag{2-4}$$

但应注意有时为了说明一些仪器测量的准确度，用绝对误差更清楚。例如，分析天平的称量误差是 ±0.0002g，常量滴定管的读数误差是 ±0.01mL，等等。这些都是用绝对误差来说明的。

二、精密度与偏差

精密度是指在相同条件下 n 次重复测定结果彼此相符合的程度。精密度的大小用偏差表示，偏差越小说明精密度越高。

(一)偏差

偏差有绝对偏差和相对偏差。

$$绝对偏差(d) = x - \bar{x} \quad (2-5)$$

绝对偏差是指单次测定值与平均值的偏差。

$$相对偏差 = \frac{x - \bar{x}}{\bar{x}} \times 100\% \quad (2-6)$$

相对偏差是指绝对偏差在平均值中所占的百分率。绝对偏差和相对偏差都有正、负之分,单次测定的偏差之和等于零。

(二)算术平均偏差

对多次测定数据的精密度常用算术平均偏差($\bar{d}$)表示。算术平均偏差是指单次测定值与平均值的偏差(取绝对值)之和,除以测定次数。即:

$$算术平均偏差(\bar{d}) = \frac{\sum |x_i - \bar{x}|}{n} \quad (i = 1,2,\cdots,n) \quad (2-7)$$

$$相对平均偏差 = \frac{\bar{d}}{\bar{x}} \times 100\% \quad (2-8)$$

算术平均偏差和相对平均偏差不计正负。

(三)标准偏差

在数理统计中常用标准偏差来衡量精密度。

1. 总体标准偏差

总体标准偏差是用来表达很多次测定数据的分散程度,其数学表达式为:

$$总体标准偏差(\sigma) = \sqrt{\frac{\sum (x_i - \mu)^2}{n}} \quad (2-9)$$

式中,μ 是服从正态分布的测定数据的均值,也称正态分布的中位值。

2. 样本标准偏差

一般测定次数有限,μ 值确定不了,只能用样本标准偏差来表示精密度。其数学表达式(贝塞尔公式)为:

$$样本标准偏差(S) = \sqrt{\frac{\sum (x_i - \bar{x})^2}{n - 1}} \quad (2-10)$$

上式中($n-1$)在统计学中称为自由度,意思是在 n 次测定中,只有($n-1$)个独立可变的偏差。因为 n 个绝对偏差之和等于零,所以,只要知道($n-1$)个绝对偏差,就可以确定第 n 个的偏差值。

3. 相对标准偏差

标准偏差在平均值中所占的百分率称为相对标准偏差,也称变异系数或变动系数(cv)。其计算式为:

$$cv = \frac{S}{\bar{x}} \times 100\% \qquad (2-11)$$

用标准偏差表示精密度比用算术平均偏差表示要好。因为单次测定值的偏差经平方以后,较大的偏差就能显著地反映出来。所以生产和科研的分析报告中,经常使用样本标准偏差和相对标准偏差来表示精密度。

三、极差

一般分析中,平行测定次数不多,常采用极差(R)来说明偏差的范围,极差也称"全距"。

$$R = \text{测定最大值} - \text{测定最小值} \qquad (2-12)$$

$$\text{相对极差} = \frac{R}{\bar{x}} \times 100\% \qquad (2-13)$$

四、公差

公差也称允差,是指某分析方法所允许的平行测定间的绝对偏差。公差的数值是将多次测得的分析数据经过数理统计方法处理而确定的,是生产实践中用以判断分析结果是否合格的依据。如果 2 次平行测定的数值之差在规定允差绝对值的 2 倍以内,认为有效;如果测定结果超出允许的公差范围,称为"超差",就应重做。例如,重铬酸钾法测定铁矿中铁含量,2 次平行测定结果为 33.18% 和 32.78%,2 次结果之差为:33.18% −32.78% =0.40%。生产部门规定铁矿含铁量为 30% ~40%,允差为 ±0.30%。因为 0.4% 小于允差 ±0.30% 的绝对值的 2 倍(即 0.60%),所以测定结果有效。可以用 2 次测定结果的平均值作为分析结果,即:

$$W_{Fe} = \frac{33.18\% + 32.78\%}{2} = 32.98\%$$

这里要指出的是,以上公差表示方法只是其中一种。在各种标准分析方法中公差的规定不尽相同,除上述表示方法外,还有用相对误差表示或用绝对误差表示,要根据公差的具体规定。

准确度和精密度是两个不同的概念,它们相互之间有一定的关系。要想具有高准确度,首先必须保证高精密度;但精密度高并不说明其准确度也高,因为可能在测定中存在系统误差,可以说精密度是保证准确度的先决条件。

第二节　误差来源与消除方法

进行样品分析的目的是为获取准确的分析结果。然而即使采用最可靠的分析方法,最精密的仪器,熟练细致的操作,所测得的数据也不可能和真实值完全一致。这说明误差是客观存在的。但如果掌握了产生误差的基本规律,就可将误差减小到允许的范围内。为此必须了解误差的性质和产生的原因以及减免的方法。

根据误差产生的原因和性质,将误差分为系统误差和偶然误差两大类。

一、系统误差

系统误差又称可测误差，它是由分析操作过程中的某些经常原因造成的。在重复测定时，它会重复表现出来，对分析结果的影响比较固定。这种误差可以设法减小到可忽略的程度。化验分析中，将系统误差产生的原因归纳为以下几方面：

(1)仪器误差：由于使用的仪器本身不够精密造成的，如使用未经过校正的容量瓶、移液管和砝码等。

(2)方法误差：由于分析方法本身造成的。如在滴定过程中，由于反应进行的不完全、化学计量点和滴定终点不相符合，以及由于条件设置不好或发生其他副反应等原因，都会引起系统的测定误差。

(3)试剂误差：由于所用蒸馏水含有杂质或所使用的试剂不纯所引起的。

(4)操作误差：由于分析工作者掌握分析操作的条件不熟练、个人观察器官不敏锐和固有的习惯所致。如对滴定终点颜色的判断偏深或偏浅、对仪器刻度标线读数不准确等都会引起测定误差。

二、偶然误差

偶然误差又称随机误差，是指测定值受各种因素的随机变动而引起的误差。例如，测量时的环境温度、湿度和气压的微小波动，仪器性能的微小变化等，都会使分析结果在一定范围内波动。偶然误差的形成取决于测定过程中一系列随机因素，其大小和方向都是不固定的。因此，无法测量，也不可能校正，所以偶然误差又称不可测误差。它是客观存在的，是不可避免的。从表面上看，偶然误差似乎没有规律，但是在消除系统误差之后，在同样条件下，进行反复多次测定，发现偶然误差还是有规律的，它是遵从正态分布(即高斯分布)规律。从正态分布曲线上反映出偶然误差的规律有：绝对值相等的正误差和负误差出现的概率相同，呈对称性；绝对值小的误差出现的概率大，绝对值大的误差出现的概率小，绝对值很大的误差出现的概率非常小。即误差有一定的实际极限。

为了减少偶然误差，应该重复多做几次平行实验并取其平均值。这样可使正负偶然误差相互抵消，在消除了系统误差的条件下，平均值就可能接近真实值。

除以上两类误差外，还有一种误差称为过失误差，这种误差是由于操作不正确、粗心大意而造成的。例如，加错试剂、读错砝码、溶液溅失等，皆可引起较大的误差。有较大误差的数值在找出原因后应弃去不用。绝不允许把过失误差当作偶然误差。只要工作认真、操作正确，过失误差是完全可以避免的。

三、提高分析结果准确度的方法

要提高分析结果的准确度，必须考虑在分析工作中可能产生的各种误差，采取有效的措施，将这些误差减小到最小。

(一)选择合适的分析方法

各种分析方法的准确度是不相同的。化学分析法对高含量组分的测定，能获得准确和较满意的结果，相对误差一般在千分之几，而对低含量组分的测定，化学分析法就达不到这个要求。仪器分析法,虽然误差较大,但是由于灵敏度高,可以测定低含量组分。在选择分析方法时,主要根据组分含量及对准确度的要求,在可能的条件下选择最佳的分析方法。

(二)增加平行测定的次数

增加测定次数可以减少偶然误差。在一般的分析测定中,测定次数为 3 ~5 次,如果没有意外误差发生,基本上可以得到比较准确的分析结果。

(三)减小测量误差

尽管天平和滴定管校正过,但在使用中仍会引入一定的误差。例如,使用分析天平称取一份试样,就会引入 ±0.0002g 的绝对误差,使用滴定管完成一次滴定,会引入 ±0.02mL 的绝对误差。为使测量的相对误差小于 0.1% ,则:

试样的最低称样量应为:

$$试样质量 = \frac{绝对误差}{相对误差} = \frac{0.0002}{0.001} = 0.2\text{g}$$

滴定剂的最少消耗体积为:

$$V = \frac{绝对误差}{相对误差} = \frac{0.02}{0.001} = 20\text{mL}$$

(四)消除测定中的系统误差

消除系统误差可以采取以下措施。

1. 空白试验

由试剂和器皿引入的杂质所造成的系统误差,一般可作空白试验加以校正。空白试验是指在不加试样的情况下,按试样分析规程在同样的操作条件下进行的测定。空白试验所得结果的数值称为空白值。从试样的测定值中扣除空白值,就得到比较准确的分析结果。

2. 校正仪器

分析测定中,具有准确体积和质量的仪器,如滴定管、移液管、容量瓶和分析天平砝码,都应进行校正,以消除仪器不准所引起的系统误差。因为这些测量数据都是参加分析结果计算的。

3. 对照试验

常用的对照试验有以下 3 种:

(1)用组成与待测试样相近,已知准确含量的标准样品,按所选方法测定。将对照试验的测定结果与标样的已知含量相比,其比值即称为校正系数。

$$校正系数 = \frac{标准试样组分的标准含量}{标准试样测得的含量} \tag{2-14}$$

则试样中被测组分含量的计算为:

$$被测试样组分含量 = 测得含量 \times 校正系数 \tag{2-15}$$

(2)用标准方法与所选用的方法测定同一试样,若测定结果符合公差要求,说明所选方法可靠。

(3)用加标回收率的方法检验,即取 2 等份试样,在一份中加入一定量待测组分的纯物质,用相同的方法进行测定,计算测定结果和加入纯物质的回收率,以检验分析方法的可靠性。

第三节 有效数字及运算规则

一、有效数字

为了取得准确的分析结果,不仅要准确进行测量,而且还要正确记录与计算。所谓正确记录是指正确记录数字的位数。因为数据的位数不仅表示数字的大小,也反映测量的准确程度。所谓有效数字,就是实际能测得的数字。

有效数字保留的位数,应根据分析方法与仪器的准确度来决定,一般使测得的数值中只有最后一位是可疑的。例如,在分析天平上称取试样 0. 5000g,这不仅表明试样的质量是 0. 5000g,还表示称量的误差在 ±0. 0002g 以内。如将其质量记录成 0. 50g,则表示该试样是在台秤上称量的,其称量误差为 ±0. 02g。因此记录数据的位数不能任意增加或减少。

无论计量仪器如何精密,其最后一位数总是估计出来的。因此所谓有效数字就是保留末一位不准确数字,其余数字均为准确数字。同时从上面例子也可以看出,有效数字是和仪器的准确程度有关,即有效数字不仅表明数量的大小,而且也反映测量的准确度。

二、数字修约规则

(一)取舍规则

为了适应生产和科技工作的需要,我国已经正式颁布了《数值修约规则与极限数值的表示和判定》(GB/T 8170—2008),通常称为“四舍六入五成双”法则。即当尾数不大于 4 时舍去,尾数不小于 6 时进位。其中“五成双”是指当尾数恰为 5 而后面没有非 0 数字时,则应视保留的末位数是奇数还是偶数。5 的前位数为偶数应将 5 舍去,5 的前位数为奇数则进位。当尾数为 5,并且后面还有非 0 数字时,无论前面的是奇数还是偶数也都应该进位。

(二)不允许连续修约规则

(1)拟修约数字应在确定修约间隔或指定修约数位后,一次修约获得结果,不得多次按取舍规则连续修约。

例:将 97. 46 修约到个位,应为 97。不应先修约成 97. 5,再修约成 98。

(2)在具体实施中,测试与计算部门可以先将获得数值按指定的修约数位多一位或几位报出,而后由其他部门判定。为避免产生连续修约的错误,应按下述步骤进行。

① 报出数值最右的非零数字为 5 时,应在数值右上角加“ + ”或加“ - ”或不加符号,分别表明已进行过舍,进或未舍未进。

例:16.50^{+} 表示实际值大于 16. 50,经修约后舍弃为 16. 50;

16.50^{-} 表示实际值小于 16. 50,经修约后进一为 16. 50。

② 如对报出值需进行修约,当拟舍弃数字的最左一位数字为 5,且其后无数字或皆为零

时,数值右上角有“+”的进一,有“-”的舍去,其他仍按取舍规则进行。

例如,将下列数字修约到个数为(报出值多留一位至一位小数):

实测值	报出值	修约值
15.4546	15.5^{-}	15
-15.4546	-15.5^{-}	-15
16.5203	16.5^{+}	17
-16.5203	-16.5^{+}	-17
17.5000	17.5	18

三、有效数字运算规则

在分析计算中,有效数字的保留也很重要。在加减法运算中,保留有效数字的位数,以小数点后位数最少的为准,乘除法运算中,保留有效数字的位数,以有效数字位数最少的数为准。有效数字的运算法,目前还没有统一的规定,可以先修约,然后运算,也可以直接用计算器计算,然后修约到应保留的位数,其计算结果可能稍有差别,不过也是最后可疑数字上稍有差别,影响不大。

例如,计算 $0.0121+25.64+1.05782$ 的运算方法为,可先将三个数按加法的修约规则分别修约为0.01、25.64、1.06后再加和为:$0.01+25.64+1.06=26.71$。

计算 $0.0121\times25.64\times1.05782$ 的正确运算方法为,可先将三个数按乘法的修约规则分别修约为0.0121、25.6、1.06后再乘积为:$0.0121\times25.6\times1.06=0.328$。

在运算中,各数值计算有效数字位数时,当第一位有效数字不小于8时,有效数字位数可以多计1位。例如,8.34是3位有效数字,在运算中可以作4位有效数字看待。

在分析化学运算中,有时会遇到一些倍数或分数的关系,例如:

$$\frac{H_3PO_4\text{ 的相对分子质量}}{3}=\frac{98.00}{3}=32.67$$

水的相对分子质量 $=2\times1.008+16.00=18.02$。

在这两个运算过程中,“3”和“2”,都不能看做是1位有效数字。因为它们是非测量所得到的数,是自然数,其有效数字位数,可视为无限的。

通常情况下,报出分析结果时,分析结果数据不小于10%时,保留4位有效数字;数据为1%~10%时,保留3位有效数字;数据不大于1时,保留2位有效数字。

四、极限数值的表示和判定

(1)标准或其他技术规范中规定考核的以数量形式给出的指标或参数等,应当规定极限数值。极限数值表示符合该标准要求的数值范围的极限值,它通过给出最小极限值和(或)最大极限值,或给出基本数值与极限偏差值等方式表达。

(2)标准中极限数值的表示形式及书写位数应适当,其有效数字应全部写出,书写位数表示的精确程度应能保证产品或其他标准化对象应有的性能和质量。

(3)在判定测定值或其计算值是否符合标准要求时,比较的方法可采用以下两种方法:

① 全值比较法:当标准或有关文件中,若对极限数值(包括带有极限偏差值的数值)无特殊规定时,均应使用全值比较法。如规定采用修约值比较法,应加以说明。若标准或有关文件规定了使用其中一种比较方法时,一经确定,不得改动。全值比较法是将测试所得的测定值或计算值不经修约处理(或虽经修约处理,但应标明它是经舍、进或未舍未进而得),用该数值与规定极限数值做比较,只要超出极限数值规定的范围(不论超出程度大小),都判定不符合要求。

② 修约值比较法:修约值比较法是将测定值或其计算值进行修约,修约位数应与规定的极限数值数位一致。当测试或计算精度允许时,应先将获得的数值按指定的修约数位多一位或几位报出,然后按取舍规则修约至规定位数。将修约后的数值与规定的极限数值进行比较,只要超出极限数值规定的范围(不论超出程度大小),都判定不符合要求。

以上两种方法比较,对同样的极限数值,若它本身符合要求,则全数值比较法比修约值比较法相对较严格。例如:

极限数值	测定值	全数值比较判定	修约值	修约值比较判定
≥97.0	97.01	符合	97.0	符合
	97.00	符合	97.0	符合
	96.96	不符合	97.0	符合
	96.94	不符合	96.9	不符合

可以看出,当全数值比较判定为不符合时,有时候用修约值比较判定会得出相反的结果。

第四节 分析结果的判定和取舍

一、分析结果的判断

在定量分析工作中,我们经常做多次重复的测定,然后求出平均值。但是多次分析的数据是否都能参加平均值的计算,这是需要判断的。如果在消除了系统误差后,所测得的数据出现显著的特大值或特小值,这样的数据是值得怀疑的。我们称这样的数据为可疑值,对可疑值应做如下判断:

(1)在分析实验过程中,既然知道某测量值是操作中的过失所造成的,应立即将此数据弃去。

(2)如找不出可疑值出现的原因,不应随意弃去或保留,而应按照下面介绍的方法来取舍。

二、分析结果数据的取舍

(一)Q 检验法

(1)将测定数据按大小顺序排列,即 $x_1, x_2, \cdots, x_n$。

(2)计算可疑值与最邻近数据之差,除以最大值与最小值之差,所得商称为 Q 值。由于测得值是按顺序排列,所以可疑值可能出现在首项或末项。若可疑值出现在首项,则:

$$Q_{计算} = \frac{x_2 - x_1}{x_n - x_1}(检验\ x_1) \tag{2-16}$$

若可疑值出现在末项,则:

$$Q_{计算} = \frac{x_n - x_{n-1}}{x_n - x_1}(检验\ x_n) \tag{2-17}$$

(3)查表 2-1,若计算 n 次测量的 $Q_{计算}$ 值比表中查到的 Q 值大或相等则弃去,若小则保留。即:

$$Q_{计算} \geq Q(弃去)$$

$$Q_{计算} < Q(保留)$$

表 2-1 舍弃商 Q 值表(置信度 90%、96%和 99%)

测定次数	3	4	5	6	7	8	9	10
Q(90%)	0.94	0.76	0.64	0.56	0.51	0.47	0.44	0.41
Q(96%)	0.98	0.85	0.73	0.64	0.59	0.54	0.51	0.48
Q(99%)	0.99	0.93	0.82	0.74	0.68	0.63	0.60	0.57

(4)Q 检验法适用于测定次数为 3~10 次的检验。

(二)格鲁布斯(Grubbs)法

(1)将测定数据按大小顺序排列,即 $x_1, x_2, \cdots, x_n$。

(2)计算该组数据的平均值($\bar{x}$)(包括可疑值在内)及标准偏差(S)。

(3)若可疑值出现在首项,则 $T = \frac{\bar{x} - x_1}{S}$;若可疑值出现在末项,则 $T = \frac{x_n - \bar{x}}{S}$。计算出 T 值后,再根据其置信度查 $T_{p,n}$ 值表(表 2-2),若 $T \geq T_{p,n}$,则应将可疑值弃去,否则应予以保留。

表 2-2 $T_{p,n}$ 值表

测定次数	置信度(p)		测定次数	置信度(p)	
	95%	99%		95%	99%
3	1.15	1.15	12	2.29	2.55
4	1.46	1.49	13	2.33	2.61
5	1.67	1.75	14	2.37	2.66
6	1.82	1.94	15	2.41	2.71
7	1.94	2.10	16	2.44	2.75
8	2.03	2.22	17	2.47	2.79
9	2.11	2.32	18	2.50	2.82
10	2.18	2.41	19	2.53	2.85
11	2.23	2.48	20	2.56	2.88

(4)如果可疑值有2个以上,而且又均在平均值($\bar{x}$)的同一侧,如果 x_1、x_2 均属可疑值时,则应检验最内侧的一个数据,即先检验 x_2 是否应弃去;如果 x_2 属于舍弃的数据,则 x_1 自然也应该弃去;在检验 x_2 时,测定次数应按($n-1$)次计算。如果可疑值为2个或2个以上,且又分布在平均值的两侧,例如 x_1 和 x_n 均属可疑值,就应该分别先后检验 x_1 和 x_n 是否应该弃去。如果有一个数据决定弃去,再检验另一个数据时,测定次数应减少一次,同时应选择99%的置信度。

Grubbs法,将正态分布中两个重要参数$\bar{x}$及 S 引进,方法准确度较好。因此,Grubbs法因合理而普遍适用,虽然计算上稍麻烦些,但小型计算器上都有计算标准偏差的功能键,所以这种方法仍然是可行的。

第五节　平均值的置信区间和随机不确定度

一、平均值的标准偏差

前面介绍了用标准偏差(S)来衡量测量的精密度。但是标准偏差(S)只是表示一组测定数据的单次测定值(x)的精密度。如果我们对某些组的一系列试样进行重复测定,则每组的平均值还是不相等的,它们之间也还有分散性,当然比单次测定的分散程度要小得多。为说明平均值之间的精密度,我们引用平均值的标准偏差($S_{\bar{x}}$)表示。数理统计方法已证明标准偏差(S)与平均值的标准偏差($S_{\bar{x}}$)之间存在如下关系:

$$S_{\bar{x}} = \frac{S}{\sqrt{n}} \tag{2-18}$$

从式(2-18)可以看出,$S_{\bar{x}}$与测定次数的平方根成反比。增加测定次数可以提高测量的精密度,使所得到的平均值更接近真实值(当系统误差不存在时)。但是,当测定次数 $n>10$ 时,$S_{\bar{x}}$随测定次数的增加而减小的非常慢,再进一步增加测定次数,就是徒劳的了。当测定次数超过5次以上时精密度就已经没有什么大的变化。在实际分析实验中测定次数大多在5次左右。

二、平均值的置信区间和随机不确定度

试验结束后填写报告单时,仅写出平均值($\bar{x}$)的数值是不够确切的,还应当指出在($\bar{x}\pm\Delta$)范围内出现的概率是多少,这就需要用平均值的置信区间来说明。在一定置信度下,以平均值为中心,包括真实值的可能范围称为平均值的置信区间,又称为可靠性区间界限。可由如下公式表示:

$$\text{平均值的置信区间} = \bar{x} \pm t\frac{S}{\sqrt{n}} = \bar{x} \pm tS_{\bar{x}} \tag{2-19}$$

式中　$\bar{x}$——平均值;

S——标准偏差;

n——测定次数;

t——置信系数；

$S_{\bar{x}}$——平均值的标准偏差。

$$平均值的随机不确定度\ \Delta = tS_{\bar{x}} \quad (2-20)$$

准确度和精密度只是对测量结果的定性描述,不确定度才是对测量结果的定量描述。由于测量误差的存在,对被测量值不能肯定的程度称为不确定度。对随机误差来说不可能完全消除,所以测量结果总是存在随机不确定度。

在分析化学中通常只有较少量数据,根据所得数据计算出的平均值($\bar{x}$)、标准偏差(S)和测定次数(n),再根据要求的置信度(P)、自由度($f=n-1$),从表2-3中查出置信系数t值,按平均值的随机不确定度公式即可计算出平均值的置信区间和平均值的随机不确定度。

表2-3 置信系数t值表

$f=n-1$ \ t \ P	90%	95%	99%
1	6.31	12.71	63.66
2	2.92	4.30	9.92
3	2.35	3.18	5.84
4	2.13	2.78	4.60
5	2.01	2.57	4.03
6	1.94	2.45	3.71
7	1.90	2.36	3.50
8	1.86	2.31	3.35
9	1.83	2.26	3.25
10	1.81	2.23	3.17
20	1.72	2.09	2.84
30	1.70	2.04	2.75
60	1.67	2.00	2.66
120	1.66	1.98	2.62
∞	1.64	1.96	2.58

假设我们指出测量结果的准确性有95%的可靠性,这个95%就称为置信度(P),又称为置信水平,它是指人们对测量结果判断的可信程度。置信度的确定是由分析工作者根据对测定的准确度的要求来确定的。

以下为置信区间和平均值的随机不确定度计算实例:

测定水中镁杂质的含量,测定结果如下所示:

测定结果,mg/L	$\lvert d \rvert = \lvert x-\bar{x} \rvert$	$d^2=(x-\bar{x})^2$
60.04	0.01	0.001
60.11	0.06	0.0036
60.07	0.02	0.0004
60.03	0.02	0.0004
60.00	0.05	0.0025

$$\bar{x} = 60.05 \quad \sum |d| = 0.16 \quad \sum d^2 = 0.0070$$

$$标准偏差 \quad S = \sqrt{\frac{\sum (x - \bar{x})^2}{n - 1}} = \sqrt{\frac{0.0070}{5 - 1}} = 0.04$$

置信度 $P = 95\%$，自由度 $f = 5 - 1 = 4$ 查表 2-3，得 $t = 2.78$

$$置信区间 = \bar{x} \pm t\frac{S}{\sqrt{n}} = 60.05 \pm 2.78 \times \frac{0.04}{\sqrt{5}} = 60.05 \pm 0.05$$

平均值的随机不确定度为 0.05，真实值落在 60.00～60.10 范围内。说明通过 5 次测定，有 95% 的可靠性认为镁杂质的含量为 60.00～60.10mg/L。

第三章　化学分析法

第一节　酸碱滴定分析法

一、酸碱滴定测试原理、特点及类型

酸碱滴定法是以酸碱中和反应为基础的滴定方法，其反应实质是溶液中的 H^+ 和 OH^- 中和生成难以电离的水。

酸碱中和反应的特点：反应速度快，瞬时完成；反应过程简单，副反应少；有很多指示剂可供选择用于确定滴定终点。酸碱滴定分析在化学分析法中占有重要的地位。

酸碱滴定反应通常包括强碱滴定强酸、强酸滴定强碱、强碱滴定弱酸、强酸滴定弱碱、多元酸的滴定、多元碱（或混合碱）的滴定、水解性盐的滴定等。

二、影响酸碱滴定分析结果的因素分析

（一）正确选择指示剂

酸碱滴定法是利用指示剂的颜色变化来确定滴定终点。在酸碱滴定中最重要的是根据滴定过程中溶液的 pH 值变化规律，选择最适宜的指示剂确定滴定终点，然后通过到达滴定终点时消耗的滴定剂体积和滴定剂的浓度，按照化学反应方程式，计算出被测物的含量。

不同类型的酸碱滴定，其滴定过程中溶液的 pH 值变化规律，即化学计量点时的 pH 值突越范围是不同的，按照化学反应达到计量点时的 pH 值突越范围确定的滴定终点称为理论滴定终点，按照指示剂变色所指示的滴定终点称为指示剂滴定终点，指示剂滴定终点和理论滴定终点越接近，分析测试的结果与理论值越接近。所以，针对不同酸碱滴定类型，选择的指示剂不同，选择指示剂的原则是在 pH 值突越范围内，指示剂的颜色有明显的变化，从而能够准确判断出滴定终点的到达。

有的酸碱滴定反应，pH 值突跃范围较窄，利用单个指示剂效果不好，往往会利用两种指示剂彼此颜色之间的互补作用，将这两种指示剂按比例混合，组成混合指示剂，使颜色的变化更加敏锐。

1. 强酸滴定强碱或强碱滴定强酸

强酸滴定强碱或强碱滴定强酸，其滴定过程中溶液的 pH 值突越范围根据酸或碱的浓度变化而稍微变化一些，但是反应终点的 pH 值为 7.0。通常，突跃范围为 4.3 ~ 9.7，根据指示剂的变色范围，可选择的指示剂有甲基橙（3.1 ~ 4.4，红色变黄色）、溴酚蓝（3.1 ~ 4.6，黄色变紫色）、甲基红（4.4 ~ 6.2，红色变黄色）、溴百里酚蓝（6.0 ~ 7.6，黄色变蓝色）、中性红（6.8 ~ 8.0，红色变黄橙色）、酚红（6.7 ~ 8.4，黄色变红色）、酚酞（8.0 ~ 9.6，无色变粉色）等，最常用

的有甲基橙、甲基红和酚酞。

用强酸滴定强碱时，溶液的 pH 值是由碱性突跃至酸性，最好选择变色范围靠近酸性的指示剂，如甲基橙、溴酚蓝或甲基红，但是如果被滴定的溶液浓度过低，其突跃范围变窄，为5.3～8.7，这时就不能选用甲基橙或溴酚蓝为指示剂，只能选甲基红为指示剂。

用强碱滴定强酸时，溶液的 pH 值是由酸性突跃至碱性，最好选择变色范围靠近碱性的指示剂，如酚红或酚酞。由于酚红的色调为黄色变红色，变化不明显，而酚酞的颜色是由无色变为粉色，特别容易判断，所以选择酚酞比较合适。

2. 强碱滴定弱酸

用强碱滴定弱酸的典型应用实例是用 NaOH 标准滴定溶液滴定醋酸溶液中的总酸度，理论终点时 pH＝8.7，pH 值突跃范围为 7.7～9.7 时，可选择酚酞为指示剂。而甲基橙和甲基红在突跃范围之外，所以就不适合了。

用强碱滴定弱酸的典型应用实例还有用 NaOH 标准滴定溶液滴定磷酸含量及用草酸或邻苯二甲酸氢钾为基准物标定 NaOH 标准滴定溶液。

磷酸为多元酸，在用 NaOH 标准滴定溶液滴定时，分三步滴定，只有第一步和第二步滴定有滴定突跃，其理论滴定终点分别为 pH＝4.66 和 pH＝9.78，分别选甲基红和酚酞为指示剂。

3. 强酸滴定弱碱

用强酸滴定弱碱的典型应用实例是用 HCl 标准滴定溶液滴定氨水中的氨含量，理论终点时 pH＝5.3，pH 值滴定突跃范围为 6.3～4.3，可选择酸性区域内变色的甲基红或溴酚蓝为指示剂。

4. 用强酸滴定强碱弱酸盐

用强酸滴定强碱弱酸盐的典型应用实例是用无水 Na_2CO_3 标定 HCl 标准滴定溶液和混合碱（NaOH 和 Na_2CO_3 的混合物）的组分测定。

用无水 Na_2CO_3 标定 HCl 标准滴定溶液的反应有两个滴定突跃，理论滴定终点分别为 pH＝8.3和 pH＝3.89，可分别选择酚酞指示第一个滴定终点，选择甲基橙指示第二个滴定终点。但由于这两个滴定突跃都很窄，所以通常选用甲基红—溴甲酚绿混合指示剂直接指示第二个滴定终点。颜色由绿色变为暗红色，很敏锐。

用 HCl 标准滴定溶液滴定混合碱组分的测定方法中，二步滴定的理论滴定终点与用无水 Na_2CO_3 标定 HCl 标准滴定溶液的基本一致，用酚酞指示第一步滴定终点，此时混合碱中的 NaOH 全部被中和，而 Na_2CO_3 被中和至 $NaHCO_3$，反应进行一半，用甲基橙或甲基红—溴甲酚绿混合指示剂指示第二个滴定终点，此时 $NaHCO_3$ 被完全中和。

（二）正确选择和使用标定用基准物质

1. 选择基准物质的原则

基准物质是一类用于标定滴定分析标准溶液的标准物质，可作为滴定分析的基准物，也可精确称量后用直接法配制标准溶液。作为基准物质，应具备以下几个条件：

（1）纯度高，含量一般要求在 99.9% 以上；

(2)组成与化学式相符;最好不用带结晶水的物质;

(3)性质稳定;在空气中不吸湿,加热干燥时不分解,不与空气中的氧气、二氧化碳等反应;

(4)易溶于水;

(5)摩尔质量大。

2. 常用的标定基准物及使用前的处理方法

基准物质在使用前需要烘干或洗涤干燥处理,不同的基准物质处理方法不同。

常用的酸碱滴定用的标定基准物有碳酸钠(化学式 Na_2CO_3,相对分子质量为 105.99)和邻苯二甲酸氢钾(化学式 $KHC_8H_4O_4$,相对分子质量为 204.22),使用前的处理方法是用瓷坩埚分别在 270~300℃和 105~110℃烘至恒重,冷却后放入硅胶干燥器中备用。也可以部分转移至烘至恒重的称量瓶中,贴好标签备用。

3. 准确称量基准物

滴定操作前,需要准确称量一定量的基准物质,根据被标定的标准滴定溶液的大概浓度,通过计算确定基准物质的合适称量范围,确定的原则是最好使消耗的滴定标准溶液的体积在 30mL 左右,称量的基准物质的质量直接参与标准滴定溶液浓度的计算,所以,基准物质称量的准确性直接影响滴定结果的准确性。称量基准物质的天平应使用万分之一精度的电子天平,并应该经过校正。将处理好并放在硅胶干燥器中备用的基准物质,采用减量法称量,减量法称量操作方法如图3-1所示。称量后的基准物质连同称量瓶一起再放入干燥器中备用。

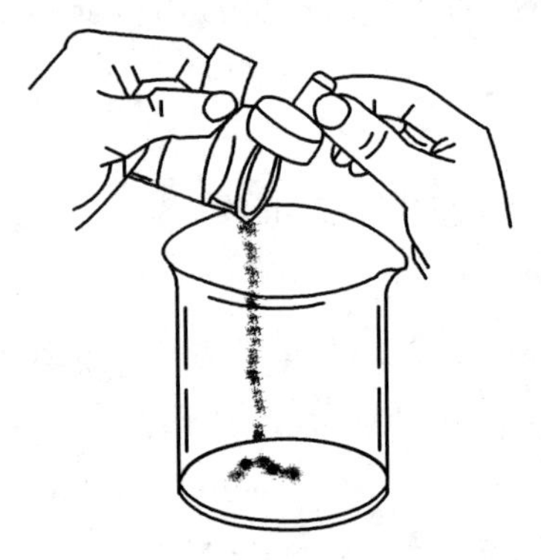

图 3-1 减量法称量示意图

4. 正确溶解基准物质

准确称量后的基准物质,一般直接称量于滴定三角烧瓶中,滴定前要用水进行充分的溶解,溶解不完全会导致滴定的标准滴定溶液浓度结果偏低。

(三)准确滴定

1. 正确使用滴定管

应使用校正后并配有标准校正值表的滴定管,在使用前,应该按照正确方法对滴定管进行洗涤、涂油、试漏、装溶液和赶气泡等处理,如果在使用前没有洗涤干净或发生漏液等异常现象,会使测定结果产生误差。

标定酸性标准滴定溶液时,使用酸式滴定管,滴定结束后,将标准溶液倒出,不可倒入原标准溶液瓶中。并用去离子水将滴定管洗净倒置于滴定管架上。

标定碱性的标准滴定溶液时,既可以使用碱式滴定管,也可以使用酸式滴定管。由于碱液对酸式滴定管的玻璃活塞有腐蚀作用,所以不能将碱液长时间放置于酸式滴定管中,用后应及时用水洗净倒置即可。

2. 正确判断滴定终点

滴定终点的判断根据个人的差异有所不同，这也是导致不同的操作者之间的滴定结果有差异的原因之一。在滴定终点前应该放慢滴定速度，由成串改成一滴一滴的滴定，即每滴一滴摇几下锥形瓶，最后控制每加入半滴摇几下锥形瓶，直到溶液有明显的颜色变化。这样可避免滴定终点的误判。

3. 正确读数

酸碱滴定溶液一般都是无色溶液，所以应该读取溶液的弯月面，读数时应该使视线与弯月面的下缘在同一水平面上，视线高于弯月面会使体积读数偏小，使标定结果偏高；视线低于弯月面，会使体积读数偏高，标定结果偏小。滴定结束后要停留 30 秒后再读取体积数，提前读取会使滴定体积偏大，标定结果偏小。

第二节　配位滴定分析法

一、配位滴定测试原理

配位滴定法又称络合滴定法，是利用配位反应来进行滴定分析的一种滴定分析方法。所形成的配位化合物简称配合物，又称络合物。

滴定用的配位剂分为无机配位剂和有机配位剂，由于大多数无机配位剂形成的配合物都不稳定，并且存在逐级配位现象，因此无机配位剂的使用已基本被淘汰，而有机配位剂随着有机化学的发展应用越来越广泛，它们与金属离子的配合反应能满足配位滴定法中对配位剂的基本要求。目前，常用的有机配位剂是氨羧配位剂，以 EDTA 应用最广泛。

适用于配位滴定的反应，必须具备下列条件：

(1)配位反应必须按一定的反应方程式进行，便于准确计算分析结果；

(2)生成的配合物要稳定，一般要求稳定常数大于 10^8；

(3)配位反应速度要快；

(4)有合适的指示剂或其他方法指示滴定终点。

二、EDTA 与金属离子 M 形成的配位反应特点

(一)氨羧络合剂

氨羧络合剂是含有氨基二乙酸基团的有机配位剂的总称，其中最常用的是乙二胺四乙酸，其结构式为：

$$\begin{matrix} HOOC—H_2C & & & & CH_2COO^- \\ & \diagdown & & \diagup & \\ & NH^+ & —CH_2—CH_2— & NH^+ & \\ & \diagup & & \diagdown & \\ ^-OOC—H_2C & & & & CH_2COOH \end{matrix}$$

两个羧基上的 H^+ 转移到 N 原子上，形成双偶极离子。

乙二胺四乙酸简称 EDTA,为简便起见,常用 H_4Y 表示其分子式。当 H_4Y 溶解于酸度很高的溶液中时,它的两个羧基可再接受 H^+ 而形成 H_6Y^{2+},这样 EDTA 就相当于六元酸。由 EDTA 的结构式可知,它的分子中含有两个氨氮和四个羧氧,提供了 6 个配位原子,能与金属离子形成配位键。因此 EDTA 能与许多金属离子形成稳定的配合物。

由于乙二胺四乙酸在水中溶解度很小,难溶于酸和一般有机溶剂,但易溶于氨性溶液或 NaOH 溶液中,生成相应的盐溶液,故日常分析中常用它的二钠盐即乙二胺四乙酸二钠盐($Na_2H_2Y \cdot 2H_2O$),习惯上也称为 EDTA。后者是一种白色结晶状粉末,吸湿性小,易溶于水。

(二)EDTA 与金属离子 M 形成的配位反应的特点

(1)EDTA 与不同价态的金属离子生成配合物时,化学反应计量系数比一般为 1∶1(少数高价金属离子例外,如五价钼与 EDTA 形成 2∶1的配合物),这样就不存在分级配位现象,因而 EDTA 配位分析法分析结果的计算非常简便。

(2)生成的配合物比较稳定,配位反应比较完全。金属离子(M)与 EDTA(Y)形成配合物的稳定性,可用该配合物的稳定常数 K_{MY} 来表示,这个数值越大,配合物就越稳定。一般 EDTA 与金属离子配位时,形成五个五圆环,具有这种环状结构的配合物又称为螯合物。配位化学指出,具有五圆环或六圆环的螯合物很稳定,并且形成的环数越多越稳定。由此可见,金属离子与 EDTA 生成配合物的稳定性与金属离子的价态有关,除一价金属离子外,其余金属离子配合物的 $\lg K_{MY}$ 值一般大于 8,适宜进行配位滴定。

(3)生成的配合物易溶于水。这是由于 EDTA 分子中含有四个亲水的羧氧基团且配合物大多带有电荷所致。这样,滴定反应就能在水溶液中进行,并且大多数配位反应速度快,瞬间即可完成。

三、影响配位滴定分析结果的因素分析

(一)正确选择和使用指示剂

在配位滴定中,常用金属离子指示剂(简称金属指示剂,本身有颜色)来指示滴定过程中金属离子浓度的变化。金属指示剂本身具有颜色,在滴定的 pH 范围内,金属指示剂本身的颜色与金属离子和金属指示剂形成的配合物的颜色有显著差异,这样滴定反应终点时颜色变化明显,以此来作为选择配位滴定反应的指示剂的依据。例如,用 EDTA 标准溶液滴定镁,当加入铬黑 T 为指示剂,在 pH = 10 的缓冲溶液中为蓝色,与镁离子配合后生成红色配合物,用 EDTA 标准溶液进行滴定时,EDTA 逐渐夺取红色配合物中的镁离子,而生成更为稳定的 EDTA 与镁离子的配合物,同时使铬黑 T 游离出来,溶液由红色又变为蓝色,即为滴定终点。

选择指示剂时,要使指示剂与金属离子生成的配合物有足够的稳定性,但又要比该金属离子的 EDTA 配合物的稳定性小。如果稳定性太低,就会提前出现终点,而且变色不敏锐;如果稳定性太高,就会使终点拖后,甚至 EDTA 不能夺出其中的金属离子,指示剂被封闭,滴定终点不出现。例如,在 pH = 10 时,用铬黑 T(EBT)作指示剂,用 EDTA 滴定 Mg^{2+}、Ca^{2+} 时,Al^{3+}、Fe^{3+}、Cu^{2+}、Ni^{2+}、Co^{2+} 对铬黑 T(EBT)有封闭作用,这时,可加入适量三乙醇胺(掩蔽 Al^{3+}、Fe^{3+})和 KCN(掩蔽 Cu^{2+}、Ni^{2+}、Co^{2+})以消除干扰。

另外,有些指示剂与金属离子生成的配合物溶解度很小,使滴定终点颜色变化缓慢,发生

指示剂的“僵化”现象，可通过加入适当的有机溶剂或加热的办法，以增大指示剂与金属离子生成的配合物的溶解度。例如，指示剂 PAN 与待测金属离子形成的红色配合物的溶解度都很小，使用时需加入有机溶剂乙醇或甲醇，或适当加热。

EDTA 与无色金属离子配位时，生成无色的配合物，有利于用指示剂指示滴定终点；EDTA 与有色金属离子配位时，一般生成颜色更深的配合物。用 EDTA 滴定这些离子时，试液浓度应稀一些，否则难以用指示剂指示终点。

金属指示剂在储存和使用中应保持性质稳定，对易失效的金属指示剂，可使之和中性盐混合成固体混合物储存备用，或在金属指示剂溶液中加入防止其变质的试剂。

常用的金属指示剂及其主要应用、配制方法见表 3－1。

表 3－1 常用的金属指示剂及适用范围、配制方法

指示剂	直接滴定的金属离子	使用 pH 范围	终点时颜色变化	配制方法
铬黑 T(EBT)	pH = 10，Mg^{2+}、Zn^{2+}、Hg^{2+}、Cd^{2+}、Pb^{2+}、Mn^{2+}、稀土金属	8～10	红色变蓝色	1g 铬黑 T 与 100gNaCl 混合研细，或 0.50g 铬黑 T 溶于 75mL 无水乙醇中，加 25mL 三乙醇胺溶液
二甲酚橙(XO)	pH<1，Zr^{4+}； pH = 1～3，Bi^{3+} 和 Th^{4+}； pH = 5～6，Zn^{2+}、Hg^{2+}、Cd^{2+}、Pb^{2+}、稀土金属	<6	红紫色变黄色	5g/L 水溶液
钙指示剂	pH = 13，Ca^{2+}	12～13	红色变蓝色	1g 钙指示剂与 100gNaCl 混合研细
PAN	pH = 2～3，Bi^{3+} 和 Th^{4+}； pH = 4～5，Cu^{2+}、Ni^{2+}	2～12	红色变黄色	1g/L 或 2g/L 乙醇溶液

（二）控制合适的溶液酸度

EDTA 与金属离子的配位作用与溶液酸度密切相关。酸度越大，配位能力越弱，这种影响称为 EDTA 的酸效应。对于配位反应 M + Y = MY，必须清楚以下几个问题。

1. 酸效应系数

从 EDTA 在水溶液中的电离平衡关系可知，EDTA 像其他多元酸一样，在水溶液中总是以 H_6Y^{2+}、H_5Y^+、H_4Y、H_3Y^-、H_2Y^{2-}、HY^{3-} 和 Y^{4-} 等七种形式存在，其总浓度 c（分析浓度）等于各种形式浓度之和，即 $c = [H_6Y^{2+}] + [H_5Y^+] + [H_4Y] + [H_3Y^-] + [H_2Y^{2-}] + [HY^{3-}] + [Y^{4-}]$。

在不同酸度下，各种存在形式的平衡浓度不同。不同 pH 值时 EDTA 的主要存在形式如下：

pH	<1	1～1.6	1.6～2	2～2.7	2.7～6.2	6.2～10.2	>10.2
主要存在形式	H_6Y^{2+}	H_5Y^+	H_4Y	H_3Y^-	H_2Y^{2-}	HY^{3-}	Y^{4-}

在 EDTA 的各种存在形式中,只有 Y^{4-} 才能与金属离子直接配位,所以 Y^{4-} 的浓度称为 EDTA 的有效浓度。Y^{4-} 的浓度越大,EDTA 的配位能力越强;而 Y^{4-} 的浓度大小又与溶液的酸度有关,这种由于 H^+ 存在使 EDTA 配位能力下降的现象称为 EDTA 的酸效应。

EDTA 的总浓度 c 与 $[Y^{4-}]$ 的比例关系可表示为:$\alpha_{Y[H]} = c/[Y^{4-}]$,$\alpha_{Y[H]}$ 称为 EDTA 的酸效应系数。

$\alpha_{Y[H]}$ 与溶液酸度有关,在多数情况下,c 总是大于 $[Y^{4-}]$,$\alpha_{Y[H]}$ 大于 1。只有在 pH > 10.2 时,酸效应系数才接近 1,有效浓度几乎等于总浓度,即只有在 pH > 10.2 时,EDTA 才主要以 Y^{4-} 形式存在。因此,溶液的酸度是影响 EDTA 与金属离子形成配合物的稳定性的一个关键因素。

2. 条件稳定常数

由于金属离子与 EDTA 形成 1∶1型配合物,为讨论方便,可略去化学式中的电荷,简写成:M + Y = MY。其稳定常数为:

$$K_{MY} = \frac{[MY]}{[M] \cdot [Y]} \tag{3-1}$$

这是指 $c = [Y^{4-}]$ 时的稳定常数,式中的 $[Y]$ 即为 $[Y^{4-}]$,未考虑酸效应及其他副反应的影响,称为绝对稳定常数,只适用于 pH≥12 的情况。

当溶液的酸度提高时(pH < 12),由于酸效应使 $[Y^{4-}] < c$,这时单纯用绝对稳定常数 K_{MY} 就不能说明配合物的稳定程度,要了解不同 pH 值时配合物的稳定性,就必须引入另一个常数 K'_{MY}。

$$K'_{MY} = \frac{[MY]}{[M] \cdot c} = \frac{K_{MY}}{\alpha_{Y[H]}} \tag{3-2}$$

K'_{MY} 是考虑了 EDTA 酸效应后配合物的稳定常数,称为条件稳定常数。在实际工作中常用对数形式表示:$\lg K'_{MY} = \lg K_{MY} - \lg\alpha_{Y[H]}$。

水溶液 pH 值越大,$\lg\alpha_{Y[H]}$ 值越小,条件稳定常数越大,配位反应越完全,对滴定越有利。

3. 配位滴定的最高允许酸度和酸效应曲线

由理论推导可知,准确滴定(误差≤0.1%)金属 M 的条件是 $\lg(c_M \cdot K'_{MY}) \geq 6$。在配位滴定中,金属离子浓度一般为 0.01mol/L,因而要求 $\lg K'_{MY} \geq 8$,才能达到所要求的准确度。对于任一可被滴定的金属离子来说,若将酸度逐渐增高,因 $\alpha_{Y[H]}$ 值随溶液酸度增高而增大,故 $\lg K'_{MY}$ 逐渐减小。当酸度高至某一限度,即 $\lg K'_{MY} = 8$ 时,如酸度再继续增高,就不能准确滴定,这一限度就是滴定金属 M 的最高允许酸度,或称最低允许 pH 值。

为了计算滴定的最高允许酸度,将 $\lg K'_{MY} = 8$ 代入 $\lg K'_{MY} = \lg K_{MY} - \lg\alpha_{Y[H]}$,得到 $\lg K_{MY} - \lg\alpha_{Y[H]} = 8$,即 $\lg\alpha_{Y[H]} = \lg K_{MY} - 8$,这样可计算出用 EDTA 滴定任一可被滴定金属离子的最高允许酸度时的 $\lg\alpha_{Y[H]}$ 值,再从表 3-2 中查出相应的 pH 值,即为滴定这一金属离子的最低允许 pH 值。

表 3-2 不同 pH 时 EDTA 的酸效应系数[$\lg\alpha_{Y[H]}$]

pH	$\lg\alpha_{Y[H]}$	pH	$\lg\alpha_{Y[H]}$	pH	$\lg\alpha_{Y[H]}$
0.0	21.18	3.4	9.71	6.8	3.55
0.4	19.59	3.8	8.86	7.0	3.32
0.8	18.01	4.0	8.44	7.5	2.78
1.0	17.20	4.4	7.64	8.0	2.26
1.4	15.68	4.8	6.84	8.5	1.77
1.8	14.21	5.0	6.45	9.0	1.29
2.0	13.51	5.4	5.69	9.5	0.83
2.4	12.24	5.8	4.98	10.0	0.45
2.8	11.13	6.0	4.65	11.0	0.07
3.0	10.63	5.4	4.06	12.0	0.00

按照上述计算程序,可以求出用 EDTA 滴定各种金属离子的最低允许 pH 值。将金属离子的 $\lg K_{MY}$值与最低允许 pH 值绘成曲线,就得到 EDTA 的酸效应曲线,如图 3-2 所示。

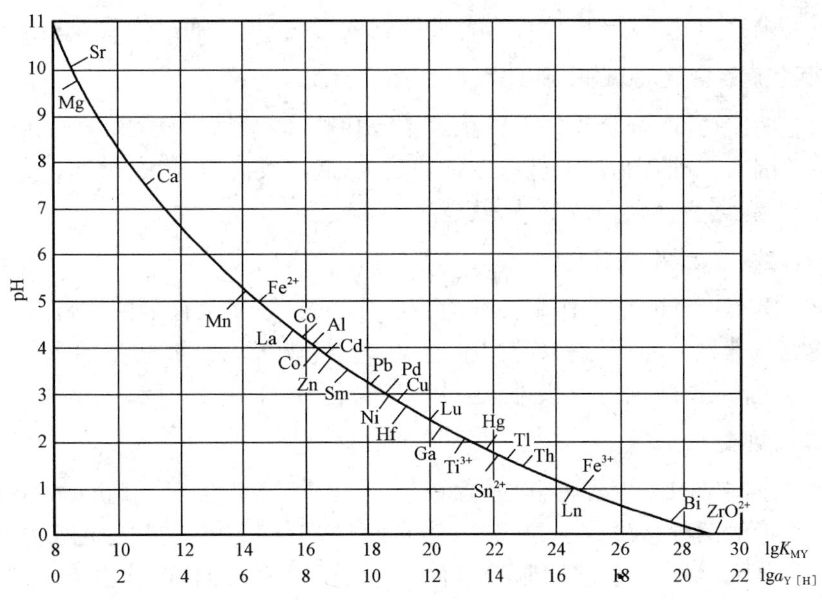

图 3-2 EDTA 的酸效应曲线

利用 EDTA 的酸效应曲线,可以解决以下问题:

(1)选择滴定的酸度条件:在酸效应曲线上找出被测离子的位置,由此作水平线,所得 pH 值就是单独滴定该金属离子的最低允许 pH 值。例如,滴定 Zn^{2+} 时,最低允许 pH 值为 3.9。如果曲线上没有直接标明被测离子,可在被测离子的 $\lg K_{MY}$值处作垂线,与曲线的交点即为被测离子的位置,然后按上述方法便可找出滴定的最低允许 pH 值。

(2)判断干扰情况:在一定 pH 值下滴定某一金属离子时,哪些离子有干扰?通常酸效应曲线上被测离子下面的离子都干扰滴定。例如,在 pH = 4 滴定 Zn^{2+} 时,位于 Zn^{2+} 下面的金属

离子如 Pb^{2+}、Cu^{2+}、Sn^{2+}、Fe^{3+} 等会产生干扰。位于 Zn^{2+} 上面的金属离子是否干扰,这要看它们与 EDTA 形成的络合物的稳定常数相差多少以及所选的酸度是否适宜而确定。经验表明,在酸效应曲线上,一种离子由开始部分被配位到全部定量配位的过渡,大约相当于 5 个 $\lg K_{MY}$ 单位。当两种离子浓度相近时,若其配合物的 $\lg K_{MY}$ 之差等于或大于 5,就可能连续滴定两种离子而互不干扰。因此,$\lg K_{MY}$ 与 $\lg K_{ZnY}$ 之差小于 5 个单位的金属离子如 Fe^{2+}、Al^{3+} 等由于部分被配位会干扰 Zn^{2+} 的测定。

4. 水解及其他副反应的影响

酸度对配位滴定的影响是多方面的,如上所述只是酸度影响的主要方面。此外,酸度对金属离子也有影响,酸度太低,某些金属离子会水解生成氢氧化物沉淀,使金属离子浓度降低,如滴定 Mg^{2+} 必须在 $pH<12$ 的溶液中进行,否则会产生 $Mg(OH)_2$ 沉淀。另一方面,在酸性溶液中 EDTA 与金属离子能部分形成 MHY 型酸式配合物;在碱性溶液中部分形成 $M(OH)_nY$ 型碱式配合物。这些混合配合物的生成对总的配位能力也会有所影响。

必须全面考虑酸度对配位滴定的影响,任何配位滴定过程都应控制在一定的酸度范围内进行。由于配位反应本身还会释放出 H^+,使溶液酸度增高,为使配位滴定顺利进行,必须加入一定量的酸碱缓冲溶液,以保持溶液酸度基本不变。此外,金属指示剂的变色、掩蔽剂掩蔽干扰离子等也要求一定的酸度,应该综合各种因素的影响,最后通过实验找出最佳酸度条件。

(三)影响配位滴定突跃大小的主要因素

从配位滴定曲线可知,配合物的条件稳定常数和被滴定金属离子的浓度,是影响配位滴定突跃大小的主要因素。配合物的条件稳定常数越大,滴定突跃也越大;被滴定金属离子的浓度越低,滴定曲线的起点就越高,滴定突跃就越小。

(四)提高配位滴定选择性的方法

由于 EDTA 具有广泛的配位作用,而被滴定的试液一般又含有多种金属离子,它们在配位滴定中就可能彼此干扰。因此,提高配位滴定的选择性就成为需要解决的重要问题。通常采用控制溶液酸度、加入掩蔽剂等方法排除干扰,实现选择性滴定。

1. 控制溶液酸度

各种金属离子与 EDTA 生成配合物的稳定常数不同,滴定的最高允许酸度也不同。若溶液中含有浓度相近的两种金属离子 M 和 N,当它们与 EDTA 配合物的稳定常数相差足够大时(即满足 $\lg K_{MY}-\lg K_{NY}\geqslant 5$),通过控制溶液酸度,就可以实现对 M 和 N 的选择滴定和连续滴定。

通过酸效应曲线,可以查找确定能否利用控制酸度的方法,在同一溶液中连续滴定几种离子。例如,Fe^{3+},Al^{3+} 共存溶液的滴定,可以调节 pH 值在 2.0 左右滴定 Fe^{3+},Al^{3+} 不干扰,然后调节 pH 值在 4.3 左右滴定 Al^{3+}。

2. 使用掩蔽剂和解蔽剂

如果被测定的金属离子 M 与干扰离子 N 的 EDTA 配合物稳定常数相差不大,甚至 $\lg K_{MY}<\lg K_{NY}$,这种情况就不能用控制酸度的方法选择滴定 M,就可以采用使用掩蔽剂的方法来降低干扰离子 N 的浓度,使其对 M 滴定的干扰可以忽略,这种方法称为掩蔽法。常用的掩

蔽法有以下几种。

1）配位掩蔽法

配位掩蔽法是利用干扰离子与掩蔽剂生成更为稳定的配合物以消除干扰，这是应用最多的一种掩蔽法。例如，测定水中 Mg^{2+}、Ca^{2+}，若有 Fe^{3+}、Al^{3+} 存在会产生干扰，可加三乙醇胺（TEA）掩蔽，然后在氨性缓冲溶液中用铬黑 T 作指示剂，用 EDTA 标准溶液滴定 Mg^{2+}、Ca^{2+}。

2）氧化还原掩蔽法

氧化还原掩蔽法是利用氧化还原反应改变干扰离子价态，如抗坏血酸和盐酸羟胺是 Fe^{3+} 的最常用的掩蔽剂，它们将 Fe^{3+} 还原成 Fe^{2+}，消除了 Fe^{3+} 对其他待测金属离子的测定干扰。

3）沉淀掩蔽法

沉淀掩蔽法是利用选择性沉淀剂做掩蔽剂，使干扰离子形成沉淀，以降低其浓度。如向含有 Ca^{2+} 和 Mg^{2+} 的水中加入 NaOH 溶液，使 pH > 12，Mg^{2+} 生成 $Mg(OH)_2$ 沉淀，这样就可以消除用 EDTA 配位滴定法测定水中 Ca^{2+} 时 Mg^{2+} 的干扰。

4）利用解蔽的方法

被掩蔽的物质用解蔽剂将其解蔽，再对其进行测定。例如 Mg^{2+} 和 Zn^{2+} 共存时，在 pH = 10 的氨性缓冲溶液中加入 KCN，KCN 与 Zn^{2+} 反应而被掩蔽，不干扰 Mg^{2+} 的测定，待滴定 Mg^{2+} 到终点后，加入甲醛，使 Zn^{2+} 解蔽出来，可以继续滴定 Zn^{2+}。

四、配位滴定方式及应用

在配位滴定中，采用不同的滴定方式可以扩大方法的应用范围以及提高配位滴定的选择性。常用的滴定方式有以下几种。

（一）直接滴定

当被测金属离子与 EDTA 的配位反应，完全符合配位滴定要求时，就可将试液调至所需酸度，加入必要的试剂（如掩蔽剂）和指示剂，直接用 EDTA 标准溶液滴定。它具有简便、快速、引入误差小等优点。

（二）返滴定

当被测金属离子与 EDTA 的配位反应速度缓慢，或找不到符合要求的指示剂时，可采用返滴定法。此法是在试液中先加入过量的 EDTA 标准溶液，待被测离子定量配位后用另一金属离子溶液滴定未反应的 EDTA。根据两种标准溶液的浓度和用量，即可求出被测物质的含量。

（三）置换滴定

当被测金属离子能与 EDTA 生成相当稳定的配合物，但却没有合适的指示剂时，可采用置换滴定法。此法是在试液中加入一种金属的 EDTA 配合物，利用该配合物与被测离子之间发生的置换反应，置换出符合化学计量关系的这种金属离子，然后用 EDTA 标准溶液进行滴定。还可以用另一种配位剂置换待测金属离子与 EDTA 配合物中的 EDTA，释放出来的 EDTA 再用其他金属离子标准溶液进行滴定。

（四）间接滴定

若被测金属离子与 EDTA 的配合物不稳定，或者测定不能与 EDTA 配位的非金属离子，可以利用某种化学反应,用 EDTA 标准溶液滴定该化学反应的生成物或剩余的试剂,以间接求出被测物质的含量。

五、配位滴定法测定应用实例——水总硬度的测定

(一)测定原理

EDTA 和金属指示剂铬黑 T(H_3In)分别与 Ca^{2+}、Mg^{2+} 形成配合物,这四种配合物的稳定顺序为 CaY^{2-}(无色)> MgY^{2-}(无色)> $MgIn^{-}$(红色)> $CaIn^{-}$(红色)。

在水样中加入少量铬黑 T 指示剂时,它依次与 Mg^{2+}、Ca^{2+} 生成红色配合物 $MgIn^{-}$ 和 $CaIn^{-}$。当用 EDTA 标准溶液滴定时,EDTA 首先与游离的 Ca^{2+}、Mg^{2+} 配合,然后再与 $CaIn^{-}$ 和 $MgIn^{-}$ 反应,释放出来的 HIn^{2-} 使溶液显指示剂的蓝色,表示到达滴定终点。以上过程测定的是 Ca^{2+}、Mg^{2+} 的总含量,也就是测定水的总硬度。

(二)测定步骤

量取 100mL 水样置锥形瓶中,加 1 ~ 2 滴(1 + 1)HCl 酸化,煮沸几分钟以除去 CO_2,冷却后,加入 3mL 三乙醇胺溶液(200g/L)、5mL 氨性缓冲溶液、1mLNa_2S(20g/L),再加入 3 滴铬黑 T 指示剂(5g/L),立即用 0.01mol/L EDTA 标准溶液滴定至溶液由红色变为纯蓝色为终点,记录消耗 EDTA 标准溶液的体积。

(三)计算

$$水的总硬度(mmol/L) = \frac{1000c_{EDTA} \cdot V_{EDTA}}{V_{水}} \tag{3-3}$$

$$水的总硬度(CaCO_3)(mg/L) = \frac{1000c_{EDTA} \cdot V_{EDTA} \cdot M_{CaCO_3}}{V_{水}} \tag{3-4}$$

式中 c_{EDTA}——EDTA 标准溶液浓度,mol/L;

V_{EDTA}——EDTA 标准溶液的用量,mL;

$V_{水}$——量取水样的体积,mL;

M_{CaCO_3}——$CaCO_3$ 的摩尔质量,g/mol。

(四)滴定过程中的注意事项

(1)水样中含有 $Ca(HCO_3)_2$,当溶液调至碱性时,应防止形成 $CaCO_3$ 沉淀而使硬度测定结果偏低,所以需要先酸化处理,煮沸使 $Ca(HCO_3)_2$ 完全分解。

(2)加三乙醇胺用来掩蔽 Fe^{3+}、Al^{3+},加 Na_2S 使 Cu^{2+} 生成 CuS 沉淀,掩蔽重金属离子,消除测定过程中其他金属离子杂质的干扰。

第三节 氧化还原滴定法

一、氧化还原反应测定原理和特点

氧化还原滴定法是利用滴定剂与被测物质之间发生电子转移反应为基础,在滴定终点时,

滴定溶液的电极电位发生突跃，用电位滴定仪可以指示电极电位的突跃，也可以使用指示剂来指示滴定终点的到达。用电位滴定仪指示滴定终点的方法称为电位滴定法，将在后面的电位分析法中介绍，在此，只介绍指示剂指示滴定终点的化学滴定法。无论是仪器法还是指示剂法，其测定原理都一样，都是根据滴定溶液的电位发生突跃为测定前提条件。

氧化还原反应是电子转移反应，反应历程复杂，反应速度快慢不一，而且受外界条件影响大，因此对反应条件要求高，应严格控制，以满足氧化还原滴定分析要求。

（一）电极电位

在电化学中，电极电位的定义：将金属浸于电解质溶液中，金属的表面与溶液间产生电位差，这种电位差称为金属在此溶液中的电位或电极电位。除此之外，还有溶液中同时存在一对氧化还原体系的也可以借助惰性金属如铂构成一个电极，如溶液中存在 Fe^{3+} 和 Fe^{2+}，可以插入金属铂，构成 Fe^{3+}/Fe^{2+} 电极。每个电极都有一个电极电位，其电极电位的大小是通过与标准氢电极构成一个原电池的电位差来测定的。两对电极电位不同的电极都会自发地进行氧化还原反应。

氧化还原滴定法就是利用溶液中同时存在两对电极电位有一定差的电极对之间发生的氧化还原反应，通过滴定终点前后溶液的电位突跃，用指示剂指示滴定终点到达的一种化学滴定分析方法。

（二）能斯特方程式

在氧化还原反应中，氧化剂或还原剂的强弱可用氧化还原电对的电极电位来衡量，电极电位的大小可用能斯特方程式求得。

对于氧化或还原半反应，以 ox 表示氧化态，以 Red 表示还原态，ox + ne = Red，能斯特方程式为：

$$\phi_{ox/Red} = \phi^{\theta}_{ox/Red} + \frac{0.059}{n}\lg\frac{a_{ox}}{a_{Red}} \qquad (3-5)$$

式中 $\phi_{ox/Red}$——电对 ox/Red 的电极电位，V；

$\phi^{\theta}_{ox/Red}$——电对 ox/Red 的标准电极电位，V；

n——反应中转移的电子数；

a_{ox} 和 a_{Red}——氧化态和还原态的活度，mol/L。

在一定温度下，氧化态和还原态的活度都为 1mol/L 时的电极电位，即为标准电极电位。

（三）条件电位

在能斯特方程中，计算有关电对的电位时，需要知道溶液中氧化态和还原态的活度，但在实际工作中，我们知道的是溶液中氧化态和还原态的浓度而不是活度。

一般情况下，物质的活度小于其浓度，同时氧化态和还原态在溶液中还可能发生副反应，如果简单地用它们的分析浓度代替活度来计算电位，其结果会导致较大的误差，为了解决这个问题，引进条件电位的概念。

条件电位 $\phi_1^{\theta\prime}$ 表示在一定介质条件下，氧化态和还原态的分析浓度为 1mol/L 时的实际电位。条件电位校正了离子强度和各种副反应的影响。

用条件电位代替标准电位,用分析浓度代替活度代入能斯特方程式,可以较准确地求出氧化剂电对和还原剂电对的实际电位。一些电对的条件电极电位在《化验员读本》(上册 化学分析)中可查,若没有条件电位的电对,只能采用标准电极电对。

(四)氧化还原平衡常数

在氧化还原滴定分析中,反应完全程度可以从它的平衡常数看出,平衡常数越大,氧化还原反应进行的越完全。平衡常数可由有关电对的条件电位求得。计算通式为:

$$\lg K = \frac{n(\phi_1^{\theta\prime} - \phi_2^{\theta\prime})}{0.059} \tag{3-6}$$

式中 $\phi_1^{\theta\prime}$——氧化剂电对的条件电位,V;

$\phi_2^{\theta\prime}$——还原剂电对的条件电位,V;

n——氧化剂电对和还原剂电对的半反应转移电子数(n_1 和 n_2)的最小公倍数。

由式(3-6)可以看出,两对电极对条件电位相差越大,反应的平衡常数越大,反应进行的越完全。一般来说,两个电对的条件电位或标准电极电位之差大于0.4V时,才能用于氧化还原滴定分析。

二、氧化还原滴定分析的应用方法

(一)高锰酸钾法

1. 基本原理

高锰酸钾法是利用 $KMnO_4$ 作氧化剂进行滴定分析的方法。$KMnO_4$ 是一种强氧化剂,在强酸性溶液中它获得5个电子被还原为 Mn^{2+},$MnO_4^- + 8H^+ + 5e = Mn^{2+} + 4H_2O$。

在弱酸性、中性或碱性溶液中,$KMnO_4$ 与还原剂作用会生成褐色的 MnO_2 沉淀,妨碍滴定终点的观察。因此用 $KMnO_4$ 标准溶液进行滴定时,一般都在强酸性溶液中进行。所用的强酸通常是 H_2SO_4,避免使用 HCl 和 HNO_3,因为 Cl^- 具有还原性,也能与 MnO_4^- 作用,而 HNO_3 具有氧化性,它可能氧化某些被滴定的物质。

高锰酸钾法一般不另加指示剂,而是利用化学计量点后稍微过量的 $KMnO_4$ 使溶液显示粉红色来指示终点。

反应方程式为:

$$2MnO_4^- + 5C_2O_4^{2-} + 16H^+ = 2Mn^{2+} + 10CO_2\uparrow + 8H_2O$$

2. $KMnO_4$ 标准溶液的配制和标定

1)配制方法

高锰酸钾试剂一般含有少量 MnO_2 及其他杂质,同时蒸馏水中含有微量有机物质,它们与 $KMnO_4$ 发生缓慢反应,析出 $MnO(OH)_2$ 沉淀,MnO_2 或 $MnO(OH)_2$ 又能促进 $KMnO_4$ 进一步分解,所以不能用直接法配制 $KMnO_4$ 标准溶液,而是先配制近似浓度的 $KMnO_4$ 溶液,然后再用基准物质进行标定,获得该溶液的准确浓度。

以配制 $c_{(1/5\,KMnO_4)} = 0.1mol/L$ 为例,介绍具体配制过程:称取3.3g $KMnO_4$,溶于1050mL 水

中，缓缓煮沸15min，冷却后置于暗处保留两周。以4号玻璃滤埚过滤，存于干燥的棕色瓶中。

注：过滤 $KMnO_4$ 所使用的4号玻璃滤埚预先应以同样的高锰酸钾溶液缓缓煮沸5min，收集瓶也要用此高锰酸钾溶液洗涤2～3次。

2）标定方法

称取0.25g于105～110℃烘至恒重的基准草酸钠，称准至0.0001g，溶于100mL硫酸溶液（8+92）中，用配制好的 $KMnO_4$ 溶液[$c_{(1/5\ KMnO_4)}$=0.1mol/L]滴定，近终点时加热至65℃，继续滴定至溶液呈粉红色，保持30s。同时作空白试验。

3）计算

$KMnO_4$ 标准溶液浓度按下式计算：

$$c_{(1/5KMnO_4)} = \frac{1000m}{(V - V_0) \cdot M_{(1/2Na_2C_2O_4)}} \qquad (3-7)$$

式中 m——草酸钠的质量，g；

V_1——$KMnO_4$ 溶液的用量，mL；

V_2——空白试验 $KMnO_4$ 溶液的用量，mL；

$M_{(1/2Na_2C_2O_4)}$——以（$1/2Na_2C_2O_4$）为基本单元的摩尔质量，67.00g/mol。

4）影响测试结果的因素

高锰酸钾滴定法在滴定开始时因反应速度慢，滴定速度要慢，待反应开始后，由于不断生成的 Mn^{2+} 对反应起催化作用，滴定速度才可以逐渐加快。近终点时加热至65℃，是为了使反应更加完全。

3. 应用实例——高锰酸钾法测定水中化学耗氧量

参考《工业循环冷却水中化学需氧量（COD）的测定　高锰酸钾法》（GB/T 15456—2008）。

1）适用范围

工业循环水中COD在2～80mg/mL（以 O_2 计）的测定，也适用于工业废水、原水、循环水的测定。

2）实验原理

化学耗氧量（COD）是指在规定条件下，用氧化剂处理水时，与消耗的氧化剂相当的氧的量。在本方法中高锰酸钾起到氧化剂的作用，氧化水中还原性物质。高锰酸钾被还原为锰离子，过量的高锰酸钾用草酸钠测定。

3）测试步骤

移取25～100mL水样，置于三角烧瓶中，加50mL水、5mL（1+1）硫酸溶液、5～10滴硫酸银饱和溶液，然后再移取10.00mL高锰酸钾标准滴定溶液。在电炉上慢慢加热至沸腾后，再煮沸5min，水样应为粉红色或红色。若为无色，则再加10.00mL高锰酸钾标准滴定溶液；或者减少取样量，按上述过程重新煮沸5min。冷却至60～80℃，加入10.00mL草酸钠标准溶液，溶液应呈现无色，若呈红色，则再加10.00mL草酸钠标准溶液。用高锰酸钾标准滴定溶液滴至粉红色为终点。同时做空白试验。

4)结果计算

水样中化学需氧量(COD)(以 O_2 计)的质量浓度 ρ(mg/L)为:

$$\rho = 1000\frac{(V_1 - V_0)cM/4}{V} \quad (3-8)$$

式中 V_1——测定水样时消耗高锰酸钾标准滴定液的体积,mL;

V_0——空白试验时消耗高锰酸钾标准滴定液的体积,mL;

V——水样的体积,mL;

c——高锰酸钾标准滴定液的浓度,mol/L;

M——氧气的摩尔质量(M=32.00),g/mol。

5)注意事项

除了高锰酸钾法常见的注意事项外,该方法还应注意控制温度,因为草酸钠85℃以上会分解。

(二)重铬酸钾法

1. 基本原理

重铬酸钾法是以 $K_2Cr_2O_7$ 为标准溶液进行滴定的氧化还原法,$K_2Cr_2O_7$ 是强氧化剂,其氧化性稍弱于高锰酸钾,在酸性溶液中被还原成 Cr^{3+}。

$$Cr_2O_7^{2-} + 14H^+ + 6e \xlongequal{} 2Cr^{3+} + 7H_2O$$

$K_2Cr_2O_7$ 在反应中获得6个电子,基本单元为(1/6 $K_2Cr_2O_7$),摩尔质量 $M_{(1/6K_2Cr_2O_7)}$ = 49.03g/mol。

$K_2Cr_2O_7$ 为橘黄色,滴定后转化为绿色的 Cr^{3+},溶液的颜色变化不明显,所以不能根据它本身的颜色变化来确定滴定终点,而需要采用其他的氧化还原指示剂。一般用二苯胺磺酸钠作指示剂,滴定终点是溶液由绿色变为紫红色。

2. 重铬酸钾法的特点

(1)$K_2Cr_2O_7$ 溶液较稳定,置于密闭容器中,浓度可保持较长时间不变。

(2)$K_2Cr_2O_7$ 电极电位与 Cl^- 的电极电位相等,因此可以在HCl介质中进行滴定,不会因 $K_2Cr_2O_7$ 氧化 Cl^- 而产生误差。

(3)$K_2Cr_2O_7$ 可作为基准物质直接配制成标准溶液,也可用来标定 $Na_2S_2O_3$ 标准滴定溶液。

3. 应用实例——重铬酸钾法测定水中COD

参考《水质 化学需氧量的测定 重铬酸盐法》(GB 11914—1989)。

1)适用范围

重铬酸钾法适用于各种类型的含COD值大于30mg/L的水样,对未经稀释的水样的测定上限为700mg/L。本标准不适用于含氯化物浓度大于1000mg/L(稀释后)的含盐水。

2)实验原理

在水样中加入已知量的重铬酸钾溶液。并在强酸介质下以银盐作催化剂,经沸腾回流后,以试亚铁灵为指示剂，用硫酸亚铁铵滴定水样中未被还原的重铬酸钾，然后将消耗的硫酸亚铁铵的量换算成消耗氧的质量浓度。

3）测试步骤

取适量试样加水至20.0mL。加10.0mL重铬酸钾标准溶液和几颗防爆沸玻璃珠，摇匀。将锥形瓶接到回流装置冷凝管下端，接通冷凝水。从冷凝管上端缓慢加入30mL硫酸银—硫酸试剂，以防止低沸点有机物的逸出，不断旋动锥形瓶使之混合均匀。自溶液开始沸腾起回流2h。冷却后，用20～30mL水自冷凝管上端冲洗冷凝管后，取下锥形瓶，再用水稀释至140mL左右。溶液冷却至室温后，加入3滴试亚铁灵指示剂溶液，用硫酸亚铁铵标准滴定溶液滴定，溶液的颜色由黄色经蓝绿色变为红褐色即为终点。记下硫酸亚铁铵标准滴定溶液的消耗毫升数。空白实验采用20mL蒸馏水代替试样，按上述步骤操作。

4）结果计算

水样中化学需氧量（COD）（以 O_2 计）的质量浓度 ρ（mg/L）为：

$$\rho = \frac{8000c(V_1 - V_2)}{V_0} \tag{3-9}$$

式中 c——硫酸亚铁铵标准滴定溶液浓度，mol/L；

V_1——空白实验所消耗的硫酸亚铁铵标准滴定溶液的体积，mL；

V_2——试样测定所消耗的硫酸亚铁铵标准滴定溶液的体积，mL；

V_0——试样的体积，mL；

8000——1/4（O_2）的摩尔质量以mg/L为单位的换算值。

5）注意事项

（1）由于加入的重铬酸钾的量是一定的，当水样中的有机物含量过高，重铬酸钾完全消耗完毕，测定结果就不准了。必须严格控制COD值在700mg/L以下；如果高，应该稀释。

（2）每次试验时，应对硫酸亚铁铵标准滴定溶液进行标定，室温较高时尤其注意其浓度的变化。

（3）水样加热回流后，溶液中重铬酸钾剩余量应为加入量的1/5～4/5为宜。

（4）加入硫酸—硫酸银，是因为酸性条件下重铬酸钾氧化性强。硫酸银起催化剂的作用。

（5）如果试样中有氯离子存在，可加硫酸汞消除其影响。

（三）碘量法

1. 基本原理

碘量法是常用的氧化还原法之一。它是利用 I_2 的氧化性和碘离子 I^- 的还原性为基础的滴定方法。其反应为：

$$I_2 + 2e = 2I^-$$

I_2 的氧化性较弱，能与较强的还原剂作用；I^- 是中等强度的还原剂，能与许多氧化剂作用，利用 I_2 的氧化性直接滴定还原性物质的方法称为直接碘量法；利用 I^- 的还原性，与一些氧化性物质（待测物质）反应，生成 I_2，然后用还原剂 $Na_2S_2O_3$ 标准滴定溶液滴定生成的 I_2，这种间接测定被测物质的方法称为间接碘量法。

利用无色的淀粉遇到 I_2 发生化学反应,会使淀粉变蓝色的特性,碘量法的指示剂为淀粉溶液。直接碘量法的终点是从无色变为蓝色,间接碘量法的终点是从蓝色变为无色。

2. 测试影响因素分析和误差来源分析

1)酸度对碘量法测定结果的影响

碘量法必须在中性和弱酸性溶液介质中进行,因为在碱性溶液中,I_2 能与 OH^- 或 $S_2O_3^{2-}$ 发生反应,消耗一定量的滴定剂 I_2,产生测定误差,反应式如下:

$$3I_2 + 6OH^- = IO_3^- + 5I^- + 3H_2O$$

$$S_2O_3^{2-} + 4I_2 + 10OH^- = 2SO_4^{2-} + 8I^- + 5H_2O$$

在强酸性溶液中,$Na_2S_2O_3$ 溶液会发生分解反应,反应为:

$$S_2O_3^{2-} + 2H^+ = SO_2\uparrow + S\downarrow + H_2O$$

所以,碘量法应该控制溶液的酸度。

2)控制 I_2 挥发和 I^- 被氧化

碘量法的误差来源主要有两个方面:一是 I_2 易挥发,再就是在酸性溶液中 I^- 也容易被空气中的 O_2 氧化,反应式为:

$$4I^- + 4H^+ + O_2 = 2I_2 + 2H_2O$$

为了减少测定误差,应该采取下列措施:

(1)加入过量的 KI,防止 I_2 挥发:在间接碘量法滴定反应中生成的 I_2 容易挥发,I_2 和 I^- 能够生成比较稳定的 I_3^- 离子,因此在反应前加入过量的 KI,可减少 I_2 的挥发,避免产生误差。

(2)注意避光:I_2 在日光照射下易发生分解反应,使得标准滴定溶液的浓度发生变化,影响测定结果的准确性。反应式如下:

$$I_2 + H_2O \longrightarrow HI + HIO$$

因此,I_2 标准滴定溶液应该在棕色瓶中密封避光保存。

另外,光线照射也能促进 I^- 被空气中的 O_2 氧化,所以碘量法操作最好不要在光线照射下进行。

(3)I_2 标准滴定溶液定期标定:因为 I_2 的挥发,标准滴定溶液会发生浓度变低的现象,导致测定结果出现误差。所以,I_2 标准滴定溶液放置一定时间后应该进行重新标定,保存期一般不能超过一个月。

(4)滴定速度适当要快一些。

3)指示剂临近终点时加入

碘量法的指示剂是淀粉,由于淀粉会与 I_2 发生反应,消耗一部分 I_2 标准滴定溶液,过早加入会使得测定结果产生误差，因此，淀粉指示剂需要在临近滴定终点前加入。

3. 碘量法的应用实例——$Na_2S_2O_3$ 标准滴定溶液的配制和标定

参考《化学试剂　标准滴定溶液的制备》(GB/T 601—2002)。

$Na_2S_2O_3$ 标准滴定溶液是碘量法应用中重要的标准滴定溶液，其标定方法是结合了重铬酸钾法和电量法来进行标定的，同时体现了碘量法和重铬酸钾法的应用重要性。

1) 0.1mol/L $Na_2S_2O_3$ 标准滴定溶液的配制

称取 26g 硫代硫酸钠($Na_2S_2O_3 \cdot 5H_2O$)或 16g 无水硫代硫酸钠，溶于 1000mL 水(应为煮沸冷却后的蒸馏水，配制时加入少量碳酸钠)，缓缓煮沸 10min，冷却。放置两周后过滤备用。

2) 标定原理

I^- 与基准试剂 $K_2Cr_2O_7$ 发生氧化还原反应，定量生成 I_2，利用 $Na_2S_2O_3$ 标准滴定溶液滴定反应生成的 I_2，根据消耗的 $Na_2S_2O_3$ 标准滴定溶液体积和基准试剂 $K_2Cr_2O_7$ 的量来计算 $Na_2S_2O_3$ 标准滴定溶液的浓度。反应分两步进行，反应式如下：

第一步反应：$Cr_2O_7{}^{2-} + 6I^- + 14H^+ = 2Cr^{3+} + 3I_2 + 7H_2O$

第二步反应：$I_2 + 2S_2O_3{}^{2-} = 2I^- + S_4O_6{}^{2-}$

3) 标定方法

称取 0.15g 于 120℃ 烘至恒重的基准重铬酸钾，称准至 0.0001g。置于碘量瓶中，溶于 25mL 水，加 2g 碘化钾及 20mL 硫酸溶液(20%)，摇匀，于暗处放置 10min。加 150mL 水，用配制好的硫代硫酸钠标准溶液[$c_{(Na_2S_2O_3)} = 0.1$mol/L]滴定，近终点时加入 3mL 淀粉指示液(5g/L)，继续滴定至溶液由蓝色变为亮绿色。同时作空白试验。

4) 计算

$Na_2S_2O_3$ 标准滴定溶液浓度按下式计算：

$$c_{(Na_2S_2O_3)} = \frac{1000m}{(V_1 - V_2) \cdot M_{(1/6K_2Cr_2O_7)}} \tag{3-10}$$

式中　m——重铬酸钾的质量，g；

V_1——硫代硫酸钠溶液的用量，mL；

V_2——空白试验硫代硫酸钠溶液的用量，mL；

$M_{(1/6K_2Cr_2O_7)}$——以 $1/6K_2Cr_2O_7$ 为基本单元的摩尔质量，49.03g/mol。

(四)溴酸钾法

1. 基本原理

溴酸钾法是以 $KBrO_3$ 为标准滴定溶液的滴定分析法。常用的溴酸钾法实质是利用 Br_2 作标准滴定溶液，由于 Br_2 标准滴定溶液不稳定，Br_2 极易挥发，因此利用 $KBrO_3$ 和 KBr 在酸性溶液中发生下述反应定量生成单质 Br_2：

$$BrO_3{}^- + 5Br^- + 6H^+ = 3Br_2 + 3H_2O$$

由于 Br_2 能与有机物中含有不饱和键的物质如烯烃、苯酚类的物质发生加成反应和取代反应,因此溴酸钾法主要用于测定一些有机物。

由于没有合适的指示剂,所以,溴酸钾法大多采用电位滴定仪指示滴定终点。用于化学滴定法只能加入过量的 $KBrO_3 - KBr$ 标准滴定溶液使之产生过量的 Br_2 与被测物质反应,剩余的 Br_2 与 KI 作用析出 I_2,然后用 $Na_2S_2O_3$ 标准滴定溶液滴定。反应式为:

第一步:$BrO_3^- + 5Br^- + 6H^+ \xlongequal{} 3Br_2 + 3H_2O$

第二步:$Br_2 + 2I^- \xlongequal{} 2Br - + I_2$

第三步:$I_2 + 2Na_2S_2O_3 \xlongequal{} 2I^- + S_4O_6^{2-}$

2. $KBrO_3 - KBr$ 标准滴定溶液

$KBrO_3 - KBr$ 标准滴定溶液很稳定,可用直接法配制。

$c_{(1/6KBrO_3)}$ 为 0.1mol/L $KBrO_3 - KBr$ 标准滴定溶液的配制:

准确称取已于 130 ~ 140℃烘干 2h 的纯 $KBrO_3$ 2.7840g,溶于少量水后加入 14gKBr,待全部溶解后,转移至 1L 容量瓶中,加水稀释至刻度,摇匀。

3. 溴酸钾法应用实例——石油产品溴值的测定

参考《石油产品溴值测定法》(SH/T 0236—1992)。

1)适用范围

本方法适用于石油产品溴值的测定。

2)测定原理

将试样溶解于滴定溶剂中,以甲基橙为指示剂,用溴酸钾—溴化钾标准滴定溶液滴定至红色消失为止。

3)测定步骤

先取滴定溶剂注入锥形烧瓶中,加入 1 滴甲基橙指示液(1g/L),用溴酸钾—溴化钾标准滴定溶液滴定至红色消失。根据试样溴值的大小,用吸量管量取 0.5 ~ 5mL 试样,注入盛有滴定溶剂的锥形烧瓶中,再加入 1 滴甲基橙指示液(1g/L),充分地震荡均匀,用溴酸钾—溴化钾标准滴定溶液进行滴定(滴定应慢些,并注意要不断地振荡),直到混合液红色消失为止。

4)结果计算

试样的溴值 X 按下式计算:

$$X = \frac{0.0799 V_2 \cdot c_{(1/6KBrO_3)}}{V_3 \cdot \rho} \times 100 \qquad (3-11)$$

式中 V_2——滴定时消耗的溴酸钾—溴化钾标准滴定溶液的体积,mL;

$c_{(1/6KBrO_3)}$——溴酸钾—溴化钾标准滴定溶液的实际浓度,mol/L;

V_3——试样的加入体积,mL;

ρ——试样的密度,g/mL;

X——溴值,gBr/100g;

0.0799——与 1.00mL 溴酸钾—溴化钾标准滴定溶液[$c_{(1/6KBrO_3)} = 1.000$mol/L]相当的以克表示的溴的质量。

第四节 沉淀滴定法

沉淀滴定法是利用沉淀反应来进行滴定分析的方法。用于沉淀滴定的反应,必须符合下列条件:

(1)沉淀反应必须按照一定的化学反应方程式进行。

(2)生成沉淀物的溶解度必须很小。

(3)沉淀反应要求反应迅速。

(4)有适当的指示剂或其他方法来指示滴定终点,沉淀的吸附现象不应影响终点的确定。

虽然沉淀反应很多,但因上述条件的限制,能用于沉淀滴定的反应并不多,且应用不够广泛,我们主要讨论银量法。

银量法为利用生成难溶银盐反应进行沉淀滴定的统称方法。用银量法能够测定 Cl^-、Br^-、I^-、SCN^-、Ag^+ 等离子及含卤素的有机化合物。这种方法对于农药检验、水质分析等方面都具有重要意义。在银量法中,由于所用指示剂和测定条件的不同,又分为莫尔法、佛尔哈德法和法扬司法。

一、莫尔法(铬酸钾作指示剂)

(一)基本原理

莫尔法是以铬酸钾作指示剂的银量法。可以 $AgNO_3$ 标准溶液直接滴定 Cl^- 或 Br^-,反应如下:

终点前:$Ag^+ + Cl^- = AgCl\downarrow$(白色)　　$K_{SP} = 1.8\times10^{-10}$

终点时:$2Ag^+ + CrO_4^{2-} = Ag_2CrO_4\downarrow$(砖红色)　　$K_{SP} = 2.0\times10^{-12}$

莫尔法的理论依据是分步沉淀原理。分步沉淀原理:由于 AgCl 沉淀的溶解度(约 1×10^{-5}mol/L)小于 Ag_2CrO_4 沉淀的溶解度(约 8×10^{-5}mol/L),AgCl 开始沉淀所需的$[Ag^+]$比 Ag_2CrO_4 开始沉淀所需的$[Ag^+]$要小,所以当用 $AgNO_3$ 溶液滴定 Cl^- 时,首先析出 AgCl 沉淀。随着 $AgNO_3$ 溶液的滴入,溶液中的$[Cl^-]$越来越小,滴定到接近化学计量点时,$[Cl^-]$急剧减少,$[Ag^+]$突然增大,达到了 Ag_2CrO_4 的溶度积,此时出现砖红色的 Ag_2CrO_4 沉淀,指示出滴定终点。

(二)滴定条件

1. 指示剂用量

根据溶度积原理,在化学计量点时

$$[Ag^+] = [Cl^-] = \sqrt{K_{SP(AgCl)}} = \sqrt{1.8\times10^{-10}} = 1.34\times10^{-5}\text{mol/L}$$

这时,以恰好析出 Ag_2CrO_4 沉淀计算,所需 CrO_4^{2-} 的浓度为:

$[CrO_4^{2-}] = K_{SP(Ag_2CrO_4)}/[Ag^+]^2 = 2.0\times10^{-12}/(1.34\times10^{-5})^2 = 0.01\text{mol/L}$

由于 K_2CrO_4 溶液呈黄色,浓度较大时颜色加深,妨碍终点颜色的观察,因而实际使用的 K_2CrO_4 溶液浓度约为 5×10^{-3}mol/L(相当于每 50 ~ 100mL 溶液中加入 5% K_2CrO_4 溶液 1 ~ 2mL)。

采用以上浓度的指示剂,滴定终点将会稍迟出现,产生一定的终点误差。对于0.1mol/L $AgNO_3$ 溶液滴定 0.1mol/L Cl^- 来说,此项误差低于 0.1%,可以认为不影响分析结果的准确度。

2. 溶液酸度

Ag_2CrO_4 易溶于酸,在酸性溶液中发生如下反应:

$$2CrO_4^{2-} + 2H^+ \rightleftharpoons 2HCrO_4^- \rightleftharpoons Cr_2O_7^{2-} + H_2O$$

使溶液中 CrO_4^{2-} 浓度减小,Ag_2CrO_4 沉淀出现过迟,甚至不析出沉淀。

在强碱性溶液中,会有 Ag_2O 沉淀析出:

$$2Ag^+ + 2OH^- \rightleftharpoons Ag_2O + H_2O$$

因此,莫尔法只能在中性或弱碱性(pH 值为 6.5 ~ 10.5)溶液中进行。

除以上两项要求外,由于滴定生成 AgCl 沉淀容易吸附溶液中的 Cl^-,使溶液中 Cl^-浓度降低,与其平衡的 Ag^+浓度增加,因此未等到达化学计量点时 Ag_2CrO_4 沉淀过早产生,引入误差。因此滴定时必须充分摇动试液,使被吸附的 Cl^-释放出来,以获得准确的终点。

(三)方法特点

莫尔法是以铬酸钾作指示剂,适用于测定 Cl^-和 Br^-,方法简便。但只能在中性或弱碱性溶液中进行,对 I^-和 SCN^-的测定会带来较大误差。此法选择性较差,凡能与 Ag^+或 CrO_4^{2-}生成难溶盐的阴离子或阳离子都干扰测定,因此应用受限。

二、佛尔哈德法(铁铵矾作指示剂)

(一)基本原理

佛尔哈德法是以铁铵矾[$NH_4Fe(SO_4)_2 \cdot 12H_2O$]为指示剂的银量法。按照滴定方式的不同,佛尔哈德法包括直接滴定和返滴定。

1. 用直接滴定法测定银

在 HNO_3 溶液中,以铁铵矾作指示剂,用 NH_4SCN 标准溶液滴定 Ag^+,产生 AgSCN 沉淀。在化学计量点时,稍微过量的 SCN^-就与 Fe^{3+}生成红色的配合物$[Fe(SCN)]^{2+}$,反应如下:

终点前:$Ag^+ + SCN^- = AgSCN\downarrow$ (白色)

终点时:$Fe^{3+} + SCN^- = [Fe(SCN)]^{2+}\downarrow$(红色)

由于 AgSCN 对 Ag^+吸附作用较强,滴定时应充分摇动溶液,使被沉淀吸附的 Ag^+释放出来,以防止终点过早出现。

2. 用返滴定法测定卤素

在含有卤素离子的溶液中加入已知过量的 $AgNO_3$ 标准溶液,卤素离子(X^-)与 Ag^+反应生成 AgX 沉淀。然后加入铁铵矾指示剂，用 NH_4SCN 标准溶液返滴定剩余量的 Ag^+。

Ag^+(过量) + X^- = AgX↓

Ag^+(剩余量) + SCN^- = AgSCN↓(白色)

此法可用于测定 Cl^-、Br^-、I^- 等，但测定 Cl^- 时终点难以判断。

(二)滴定条件

佛尔哈德法适用于在酸性(稀硝酸)溶液中进行，其酸度通常控制在 0.2～0.5mol/L。在碱性或中性溶液中，指示剂中的 Fe^{3+} 将发生水解而析出沉淀，使测定无法进行。

由于佛尔哈德法是在稀硝酸溶液中进行滴定，许多弱酸的阴离子(如 PO_4^{3-}、AsO_4^{3-}、CrO_4^{2-} 等)都不会与 Ag^+ 生成沉淀，因此佛尔哈德法的选择性比莫尔法高。但是，能与 SCN^- 起反应的强氧化剂、铜盐、汞盐等干扰测定，应预先除去。

(三)方法特点

佛尔哈德法是以铁铵矾作指示剂，可在稀硝酸溶液中，用 NH_4SCN 标准溶液直接滴定 Ag^+，也可用 $AgNO_3$ 和 NH_4SCN 两种标准溶液间接测定 Cl^-、Br^- 和 I^-(返滴定法)。此法终点明显，能在酸性条件下进行滴定，选择性强，但需要有两种标准溶液，比莫尔法和法扬司法麻烦。

三、法扬司法(吸附指示剂)

(一)基本原理

法扬司法是以吸附指示剂来确定滴定终点的银量法。吸附指示剂是一类有色的有机化合物，它的阴离子在水溶液中易被带正电荷的沉淀胶粒吸附，吸附以后由于结构发生变化而导致颜色改变，从而指示滴定终点。

(二)滴定条件

为使滴定终点变色敏锐、准确，应用吸附指示剂时要注意以下条件：

(1)保持沉淀呈胶体状态。由于吸附指示剂的颜色变化发生在沉淀的表面，欲使滴定终点变色敏锐，应尽可能使卤化银沉淀呈胶体状态，具有较大的表面积。为此，滴定溶液应适当稀释，并加入淀粉等保护胶体，还应避免大量电解质的存在，以防止胶体凝聚。

(2)酸度要适当。常用的吸附指示剂大多为有机弱酸，而起指示作用的是它们的阴离子，因此溶液酸度十分重要。

(3)滴定过程避免强光照射。卤化银沉淀见光易分解出金属银，使沉淀变成灰黑色，影响滴定终点的观察。

(4)选择吸附力适当的指示剂。沉淀胶粒对指示剂离子的吸附力，应略小于对被测离子的吸附力，以免滴定终点出现过早。但吸附力也不能太小，否则终点出现过迟且不敏锐。卤化银沉淀对卤素离子和几种指示剂吸附力大小顺序为：I^- > 二甲基二碘荧光黄 > SCN^- > Br^- > 曙红 > Cl^- > 荧光黄。因此，测定 Cl^- 应选荧光黄作指示剂，而不能用曙红，测定 Br^- 时可用曙红作指示剂。吸附指示剂种类较多，常用的几种见表 3－3。

表 3-3 常用的吸附指示剂

指示剂	待测离子	滴定剂	pH 条件	终点颜色变化
荧光黄	Cl^-	$AgNO_3$	7~10	黄绿→粉红
二氯荧光黄	Cl^-	$AgNO_3$	4~10	黄绿→红
曙红	Br^-、I^-、SCN^-	$AgNO_3$	2~10	橙黄→红紫
二甲基二碘荧光黄	I^-	$AgNO_3$	中性	黄红→红紫

(三)方法特点

法扬司法是以吸附指示剂来确定滴定终点,可以用于测定 Cl^-、Br^-、I^-、SCN^-。此法终点明显,方法简便,但反应条件要求较严,应注意溶液的酸度、浓度以及胶体的保护。

第四章　电化学分析法

第一节　电化学基础知识

一、电化学电池

将实现化学能与电能相互转变的装置或体系称为电化学电池。电化学电池分为原电池和电解池两种：如果实现电化学反应的能量是由外电源供给，则这种电化学池称电解池；如果电化学电池自发地将其内部化学能转化成电能，这样的电化学池称原电池。这两类电池在改变条件时，可以相互转化。

（一）电化学电池组成

各种电化学电池，都是由一对电极、电解质和外电路三部分组成，如图 4-1 所示。电池所用的电解质通常为液体溶液，也可为熔融盐或离子导体，电极通常为固体金属。电化学电池的两个电极与外电路相连形成电流通路。例如，将铜棒和锌棒插入 $CuSO_4$ 和 $ZnSO_4$ 的混合溶液中，便构成了一个电化学电池，简称电池。若用导线将铜棒和锌棒连接起来或者连至一个外加电源上，则有以下过程同时发生：

（1）在导线中电子定向移动产生电流。

（2）在溶液中有离子的定向移动，也有电流流动。

（3）在铜棒和铁棒表面，即电极表面发生氧化还原反应：

$$Cu^{2+} + 2e^- = Cu$$

$$Zn = Zn^{2+} + 2e^-$$

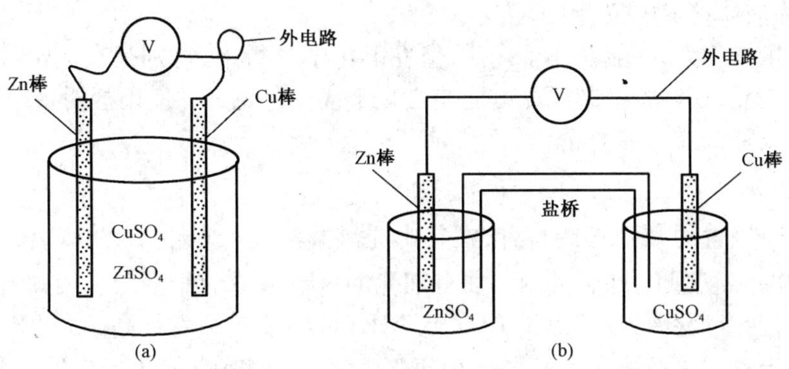

图 4-1　电化学池

电化学电池按不同的特性还可分为:无液接电池和有液接电池。若两个电极浸入同一电解质溶液,这样的电化学电池称为无液接电化学池[图4-1(a)];若两个电极分别浸入不同的电解质溶液,组成两个半电池,两电解质溶液的界面用离子可透过的半透膜分开,或用盐桥连接,这样的电化学电池称为含液/液界面的化学池[图4-2(b)]。后者较为常见。

(二)电池的表示式

按 IUPAC 规定,电池组成用图解表示式表示,例如:

$$Zn \mid ZnSO_4(\alpha_1) \parallel CuSO_4(\alpha_2) \mid Cu$$

$$Ag, AgCl(s) \mid Cl^-(\alpha_1) \parallel Cl^-(\alpha_2) \mid Hg_2Cl_2(s), Hg(l)$$

电池图解表达式的规定如下:

(1)左边的电极上进行氧化反应,右边的电极上进行还原反应。

(2)电极的两相界面和不相混的两种溶液之间的界面,都用单竖线“|”表示。当两种溶液通过盐桥连接,已消除液接电位时,则用双线“‖”表示。当同一相中同时存在多种组分时,用“,”隔开。

(3)电解质位于两电极之间。

(4)气体或均相的电极反应,反应物质本身不能直接作为电极,要用惰性材料(如铅、金或碳等)作电极,以传导电流。

(5)写出电相的化学组成和物态,同时,电池中的溶液应注明浓(活)度;如果是气体,则应注明压力、温度。若不注明,是指 250℃ 及 100kPa(标准压力)。固体和纯溶液的活度认为是1。

(6)根据电极反应的性质来区分阳极和阴极,凡是在电极上发生氧化反应即失电子的电极称为阳极,凡是在电极上发生还原反应即得电子的电极称为阴极。根据原电池电极电位的正负程度来区分正极和负极,即比较两个电极的实际电位,凡是电位较正的电极为正极,电位较负的电极为负极。

(三)液体接界电位

液体接界电位简称液接电位,又称扩散电位。它是指当两种不同组分的溶液或两种组分相同但浓度不同的溶液相接触时,离子因扩散而通过相界面的速率不同,相界面有微小的电位差产生,称其为液体接界电位,用 φ_j 表示。

液接电位虽然不大,一般在几十毫伏,但在电化学分析中,特别是在电位分析法中其影响却不可忽略。因此,在实验中必须尽可能使之减小或保持稳定。使用盐桥将两溶液相连,可以使液接电位大大降低或基本消除。

(四)盐桥

盐桥是一个倒置的U形管或直管,在其中充满高浓度(或饱和)的 KCl(或 NH_4Cl)溶液,为防止盐桥中的溶液逸出,在管的两端装有细孔的玻璃塞或琼脂凝胶。用盐桥将两溶液连接后,盐桥两端有两个液/液界面,由于 KCl(或 NH_4Cl)溶液的浓度很高,因此 K^+ 和 Cl^- 的扩散成为液接界面上离子扩散的主要部分。由于 K^+ 和 Cl^- 扩散速率几近相等,因而液接电位很小,在整个电路上方向相反,所以液接电位可以相互抵消。

(五)电池的电动势

电池的电动势是指当流过电池的电流为零或接近于零时两极间的电位差,即:

$$E = \varphi_{右} - \varphi_{左} \tag{4-1}$$

对于有液/液接界电位的电池,则:

$$E = \varphi_{右} - \varphi_{左} + \varphi_j \tag{4-2}$$

φ_j 的存在将干扰电池电动势的测量,所以要用盐桥将其消除。电池电动势必须在外电路无电流通过时测量,即 $I=0$。在电分析实验中,用电位差计以补偿法或高阻抗的电子毫伏计来测量。

二、电极电位

(一)双电层

当电极插入溶液中后,在电极和溶液之间便有一个界面。可以预料,在此界面附近的溶液将与远离界面而不受电极影响的本体溶液的性质不一样,如图 4-2 所示。

如图 4-2 所示,如果导体电极带正电荷,会对溶液中的阴离子产生吸引作用,同时对阴离子也有一定的排斥作用。结果在靠近电极附近呈现出如图 4-2 所示的浓度分布。在 $d_0 \sim d_1$(几个 Å)紧密层内同时存在静电作用和其他较静电作用更强的作用(如特性吸附、键合等),将出现电荷过剩,即阴离子总数超过阳离子总数;在 $d_1 \sim d_2$ 分散层,只有静电引力的作用,在此区域内也有电荷过剩;而在此以外,超出了静电引力的作用范围或者因其作用力太小可以忽略不计,将不再有电荷过剩现象,这种结构称为双电层。

(二)电极电位的产生

在电化学池中用以进行电极反应和传导电流从而构成回路的部分,称为电极。例如,将金属插入具有该金属离子的溶液中所构成的体系即为电极。在金属与溶液的两相界面上,由于带电离子的迁移形成了双电层,其电位差即为电极的电极电位。

(三)标准电极电位

电池都是由至少两个电极组成的,根据它的电极电位,可以计算出电池的电动势。但是目前尚无法单独测量电极的电极电位的绝对值,只能选一个电极电位稳定不变的电极,即标准电极与之组成电池,然后测量其电池电动势,从电池电动势和标准电极的电位计算出被测电极的电极电位。国际上统一规定的标准电极是标准氢电极。标准氢电极构造如图 4-3 所示。

它是将一片镀铂黑的铂片,浸入活度为 1mol/L 的 H^+ 溶液中构成的。通氢气使铂电极上不断有气泡通过,以保证电极表面和溶液都为氢气所饱和。

在液相上面,氢气的分压保持在 1.013×10^5Pa(1atm,即 1 个大气压)。铂黑并不参加电化学反应,但能在表面上吸附氢气,使之与溶液中的 H^+ 在一定条件下产生反应,反应中的电子由铂片传递,其电极反应为: $2H^+ + 2e \rightarrow H_2$

电极表示式为: $Pt \mid H_2(1.013 \times 10^5 Pa), H^+(\alpha = 1)$

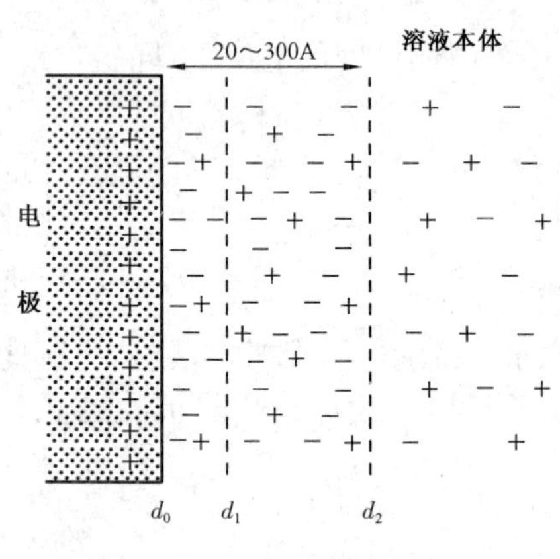

图 4－2　双电层结构

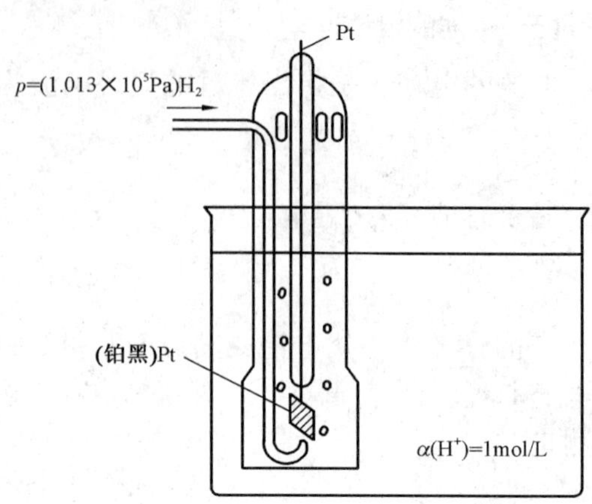

图 4－3　标准氢电极

国际上统一规定在任何温度下标准氢电极的电极电位为零。以标准氢电极为负极，被测电极为正极组成电池，所测电池的电动势即为被测电极的电极电位。由于标准氢电极的电极电位是人为规定的，因而测得的电极电位是以氢电极为标准的相对值。

每个电极都存在某种物质的氧化态和还原态，当其活度均为 1mol/L 时，此时的电极电位称为该电极的标准电极电位，可以从手册或参考书中查到。

(四)能斯特方程式

例如，实验温度为 25℃，能斯特方程可简化为：

$$\varphi = \varphi^{\theta} + \frac{0.05916}{z}\lg\frac{\alpha(\mathrm{Ox})}{\alpha(\mathrm{Red})} \qquad (4-3)$$

式中，φ 为电极电位；φ^{θ} 为标准电极电位；z 为电极的 Ox 或 Red 得失的电子数；α 为 Ox 和 Red 的活度，当浓度不大时，可用浓度代替。

当物质的氧化态与还原态的浓度均等于 1mol/L 时的电极电位，称为条件电位，用 $\varphi^{\theta'}$ 表示。

显然，条件电位随反应物质的活度系数不同而不同，它受离子强度、络合效应、水解效应和 pH 值等因素的影响。所以，条件电位是与溶液中各电解质成分有关的、以浓度表示的实际电位值。在分析化学中，溶液中除了待测离子以外，一般尚有其他物质存在，它们虽不直接参加电极反应，但常常明显地影响电极电位，因此使用条件电位常比标准电极电位具有更为广泛的实用价值。

三、电极的类型

电化学电极种类繁多，每种电极均有其不同组成、结构、作用、特点和用途。电极有不同的分类方式，分类原则不同，分类结果也不一样。现按电极在电化学分析中的作用分类如下。

(一)指示电极

在电化学电池中借以反映待测离子活度、发生所需电化学反应或激发信号的电极称为指示电极。能用做指示电极的种类很多，如 pH 玻璃电极、离子选择性电极等。

(二)参比电极

在恒温恒压条件下，电极电位不随溶液中被测离子活度的变化而变化，具有基本恒定电位值的电极称为参比电极。参比电极提供电位标准，在分析过程中用以与指示电极组成电池，通过测量其电动势从而求得指示电极的电极电位。参比电极除要求电位恒定外，还要求其电极反应可逆、具有较好的重现性、装置简单、电流密度小、温度系数小等。常用的参比电极有甘汞电极和银—氯化银电极以及氢电极。

(三)工作电极

指示电极和工作电极是有区别的。凡因电解池中有电流通过，使本体溶液成分发生显著变化的体系，相应的电极称为工作电极。例如，在电解分析和库仑分析中，被测定的物质在它上面析出的电极是工作电极。

第二节　电位分析法

电位分析法是基于测量浸入被测液中两电极间的电动势或电动势变化来进行定量分析的一种电化学分析方法。根据测量的方式，可分为直接电位法和电位滴定法。

一、直接电位法

直接电位法是将参比电极与指示电极插入被测液中构成原电池，根据原电池的电动势与被测离子活度(或浓度)间的函数关系直接测定离子活度(或浓度)的方法。例如 pH 值的测定就是采用直接电位法。

(一)测试原理

酸度计简称 pH 计，用于溶液 pH 值的测定。它是通过测定已知 pH 值的缓冲溶液的电动势，再测定未知样品的电动势，并利用能斯特方程求出待测离子浓度的方法。溶液 pH 的测量主要用于以 H^+ 活度的负对数来表示结果的测定，它是标准曲线法的一种，只是采用单点校正或二点校正。

(二)常用 pH 计的使用及维护保养

1. 仪器使用

(1)接通电源，开机预热 30min。

(2)仪器进行两点校准。

(3)所测溶液的温度应与标准缓冲液的温度相同。因此，使用前必须调节温度调节器。先进的 pH 计在线路中安装有温度补偿系统，仪器经初次较正后，能自动调整温度变化。

(4)测量时，先用蒸馏水冲洗两电极，用滤纸轻轻吸干电极上残余的溶液，或用待测液洗电极。然后，将电极浸入盛有待测溶液的烧杯中，轻轻摇动烧杯，使溶液均匀，按下读数开关，指针所指的数值即为待测溶液的 pH 值，重复几次，直到数值不变(数字式 pH 计在约 10s 内数值变化少于 0.01pH 值时)，表明已达到稳定读数。

(5)测量完毕,关闭电源,冲洗电极,玻璃电极要浸泡在蒸馏水中。

2. 维护保养

酸度计由电极和电计两部分组成。使用中若能够合理维护电极,按要求配制标准缓冲液和正确操作电计,可大大减小 pH 示值误差。

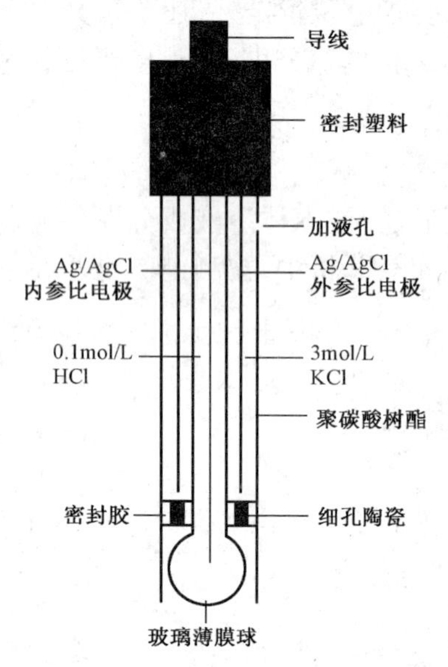

图 4-4 复合玻璃电极结构示意图

1)正确使用与保养电极

目前实验室使用的电极都是复合电极,把 pH 玻璃电极和参比电极组合在一起的电极就是 pH 复合电极,其结构如图 4-4 所示。其优点是使用方便,不受氧化性或还原性物质的影响,且平衡速度较快。使用时,将电极加液口上所套的橡胶套和下端的橡皮套全部取下,以保持电极内氯化钾溶液的液压差。

(1)使用时注意事项:

① 复合电极不用时,可充分浸泡在 3mol/L 氯化钾溶液中,切忌用洗涤液或其他吸水性试剂浸洗。

② 使用前,检查玻璃电极前端的球泡。正常情况下,电极应该透明而无裂纹;球泡内要充满溶液,不能有气泡存在。

③ 测量浓度较大的溶液时,尽量缩短测量时间,用后仔细清洗,防止被测液粘附在电极上而污染电极。

④ 清洗电极后,不要用滤纸擦拭玻璃膜,而应用滤纸吸干,避免损坏玻璃薄膜,防止交叉污染,影响测量精度。

⑤ 测量中注意电极的银—氯化银内参比电极应浸入到球泡内氯化物缓冲溶液中,避免电计显示部分出现数字乱跳现象。使用时,注意将电极轻轻甩几下。

⑥ 电极不能用于强酸、强碱或其他腐蚀性溶液。

⑦ 严禁在脱水性介质如无水乙醇、重铬酸钾等中使用。

(2)pH 复合电极的清洗:球泡和液接界污染比较严重的情况时,可以先用以下溶剂清洗剂(表 4-1),再用去离子水洗去溶剂,最后将电极浸入浸泡液中活化。

表 4-1 不同污染物所用不同溶剂清洗剂

污染物	清洗剂
无机金属氧化物	低于 1mol/L 稀酸
有机油脂类物	稀洗涤剂(弱酸性)
树脂高分子物质	稀乙醇、丙酮、乙醚
蛋白质血球沉淀物	酸性酶溶液
颜料类物质	稀漂白液、过氧化氢

(3)pH 复合电极的修复:pH 复合电极的“损坏”,其现象是敏感梯度降低、响应慢、读数重复性差,可能由以下三种因素引起,一般可以采用如下的方法予以修复:

① 电极球泡和液接界受污染,可以用细的毛刷、棉花球或牙签等,仔细去除污物。有些塑

壳 pH 电极头部的保护罩可以旋下，清洗就更方便了，如污染严重，可按前面的方法使用清洁剂清洗。

② 外参比溶液受污染，对于可充式电极，可以配制新的 KCl 溶液，再加进去，注意前两次加进去时要再倒出来，以便将电极内腔洗净。

③ 玻璃敏感膜老化：将电极球泡用 0.1mol/L 稀盐酸浸泡 24h。用纯水洗净，再用电极浸泡溶液浸泡 24h。如果钝化比较严重，也可将电极下端浸泡在 4% 氢氟酸溶液中 3～5s（溶液配制：4mL 氢氟酸用纯水稀释至 100mL），用纯水洗净，然后在电极浸泡溶液中浸泡 24h，使其恢复性能。

2）标准缓冲液的配制及其保存

（1）pH 标准物质应保存在干燥的地方，如混合磷酸盐 pH 标准物质在空气湿度较大时就会发生潮解，一旦出现潮解，pH 标准物质即不可使用。

（2）配制 pH 标准溶液应使用二次蒸馏水或者是去离子水。

（3）配制好的标准缓冲溶液一般可保存 2～3 个月，如发现有浑浊、发霉或沉淀等现象时，不能继续使用。

（4）碱性标准溶液应装在聚乙烯瓶中密闭保存，防止二氧化碳进入标准溶液后形成碳酸，降低其 pH 值。

3）pH 计的正确校准

pH 计因电计设计的不同而类型很多，其操作步骤各有不同，因而 pH 计的操作应严格按照其使用说明书正确进行。在具体操作中，校准是 pH 计使用操作中的一个重要步骤，其校准方法均采用两点校准法。

另外，在校准前应特别注意待测溶液的温度，以便正确选择标准缓冲液，并调节电计面板上的温度补偿旋钮，使其与待测溶液的温度一致。不同的温度下，标准缓冲溶液的 pH 值是不一样的。校准工作结束后，对使用频繁的 pH 计一般在 48h 内仪器不需再次定标。如遇到下列情况之一，仪器则需要重新标定：

（1）溶液温度与定标温度有较大的差异时；

（2）电极在空气中暴露过久，如半小时以上时；

（3）定位或斜率调节器被误动；

（4）测量过酸（$pH<2$）或过碱（$pH>12$）的溶液后；

（5）换过电极后；

（6）当所测溶液的 pH 值不在两点定标时所选溶液的中间，且距 $pH=7$ 又较远时。

（三）常见 pH 计简介

目前 pH 计的种类繁多，国产的有上海雷磁生产的 pHS 系列，而进口的则有瑞士万通 780 系列等。现以 pHS－3C 酸度计为例，对它的使用做一下简要介绍。

pHS－3C 酸度计是一种国产数字显示的酸度计。它的使用方法如下：

（1）仪器使用前的准备：连接电极并接通电源。

（2）打开电源开关，按下“pH”值或“mV”键，仪器预热 30min。

（3）仪器标定，步骤如下：

① 拔出测量电极插头,按下“mV”键。

② 调节“零点”电位器使仪器读数在 ±0 之间。

③ 插上电极,按下“pH”键,斜率调节器调至 100% 位置。

④ 先把电极用蒸馏水清洗,然后把电极插在一个已知 pH 值的缓冲溶液中,调节“温度”调节器使所指示的温度与溶液的温度相同,并摇动试验烧杯使溶液均匀。

⑤ 调节“定位”调节器使仪器读数为该缓冲溶液的 pH 值。

(4)测量 pH 值:已经标定过的仪器,即可用来测量被测溶液。

① 被测溶液和定位溶液温度相同时:

a)“定位”保持不变;

b)将电极夹向上移出,用蒸馏水清洗电极头部,并用滤纸吸干;

c)把电极插在被测溶液内,摇动试验烧杯使溶液均匀后读出该溶液的 pH 值。

② 被测溶液和定位溶液温度不同时:

a)“定位”保持不变;

b)用蒸馏水清洗电极头部,用滤纸吸干;用温度计测出被测测溶液的温度值;

c)调节“温度”调节器,使指示在该温度值上;

d)把电极插在被测溶液之内,摇动试验烧杯使溶液均匀后读出该溶液的 pH 值。

二、电位滴定法

电位滴定法是在滴定过程中通过测量电位变化以确定滴定终点的方法。

(一)测定原理及适用范围

电位滴定法是基于电位突跃来确定滴定终点的方法。进行电位滴定时,在被测溶液中插入一支指示电极和一支参比电极组成一个原电池。随着滴定剂的加入,由于发生化学反应,被测离子的浓度不断发生变化,指示电极的电位也相应地改变。在化学计量点附近,离子浓度变化较大,引起电位的突跃。因此,测量电池电动势的变化,就可确定滴定的终点。

电位滴定分析适用于如下情况:

(1)混浊或有色溶液的滴定与缺乏指示剂的滴定;

(2)非水溶液中某些有机物的滴定;

(3)测定热力学常数,如弱酸、弱碱的电离常数,配合物的稳定常数;

(4)连续滴定和自动滴定,并适用微量分析。

电位滴定法和直接电位法相比,不需要准确的测量电极电位值,因此,温度、液体接界电位的影响并不重要,其准确度优于直接电位法。测定的相对误差与普通滴定分析一样,可低至 0.2% 。

(二)电位滴定法的类型和指示电极的选择

电位滴定法适合于各类滴定分析。在实际操作中可根据滴定反应类型及滴定要求的不同选择合适的指示电极。例如,酸碱滴定时使用 pH 玻璃电极为指示电极,在氧化还原滴定中,可用铂电极作指示电极。在配合滴定中,若用 EDTA 作滴定剂,可以用汞电极作指示电极;在沉淀滴定中,若用硝酸银滴定卤素离子,可以用银电极作指示电极。

在电位滴定分析时，除选择合适的指示电极外，还要选择合适的分析条件，如溶液的 pH 值、温度、干扰离子的掩蔽等，以此来提高电位滴定分析的准确度，可参见《无机化工产品　电位滴定法通则》（GB/T 23840—2009）。

（三）电位滴定法的应用实例

1. 卡尔·费休法测定水分含量

参考《化工产品中水分含量的测定 卡尔·费休法（通用方法）》（GB/T 6283—2008）。

1）测试原理

卡尔·费休法是电位滴定法的一个特例，它因终点的判断方式而又称死停终点法。将 2 支相同的铂电极插入被测溶液中，将 2 个电极间外加一低电压（10 ~ 100mV），观察滴定过程中电解电流的变化以确定终点。由于它应用广泛，下面进行介绍。

该方法是根据 I_2 氧化 SO_2 时，需要定量的水参加，以此来测定样品的水分。终点的确定是根据化学计量点前试液中存在水分，无可逆电对存在，因而电流为零，化学计量点后，试液中形成 I_2/I^- 可逆电对，电流突然增大，指示终点到达。

$$H_2O + I_2 + SO_2 + 3C_5H_5N \longrightarrow 2C_5H_5N \cdot HI + C_5H_5N \cdot SO_3$$

其中吡啶 C_5H_5N 是一种溶剂和稳定剂，由于吡啶有恶臭味并且有毒，目前已经实现了无吡啶的卡尔·费休试剂。无吡啶试剂是用无毒无味的有机碱代替吡啶，或用乙酸盐、乙醇盐、酚盐、弱有机酸盐或其混合物代替吡啶。它无毒无味、改善环境和保护健康、反应速度快、使用方便简单、终点明确。

2）仪器简介

目前卡尔·费休滴定仪的种类很多，已经与最初的仪器有了很大的不同。比如万通公司生产的 870 型，具有强大的功能，可以实现自动吸液、自动滴定、自动计算，漂移值可调，精度高，非常方便实验操作。电位滴定的基本仪器装置包括滴定管、滴定池、指示电极、参比电极、搅拌器，测电动势的仪器。如果使用自动电位滴定仪，在滴定过程中可以自动绘出滴定曲线，自动找出滴定终点，自动给出体积，滴定快捷方便。

3）影响卡尔·费休滴定法测水精度的因素分析

利用卡尔·费休法测定物质中水分是一种重要而灵敏的化学分析方法，但除了有一个非常好的测定仪器外，必须对测定的物质中有无干扰物质存在，根据物质中水分的含量确定适当的进样量，克服各种影响测定精度的因素，细心操作，才能得到好的测定结果。而影响测定精度的因素，除了测定样品的性质、测定的方法、标定物质的选用、取样方法和进样量的大小影响测定精度外，还必须注意以下几个问题，才能保证测定精度。

（1）由于卡尔·费休滴定试剂很容易吸收水分，因此要求滴定剂发送系统的滴定管和滴定池（测量池）等采取较好的密封系统。否则由于吸湿现象将造成终点长时间的不稳定和严重的误差。

（2）卡尔·费休试剂的滴定度的大小，根据试液含水量的多少来决定。在测定含水量较大的试液时，卡尔·费休试剂的滴定度应该选得大一些，这样在保证测定精度（$<5\%$）的前提下，可以加快测定速度。但在测定试液含水量较小时，卡尔·费休试剂的滴定度就应该选得小一些，滴定管的最小读数也应小一些，否则将产生较大的测定误差。如果滴定管的最小读数为 0.01mL，

卡尔·费休试剂的滴定度为2.5mg/mL,则试剂一滴误差将产生0.025mg(25ppm)的测量误差。如果试剂的滴定度1.00mg/mL,则试剂一滴误差将产生0.015mg(15ppm)的测量误差。

(3)滴定试剂滴定头结构与位置也是滴定误差的一个非常重要的因素。通常要求滴定头内径和滴定头要做得很细,目的是防止滴定剂的挂滴现象,保证测量精度。在滴定头插入样品溶液中时,滴定头的液界处有可能发生化学反应而影响测定精度。

(4)在滴定时搅拌要充分且均匀。在滴定粘度较大的样品溶液时更要注意搅拌的充分和一致,包括磁力搅拌器的速度要一致、滴定池中的液面高度大体相同,这样才能得到较好的测定精度。

(5)在进样时,要防止注射器头受外界的污染而影响测定结果,如操作者呼气和擦注射器头时的污染等,同时要防止进样使卡尔费休滴定试剂吸收水分。

(6)在用卡尔·费休法测定试样含水量时,要注意被测定的试样中是否有能与卡尔·费休试剂生成水的物质。如有下列物质应分别采取相应的措施才能得到满意的结果:

① 醛和酮都能与卡尔·费休试剂中的甲醇反应,生成缩醛和缩酮与水,生成的水不断消耗滴定剂中的碘,使滴定反应不断进行而没有终点或终点滞后,影响了测定结果的准确性。有时在分析含酮样品中水分时,减少试剂中的甲醇量,增加吡啶含量,可以得到满意的结果。但这种方法不适用于含醛类化合物。

② 金属氧化物和氢氧化物,也能与HI发生反应生成水,可用二甲苯共沸蒸馏或汽化携带法来分离提取样品中的水,然后进行测定。

③ 能被碘还原者,如硫醇和硫化氢等能被碘还原使水分析结果偏高,可以用烯烃进行加成反应除去。

④ 能将碘化物氧化为碘者,本身被还原为氢醌。如无机化合物的过氧化物、铬酸盐、二价铜和三价铁盐等能产生这样的反应,使测定产生误差。

⑤ 一些弱的含氧酸盐,如碳酸盐、硼酸盐主要与HI反应生成水干扰测定。而无机酸和酸性氧化物不干扰测定。氨利用卡尔费休试剂直接滴定时会形成碘化氮,可以在滴定前加过量的醋酸以消除这种干扰。

⑥ 氯化铁和试剂中包含的活性氯,如二氯异氰酸盐可以被卡尔费休试剂中的HI所还原,这种干扰可用吡啶和二氧化硫及甲醇溶液预处理试样加以消除。

⑦ 硅烷醇和卡尔费休试剂也有定量反应,这种干扰可通过使用高分子醇和吡啶稀释来防止。

2. 石油烃类溴指数测定法

参考《石油烃类溴指数测定法(电位滴定法)》(GB/T 11136—1989)。

溴指数是指在规定的试验条件下,与100g试样反应所消耗溴的毫克数(mgBr/100g)。它表明石油烃中能与溴反应的物质总量,也可以测定终馏点在288℃以下的石油烃中的不饱和烃,用以评价轻馏分作为反应溶剂的适用性。

1)测试原理

将已知量的试样溶解在规定的溶剂中,用溴化钾—溴酸钾标准溶液进行电位滴定。当试样中能与溴作用的物质反应完毕,溶液中有游离溴出现时,溶液的电位突然变化。终点以电位滴定曲线($E-V$ 曲线)的电位突跃来判断。

2)基本操作

(1)接通仪器电源,稳定 0.5h;

(2)借助于冷却剂,通过滴定池的夹套循环冷却,使整个滴定过程维持在 0~5℃;

(3)按所用电位滴定仪的说明书进行仪器的校正;将仪器的选择旋钮放在电动势挡;

(4)由 10mL 滴定管以 0.1mL/min 滴定速度加入溴化钾标准溶液,在电位突跃前后,每加入 0.1mL 溴化钾—溴酸钾标准溶液就记录相应的电动势。利用所记录的一对一对的参数绘制 $E-V$ 滴定曲线,或用记录仪自动记录 $E-V$ 滴定曲线,按滴定曲线的电位突跃判断终点。

3)计算

试样的溴指数 X(mgBr/100g)按下式计算:

$$X = 7990(V_3 - V_0)c_1/m$$

式中 V_3——滴定试样时消耗的溴化钾—溴酸钾标准溶液体积,mL;

V_0——空白试验消耗的溴化钾—溴酸钾标准溶液体积,mL;

c_1——溴化钾—溴酸钾标准溶液的浓度,mol/L;

m——试样的质量,g;

7990——换算系数。

第三节 库仑分析法

一、概述

根据电解过程中所消耗的电量来求得被测物质含量的方法,称为库仑分析法。库仑分析法的理论基础是法拉第电解定律。

(一)法拉第电解定律

法拉第电解定律是指在电解过程中电极上所析出的物质的量与通过电解池的电量的关系,包含两方面内容:

(1)电流通过电解质溶液时,发生电极反应的物质的量与所通过的电量成正比。

(2)相同的电量通过不同的电解质溶液时,在电极上析出的各种物质的质量与该物质的相对原子质量成正比,与每个原子中参加反应的电子数成反比。其数学式表示如下:

$$m = \frac{MQ}{nF} = \frac{M}{nF}it \tag{4-4}$$

式中 m——析出物质的质量,g;

M——析出物质的摩尔质量,g/mol;

n——电极反应中的电子转移数;

F——法拉第常数,96487C/mol;

i——通过溶液的电流,A;

t——通过电流的时间,s;

Q——通过电解池的电量,C。

法拉第电解定律是自然科学中最严格的定律之一,它不受温度、压力、电解质浓度、电极材料和形状、溶剂性质等因素的影响,它是库仑分析的理论基础。

(二)库仑分析法的影响因素

库仑分析要取得准确结果的关键是保证电极反应的电流效率为100%。所谓电流效率是指用于主反应的电量与通过电解池的总电量之比。电流效率100%,说明电量全部用于被测离子的反应,而无干扰离子消耗电量。影响电流效率的主要因素有:

(1)溶剂:电解多在水溶液中进行,水能参与电极反应产生 H_2 和 O_2,消耗电量,防止的办法是选择适当的电解电压和控制溶液的 pH 值。

(2)溶液中的 O_2:O_2 可以在阴极上还原:$O_2 + 4H^+ + 4e = 2H_2O$,消耗电量,一般可通氮气除氧。

(3)共存杂质的影响:有些杂质可能参与电解反应,消耗电量,可作空白校正或通过预电解除去杂质的干扰

二、库仑分析法的分类

按照经典的分类方法,库仑分析法分为两大类:控制电位库仑分析法和控制电流库仑分析法。

(一)控制电位库仑分析法

1. *方法原理*

控制电位库仑法是根据被测物质在电解过程中所消耗的电量来求其含量的方法,其中被控制的量是电位。其基本装置与控制电位电解法相似,如图4-5所示。

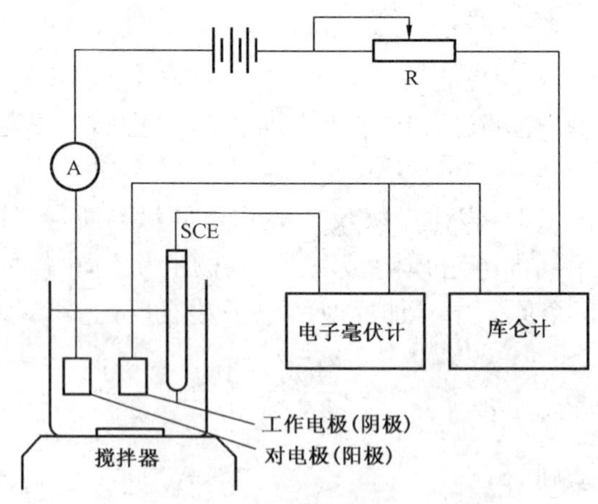

图4-5 控制电位库伦法的基本装置

电解池中除工作电极和对电极外,还有参比电极,它们共同组成电位测量与控制系统。在电解过程中,控制工作电极的电位为恒定值,使被测物质以100%的电流效率进行电解,当电

解电流趋近于零时，指示该物质已被电解完全。如果用与之串联的库仑计，精确测量使该物质被全部电解所需的电量，即可由法拉第电解定律计算其含量。常用的工作电极有铂、银、汞、碳电极等。

2. 电解时的副反应

由于库仑分析的电流效率要求达到100%，这样才能使电解时所消耗的电量能全部用于被测物质的电极反应，但由于各种因素的影响，难以避免在工作电极上有副反应发生。常见的副反应有下列几种：

(1)溶剂的电解。由于电解是在水溶液中进行的，应适当控制电极电位及溶液pH范围，以防水的分解。当工作电极作为阴极时，应避免有氢气析出；作为阳极时，则要防止有氧气产生。采用汞阴极，能提高氢的过电位，使用范围比铂电极广。

(2)电极本身参与反应。铂电极在电位较高时，尚不致被氧化，所以常用做工作阳极。但当溶液中有能与铂络合的试剂存在时，则会降低其电极电位，有可能被氧化。汞电极在较高的电位时也会被氧化。

(3)氧的还原。溶液中溶解有氧气，会在阴极上还原为过氧化氢或水，故电解前必须除去。

(4)电解产物的副反应。如在汞阴极上还原Cr^{3+}为Cr^{2+}时，电解产生Cr^{2+}会被溶液中的H^+氧化又生成Cr^{3+}。

(5)析出电位相近的物质或较被测物质易于还原(对阴极反应)、易于氧化(对阳极反应)的物质的电极反应。这实际上属于干扰情况，一般可采用络合、分离等方法消除。

3. 控制电位库仑分析法特点及应用

(1)控制电位库仑法不要求被测物质在电极上沉积为金属或难溶物，因此可用于测定进行均相电极反应的物质，特别适用于有机物的分析。

(2)方法的灵敏度和准确度均较高，能测定微克级物质，最低能测至0.01μg，相对误差为0.1%~0.5%。

(3)用于测定电极反应中的电子转移数。

控制电位库仑分析法需要复杂的实验仪器，杂质和背景电流的影响不易消除，电解时间长，这是控制电位库仑分析法的不足。

(二)控制电流库仑分析法

1. 库仑滴定方法原理

库仑滴定法是用恒定的电流，以100%的电流效率进行电解，在电解池中产生一种物质，然后该物质与被分析物质进行定量的化学反应，反应的化学计量点可借助于指示剂或其他电化学方法来指示。此法与容量分析有相似之处，不过滴定剂不是由滴定管加入的，而是电解产生的，产生的滴定剂的量可以由所消耗的电量求得，所以称为库仑滴定法。由于是用恒定的电流进行电解，电解过程中所消耗的电量，可以简单地由电流与时间的乘积求得，因此又称为恒电流库仑滴定法。

在库仑滴定法中，由于一定量的被分析物质需要一定量的由电解产生的滴定剂与之作用，而此一定量的滴定剂又是被一定量的电量电解产生的，所以被分析物质与产生滴定剂所消耗的电量之间符合法拉第电解定律的关系。

2. 仪器装置

库仑滴定装置(Ⅰ)如图4-6所示,它是由电解系统和终点直线系统两部分组成。库仑滴定装置(Ⅱ)如图4-7所示,该装置属于双池式库仑滴定装置,阴极和阳极分置于两个电解池内,以盐桥相连。终点可以用指示剂,也可用电化学方法指示。该装置可以防止各种电极反应的干扰。

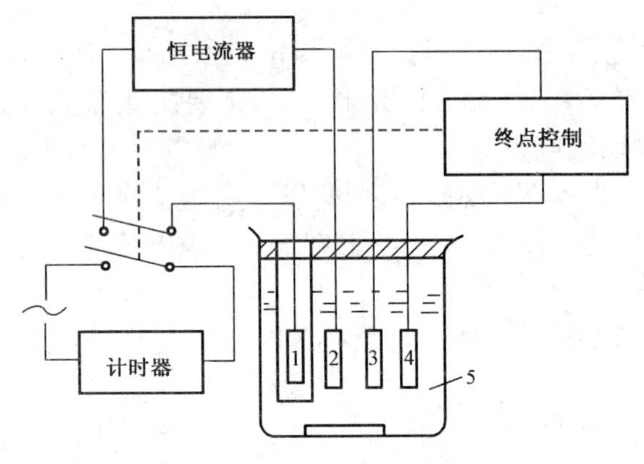

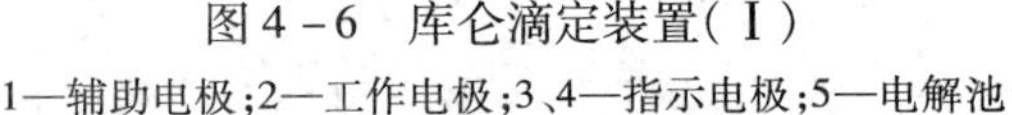
图4-6 库仑滴定装置(Ⅰ)

1—辅助电极;2—工作电极;3、4—指示电极;5—电解池

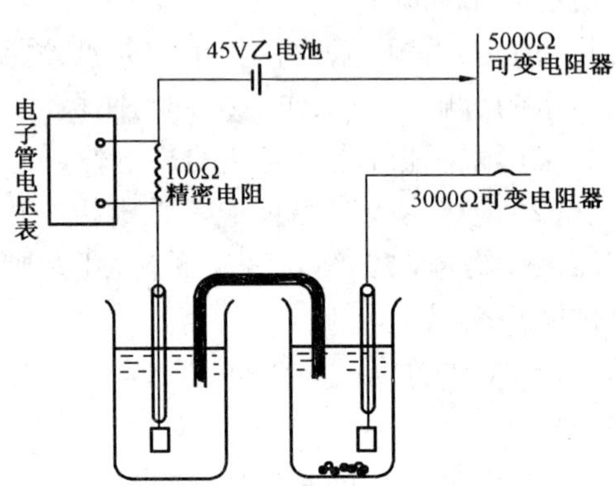

图4-7 库仑滴定装置(Ⅱ)

3. 库仑滴定法的特点及应用

(1)由于库仑滴定法所用的滴定剂是由电解产生的,边产生边滴定,所以可以使用不稳定的滴定剂,如Cl_2、Br_2、Cu^+等。由于很不稳定,所以在一般的容量分析中不能作为标准溶液,但在库仑分析中却可以使用,这就扩大了容量分析的应用范围。

(2)能用于常量组分及微量组分的分析,方法的相对误差约为0.5%。如果采用精密库仑滴定法,由计算机程序确定滴定终点,准确度可达0.01%以下,能用作标准方法。

(3)控制电位的方法也能用于库仑滴定,以提高选择性,扩大应用范围。

(4)库仑滴定法可以采用酸碱中和、氧化还原、沉淀及络合等各类反应进行滴定。

三、微库仑分析法

1. 工作原理

微库仑分析法又称为动态库仑法,它既不是控制电位的方法,也不是控制电流的方法。但是微库仑分析法与库仑滴定法相似,也是由电解产生的滴定剂来滴定被测物质的浓度,但在滴定的过程中,电流的大小是随滴定的程度而变化的,所以又称为动态库仑滴定。其工作原理如图4-8所示。

仪器主要由电解池(或称滴定池)和库仑放大器两部分组成。电解池内装有两对电极,一对是指示电极和参比电极。指示电极的电位由电解液中滴定剂浓度决定。另一对是工作电极或称电解电极。工作电极是电解产生滴定剂的电极。

2. 微库仑仪的构造

微库仑滴定仪是由微库仑放大器、滴定池和电解系统组成的“零平衡”式闭环负反馈系统。

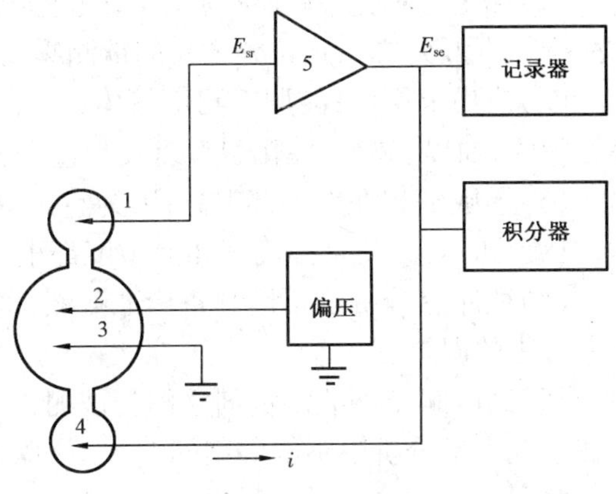

图 4-8 微库伦仪工作原理图

1—参比电极;2—指示电极;3、4—工作电极;5—放大器

1)裂解管和裂解炉

石油及其他有机化合物中的 S、N、Cl 等元素,都不能直接和滴定剂反应,必须预先裂解,转化成能与滴定剂反应的物质才能测定。裂解反应都在石英裂解管中进行,裂解反应有氧化法和还原法两种。

(1)氧化法:样品与 O_2 混合并燃烧,碳和氢转化成 CO_2 和 H_2O,硫转化成 SO_2 和 SO_3,氮转化成 NO 和 NO_2,氯转化成 HCl,磷转化成 P_2O_5。

(2)还原法:样品在 H_2 存在下,通过裂解管中镍或铂催化剂被还原,碳、氢和氧转化为 CH_4 和 H_2O,硫转化为 H_2S,卤素转化为 HX,氮转化为 NH_3 和 HCN,磷转化为 PH_3。若测定 NH_3,裂解管中需填充 LiOH 以吸收 H_2S 及 HX,消除其干扰。

裂解炉是专供加热裂解管的高温管式炉,裂解炉是分段加热的,分为预热区、燃烧区和出口区,各区温度不同,都有控温器加以控制。

2)滴定池

滴定池是微库仑仪的心脏,裂解管出来的被测物导入滴定池中,与滴定剂反应。滴定池通常用玻璃制成,为了提高灵敏度和响应速度,池体积一般做得小些为好。池底部有引入裂解气的喷嘴,喷嘴的构造能使气体变成小气泡,再加上电磁搅拌,使气体样品能快速被电解液吸收并与滴定剂反应。池顶部装有四支电极,还有注入样品或更换电解液的孔。

3)微库仑放大器

微库仑放大器是一个电压放大器,其放大倍数在数十倍至数千倍间可调。由指示电极对产生的信号与外加偏压反向串联后加到微库仑放大器的输入端。放大器的输出端加到滴定池的电解电极对上,使之产生对应的电流流过滴定池,电解产生出滴定剂离子,微库仑放大器的输出同时输入到记录仪或数据处理仪上。

4)进样器

对于液体样品多用注射器进样,裂解管入口处有耐热的硅橡胶垫密封。气体样品可用压力注射器,固体或粘稠液体样品可用样品舟进样。

5)记录仪和积分仪

微库仑放大器的输出信号可用记录仪记录下来。记录电流—时间曲线,曲线下的面积积分即为电量。也可用积分仪进行面积积分,积分结果以数字显示。

3. 微库仑分析法的特点

微库仑分析法近年来发展很快,已经被公认为是测量石油产品和其他有机及无机化合物中微量水、氧、硫、氮、溴等的较好的分析方法。其特点为:

(1)测定范围宽:在实际应用中,微库仑法仪需要微克量,甚至毫微克量的样品,即可测定样品中从百万分之一到百分之几的欲测物质的含量。

(2)应用范围广:能用于测定气体、液体或固体物质;可单独使用,也可以与燃烧氢解、选择性吸收、抽提、裂解、催化裂解以及与色谱分离技术联合使用来测定上述元素的含量。

(3)灵敏度和准确度都很高:因为它是以电量作为定量分析的基础,而运用现代科学的技术,电流与时间的测量准确度和灵敏度都很高,一般误差可控制在0.5%左右。

(4)微库仑分析法不用制备标准溶液,这不仅可以节省时间和试剂,也避免了由于标定溶液所带来的误差。

(5)因电解产生的滴定剂立即与被测物质反应,不存在容量分析中试剂不稳定的问题,这样在常规容量分析中不能应用的一些不稳定试剂在库仑分析中都可以不受限制,从而扩大了分析范围。

4. 微库仑法的应用

以WK-1型微库仑仪为例,介绍测定硫、氯的方法及仪器的使用维护保养和故障排除。WK-1型微库仑仪结构如4-9所示。

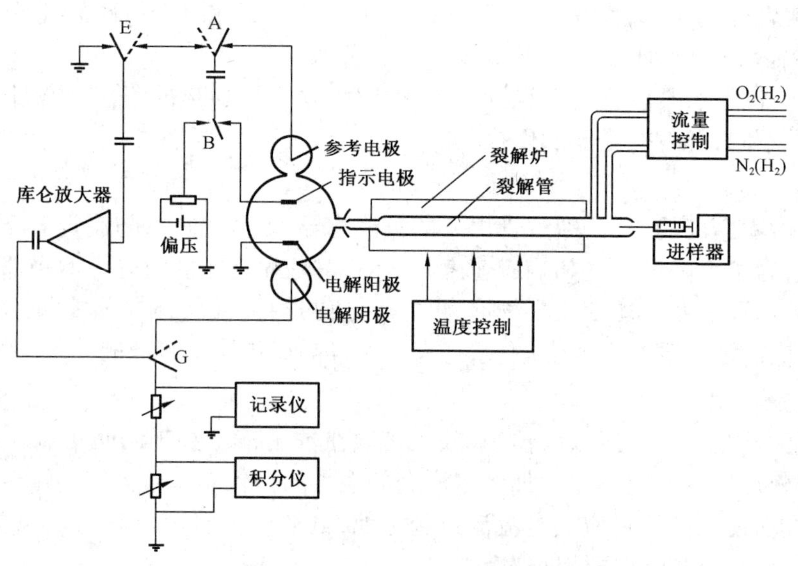

图4-9 WK-1型微库仑仪结构示意图

1)基本原理

(1)微库仑测硫基本原理:样品在裂解管汽化段汽化并与载气(氮气)混合进入燃烧段与氧气混合并燃烧,硫转化成二氧化硫,随载气一起进入滴定池,与电解液中的 I_3^- 发生如下反应:

$$I_3^- + SO_2 + H_2O \longrightarrow SO_3 + 3I^- + 2H^+$$

滴定池中 I_3^- 浓度降低,指示—参比电极对指示出这一变化并和给定的偏压相比较,将此信号输入微库仑放大器,经放大后输出电压加到电解电极,电解阳极处发生如下反应:

$$3I^- \longrightarrow I_3^- + 2e$$

被消耗的 I_3^- 得到补充，消耗的电量就是电解电流对时间的积分，根据法拉第电解定律计算试样的硫含量。

(2)微库仑测氯基本原理：库仑法测氯含量是将样品注入裂解管与 O_2 混合燃烧，有机氯转化为氯化氢，并随载气进入滴定池，与滴定剂 Ag^+ 发生反应，$Ag^+ + Cl^- = AgCl\downarrow$，消耗的滴定剂 Ag^+ 由电解阳极补充，$Ag - e = Ag^+$，根据所消耗的电量，可以求出样品中的氯含量。

2)微库仑测硫、氯的流程

微库仑测硫、氯的流程如图4－10所示。

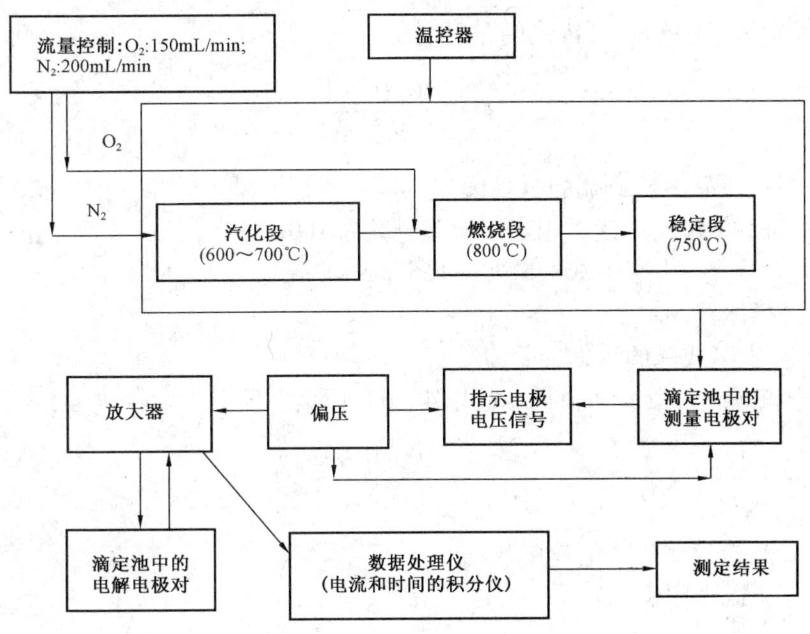

图4－10 微库仑测定硫、氯流程图

3)电解池

(1)电解液。

① 测S电解液：

电解液1：取0.5g碘化钾，加入少许水溶解，加入4mL10%的冰乙酸溶液(1＋9)，用水稀释到1000mL，装入棕色瓶中，贮于阴暗凉爽处，使用期不得超过一个月。适用于卤素含量小于60μg/mL、总氮含量小于100μg/mL、重金属(镍、钒、铅等)含量小于500mg/kg的样品。

电解液2：取0.5g碘化钾，0.6g叠氮化钠，溶于500mL水中，加5mL冰乙酸，用水稀释到1000mL，装入棕色瓶中，贮于阴暗凉爽处，使用期不得超过一个月。适用于卤素含量小于硫含量的10倍、总氮含量小于硫含量的1000倍、重金属(镍、钒、铅等)含量小于500mg/kg的样品。

② 测Cl电解液：70%冰乙酸水溶液。

(2)电极。

测 S 电极:
- 测量电极对(原电池)
  - 参比电极:铂丝插入饱和碘的电解液中
  - 指示电极:铂片进入电解液中
- 电解电极对(电解池)
  - 电解阳极:铂片进入电解液中
  - 电解阴极:铂片进入电解液中

测 Cl 电极:
- 测量电极对(原电池)
  - 参比电极:镀银铂丝插入饱和醋酸银的电解液中
  - 指示电极:镀银铂片浸入电解液中
- 电解电极对(电解池)
  - 电解阳极:镀银铂片浸入电解液中
  - 电解阴极:铂丝进入电解液中

4)结果计算公式

(1)回收率(转化系数)F 可按式(4-5)计算:

$$F = \frac{100Q_1 \cdot K}{V_1 \cdot c} \tag{4-5}$$

式中 Q_1——标准样品中氯或硫的电量读数;

100——每 1 单位电量读数相当于微库仑数为 100μC;

K——电化当量,Cl 为 0.368,S 为 0.166,ng/μC;

V_1——进样体积,μL;

c——标样中氯或硫的浓度,ng/μL。

(2)样品中氯或硫含量 w(mg/kg)按式(4-6)计算:

$$w = \frac{100Q_2 \cdot K}{V_2 \cdot F \cdot D} \tag{4-6}$$

式中 Q_2——样品中氯或硫的电量读数;

V_2——样品进样体积,μL;

D——样品密度,g/mL。

5)操作条件

操作条件包括温度、流量、偏压、增益、积分电阻、进样速度等,这些条件的选择都会影响转化率、峰形和积分结果及测量结果,所以在操作前应调好,保证转化率为 80% ~120%,而且仪器的转化率两次测定结果的差值应小于 10%。同时,保证峰形对称,并保证标准样品和样品在同一条件下测定。

(1)温度和流量的控制。

汽化段温度一般控制在 600℃,根据不同的样品可作适当调整。如果温度偏低则导致样品汽化不完全,温度偏高则导致样品结焦。如果样品是固体或重油,一般控制在 750℃。

燃烧段温度一般控制在 800℃,温度太低,样品燃烧不完全,温度太高缩短裂解管的寿命,不要超过 900℃。

稳定段一般控制在 700℃确保样品充分燃烧。

在裂解过程中，N_2 是载气，O_2 是反应气；测定硫时，样品中的硫化物除了反应生成 SO_2 外，还存在一部分 SO_2 转化成 SO_3，所以氧含量不能太高，但要保证样品充分燃烧，所以一般选择氧气流量小于载气的流量。一些经验参考值如下：

测定硫的流速：N_2：100～200mL/min；O_2：80～150mL/min（分析轻油）；

N_2：80～150mL/min；O_2：100～250mL/min（分析重油）。

测定氯的流速：N_2：160～200mL/min；O_2：80～90mL/min。

（2）偏压的选择。

偏压是一个与滴定池中原电池电动势大小相等，方向相反的电位，偏压高，滴定池的灵敏度高，偏压低，灵敏度低。在刚冲完的池子装上后，显示的偏压值是最大值，测定硫偏压值为140～160mV；测定氯时偏压为250～270mV。样品中硫含量低，偏压选择高一点，硫含量高时选择偏压低一点。同时，偏压也影响峰形和回收率，应全面考虑。

（3）增益的选择。

增益是放大器的放大倍数，增益高仪器的灵敏度高。增益的范围一般为100～500倍，在出现对称峰时为宜。

（4）积分电阻的选择。

积分电阻是仪器对电解电流进行积分放大的仪器，在其他条件相同时，积分电阻大，仪器所积分的电量就大，显示峰形高，积分灵敏度高。合适的积分电阻是使峰形高度达到显示范围内一半的积分电阻。一般选择范围见表4－2。

表4－2 积分电阻选择范围

样品中硫或氯含量，mg/L	积分电阻，kΩ
<1	10
1～5	6
5～20	2
20～100	1
100～300	0.6
300～500	0.4
500～1000	0.2
>1000	0.1

（5）标样及进样方式。

为了减小测定误差，标样的浓度要与样品的浓度接近。进样速度要均匀、合适，进样太快会使样品燃烧不完全，太慢，使峰形不连续；进样体积为2～10mL。最好采用进样速度稳定的进样器。

6）故障及排除方法

微库仑法常见故障及排除方法见表4－3至表4－10。

表 4-3 基线噪声超过规定要求

可能的原因	检查及排除方法
电干扰	先检查放大器接地情况,再检查是否有大设备使电源波动而产生的干扰;前者接好地线,后者采取稳压
参考臂有气泡	排除气泡
电极接头接触不良	必须拧紧或重焊
搅拌子转动不平稳	调节池体位置
放大器偏压或增益过高	进行适当调节
滴定池光效应(测氯)	避光
指示电极或电解阳极露铂(测氯)	换电极或重镀铂

表 4-4 拖尾峰

可能的原因	检查及排除方法
偏压低、采样电阻或增益过低	升高偏压、升高增益、升高采样电阻
进样速度过慢	加快进样速度
载气流量低	调节载气流量
指示电极或电解阳极污染	清洗或更换
电解液太多	吸出
没有接加热带(测氯)	接加热带

表 4-5 超调峰

可能的原因	检查及排除方法
偏压高、采样电阻或增益过高	降低偏压、降低增益、降低采样电阻
进样速度过慢	加快进样速度
裂解温度过高或气体流速过快	降低裂解温度或气体流速
N_2 和 O_2 比例不对	调整 N_2 和 O_2 比例
搅拌速度太快	降低搅拌速度

表 4-6 双峰

可能的原因	检查及排除方法
进样速度不均匀	匀速进样
裂解管吸附	清洗
没接加热带(测氯)	接加热带
气体流量比不对	调整气体流量比
搅拌速度太快	降低搅拌速度

表 4-7 偏压低

可能的原因	检查及排除方法
电解液被污染	需重配
电解池中心室和池头污染	用电解液冲洗
参考侧臂的醋酸银进入池中心室	用电解液冲洗(测氯)

表 4-8 回收偏低

可能的原因	检查及排除方法
硅胶垫、注射器或整个系统有漏气	试漏并作好密封
裂解温度过低,样品燃烧不完全	提高裂解温度
裂解管腐蚀、吸附	清洗或更换
池头污染或镀的不好	清洗或更换
池中电解液过少	添加电解液
未接加热带(测氯)	接加热带
标样有问题(实际浓度偏低)	重新配制标样

表 4-9 回收率偏高

可能的原因	检查及排除方法
标样或稀释剂放久污染(实际浓度偏高)	重新配制标样
硅胶垫、注射器或进样舟污染	更换或清洗
池头污染、峰形拖尾	清洗或更换
因炉温低或氧气量低,样品生成烯烃	提高炉温

表 4-10 结果重复性不好

可能的原因	检查及排除方法
样品不均匀	实验前把样品摇匀
硅胶垫、注射器和整个系统漏	试漏且作好密封
进样速度不均匀	匀速进样
基线不稳	稳定仪器
未接加热带(测氯)	接加热带
电极污染或池中电解液过少	清洗或更换电极,加电解液

7)操作注意事项

(1)开机前首先打开仪器后面的电扇开关,防止仪器烧坏。

(2)在石英管与滴定池处于连接状态时,不能移动搅拌器,防止损坏石英管。

(3)关机时要先断开石英管和电解池的连接夹,防止电解液倒吸进入石英管。

(4)电扇开关一定要在关机至少一个半小时后才可关闭,防止仪器高温烧坏。

(5)电解池在没有接气之前不可连接加热带。

(6)调节偏压及增益等参数时要先将采样电阻调小,保护电解池。

(7)裂解炉及裂解管在工作状态处于高温,注意防止烫伤。

8)微库仑法测定微量水

除了可以测定硫、氯外,微库仑法还可测定微量水。具体方法是采用卡尔·费休试剂与乙二醇、氯仿、四氯化碳混合物为电解液,当试样中存在水的时候,碘氧化二氧化硫,消耗的碘由 I^- 在阳极上发生氧化反应来补充。测定补偿消耗碘所需的电量,即可求出试样的含水量。

5. 微库仑法测定的影响因素

应用微库仑滴定技术要得到理想的分析结果,除了仪器本身性能优良外,实验温度、气流大小、电解池、电解液、搅拌、进样速度、裂解管等工作条件的选择都对分析结果有影响。

1)电流和磁场

主机的电源与大功率的温度控制器、裂解炉、进样器等分开使用。

2)温度

温度对微库仑滴定有较大影响。另外,电解液温度过高会加速其中碘的挥发,导致基线值增高。基线值越大,灵敏度越低,在测定低含量样品时,可能会导致不能正确检出,因此要特别注意。

3)气体流量

在库仑分析中,一般用氮气作载气,氧气为反应气。在实验前,应先检查系统有无泄漏,任何连接部位都不允许漏气,建议使用自动进样器。

4)滴定池

在实验过程中,90%的故障来自滴定池。

(1)首先,要注意滴定池的安装,侧臂应无气泡,两个铂片位置要平行。

(2)需要时,铂片可作以下处理:将铂片放在火焰的外焰中灼烧5min,不要有黑烟,冷却后用电解液冲洗干净。经过处理的电极,灵敏度提高,噪声减小。

(3)电解液液面保持在铂片上方1cm的位置。

(4)当关机或系统出现故障时,首先断开滴定池,防止电解液倒流引起裂解管污染或破裂。

(5)在测定过程中每3~4h从参考臂放出几滴电解液,并重新添加电解液。

(6)实验完毕,用新鲜电解液充分洗涤池体和电极,然后加入新鲜电解液,使电极保持在新鲜电解液中。

(7)平时要检查毛细管孔是否堵塞。毛细管出现堵塞时不要用细丝通,要用很尖的滴管向毛细孔中滴加氢氟酸,积炭便很快从毛细管入口冒出,然后迅速用大量蒸馏水冲洗,最后用电解液冲洗。

(8)在处理过程中,要保证氢氟酸不进入参比电极室。

5)电解液

(1)电解液要经常配制,保持新鲜。因为电解液搁置时间太长,溶液中的碘浓度会增高,导致滴定池的平衡电压降低,测定含量为 $10^{-6}\sim10^{-5}$ 的样品时会因灵敏度太低而无法检出。

(2)对电解液的纯度要求很高。电解液应储存于棕色瓶中,放在阴暗凉爽处。在测量时,若平衡电压过低,表示在电解液中游离碘浓度太高,可能是由于配制电解液用的碘化钾被污染或太陈旧,或者是冰醋酸和水以及容器被氧化剂污染,此时应该清洗电解液瓶子,或者更换有关化学试剂和去离子水,重新配制电解液。一般来说,新鲜电解液的平衡电压在160mV以上。

(3)全部试剂均使用优级纯。水用两次蒸馏水或去离子水,水质阻值大于1MΩ。如条件限制,可在使用前把蒸馏水煮沸冷却后配制电解液。

第四节 电导分析法

电解质溶液能导电,而且当溶液中离子浓度发生变化时,其电导也随之而改变。用电导来指示溶液中离子的浓度就形成了电导分析法。

一、基本概念

(一)电导和电导率

所有物质都能在一定程度上传导电流,通常把导电能力较大的物质称为导体。度量物体导电能力大小的物理量称为电导,用符号 G 表示,它与导体的电阻(R)互为倒数关系,根据欧姆定律:

$$G = \frac{1}{R} = \frac{I}{E} \tag{4-7}$$

式中,I 为通过导体的电流;E 为两电极间的电位差。

在给定的条件下(温度、压力等),电阻 R 不仅取决于构成导体的材料,而且与导体的形状、大小有关。若导体为均匀的棒材,其横截面为 A,长度为 L,则它的纵向电阻为:

$$R = \rho \frac{L}{A} \tag{4-8}$$

式中,比例系数 ρ 称为电阻率,它的倒数($\frac{1}{\rho}$)用 κ 表示,则:

$$G = \kappa \frac{A}{L} \tag{4-9}$$

式中,比例系数 κ 称为电导率,其物理意义为:当 $A = 1m^2$,$L = 1m$ 的正立方体液柱(单位体积导体)所具有的电导。G 的单位为西,符号 S,κ 的单位为西/米,符号 S/m。

电解质溶液的电导率不仅与电解质的本性、溶剂的性质和温度有关,而且与溶液的浓度有关。因为在不同浓度下,$1m^3$ 体积的溶液内所含的正、负离子数目是不同的。随着溶液浓度的增大,单位体积内的离子数目增大,使溶液的电导随着增大,但当浓度增大到一定值时,因为离子间相互作用力加强,或者是电解质离解度降低导致电导率下降。

(二)摩尔电导率和极限摩尔电导率

摩尔电导率的定义:在两块平行的大面积电极相距 1m 时,它们之间有 1mol 电解质的溶液体系所具有的电导,称为该溶液的摩尔电导率。符号为 Λ_m。它与电导率的关系为:

$$\Lambda_m = \kappa V \tag{4-10}$$

式中,V 为含 1mol 电解质溶液的体积,而 Λ_m 正是 V 个单位体积(指一个正立方体)的溶液并联的电导。

若溶液中物质浓度为 c(mol/m^3),将 $V=1/c$ 带入,则:

$$\Lambda_m = \frac{\kappa}{c} \tag{4-11}$$

式中,Λ_m 的单位为 S · m^2/mol。

当溶液浓度趋于零的时候,摩尔电导率就是该物质的极限摩尔电导率,符号表示为 $\Lambda_{0,m}$。在溶液无限稀释的情况下,离子间相互作用力最小,极限摩尔电导率达到最大值。

二、电导分析法

电导分析法分为直接电导法和电导滴定法。

(一)直接电导法及其应用

直接电导法是根据电导与溶液离子浓度之间的定量关系来确定待测离子含量的方法。由于电导法仪器简单、操作简便、信号输送方便等,被广泛应用于自动和连续监测。

电导法测定水的纯度应用最广泛。水的电导率反映水中存在电解质的总含量大小。由于水离解产生 H^+ 和 OH^-,其电导率理论值应为 5.5×10^{-8}S/cm(298K)。水中溶解的杂质离子越多,水的电导越大。

(二)电导滴定及其应用

电导滴定是一种电容量分析方法。电导滴定法根据滴定过程中由于化学反应所引起的溶液电导率变化来确定滴定终点。化学反应可以是中和反应、络合反应、沉淀反应和氧化还原反应。电导滴定要求反应物和生成物之间离子的浓度有较大的改变,因为溶液中每一种离子都对溶液的电导作出贡献,因此必须消除干扰离子的影响,才能实现主反应离子电导变化的准确测定。

1. 强酸强碱滴定

强碱滴定强酸的情况以 NaOH 滴定 HCl 为例加以说明,其反应为:

$$(H^+ + Cl^-) + (Na^+ + OH^-) \longrightarrow (Na^+ + Cl^-) + H_2O$$

滴定过程中 Na^+ 不断取代 H^+,H^+ 的浓度比 Na^+ 的浓度大得多,因此在等当点前溶液的电导不断下降。等当点后随着过量的 NaOH 的加入,OH^- 和 Na^+ 浓度都在不断增大,溶液电导也随着增大。在等当点时溶液具有纯的 NaCl 的电导。这时,由于 H^+ 的浓度比 OH^- 的浓度略大,终点的 pH 值会比大于 7。利用电位分析法或指示剂法能很方便地滴定强酸或强碱,因此强碱滴定强酸一般不采用电导滴定法,但对于较稀的强酸溶液或强酸混合溶液的滴定,特别是滴定有水解离子存在的强酸，采用电导滴定法是很有利的。

2. 弱酸（弱碱）的滴定

用强碱分别滴定离解常数 K_a 为 10^{-3} 和 10^{-5} 的两种弱酸时，滴定曲线如图 4－11 中所示。滴定开始后由于受弱酸离解平衡的控制，使滴定中形成的弱酸盐中阴离子抑制着弱酸的离解，使溶液的电导降低。随着滴定剂的不断加入，非电导性的弱酸逐渐被导电性的盐所代替，溶液电导由极小点开始逐渐增大到等当点。然后由于强碱过量，电导值又迅速增大。

3. 混合酸（碱）滴定

对于各种混合酸体系，当两种酸的离解常数相差 10 倍以上时，终点就可以测定出来。例如，对于盐酸和醋酸混合溶液，可以用 NaOH 或 NH_4OH（即 $NH_3 \cdot H_2O$）溶液分别滴定盐酸和醋酸的含量。滴定曲线如图 4－12 所示。

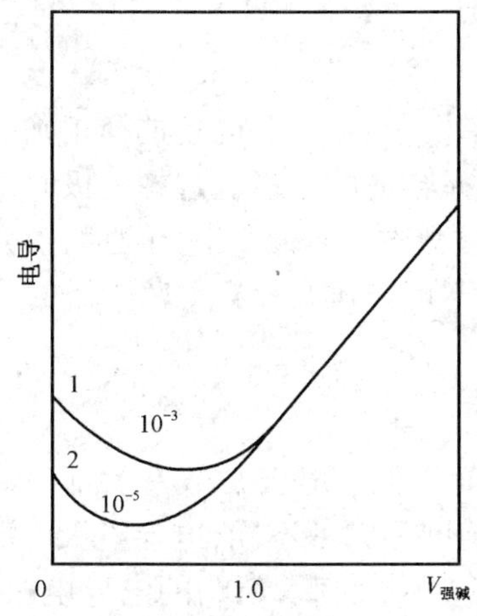

图 4－11 强碱滴定弱酸

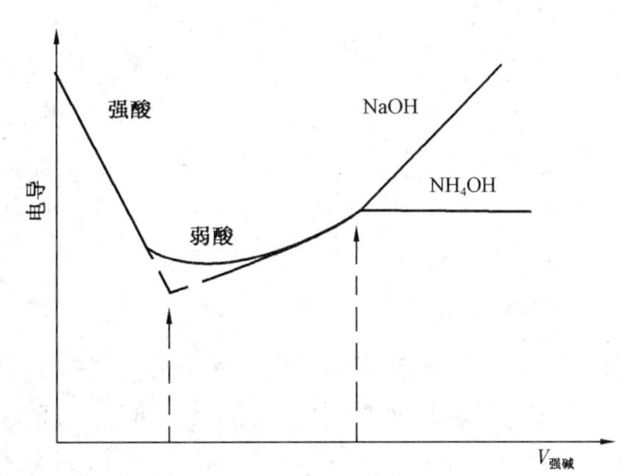

图 4－12 用 NaOH 或 NH_4OH 滴定盐酸和醋酸混合物

在多元酸的滴定中，如 H_2CO_3 的滴定，由于第二个等当点处 CO_3^{2-} 水解的影响很不明显。滴定时需加入适量的沉淀剂，使与 CO_3^{2-} 作用生成 $CaCO_3$ 沉淀。

4. 沉淀、络合、氧化还原滴定

沉淀反应也可以用来进行电导滴定。如 10^{-4}mol/L 的 SO_4^{2-} 可在 50% 的甲醇溶液中用 0.1mol/L 的 $Ba(Ac)_2$ 进行滴定。沉淀滴定时滴定剂中的离子与待测离子生成难溶化合物，从而使溶液的电导发生显著变化。

沉淀滴定的误差来自电极的污染、吸附和共沉淀等。减少这类误差的办法与一般沉淀分析法类似。

络合反应用于电导滴定的实例也较多，例如，用 EDTA 滴定有色溶液或混浊溶液中水的总硬度（Ca^{2+}、Mg^{2+} 总量），当用铬黑 T 作指示剂时，终点很难确定。改用电导滴定法便可实现准确滴定。

氧化还原反应能引起电导发生较大改变，因此也可以应用于电导滴定。例如：

$$A_SO_3^{3-} + I_2 + 3H_2O \longrightarrow AsO_4^{3-} + 2I^- + 2H_3O^+$$

可见,溶液中的离子总浓度在反应前后发生了较大改变,必然引起电导值的相应变化。滴定过程中电导迅速上升,等当点后电导不再发生改变。

电导滴定常用于比较稀的溶液的情况,为了防止稀释效应,一般要求滴定剂的浓度高于被测样品浓度的 10 ~20 倍。

三、电导率仪

(一)电导率仪的工作原理

电导率仪的测定原理其实就是按欧姆定律测定平行电极间溶液部分的电阻。电导率仪由电导电极和电计组成。

(二)电导率仪的使用注意事项

1. 电极的选择

电导率仪结构比较简单,使用也比较方便。在使用电导率仪中,最主要的是选择正确的电极。选择电极的基本原则:根据被测液电导率的大小范围,选择合适的电极。选择电极时最常出现的错误是,用大电池常数的电极测定低电导率。电导池常数选择应使该电导池测量介质的电导率范围在 0.001 ~0.00003S/cm 之间。常数太小测定不可能准确,太大时仪器的平衡点难以确定。

2. 仪器的使用

电导率仪在第一次使用时,一般应先设置电极常数和温度常数。电极常数一般都标注在电极上。由于测量溶液的浓度和温度不同,以及测量仪器的精度和频率不同,电导电极常数有时会出现较大的误差,使用一段时间后,电极常数也可能会有变化,因此,新购的电导电极,以及使用一段时间后的电导电极,电极常数应重新测量标定。

设置温度常数是因为溶液的电导率通常会受到温度变化的影响,因此要进行温度补偿。在使用电导率仪进行测定前,一般都需要对仪器进行校准。不同的仪器方法会有差异。一般在电导率仪出现测量不准或对仪器产生疑问时,可用电阻箱做模拟校验。

3. 影响电导率测定的因素

在电导率的测定过程中,会有一些影响因素,主要有:

(1)温度对溶液电导率的影响。温度升高,离子热运动加速,电导率增大。

(2)电导池电极极化对测定有影响。在电导率测定过程中要发生电极极化,从而引起误差。

(3)电极系统的电容对电导率测定有影响。

(4)样品中可溶性气体对电导率的影响。

(5)电极的不正确使用也会引起仪器工作的不正常,应使电极完全浸入溶液中,而不能安装在死角。

(三)电导率仪的日常维护保养

电导率仪在日常维护保养中应注意:

(1)开启电源时,仪器应有显示。若无显示或显示不正常,应马上关闭电源,检查电源是否正常和熔断丝是否完好。

(2)使用时电极应保持插接良好,防止接触不良。连接插头不能弄湿,否则将影响测定结果。

(3)测量过程中,从甲溶液转换到乙溶液时,先用蒸馏水清洗后,再用乙溶液清洗,不能用滤纸擦拭,电极使用完毕应清洗干净,甩干后妥善保存,避免碰撞损坏。

(4)电极长期使用,电极常数会发生变化,影响测量准确性,此时应重新标定电极常数。

(5)注意保护好电极上的常数标志,以免损毁后遗忘电极常数值。

(6)在测量高纯水时,应迅速测定,以避免空气中的 CO_2 溶于水中,使电导率不断上升,影响测定结果。

(四)常见的电导率仪

电导率仪的生产厂家众多,下面主要介绍两种电导率仪的特点。

1. DDSJ－308A 型(上海精密科学仪器有限公司)电导率仪的主要特点

(1)仪器可进行电导率、TDS、盐度、温度测量;

(2)采用微处理技术;仪器采用点阵式(带蓝背光)液晶显示,全中文操作界面,使用简单方便;

(3)具有自动温度补偿、自动校准、量程自动转换、断电保护等功能;

(4)对测试结果能进行贮存、删除、查阅、打印;最多可贮存 50 套测量数据;

(5)提供即时打印、贮存打印两套打印模式供用户选择;

(6)具有标定功能,可以设定电极常数或 TDS 转换系数;

(7)带有 RS－232 接口,可接 TP－16 型打印机;选用 REX DC1.0 雷磁数据采集软件与计算机通讯。

2. 瑞士梅特勒—托利多 SevenEasy 系列电导率仪的主要特点

(1)友好的用户操作界面;

(2)通过改善电极性能,提高了数据的重现性;

(3)各种自动功能改善了测量的质量;

(4)数据传输接口;

(5)自动温度补偿;

(6)具有自动温度补偿功能(ATC),这样测量时样品温度的影响可以被校正;

(7)自动终点锁定,此功能明显的改善了数据的重现性,从而提高了测量数据的可靠性;

(8)自动识别缓冲液,此功能可以允许你在校准时选择缓冲液组的顺序,从而加快日常校准的速度;

(9)卓越的显示屏,可以清晰的显示所有测量信息。

第五章　气相色谱分析法

第一节　色谱分析法基础知识

一、气相色谱法原理

混合物质经过汽化后，由气体（载气）带入分离色谱柱，混合组分在载气和色谱柱固定相中发生反复多次的吸附（或溶解）、解吸（或挥发）过程，那些在同一固定相中吸附（或分配）系数有差异的被测组分，流出色谱柱的时间不同，即保留时间不同，这样各组分按照时间的先后被分离检测出来，达到分离测定混合物的目的。因此，不同的物质分配系数的差异是色谱分离检测的基础。

二、色谱分析法的特点

与其他分析方法相比，在将混合物分离成各单一组分的能力上，色谱的分离效率远高于我们通常采用的蒸馏、萃取、离心等方法。同时它的分离能力也为色谱仪和其他仪器联用，为未知物质的定性、定量分析提供了可能。

色谱法的优点：

① 高选择性：色谱分析法通过选择不同性质的固定液，可使那些性质极为相似的物质，比如同系物、异构体等，使它们的分配系数产生较大的差别，从而得到良好的分离效果。

② 高效能性：通过增加柱效、柱长等方式，提供足够的有效塔板数，使混合物各组分产生良好的分离效果。

③ 高灵敏度：表现在色谱的检测器方面，比如 FID 可以达到 10^{-11} g/s。

④ 分析速度快：一般在几分钟或几十分钟内可以完成对较复杂样品的分析。

⑤ 联用能力强：色谱法也有其局限性，那就是对物质的鉴别能力较差，在定性分析中只能靠保留值来定性，不能确定物质的结构、元素组成。但色谱的分离能力可以为其他仪器提供单一组分样品，通过与其他仪器联用可以提高分析能力。因此，色谱法与其他方法结合才能发挥更大的作用。

三、色谱法常用的术语和参数

色谱图又称色谱流出曲线，是以组分的流出时间为横坐标，以检测器对各组分的响应值为纵坐标，它是研究色谱最重要的依据。只有根据色谱图，才能对物质进行定性、定量分析，评价色谱柱分离性能的好坏，检测器灵敏度的高低，判断仪器的状态优劣，确定操作条件是否合适。典型气相色谱图如图 5－1 所示。

（1）基线：正常操作条件下，只有载气通过检测器产生的响应信号。

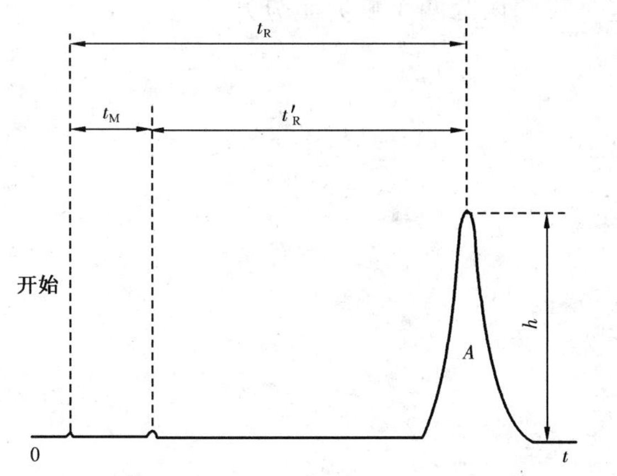

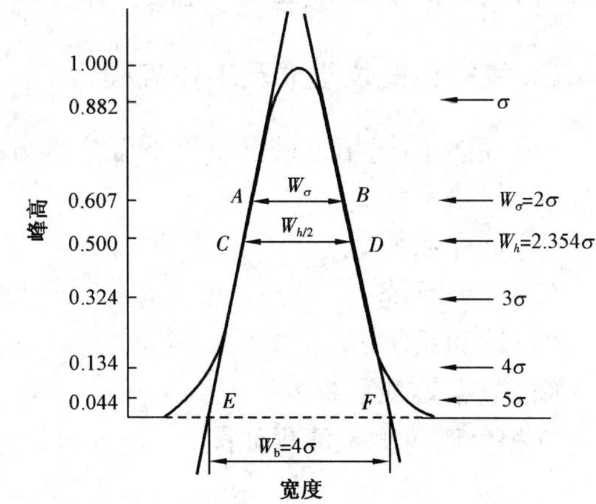

图 5－1　典型的气相色谱图

(2)峰宽(W):在峰的拐点处做切线与基线相交,两点间的距离,即 EF。

(3)峰高(h):峰的顶点到基线的距离。

(4)半峰宽($W_{h/2}$):在峰高一半处色谱峰的峰宽,即 CD。

(5)标准偏差(σ):峰高 0.607 处的峰宽的一半,即 AB 的一半。

(6)基线噪声:由于各种因素引起的基线波动。

(7)基线漂移:基线随时间定向的缓慢变化。

(8)死时间(t_M):不被固定相吸附或溶解的气体(一般为空气、甲烷)在色谱图上出现最大值的时间。

(9)保留时间(t_R):从进样到组分出现峰最大值的时间。

(10)调整保留时间(t_R'):从保留时间扣除死时间的剩余时间。

(11)死体积(V_M):不被固定相吸附的组分,从进样到出现峰最大值所需的载气体积。它表示色谱柱中不被固定相占据的空间以及进样系统管道和检测系统的总体积。在数值上等于死时间乘以载气流速。

(12)保留体积(V_R):从进样到组分出现峰最大值通过色谱的载气体积。等于保留时间乘以载气流速。

(13)调整保留体积(V_R'):保留体积减去死体积($V_R - V_M$)。

(14)分配系数(K):被分离组分在固定相和流动相之间浓度之比。

$$K = \frac{c_s}{c_M} \tag{5-1}$$

式中　c_s——固定相中溶解溶质的浓度,mol/L;

　　　c_M——流动相中溶解溶质的浓度,mol/L。

(15)分离度(R):表示在一定条件下,色谱柱对混合物综合分离能力的指标。它反映了色谱柱的选择性高低,为相邻两个色谱峰保留时间的差值与两个色谱峰基线宽度平均值之比。

$$R = \frac{2[t_{R(2)} - t_{R(1)}]}{W_{(1)} + W_{(2)}} \tag{5-2}$$

当 $R>1.5$ 时,分离程度达到99.7%以上,这时我们认为两个峰完全分开。

四、气相色谱仪组成及工作流程

一台完整的气相色谱仪由以下五个部分组成:

(1)气路系统。

(2)进样系统。

(3)分离系统。

(4)检测系统。

(5)数据处理系统。

气相色谱仪测定流程如图5-2所示。

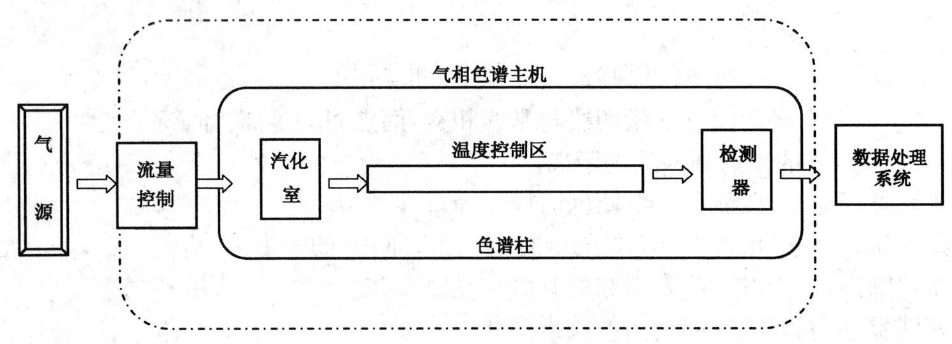

图5-2 气相色谱仪测定流程图

第二节 气路及进样系统

一、气路系统

气路系统为色谱仪提供纯净、稳定的气源。

(一)气体的分类

气相色谱所用气体主要是载气、辅助气。

载气是气相色谱中一种不可缺少的气体,它的作用就是带动被测样品通过汽化室、色谱柱、检测器,实现分离和检测。载气的流程为:气源→减压阀→净化器→稳压阀→汽化室→色谱柱→检测器→放空。载气通常有:氢气、氮气、氩气和氦气四种。它们的特性如下:

氮气:分离度较差,使用ECD检测器时必须使用 N_2 作载气;

氢气:分离度好;

氦气:使用FTD检测器时最好用He作载气,灵敏度高;

氩气:较少使用。

在选择载气的时候,首先要考虑与检测器的匹配问题。使用热导检测器,一般选用氢气或氦气。氢气可以提高检测器的灵敏度,还能起到延长检测器寿命的作用。氢火焰检测器用氢气或氮气均可。电子捕获检测器一般要用高纯氮。火焰光度检测器常用氮气和氢气。其次要考虑载气扩散系数问题。当摩尔质量大的载气,扩散系数比较小,可以使用较低的载气流速。摩尔质量小的载气,扩散比较大,传质比较小,应使用较高的线速度。有的时候还要考虑经济问题。比如氢气与氦气相比,价格要便宜很多,如果可以代替,一般选择氢气作为载气。

辅助气则主要是燃气和助燃气。它应于 FID 中,燃气选用氢气,助燃气则选择空气。

(二)气源

气相色谱使用气源一般是由两种方式提供,一种是高压气体钢瓶,另一种是气体发生器。

1. 高压气体钢瓶

高压气体钢瓶提供的气体质量稳定性好,但运输麻烦,安全性差(尤其是氢气钢瓶),且当气源的压力低于 2MPa 时必须及时更换。换钢瓶的方法为:逆时针方向松开减压器支头螺丝,顺时针关闭瓶头阀,拆下钢瓶减压器,换上同种满瓶气开启瓶头阀,顺时针旋进支头螺丝至所需压力。必须特别提醒,在每次打开钢瓶瓶头阀时,首先必须检查支头螺丝是否松开(逆时针旋转为松开),只有在确认支头螺丝是松开的状态下才能打开瓶头阀,否则钢瓶减压器在打开瓶头阀时,高压打在低压调节器上,一次即可把减压器击坏。为了安全起见,钢瓶及减压阀要经常检漏。通常高压气瓶提供的气源纯度都在 99.9% 以上,完全可以满足一般色谱仪的要求。但当用电子捕获检测器时,氮气钢瓶的纯度必须大于 99.99%。

2. 气体发生器

气体发生器是近年来发展起来的气源,它操作方便且气体极易获得,但气体纯度则不如高压气瓶所提供的高。气体发生器目前有氢气气体发生器、空气气体发生器和氮气气体发生器。除了这种单体气体发生器之外还有三气机,即将上述三个发生器集为一体。尽管这样减少了发生器的体积,但故障率偏高,维修困难。而单体机在这方面则有一定的优势。下面介绍一些常见的单体发生器。

1)氢气发生器

(1)结构:它是由电解池、纯水箱、氢-水分离器、收集器、干燥器、传感器、压力调节阀、开关电源等部件组成。

(2)原理:它是利用电解纯水来获得氢气。通电后,电解池阴极产氢气,阳极产氧气,氢气进入氢-水分离器。氧气排入大气。氢-水分离器将氢气和水分离。氢气进入干燥器除湿后,经稳压阀、调节阀调整到额定压力(0.02~0.45MPa 可调)由出口输出。电解池的产氢气压力由传感器控制在 0.45MPa 左右,当压力达到设定值时,电解池电源供应切断;压力下降,低于设定值时电源恢复供电。

(3)仪器的安装与使用:

① 启动前的准备:取 300mg 氢氧化钾全部倒入容器内,然后加入二次蒸馏水或去离子水 500mL 作为母液,充分搅拌等电解液完全冷却后待用。打开储液桶外盖,取出内盖。将冷却后的电解液(母液)倒入储液桶内,然后再加入二次蒸馏水或去离子水,不要超过上限水位线,也不要低于下限水位线。拧上外盖,10min 后即可使用。

② 仪器自检:接通电源(勿与色谱仪联机),打开电源开关,密封出口,此时仪器压力表开

始上升,检查仪器面板上电解指示(绿灯)发亮,流量指示(指针表)应指示在1000左右,在5min内压力指示(压力表)应达到0.4MPa,指针指示降至“0”,说明仪器系统工作正常,自检合格。

③ 将面板后的气体出口与色谱仪的氢气进口相连。

(4)注意事项:

① 如果在5min后,流量指示还在“1000”,压力指示在“0”,说明开关没有旋紧,有漏气现象,请继续旋紧开关,使仪器的压力、流量达到合格标准。

② 仪器使用时应注意流量指示是否与色谱仪用气量一致,如流量指示超出色谱仪实际用量较大时,应停机检漏,再用自检方法检查合格后方可使用。

③ 定期检查过滤器中的硅胶是否变色,如变色马上更换或再生。其方法为:拧下过滤器,再拧开过滤器上盖,更换硅胶后拧紧过滤器上盖,将过滤器装到底座上拧紧,并检查是否漏气。

④ 仪器使用一段时间后,电解液会逐渐减少,当电解液位接近下限时应及时补水,此时只需加入二次蒸馏水即可,加液或加水时液位不要超过上限。

⑤ 当仪器使用半年后,应更换电解液(氢气发生器使用氢氧化钾溶液的浓度为10%左右)。

⑥ 仪器切勿在压力为“0”时空载运行。空载运行时会将电解池和开关电源部件烧坏,造成整个仪器损坏。

(5)常见故障原因与排除方法见表5-1。

表5-1 氢气发生器常见故障原因与排除方法

故障现象	故障原因	检查方法	排除方法
发生器不能启动	(1)电路没有接通; (2)氢气开关电源损坏; (3)在压力为0空载运行时电解池烧坏	(1)检查电路; (2)用万用表测量电解池的电压是否在2.3V左右	(1)修理电源; (2)更换损坏的氢气开关电源; (3)更换电解池
产氢气量达不到预定的压力	(1)气路系统漏气; (2)过滤器或过滤器上盖没有拧紧; (3)氢气电解池反漏	用检漏液检测各气路连接处	(1)更换漏气元件; (2)拧紧漏气点; (3)联系厂家更换电解池
产氢气量超过预定的压力0.1MPa	(1)自动跟踪装置挡光板错位或脱落; (2)光电耦合损坏	(1)目测; (2)用万用表测量电路	(1)前面板上的压力达到0.3MPa时,关闭电源,把挡光板安装在合理位置,打开电源开关轻轻敲紧挡光板即可; (2)更换损坏的光电耦合元件
发生器能启动但氢气的数显显示为0或黑屏	数字显示表损坏	用万用表测量电路	更换数字显示表

续表

故障现象	故障原因	检查方法	排除方法
开机后,产氢气量达不到300mL/min或需要很长时间才能达到	(1)电解液失效; (2)开关没有旋紧,有漏气现象	(1)观察电解液的液面是否低于下限或电解液使用半年以上; (2)试漏	(1)及时添加二次蒸馏水或去离子水,或更换新电解液; (2)继续旋紧开关,使仪器的压力和流量达标
开机使用后,产氢气量无法稳定,一直在小范围内波动	电解液失效	观察电解液的液面是否低于下限或电解液使用半年以上	用新配制的电解液进行更换或加水
开机后,产氢气量缓慢增长,其压力无法在5min时间内达到0.3MPa	电解池漏	目测	(1)电解池用台钳夹紧后上紧螺丝; (2)密封处用平面密封胶粘牢; (3)无法修复的机械损坏,要更换电解池

2)氮气发生器

(1)结构:它是由电解液储液桶、氮气净化管、电解液指示管、工作压力指示表、氮气流量指针表、电源开关、氮气出口、电源线、排空旋钮等组成。

(2)原理:根据电催化法对空气进行分离,当纯净的原料空气进入到电解池中,空气中的氧在阴极被吸附而获得电子,与水作用生成氢氧根离子,并迁移到阳极,最后在阳极处失去电子析出氧气,由于空气中的氧气不断被分离。只留下氮气随气路输出。

(3)仪器的安装与使用:与氢气发生器相同。

(4)注意事项:

① 先打开空气源的开关后,再打开氮气发生器的开关,同时打开排空阀,排空运行30min左右(以保证氮气的纯度),然后拧紧排空阀,即可正常工作。以后每次开机时都应首先排空运行30min左右。氮气发生器切勿在未接空气源时运行。

② 仪器使用时应注意流量指示是否与色谱仪用气量一致,如流量指示超出色谱仪实际用量较大时,应停机检漏,再用自检方法检查合格后方可使用。

③ 每次工作完毕关闭电源后,打开排空阀并且不要关闭,待下次开机时先排空运行20~30min后再关闭。

④ 一般仪器都设有过滤器,装有变色硅胶。使用过程中透过观察窗检查过滤器中的硅胶是否变色,如变色要立即更换或再生。其方法与氢气发生器相同。

⑤ 仪器使用一段时间后,电解液会逐渐减少,电解液位接近下限时应及时补水,此时只需加二次蒸馏水或去离子水即可,加液时不要超过上限水位线(氮气发生器使用的氢氧化钾的浓度为10%左右)。

⑥ 仪器如需搬运时,将储液桶中的电解液用吸耳球吸干净,然后将内盖装上后拧上外盖,以免残留的电解液在运输时外溢,将整个仪器腐蚀造成无法修复的后果。

(5)常见故障原因与排除方法见表5-2。

表 5-2 氮气发生器常见故障原因与排除方法

故障现象	故障原因	检查方法	排除方法
发生器不能启动	(1)电路没有接通; (2)氮气开关电源损坏	检查电路	修理电源
指示数值低于 500	针型阀堵		左旋针型阀,这时指示的数值就会大于 500 以上,然后右旋针型阀,把指示数值稳定在 500~550 之间(排空状态下)
机箱内两支过滤器之间排空阀上部产氮气量达不到预设定的压力	(1)过滤器及过滤器上盖没有拧紧; (2)电解池漏; (3)气路系统漏气	用检漏液检测各气路连接处	(1)拧紧漏气点; (2)更换漏气元件

3)空气发生器

(1)结构:空气发生器一般是由空气泵(或压缩机)、稳压系统、压力控制系统、净化系统和显示系统组成。

(2)原理:自然空气经空气发生器净化后,除去空气中的水分、油污和杂质,经稳压装置输出稳定、洁净的空气。

(3)仪器的安装与使用:

① 接通电源,启动开关,仪器开始工作。此时,输出压力表指针逐渐上升至 0.4MPa,约数分钟后,压缩机停止工作。不久,压缩机会自动启动。在压缩机启动—关闭—启动的反复循环时,压力表应始终保持在 0.4MPa,这说明仪器正常(但当排气量超过额定值时,压力表将不能稳定在 0.4MPa)。

② 压缩机在启动或关闭循环的过程中,每次停止工作时会自动排出一些水分,但不能完全代替手动排水,故仍须经常手动排水。

③ 以上正常后,关闭电源,将空气输出口上的密封帽取下,用管道与仪器相连并保证密封不漏气。再次工作时,只需启动电源开关即可。

(4)注意事项:

① 工作过程中压缩机不启动,热保护继电器启动,说明压缩机温度过高,待冷却后即可自动恢复正常。

② 为避免机内存水过多,影响空气纯度,所以,每次关机前需按下排水开关数秒钟。可将排水口接入塑料瓶中避免水外溅,每日排水不得少于一次。

③ 从观察窗观看变色硅胶的情况,根据需要更换硅胶或进行干燥处理。

④ 为了确保气体纯度,仪器每工作 1000h 后都需要更换活性炭一次(活性炭为 20~40 目,铅笔芯式)。

⑤ 由于压缩机为开路工作方式,故润滑油会随水排出机外,造成消耗,所以在使用一年后适当给压缩机加润滑油,加油口在压缩机出气口旁边(或从进气口也可),建议加 18 号冷冻机油 200g。

⑥ 进气口过滤器需定期清洗(清洗周期视室内粉尘情况而定,可用超声波清洗)以保持进气通畅,否则易引起压缩机工作负载增大并发热,温度过高时会发生过热保护而导致停机。

(5)常见故障原因与排除方法见表5-3。

表5-3 空气发生器常见故障原因与排除方法

故障现象	故障原因	检查方法	排除方法
开机后绿色工作指示灯亮、压缩机不启动	热保护继电器烧毁	打开仪器右侧盖,检查压缩机后面的热保护继电器	更换热保护继电器
开机后绿色工作指示灯亮、压缩机启动但压力不上升	(1)第一次启动,进气口死堵没换; (2)漏气	(1)若是开箱后第一次启动,检查进气口; (2)将输出口堵死,检查干燥管和气路各接头是否有漏气	(1)将死堵换成过滤器; (2)将漏气处密封
开机后绿色工作指示灯不亮、压缩机不启动,无输出压力	(1)变压器损坏; (2)压力开关不通	(1)变压器是否正常工作; (2)0.5MPa 和 0.8MPa 压力开关是否导通	更换有故障配件
开机后能正常工作,但工作过程中压力下降达不到设定压力,压缩机不启动	(1)进气口堵塞; (2)压缩机缺油; (3)单向阀漏气导致启动压力过高	(1)目测; (2)试漏	(1)清洗空气过滤器; (2)加入18号冷冻机油200g; (3)更换单向阀

(三)气体的净化

无论什么气源,在使用前通常都要进行净化。一般来说,除去气体中水分,可以用硅胶和5A分子筛;除去气体中有机物可以用活性炭;除去气体中氧气可以用紫铜末和脱氧催化剂。除去杂质的顺序为:水分—有机物—氧。

对于硅胶、分子筛、活性炭,在使用一段时间后,其净化能力会减弱,需要及时更换或烘干、再生后重新使用。

为了保护色谱柱,提高痕量分析能力,需要稳定、纯净的气源。目前,很多大的气相色谱仪的生产厂商,都能提供很好的气体净化系统。为方便观察净化系统的能力,还在净化系统中添加指示剂,以确定其使用的寿命。

(四)气体流速的选择、控制及测定

1. 气体流速的选择

正确设置载气和辅助气的流速,有助于提高色谱的分离能力,缩短分析时间。对于不恰当的流速,有可能降低柱效,影响检测器。例如,当使用FID检测器时,空气和氢气的比例不合适或载气流速过大,会引起检测器灭火。在选择载气流速的时候,要综合考虑分离效果和分析速度,在保证良好柱效的同时,尽量缩短分析时间。

通常情况下,可以使用表5-4推荐值来确定各种不同类型柱的最佳流量。

表 5-4 最佳流量表

填充柱内径,mm	载气最佳流量,mL/min	最佳线速度,cm/s
6	50 ~ 60	2.6 ~ 3.2
3	20 ~ 30	4.2 ~ 6.3
毛细管柱内径,mm	载气最佳流量,mL/min	最佳线速度,cm/s
0.53	3 ~ 5	22 ~ 38
0.32	1 ~ 3	20 ~ 41
0.20	0.5 ~ 1	21 ~ 32
0.10	0.2 ~ 0.5	42 ~ 106

2. 气体流速的控制

为保证气体的流量稳定,通常使用减压阀、稳压阀、针型阀、稳流阀以保证气体流量的恒定。

1) 减压阀

减压阀俗称氧气表,是装在高压气瓶的出口以调节钢瓶出口压力。减压阀调节气体流量不够精确。

2) 稳压阀

稳压阀又称压力调节器。其功能是为稳定气体压力,当输入压力有小的变化时,保持输出压力稳定不变。

3) 针型阀

针型阀是用来调节气体流量的。由于针型阀结构比较简单,它调节流量的能力不够精确。

4) 稳流阀

为克服载气流速变化,保持载气的稳定,需要使用稳流阀。当使用稳压阀时,通常要将稳流阀接在稳压阀的后面,以保持稳流阀输入压力的稳定。在使用过程中,应使其针型阀处于开的状态,以防冲坏膜片。注意气体的进口和出口,两者不要反接,以免损害流量控制器。

3. 气体流速的测定

载气流速的测定,一般采用转子流量计或皂膜流量计测定,这两种测定方法比较简单,可操作性也比较强,被广泛使用。缺点是测定精度不是太高。现在,随着电子传感技术的提高,新一代的色谱仪大都采用电子气路控制系统。测量的准确度高,自动化程度高,而且便于采用恒压、恒流等多种方式操作。

(五)气相色谱气路系统的维护注意事项

(1)气源至气相色谱的连接管线可使用不锈钢管、铜管、尼龙管或聚四氟乙烯管,初次使用应用丙酮清洗,并用干燥 N_2 吹扫干净;

(2)气体进入色谱仪前需通过净化管进行净化处理,净化管中的活性炭、硅胶、分子筛应定期进行更换或活化,以确保净化效果;

(3)操作稳压阀、针形阀时要小心,缓慢进行,各阀的进出口不能接反;

(4)要定期对各气路接头进行泄漏检查;更换色谱柱时,要认真检查色谱柱与汽化室接口和与检测器接口,保证密封不漏气。

二、进样系统

气相色谱仪的进样系统包括进样器和汽化室两部分。

(一)进样器

1. 进样器的选择

进样器分手动进样器和自动进样器两种。手动进样器应用普遍,下面主要介绍手动进样器。

1)气体样品

气体样品可以用医用注射器直接进样,注射器的规格有0.25mL、1mL、2mL、5mL、10mL。注射器进样的特点是方法简便,易于操作,但结果重复性差。一般相对误差为2%~5%。目前还出现了气体定量气密针,定量效果远远好于医用注射器,但价格相对较高。

气体进样的另一种方法是采用六通阀定量管进样。六通阀分为平面六通阀和拉杆式六通阀。常见的平面六通阀如图5-3所示,它是目前气体定量阀中比较理想的阀件,使用温度较高、寿命长、耐腐蚀、死体积小、气密性好,可在低温下使用。六通阀进样的重现性比较好,相对偏差小于1%。缺点是阀面加工精度高,转动时驱动力较大。气体定量管的规格有0.5mL、1mL、3mL、5mL等,现在平面六通阀应用比较广泛。

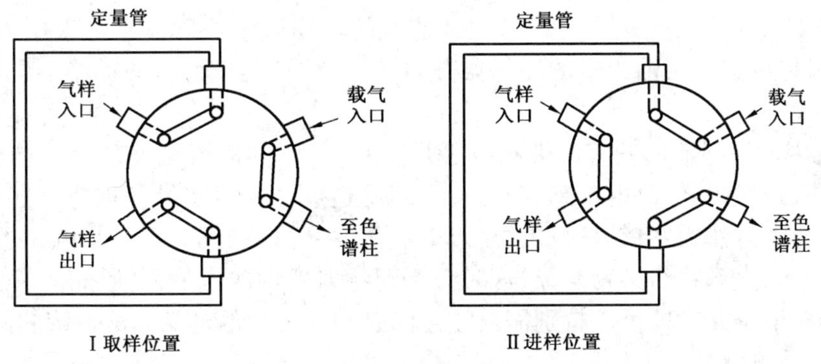

图5-3 平面六通阀结构、取样和进样位置

2)液体样品

对于液体样品,一般采用微量注射器直接取样进样。常用的微量注射器的规格有0.1μL、0.5μL、1.0μL、5.0μL、40μL、50μL等。微量注射器的容量准确度要达到相对误差小于5%。

3)固体样品

固体样品一般是用溶剂溶解后,用微量注射器进样。在一些特殊的色谱法中,例如裂解色谱,可以用固体进样器直接进样。

2. 进样量和进样速度的选择

样品的进样量和进样速度对分析结果有影响。对于进样要求准确性和重复性好,进样量要适当。通常进样量应使色谱峰高在记录仪量程的2/3处,如果超载,会影响分离效率。一般只有在分析一种主要样品,其含量很小,正常进样出峰太小的情况下,可以让另一组分超载。通常推荐进样量填充柱气体为0.5~50mL,液体为0.1~1μL,毛细柱气体为0.1~1mL,液体为0.004~2.0μL。

为了防止色谱峰变宽,不影响柱效率,通常要求进样速度要快,一般要求小于1s,且每次进样保持相同速率。

3.进样注意事项

进样时,手不要拿注射器的针头和有样品部位。针管里不能有气泡,为了防止有气泡产生,吸样时要慢、快速排出再慢吸,反复几次。在用10μL注射器时,因金属针头部分体积为0.6μL,有气泡也看不到,因此操作时要多吸1~2μL,把注射器针尖朝上。当气泡上走到顶部时再向上推动针杆排除气泡,针尖到汽化室中部开始注射样品。

4.避免注射器损坏的技巧

注射器是进样器中最常用的仪器。很多做色谱分析工作的新手常常会把注射器的针头和注射器杆弄弯,这主要是因为进样不熟练造成的,但有一些技巧可以避免注射器损坏:

(1)进样口处不宜拧得太紧。用手将隔垫螺母完全拧紧后将其松半圈即可。因为室温下拧得太紧,当汽化室温度升高时硅胶密封垫膨胀后会更紧,这时注射器很难扎进去。易损坏注射器。

(2)使用注射器时,将注射器针头的斜面(导针孔)面对自己,注射器略向后倾斜注射。如果位置找不好,针扎在进样口金属部位,易使针头变弯。

(3)注射器杆弯有时是进样时用力太猛造成的。用微量注射器不可太用力,而用气体定量气密针时可以用力。目前出现的注射器有的带一个进样器架,用进样器架进样就不会把注射器杆弄弯了。

(4)有时因为注射器内壁有污染物,注射器用一段时间后就会发现针管内靠近顶部有一小段黑的东西,这时吸样、注射都感到吃力,很容易造成注射时将针杆推弯。这时可以将注射器进行清洗,清洗方法为:将针杆拔出,注入一点水,将针杆插到有污染物的位置反复推拉,一次不行再注入水,直到将污染物弄掉,这时会看到注射器内的水变浑浊,将针杆拔出用滤纸擦一下,再用酒精清洗几次即可。特别需要注意的是当所分析的样品为溶剂溶解的固体样时,进完样要及时用溶剂清洗注射器。

(二)汽化室

汽化室的作用是使样品瞬间汽化,保证样品以气体状态,随载气进入色谱柱。

1.进样口和进样模式

(1)填充柱进样口是目前最为常用,也是最简单、最容易操作的色谱进样口,该进样口的作用就是提供一个样品汽化室,所有汽化的样品都被载气带入色谱柱进行分离。进样口可以配置,也可以不配置隔垫吹扫装置。这种进样口可连接玻璃或不锈钢填充柱,还可连接大口径毛细管柱作直接进样分析。

(2)分流/不分流进样口是最常用的毛细管柱进样口。分流/不分流进样口结构如图5-4所示。它既可用作分流进样,也可用作不分流进样。

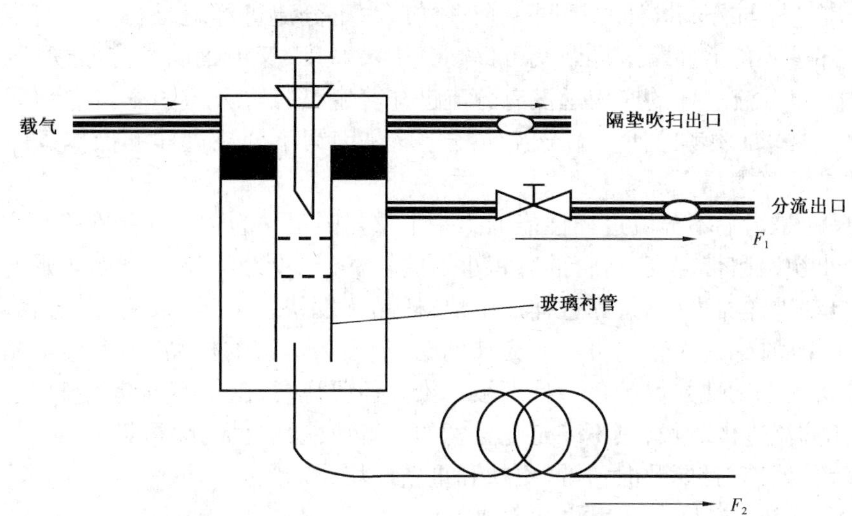

图 5－4　分流/不分流进样口结构示意图

① 分流进样方式是指在毛细管柱入口处，按一定的分流比，通过分流阀将样品混合气分为两部分，一小部分样品混合气进入毛细管柱进行分离、分析，其余大部分混合气放空。目的是为了把微量样品瞬间引入色谱柱，提高柱效，避免由于进样时间过长而造成的谱带展宽。

分流进样时载气流路如图 5－4 所示。进入进样口的载气总流量由一个总流量阀控制，而后载气分成两部分：一是隔垫吹扫气；二是进入汽化室的载气。进入汽化室的载气与样品气体混合后又分为两部分：大部分经分流出口放空，小部分进样色谱柱。

分流比的定义：分流比 = 柱流量 F_2/(分流流量 F_1 + 柱流量 F_2)；当分流流量远大于柱流量时，分流比 = F_2/F_1。

分流比的选择：分流比对分析结果的影响很大，因此要依据样品浓度和毛细柱容量来设定分流比：浓度越高分流比越大；柱容量越低，分流比越大。常用的分流比范围为 1∶20 ~ 1∶200。

分流衬管：用于分流进样的衬管大多不是直通的。管内有缩径处或者烧结板，或者有玻璃珠，或者填充有玻璃毛。这主要是为了增大与样品接触的比表面，保证样品完全汽化，减小分流歧视，同时也是为了防止固体颗粒和不挥发的样品组分进入色谱柱。衬管中填充物多为玻璃毛，应位于衬管的中间，即温度最高的地方，也是注射器针尖所到达的地方，这样对提高汽化效率，减少注射器针尖对样品的歧视更为有效。另外，玻璃毛活性较大，不适合于分析极性化合物。此时可用经硅烷化处理的石英玻璃毛。

分流歧视：指在一定分流比条件下，不同样品组分的实际分流比是不同的，这就会造成进入色谱柱的样品组成不同于原来的样品组成，从而影响定量分析的准确度。不均匀汽化是分流歧视的主要原因之一，另外一个原因是不同样品组分在载气中的扩散速度不同，所以，尽量使样品快速汽化是消除分流歧视的重要措施，包括采用较高的汽化温度，也包括使用合适的衬管。一般来说：分流比越大，越有可能造成分流歧视。要消除分流歧视，一是要注意色谱柱的初始温度尽可能的高一些，另外，在安装色谱柱时要保证柱入口端超过了分流点。

② 不分流进样与分流进样采用同一个进样口。不分流进样就是将分流气路的电磁阀关闭,让样品全部进入色谱柱。这样做既可提高分析灵敏度,又能消除分流歧视的影响。然而,在实际工作中,不分流进样的应用远没有分流进样普遍,只是在分流进样不能满足分析要求时(主要是灵敏度要求)才考虑使用不分流进样。这是因为不分流进样的操作条件优化较为复杂,对操作技术的要求高。

衬管的尺寸是影响不分流进样性能的另一个重要因素。为了使样品在汽化室尽可能少地稀释,从而减小初始谱带宽度,衬管的容积小一些较好,一般为0.25~1mL,且最好使用直通式衬管。当用自动进样器进样时,因进样速度快,样品挥发快,故建议采用容积稍大一些的直通式衬管。对于干净样品,衬管内可不填充玻璃毛,对于相对脏的样品,则需要填充玻璃或石英毛,以保证分析的重现性并保护色谱柱不被污染。但要注意,由于不分流进样时样品在汽化室滞留的时间比分流进样时长,热不稳定化合物的分解可能性也大,故衬管和其中填充的石英毛都必须经硅烷化处理,且要及时清洗、更换和重新硅烷化。

③ 分流和不分流进样口使用注意事项:

a. 必须保证样品汽化后呈完全均匀状态才可选择分流进样,否则因分流误差将影响定量准确度。

b. 不分流进样时,应设定进样时间;进样时关闭分流出口,经进样时间后,电磁阀自动打开,将衬管外部的样品气体由分流出口排出,避免色谱峰拖尾。

(3)冷柱头进样:将样品直接注入处于室温或更低温度下的色谱柱上,然后再逐步升高温度使样品组分依次汽化通过色谱柱进行分离,这样就可以避免样品的热分解及汽化室死体积对样品的稀释与扩散作用,适用于分析热不稳定化合物。此操作需要特殊的注射器,而且容易有大量的不挥发样品残留在色谱柱进口端造成色谱柱的污染。

(4)程序升温汽化(PTV)进样:将液体或气体样品注射到处于低温的进样口衬管内,然后按设定程序升高进样口温度。此进样方式不需要特殊注射器,可有多种操作模式,即分流模式、不分流模式和溶剂消除模式。PTV进样主要的优点有:消除了注射器针头的样品歧视,这与冷柱头进样类似;可以实现大体积进样(LVI);抑制了进样口歧视(即分流歧视);可除去溶剂和低沸点组分,实现样品浓缩;不挥发物质可滞留在衬管中,保护了色谱柱。PTV进样适合于大部分样品的分析,特别是开发方法或筛选样品时应首先考虑这种进样方式。

(5)顶空进样:通过样品基质上方的气体成分来测定这些组分在原样品中的含量,是一种简单而有效的样品净化方法。根据取样和进样的方式不同,顶空进样分为静态和动态。静态顶空就是将样品溶液密封在一个容器(平衡瓶)中,在一定温度下(平衡温度)加热一段时间(平衡时间)使气液两相达到平衡,然后取气相部分进入色谱分析,药物中的残留有机溶剂分析通常采用这种顶空进样方法。动态顶空进样是利用流动的气体(通常采用氦气)将样品中的挥发性成分“吹扫”出来,再用一个捕集器将吹扫出来的物质吸附下来,然后经热解吸附将样品送入色谱进行分析,这种技术通常称为吹扫—捕集(Purge & Trap)进样技术,在环境分析中最为常用。顶空进样分为手动进样和自动进样,由于手动进样的压力、温度以及进样量难以控制,导致分析结果的重现性差,建议采用自动顶空进样器。

2. 隔垫的更换和隔垫吹扫

1) 隔垫的更换

色谱分析要求汽化室的密闭性好。一般的进样口都用硅胶隔垫进行密闭。多次注射后，由于进样器穿刺过多，使硅胶垫碎屑进入汽化室，如果碎屑过多，高温时会影响基线的稳定或者形成鬼峰，因此要及时更换隔垫，以防漏气。以岛津 GC2010 型气相色谱仪为例说明更换隔垫的步骤如下：降温至室温→拧下隔垫螺母→取下导针器→取下旧隔垫→更换新隔垫→放回导针器→完全拧紧隔垫螺母，然后将其松半圈。

2) 隔垫吹扫

隔热吹扫装置安在色谱仪进样口处，它的作用是吹扫掉进样隔垫高温脱落的组分，一般为橡胶中的增塑剂或低聚物，减少鬼峰。以及吹扫溢出衬管的溶剂气体，减少溶剂拖尾。通常隔垫吹扫流量范围为 1 ~ 3mL/min。

3. 汽化室的清洗及衬管的清洗与更换

由于长期使用，汽化室和衬管内常聚集大量的高沸点物质，如遇某次分析高沸点物质时就会逸出多余的峰，给分析带来影响，因此要经常用有机溶剂清洗汽化室和衬管。

(1) 汽化室的清洗：卸掉色谱柱，在加热和通气的情况下，由进样口注入无水乙醇或丙酮，反复几次，最后加热通气干燥。

(2) 衬管的清洗：

① 如果内衬管内有填料，将填料倒出；

② 用一根细钢丝轻轻伸入内衬管内部，将附在内壁上的固体弄下，用压缩空气将松动的固体吹出，同时注意不要划伤衬管内部，以防止破坏惰性保护层；

③ 将内衬管浸在铬酸洗液中过夜；

④ 分别用蒸馏水、甲醇、丙酮清洗，在 105℃ 下彻底烘干。

(3) 衬管的更换：以 GC2010 为例说明更换衬管的步骤如下：降温至室温→用玻璃衬管扳手卸下玻璃衬管螺母→用镊子取出旧玻璃衬管→在新玻璃衬管上安装 O 形环，填充合适数量的石英棉→暂时将 O 形环置于距玻璃衬管顶部 4mm 处，将其安装在进样口，用镊子向下推直到衬管接触到底部→用扳手固定玻璃衬管螺母。

4. 汽化室的使用和维护注意事项

(1) 根据需要选择合适的进样方式；

(2) 选择合适的衬管，根据样品特点确定是否在内衬管中加填充物；

(3) 定期活化、处理内衬管的填充物；

(4) 保持隔垫清洁，定期更换隔垫；

(5) 保持注射器和进样阀等进样装备清洁；

(6) 定期清洗汽化室；

(7) 在汽化室的温度、压力、流量范围内使用汽化室。

第三节　分离系统

分离系统指的就是色谱柱。色谱柱是色谱分析法最核心的部件。样品是在色谱柱中实现分离的,所以正确选择色谱柱固定相、柱长、柱形、以及柱内径对实现良好的色谱分离至关重要。通常的色谱柱包含柱管和固定相两部分。

一、柱管

目前色谱柱的主要分类是填充柱和毛细柱。

(一)柱管的材质

填充柱的柱管一般为玻璃柱、石英柱、不锈钢柱、聚四氟乙烯柱、铜柱、铝柱等,其中以玻璃柱、石英柱、不锈钢柱、聚四氟乙烯柱最为常用。玻璃柱、石英柱、不锈钢柱因为具有较好的化学惰性,多用于分析易分解或具有腐蚀性的样品。毛细柱一般由玻璃或石英拉制而成。

(二)色谱柱柱长、柱形、以及柱内径的选择

色谱柱的柱长、柱形及柱内径也会对柱效率产生影响。

柱子长会增大塔板数,提高柱效,有利于分离。但柱子太长,会增加柱前压,使分析时间加长。选择柱子要在保证选择性和柱效率的前提下,尽量减少柱长。

色谱柱以 U 形为好。因为载气由于受到柱子的弯曲影响,在流动过程中会产生紊乱、不规则运动,从而降低柱效率。因此在选择柱子的时候,在弯曲处的曲率半径应尽量大。使用螺旋形柱子时,柱本身的直径要尽可能均匀。

柱子内径小有助于提高柱效,但如果过小,会造成填充困难,柱压增大。一般填充柱内径为 3 ~4mm,而毛细柱则要小很多。

随着科学技术的发展,毛细柱的应用越来越普遍。毛细管柱在性能上,与一般填充柱在柱长、柱径、固定液膜厚度以及柱容量上有着比较大的差别。相比一般填充柱,毛细柱具有高效、快速、吸附少、催化能力小等特征。毛细管柱与填充柱性能的比较见表 5 -5。

表 5 -5　毛细管柱与填充柱性能的比较

色谱柱种类	WCOT	SCOT	填充柱
长度,m	10 ~100	10 ~50	1 ~5
内径,mm	0.1 ~0.8	0.5 ~0.8	2 ~4
液膜厚度,μm	0.1 ~5	0.5 ~0.8	10
每个峰的容量,ng	<100	50 ~300	10000
分离能力	高	中	低

(三)色谱柱管的预处理

毛细柱很多实验室都直接购买,而填充柱由于填装方便所以常自行填装。但填装前要对色谱柱管进行预处理,方法如下:如果所用的是新柱子则选择柱管后要先进行试漏,保证柱管

没有裂痕，然后对柱管进行清洗。对不锈钢柱管，截取所需长度的不锈钢管，装满细沙，弯制成所需形状，然后将细沙倒出，用10%的热碱液洗去管内油污，用自来水洗净。再用10%盐酸溶液洗去管内氧化物，至无残渣，再用自来水，蒸馏水冲洗数次，最后用无水乙醇冲洗数次，吹干或烘干后即可。对玻璃柱管可用洗液浸泡，然后用水洗至中性，烘干即可。如果是经常使用的旧柱子，柱管在更换固定相时，倒出原装填的固定相，用水洗净后，用丙酮、乙醚等有机溶剂冲洗2~3次，再用干燥氮气吹干或烘干，即可再用。

二、固定相

固定相决定着色谱柱的好坏，固定相包括吸附剂、固定液和担体。

(一)色谱柱固定相的选择

气相色谱按照固定相的分类可分为气固色谱和气液色谱。

气固色谱的固定相是表面有一定活性的固体吸附剂。它的分离过程是吸附和解吸过程，根据固定相对组分吸附能力的不同，完成对组分的分离。

而气液色谱的固定相是在一种惰性物质上涂上一层高沸点有机物，其中的惰性物质称为担体，有机物称为固定液。它的分离过程是溶解和挥发过程，根据固定相对组分溶解能力的不同，完成对组分的分离。

1. 常用的气固色谱固定相(吸附剂)

1)分子筛

分子筛的组成是硅酸铝的钠盐和钙盐，分子筛具有强极性表面，其表面积大。分子筛的性质主要取决于孔径的大小和表面特性。分子筛常用的有4A、5A、13X三种类型。分子筛易吸水而失去活性，因此在使用过程中一定要注意载气脱水。

分子筛主要用于分析永久气体，如H_2、O_2、N_2、CO、CH_4和低温下惰性气体。

2)高分子多孔小球

高分子多孔小球是多孔性芳香族高分子微球，具有特殊的表面孔径结构和一定的机械强度，能耐氯化氢、氟化氢、氨气、含氮氧化物的腐蚀作用

3)活性炭

非极性活性炭可用于分析永久性气体和低沸点烃类化合物。缺点是重复性较差，容易造成拖尾。现多使用石墨化炭黑和多孔性炭黑(TDX)。

4)氧化铝

极性氧化铝可用于分析低级烃类。可以采取涂渍减尾剂等方式，减少峰形拖尾。

5)硅胶

硅胶的分离性能取决于它的孔径大小和含水量。硅胶对CO_2有强吸附作用，可以将CO_2从H_2、O_2、N_2、CO、CH_4中分离。现在多用改进的多孔微球形硅胶。

以上气固色谱固定相在装柱之前，要先进行筛分，根据需要选取60~80目或80~100目的筛分范围，然后按要求进行活化处理。活化后的固定相应在干燥器内存储备用。

2. 常用的气液色谱固定相

气液色谱的固定相需要由担体和固定液按一定的质量比来配制。

1)担体的要求

担体是用于支持固定液,使固定液能够均匀的分布在其表面。担体的结构和表面性质会影响色谱的分离效果,所以要求担体具有如下特性:

(1)表面积大,孔径分布均匀。

(2)表面没有吸附性或吸附性很弱。化学惰性好,不与固定液及组分发生化学反应。

(3)热稳定性好,以免在操作温度下变质。有一定机械强度,以免在填充过程中破碎。

2)担体的种类和性能

担体的种类有硅藻土类和非硅藻土类两种。其中以硅藻土类最为常用。

(1)硅藻土类:硅藻土类是以天然硅藻土为原料烧制而成,分为白色和红色两种。

红色担体:将天然硅藻土粉碎并压制成砖形,在900℃以上煅烧。其特点是表面积大,孔穴密集,机械强度好。但表面活性中心较多,吸附性较大,不适用于分析极性化合物。常见的有6201担体、201担体。

白色担体:向天然硅藻土中加入少量Na_2CO_3助熔剂,在900℃高温煅烧。其特点是比表面积小,孔径大。机械强度比红色担体小。吸附性小,适合分析极性物质。常见的有101担体、102担体。

(2)非硅藻土类:非硅藻土类担体有氟担体、玻璃微球担体和高分子多孔微球等。

氟担体常用的有聚四氟乙烯多孔性担体,多用于分析强极性组分和腐蚀性的气体。玻璃微球担体是用玻璃制成的有规则的颗粒小球,能在较低柱温下分析高沸点试样,分析速度快。但其表面积较小,柱效不高。高分子多孔微球是新型合成的有机固定相。

3)担体的处理

由于硅藻土类担体中存在酸性和碱性的活性基团,会造成吸附等影响。因此,在担体使用前要加以处理,改进孔隙结构,消除活性中心。具体处理方法主要有:酸洗和碱洗、硅烷化、釉化。

4)担体选择原则

分析非极性组分选红色担体;分析极性组分选择白色担体;进样量要求大,色谱柱负荷固定液多时,选用红色担体;对于高沸点、强极性组分,可选用玻璃微球担体;对于强腐蚀性组分,可选用氟担体;分析具有酸性、碱性、极性及活泼性的组分,应选择处理过的红色担体或白色担体。

5)固定液的要求

固定液是决定气液色谱分离效率最主要的因素,固定液应满足以下要求:

(1)热稳定性好。保证在操作温度下不发生聚合、分解或交链等现象。要有较低的蒸汽压,以免挥发造成固定液流失。

(2)粘度要低。保证在操作温度下呈液态,能牢固地附着在担体上,形成均匀和结构稳定的薄膜。

(3)固定液要对试样组分有适当的溶解度且分配系数要适当,避免出现难分离或易滞留组分,造成拖尾或其他现象。

(4)选择性要高。对沸点相同或相近,但属于不同类型的物质有很好的分离分析能力。

(5)化学稳定性要好。在操作温度下,不与被测样品或载气发生化学反应。

6)固定液的极性及选择原则和方法

(1)相对极性。

组分与固定液相互作用,使不同组分得到分离,这种作用主要表现为分子间作用力,包括静电力、诱导力、色散力和氢键作用力。此外,固定液也还可能与被分离组分形成化合物或络合物的键合力。这样就形成不同固定液的不同特性,为标志固定液的分离特征,引进了相对极性的概念。

相对极性 P:规定非极性固定液角鲨烷(异三十烷)的相对极性为零,β,β' - 氧二丙腈的相对极性为100,被测固定液的相对极性 P_X 由物质对环已烷—苯在各固定液上的相对保留值进行计算:

$$P_X = 100 - \frac{100(q_1 - q_X)}{q_1 - q_2} \qquad (5-3)$$

其中

$$q = \lg \frac{t'_R(\text{苯})}{t'_R(\text{环已烷})} \qquad (5-4)$$

下标1、2、X 分别代表 β,β' - 氧二丙腈、角鲨烷和被测固定液。这种方法测得的各种固定液的相对极性分布在0~100,每隔20设定为一级,按照极性可以将所有固定液分成5级,级数越高,极性越大。

(2)固定液选择原则。

在分析试样之前一定要选择合适的固定液来进行分离测定。固定液的选择取决于样品的组成。一般按“相似相溶”的原则,即组分的结构、性质与固定液相似时,在固定液中的溶解度最大,因而保留时间最长;反之,溶解度小,保留时间短。如烃类化合物最好使用烃类固定液;而极性化合物用极性固定液,如醇类用聚乙二醇等。但选择原则不是一成不变的,需结合具体的试验情况综合考虑。

(3)选择方法。

固定液根据极性大致可分为非极性、中等极性、强极性几种。在选择固定液的时候可以遵循以下方法:

分析非极性物质:一般选用非极性固定液。样品出峰顺序是按沸点次序先后流出,沸点低的先出峰,沸点高的后出峰。若试样中含有同沸点的烃类和非烃化合物,则极性大的先流出。

分析极性物质:一般选用极性固定液。样品出峰顺序按极性顺序先后流出,极性小的先流出,极性大的后流出。

分离非极性和极性混合组分:一般选用极性固定液。非极性组分先流出,极性组分后流出。

分析能形成氢键的物质:比如醇、酚、胺和水的分离,一般选择极性或氢键型固定液,试样中各组分按与固定液分子间形成氢键力的大小先后流出,不易形成氢键的先流出,易形成氢键的后流出。

分析组分复杂的物质:一般选用混合固定液,即由两种性质不同的以适当比例混合而成的固定液。根据分析要求,将固定液的性质调整到需要的范围,使其既保证满意的分离,又保证适当的分析时间。

以上只是在选择固定液时的一般方法和原则,在实际应用中,应根据这些原则,选取最合适的固定液,来保证满意的分析效果。

7)常用的气液色谱固定液

常用的固定液主要有:OV－101(甲基聚硅氧烷)、OV－17(50%苯基的甲基聚硅氧烷)、OV－210(50%三氟丙基的甲基聚硅氧烷)、PEG20M(聚乙二醇20M)、DEGS(二乙二醇丁二酸酯)。这几种固定液性能稳定,极性间距均匀,应用面广,可以解决一般性的分析问题。常用固定液的极性顺序:DEGS > PEG20M > OV－210 > OV－17 > SE－54 > OV－101。表5－6中列出几种代表性固定液的极性。表5－7为各公司常用色谱柱牌号的对照表。

表5－6　几种代表性固定液的极性(Mc Reynolds 常数)

名称	平均极性	名称	平均极性
Squalane	0(非极性)	PEG20M(DBWAX)	322(强极性)
SE30	15	FFAP	340
OV101(DB1)	17	PEG1000	347
SE54(DB5)	33(弱极性)	EGA	372
DC550	74	DEGS	484
OV17	119(中极性)	TCEP	593(超强极性)
		BCEF	690

表5－7　各公司常用色谱柱牌号对照表

固定液	Shimadzu	代码	J&W	HP	Supelco	ChroMPack
100%聚甲基硅氧烷	CBP1	OV－1 OV－101	DB1	HP1	SPB－1	CP－Sil 5CB
95%甲基+5%苯基	CBP－5	SE－54	DB5	HP5	SPB－5	CP－Sil 8CB
50%甲基+50%苯基	CBP－10	OV－17	DB17	HP17	SPB－35	CP－Sil 19CB
聚乙二醇	CBP20	PEG20M	DBWAX	HPWAX	SUPELCO－WAX	CP－Sil 52CB

(二)液担比的选择和固定液的涂渍

1.液担比的选择

液担比是指固定液与担体的质量比。固定液是按一定比例涂渍在担体上。由于固定液含量对分离效率的影响很大,所以液担比的选择很重要,一般为5%～25%。液担比再大,则被分析的样品在比较厚的液膜上有扩散现象,有损于分离;液担比太低时,则由于液膜太薄,担体表面上残余的吸附能力会显示出来,使色谱峰拖尾,且固定液易于流失。由于低比例能促进平衡的建立,所以用低的液担比,再加上少量样品,能缩短分析时间。一般推荐:对低沸点化合物,选择高液担比(10%～30%),高膜厚(1～5μm);对高沸点化合物,选择低液担比(1%～5%)、低膜厚(0.25～0.5μm)。而对于硅藻土担体固定液的液担比可大至15%～30%;由于氟担体表面积较小,所以液担比最多只能10%;至于玻璃微球由于表面积特小,液担比只能保持在0.25%左右。

2. 固定液的涂渍

涂渍前要选择合适的溶剂。一般要求溶剂不能与固定液起化学反应;能和固定液形成无限互溶体系,当加入担体后不应出现分层现象;沸点要适当,有一定的挥发度。

涂渍的方法有两种。一种是蒸发法,称取需要量的固定液溶解在选定的有机溶剂中,制成涂渍溶液。为了使固定液迅速完全溶解,可以将溶液放在水浴中加热,但应注意控制最高温度不可高于所用溶剂的沸点,至少要低20℃。待固定液完全溶解后,缓缓倒入经处理过的担体,在适当温度下轻轻摇动容器,让溶剂均匀挥发,以保证固定液在担体表面均匀分布。可通过使用旋转蒸发器加快溶剂的蒸发,待溶剂蒸发完全后,涂渍即完毕。在涂渍过程中不能采用烘干等加快挥发的操作。也不能猛烈搅拌,以防损伤担体。一般溶剂的用量为载体体积的2倍。另一种方法是回流法。本方法适用与那些溶解性较差的高温固定液的涂渍。方法是将已知量的固定液和溶剂置于圆底烧瓶内,上接冷凝器,然后加热回流0.5h,待固定液完全溶解后缓缓加热担体,继续加热回流1.5～2h。最后将载体和溶剂倒入烧杯,置于通风橱内让溶剂自然挥发至干。

(三)固定相的填充

色谱柱的装填有三种方法:一是泵抽装填法,在柱后接真空泵抽气,使担体在色谱柱内填充紧密。二是用振荡器振动装柱法。三是手工装柱法。

现以泵抽装填法为例,介绍一下填充过程:将已处理好的色谱柱一端塞好玻璃毛并接真空泵,另一端接一漏斗,将固定相倒入漏斗中,边抽气,边轻轻敲打,使固定相均匀的装紧在色谱柱管中。填满后将柱接在漏斗一端填充好玻璃毛,用螺母安装在色谱仪上。为获得好的分离效果并提高柱效,将色谱柱原接在真空泵的一端与检测器相连接,另一端接至汽化室。

不论使用哪种装填方法,均要保证:一是担体应填充均匀、紧密,不论是柱中心还是柱边缘,应尽可能一样,不得留有间隙和死空间。二是填充过程中不得敲打振动过猛,以免造成担体机械粉碎。

(四)色谱柱的安装

色谱柱正确安装才能保证发挥其最佳的性能和延长使用寿命。以毛细柱为例,介绍色谱柱的安装步骤:

(1)检查气体过滤器、载气、进样垫和衬管等。检查气体过滤器和进样垫,保证辅助气和检测器的用气畅通有效。如果以前做过较脏样品或活性较高的化合物的实验,需要将进样口的衬管清洗或更换。

(2)将螺母和密封垫装在色谱柱上,并将色谱柱两端小心切平。

(3)将色谱柱连接于进样口上,但要注意以下几点:

① 色谱柱在进样口中插入深度根据所使用的色谱仪不同而定。正确合适的插入能最大限度地保证试验结果的重现性。通常来说,色谱柱的入口应保持在进样口的中下部,当进样针穿过隔垫完全插入进样口后如果针尖与色谱柱入口相差1～2cm,这就是较为理想的状态(具体的插入程度和方法参见所使用色谱仪的随机手册)。

② 避免用力弯曲挤压毛细管柱,并小心不要让标记牌等有锋利边缘的物品与毛细柱接触

摩擦,以防柱身断裂受损。

③ 将色谱柱正确插入进样口后,用手把连接螺母拧上,拧紧后(用手拧不动了)用扳手再多拧 1/4 ~ 1/2 圈,保证安装的密封程度。因为不紧密的安装,不仅会引起装置的泄漏,而且有可能对色谱柱造成永久损坏。

(4)接通载气。当色谱柱与进样口接好后,通载气,调节柱前压以得到合适的载气流速。将色谱柱的出口端插入装有己烷的样品瓶中,正常情况下,我们可以看见瓶中稳定持续的气泡。如果没有气泡,就要重新检查一下载气装置和流量控制器等是否正确设置,并检查一下整个气路有无泄漏。等所有问题解决后,将色谱柱出口从瓶中取出,保证柱端口无溶剂残留,再进行下一步的安装。

(5)将色谱柱连接于检测器上。其安装和注意事项与色谱柱与进样口连接大致相同。

(6)确定载气流量,再对色谱柱的安装进行检查。需要注意的是安装色谱柱必须在常温下进行。如果不通入载气就对色谱柱进行加热,会快速且永久性的损坏色谱柱。

(五)色谱柱的老化

新制备的填充柱在使用前,必须要经过老化处理。老化的目的在于除去柱内残存的溶剂、低相对分子质量固定液以及低沸点的杂质,使固定液在担体表面涂渍得更加均匀牢固。老化的方法是色谱柱安装和系统检漏工作完成后,断开色谱柱的出口端放空,不与检测器相连,防止污染检测器,然后接通载气。老化的温度一般高于操作温度 10 ~ 20℃,但是一定不能超过固定液的最高使用温度,否则极易损坏色谱柱。当到达老化温度后,记录并观察基线。初始阶段基线应持续上升,在到达老化温度后 5 ~ 10min 开始下降,并且会持续 30 ~ 90min。当到达一个固定的值后就会稳定下来。如果在 2 ~ 3h 后基线仍无法稳定或在 15 ~ 20min 后仍无明显的下降趋势,那么有可能系统装置有泄漏或者污染。遇到这样的情况,应立即将柱温降到 40℃以下,尽快检查系统并解决相关的问题。如果还是继续老化,不仅对色谱柱有损坏而且始终得不到正常稳定的基线。老化时间一般为几小时到十几小时。色谱柱老化好的标志是将出口端连接检测器,如果基线平直,那么说明老化完成。

使用一段时间的色谱柱,也要进行定期老化。

(六)柱温的选择

柱温是气相色谱重要的操作条件,柱温对柱效、分离度及柱子的寿命都有影响。色谱柱是安装在柱温箱中,通过温控系统对其进行柱温的调节。柱温的选择影响因素很多,比如样品组分的性质、所用的固定相以及检测器的类型等,因此在选择柱温时要综合考虑。

(1)柱温低,有利于组分分离,但增加了分析时间,降低了柱效,而且温度过低,被测组分可能在柱中冷凝,使色谱峰扩张。

(2)柱温高,组分分离不好,分析时间缩短。

(3)在恒温分析常选用样品的平均沸点或略高于平均沸点 10℃。而当所分析的样品高沸程或组分沸程范围比较宽时,常采用程序升温的办法,使组分在其沸点的柱温下流出色谱柱,这样使各个峰形相近,减少分析时间,没有明显的谱带扩张。

第四节 检 测 器

检测器系统是气相色谱仪的关键部件,其作用是把经色谱柱分离后的样品组分,根据其物理或化学特性转换成易于测量的电信号(电压或电流),经放大后,由数据处理系统记录成色谱图。检测器能灵敏、快速、准确、连续的反映样品组分的变化,从而达到定性和定量分析的目的。

一、检测器的分类

根据检测原理的不同,检测器分为热导池检测器(TCD)、氢火焰离子化检测器(FID)、电子捕获检测器(ECD)、氮磷检测器(NPD)、火焰光度检测器(FPD)等。最常用的是热导池检测器(TCD)和氢火焰离子化检测器(FID)。

根据检测器检测特性的不同,检测器分为质量型和浓度型检测器两大类。

质量型检测器的特征是检测器的响应值取决于单位时间内进入检测器组分的量。这种检测器的响应值与载气流速的关系为:峰高随载气流速增加而增大,峰面积却保持不变。这类检测器有 FID、NPD、FPD 等。质量型检测器分析测试样品时,采用峰面积信号来定量比采用峰高信号准确。

浓度型检测器的特征是检测器的响应值取决于载气中组分的浓度。它的响应值与载气流速的关系是:峰面积随载气流速增加而减少,峰高保持不变。如 TCD、ECD 等。浓度型检测器分析测试样品时,采用峰高信号来定量比采用峰面积信号定量准确。

二、检测器的性能指标

(一)噪声和漂移

噪声和漂移是描述检测器稳定性的指标。正常工作状态的检测器要求基线稳定、噪声水平低、漂移小。

(1)噪声的表现为无规则的毛刺状基线。它产生的原因除仪器本身的缘故外,检测器污染、载气不纯等都可能造成噪声。

(2)漂移的表现为单向移动,或向上或向下。它产生的原因是由于仪器未进入稳定状态,例如载气流量不稳、开机时间短、温度未平衡、以及柱流失等。漂移是可以控制和改善的。

(二)灵敏度和检测限

灵敏度和检测限是衡量检测器敏感程度的指标。

1. *灵敏度*(S)

灵敏度是指通过检测器物质的量变化时,该物质响应值的变化率。公式为:

$$S = \Delta R/\Delta Q \tag{5-5}$$

式中 R——对应的响应值,即峰面积或峰高;

Q——不同组分的量,浓度型检测器单位为 mg/mL,质量型检测器单位为 g/s。

2. 检测限(D)

检测限又称敏感度，是指使检测器产生恰好能够鉴别的两倍噪声信号，单位体积或单位时间内进入检测器的最小物质量，用 D 表示，公式为：

$$D = \frac{2N}{S} \tag{5-6}$$

式中 N——噪声；

S——检测器的灵敏度。

灵敏度和检测限从不同的角度来评价检测器对物质敏感程度。在色谱分析中，所希望的是灵敏度越大，检测限越小，这样的检测器性能才越好。

(三)响应时间

响应时间是指从进样开始，至达到记录仪最终指示的90%处所需的时间。检测器的响应时间，应该是越短越好。响应时间的长短和检测器的体积有关，体积小，响应时间短。

(四)线性范围

进入检测器的组分量与其响应值应保持线性关系，或是灵敏度保持恒定所覆盖的区间，称为线性范围。线性范围的下限为该检测器的检测限；当响应值偏离线性大于5%时，为其上限。

对于线性范围，希望其范围越宽越好。在线性范围之内，才可能对物质准确定量。

有的仪器在说明书上的“仪器性能”一栏中指明的“动态线性范围”，实际上并不是我们所说的“线性范围”，说明书上的“动态线性范围”是指只要进入检测器的组分量增加，信号也增大，不管其响应是否呈线性，均属于“动态线性范围”。“动态线性范围”要大于或等于线性范围。比如FID线性范围为 $10^6 \sim 10^7$，说明书上说的“动态线性范围”却是 $10^8 \sim 10^9$。

三、热导池检测器

(一)检测原理及特点

热导池检测器(TCD)是利用不同的物质有不同的导热系数而达到测定目的。当被测组分与载气混合后，混合物中的各个组分的导热系数与载气的导热系数大不相同，尤其当使用如 H_2、He这样的导热系数大的气体为载气时，被测物质的导热系数与载气的导热系数之差很大。当被测组分的组成和浓度发生变化时，就会引起检测器池体上的热敏元件的温度发生变化，由此产生热敏元件阻值的变化，通过惠斯顿电桥进行测量，就可以通过所得信号的大小求出该组分的含量。组分的导热系数与载气的导热系数的差值越大，该组分的检测灵敏度就越高。热导池检测器是浓度型检测器，属于物理检测方法。

热导检测器结构简单、灵敏度适中、稳定性好、线性范围宽，一直是最广泛应用的检测器之一。

(二)热导检测器的结构

TCD由热导池和检测电路组成。

1. 热导池

热导池由池体和热敏元件组成。

1) 池体

池体是一个内部加工成池腔和孔道的金属体。早期的池体多用铜制成,因为铜的热传导性能比较好,但由于其防腐性比较差,目前多用不锈钢作为池体材料。

热导池的池体积大小直接影响检测灵敏度,体积越小灵敏度越高,填充柱分析法进入池体的样品量大,适合使用达到池体积检测器,而毛细管柱分析时样品量太少,为了能达到检测灵敏度,需要减小池体积。目前,TCD 出现了微 TCD,池体积可以减小至几微升。

2) 热敏元件

热敏元件一般分为热丝和热敏电阻,现在多用热丝作为热敏元件,热敏电阻只适用于室温或低于室温的痕量分析,或者用于需要小池体积配毛细柱时。

2. 检测电路

1) 双臂双流路电路检测器

TCD 通常都是用惠斯顿电桥来测量气体热导系数的变化。一个臂为"参考臂",另一个臂为"测量臂"。热导池的参考臂和测量臂、池外的两个电阻、电源和其他附件,就构成惠斯顿电桥的线路,也就是热导池的测量电路。测量电路如图 5-5所示。

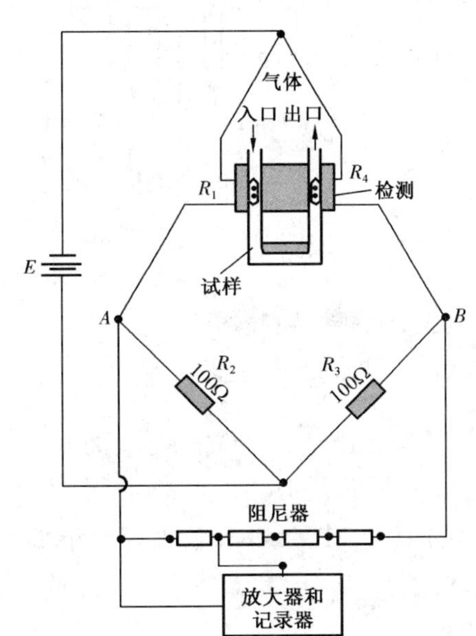

图 5-5 TCD 测量电路图

2) 单丝流路调制式 TCD

单丝流路调制式 TCD 最早是安捷伦公司设计的,目前,岛津气相色谱仪也实现了这个技术。它有两个突出的特点:

(1) 它仅使用一根热丝,既作为参比臂,又作为测量臂。

(2) 纯载气和柱后流出组分通过池体的方式是按一定的周期改变流动方向,间断通过热丝。

单丝流路调制式 TCD 的工作方式如图 5-6 所示。

作为新型 TCD,它的优点为:

(1) 不需要考虑多热丝之间的阻值要尽量相等,即热丝之间的匹配问题。

(2) 检测器内载气和柱后流出组分间相互切换速度远大于柱和检测器恒温箱的热波动速度。所以它对温度波动不敏感,表现为极低的噪声和漂移。

(3) 仅需要一根色谱柱,不需要另配参比柱。

(4) 池体积小,可直接与 0.2mm 的毛细柱相连。

(5) 灵敏度高,检测限可以达到 4×10^{-10} g/mL。

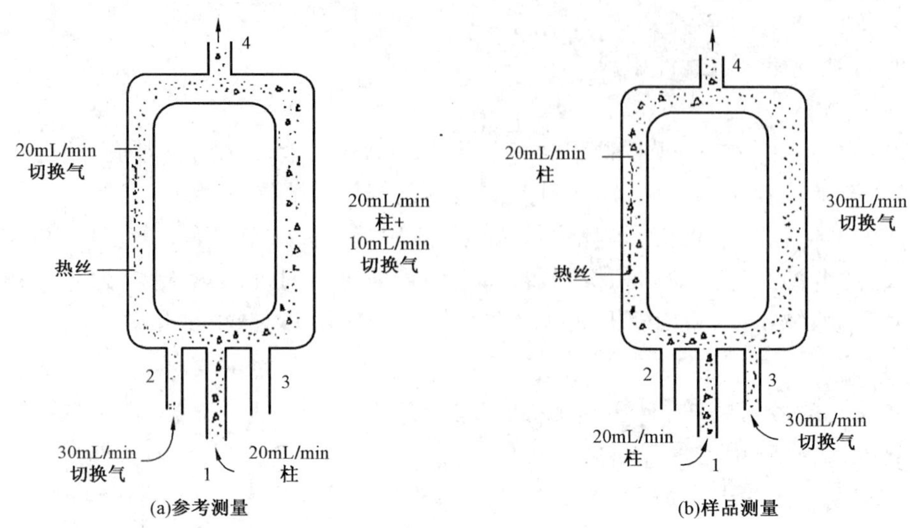

图 5－6 单丝流量调制式 TCD 工作原理示意图

1—尾吹气入口;2、3—切换气入口;4—排出口

(三)检测条件的选择

1. 载气种类、纯度和流量

1)载气种类

TCD 通常用 He 或 H_2 作载气,因为它们的导热系数远远大于其他化合物。用 He 或 H_2 作载气的 TCD,其灵敏度高,且峰形正常,响应因子稳定,易于定量,线性范围宽。但因氦气太昂贵,多用氢气。氢载气的灵敏度最高,只是操作中要注意安全,另外,还要防止样品可能与氢反应。

N_2 或 Ar 作载气,因其灵敏度低,且易出 W 峰,响应因子受温度影响,线性范围窄,通常不用。但若分析 He 或 H_2 时,则宜用 N_2 或 Ar 作载气。避免用 He 作载气测 H_2 或用 H_2 作载气测 He。用 N_2 或 Ar 作载气时需注意,因其热导系数小,热丝达到相同温度所需的桥流值,比 He 或 H_2 载气要小得多。

毛细管柱接 TCD 时,最好都加尾吹气,即使是池体积为 3.5μL 的微 TCD,也建议加尾吹气。尾吹气的种类同载气。

降低 TCD 池的压力,不仅可避免加尾吹气,而且还可提高 TCD 的灵敏度。例如,140μL 池体积 TCD 与 50μm 内径毛细管柱相连,在约 500Pa(4mmHg)低压下操作时,其池体积相当于 0.7μL,灵敏度提高约 200 倍。

2)载气纯度

载气纯度影响 TCD 的灵敏度。实验表明:在桥流 160～200mA 范围内,用 99.999% 的超纯氢气比用 99% 的普氢灵敏度高 6%～13%。载气纯度对峰形也有影响,用 TCD 作高纯气中杂质检测时,载气纯度应比被测气体高十倍以上,否则将出现倒峰。

3)载气流速

TCD 为浓度型检测器,对流速波动很敏感,TCD 的峰面积响应值反比于载气流速。因此,在检测过程中，载气流速必须保持恒定。在柱分离许可的情况下，以低些为妥。流速波动可能导致基线噪声和漂移增大。对微 TCD，为了有效地消除柱外峰形扩张，同时保持高灵敏度，通常载气加尾吹的总流速为 10～20mL/min。参考池的气体流速通常与测量池相等，但在作程序升温时，可调整参考池流速至基线波动和漂移最小为佳。

2. 桥电流

桥电流可显著提高 TCD 的灵敏度，所以用增大桥流来提高灵敏度是最通用的方法。但桥流的提高又受到噪声和使用寿命的限制。若桥流偏大，噪声便由逐渐增加变成急剧增大，其结果是信噪比下降，检测限变大。另外，桥流越高，热丝越易被氧化，使用寿命越短。过高的桥流甚至使热丝烧断。所以，在满足分析灵敏度要求的前提下，选取桥流较低为好，这时噪声小，热丝使用寿命长。在追求该 TCD 最大灵敏度的情况下，则选信噪比最大时的桥流，这时检测极限最低。但长期在低桥流下工作，可能造成池污染，这时可用溶剂清洗 TCD 池。一般 TCD 使用说明书中，均有不同检测器温度时推荐使用的桥流值。

3. 检测器温度

TCD 的灵敏度与热丝和池体间的温差成正比。显然，增大其温差有两个途径：一是提高桥流，以提高热丝温度；二是降低检测器池体温度。这决定于被分析样品的沸点。检测器池体温度不能低于样品的沸点，以免在检测器内冷凝。因此，对沸点不很低的样品，采用此法提高灵敏度是有限的，而对气体样品，特别是永久性气体，可达较好的效果。

(四)使用注意事项

为了充分发挥 TCD 的性能和避免出现异常，在使用中应注意以下几个方面。

1. 确保毛细管柱插入池深度合适

毛细管柱插入检测器池的位置十分重要，它影响到最佳灵敏度和峰形。毛细管柱端必须在样品池的入口处，若毛细管柱插入池体内，则灵敏度下降，峰形差，若毛细管柱离池入口处太远，峰变宽和拖尾，灵敏度也低。装柱应按气相色谱仪说明书的要求操作。如果说明书未明确装柱要求，即以得到最大的灵敏度和最好的峰形为最佳位置。

2. 避免热丝温度过高而烧断

任何热丝都有最高承受温度，高于此温度则烧断。热丝温度的高低是由载气种类、桥电流和池体温度决定的。如载气热导率小，桥电流和池体温度高，则热丝温度就高，反之亦然。一般色谱仪在出厂时，均附有此三者之间的关系曲线，按此调节桥电流，就能保证热丝温度不会太高。曲线中的最大桥电流值，是指在无氧存在的情况，如果有氧接触，则会急速氧化而烧断。因此，在使用 TCD 时，务必先通载气，检查整个气路的气密性是否完好，调节 TCD 出口处的载气流速至一定值，并稳定 10～15min 后，才能通桥流。工作过程中，如需更换色谱柱、进样隔垫或钢瓶，务必先关桥流，而后再换。虽然近年仪器已有过流保护装置，当载气中断或桥流过大时，可自动切断桥流，但操作时不要依赖此装置。操作者应主动避免出现异常为妥。

3. 避免样品或固定液带来的异常

1) 样品损坏热丝

酸类、卤代化合物、氧化性和还原性化合物，能使测量臂热丝的阻值改变，特别是注入量很大时,尤为严重。因此,最好尽量避免用 TCD 做这些样品的分析,如果一定要做,则在保证能正常定量的前提下,尽量使样品浓度低些,桥流小些。这样工作一段时间后,如果 TCD 不平衡或基线长期缓慢漂移,可使"测量"和"参考"二臂对换,如此交替使用,可缓解此异常。

2)样品或固定液冷凝

高沸点样品或固定液在检测器中或检测器出口连接管中冷凝,将使噪声和漂移变大,以至无法正常工作。在日常工作中注意以下三点,即可避免此异常发生:

(1)切勿将色谱柱连至检测器上进行老化;

(2)检测器温度一般较柱温高 20~30℃;

(3)开机时,先将检测器恒温箱升至工作温度后,再升柱温。

4. 确保载气净化系统正常

载气中若含氧,将使热丝长期受到氧化,有损其寿命,故通常载气和尾吹气应加净化装置,以除去氧气。载气净化系统使用到一定时间,便因吸附饱和而失效,应立即更换,以确保正常净化。如未及时更换,此净化系统就成了温度诱导漂移的根源。当室温下降时净化器不再饱和,它又开始吸附杂质,于是基线向下漂移。当室温升高,净化器处于气固平衡状态,向气相中解吸杂质增多,于是基线向上漂移。

5. 注意程序升温时调整基线漂移最小

对双气路气相色谱仪,将参考和测量气路的流量调至相等,通常做恒温分析时,很正常;但在做程序升温时,可能基线漂移较大。这时,为使基线漂移最小,可作如下调整:

(1)将参考和测量气路流量调至相等;

(2)作程序升温至最高温度保持一段时间,同时记录基线漂移;

(3)调参考气流量使记录笔返回到程升的起始位置,结束本次程升程序;

(4)重复(2)、(3)操作,直至理想。

6. 注意 TCD 恒温箱的温度控制精度

热丝温度对灵敏度影响最大,温度改变 1℃灵敏度变化竟达 12400μV。当然,除要求桥流稳定外,检测器温度的波动也严重影响丝温。所以 TCD 灵敏度越高,要求检测器的温度控制精度也越高。一般均应小于 0.01℃。如果出现基线缓慢来回摆动,一周期约几分钟,即可能与温控精度不够有关。

(五)热导检测器的清洗

将丙酮、乙醚、十氢萘等溶剂装满检测器的测量池,浸泡一段时间(20min 左右)后倾出,如此反复进行多次至所倾出的溶液比较干净为止。当选用一种溶剂不能洗净时,可根据污染物的性质先选用高沸点溶剂进行浸泡清洗,然后再用低沸点溶剂反复清洗。洗净后加热除去溶剂,再装到仪器上,加热检测器,通载气冲洗数小时后即可使用。

安捷伦色谱的单臂单丝 TCD 可采用烘烤法清洗(首先保证气路没有泄漏和载气没有污染)。步骤如下:

(1)关闭桥流和检测器;

(2)将柱子从检测器上拆下,并将检测器连接柱子的接头堵死;

(3)调整参考气流速为 20 ~ 30mL/mim;

(4)加热检测器温度至 400℃,持续"热洗"几小时即可。

四、氢火焰离子化检测器

(一)检测原理及特点

氢火焰离子化检测器(FID)是以氢火焰作为电离源,使有机物电离,产生响应信号的检测器。通常 FID 只适合有机物分析。有机物中的烃类的响应机理比较简单,且 FID 对烃类是等碳反应。其机理为在燃烧过程中,所有烃类转化的最终产物为甲烷,然后电离产生含碳的自由基。自由基与氧结合产生离子,然后被电极吸收。

$$CH \longrightarrow \cdot CH$$

$$\cdot CH + O \longrightarrow CHO^{+} + e$$

对于非烃类,响应机理比较复杂,随所含官能团不同而异。基本规律是不与杂原子相连的转化为甲烷,其他的因所连原子不同而不同。对于非烃类有机物,FID 不符合等碳响应规律。

对于 CO、CO_2 气体检测也可以使用 FID 检测器,只不过是在检测器前应有一个转化炉,转化炉使 CO、CO_2 转化成甲烷(CH_4)后被检测出来。

氢火焰离子化检测器具有灵敏度高,线性范围宽的优点,它几乎对所有有机物都有响应。特别是对烃类,其响应值与碳原子数成正比。它对气体流速、压力和温度变化不敏感。而且它的结构比较简单,死体积几乎为零。FID 和 TCD 是目前最常用的气相色谱检测器。

与热导检测器不同,氢火焰离子化检测器是典型的破坏性、质量型检测器。FID 的缺点是需要三种气源及其流速控制系统。

(二)氢火焰离子化检测器的结构

FID 是由离子化室(离子化头)和控制电路组成。其中离子化室是主要部件,它包括正极(极化极)、负极(收集极),以及喷嘴、点火线圈组成。FID 结构如图 5-7 所示。

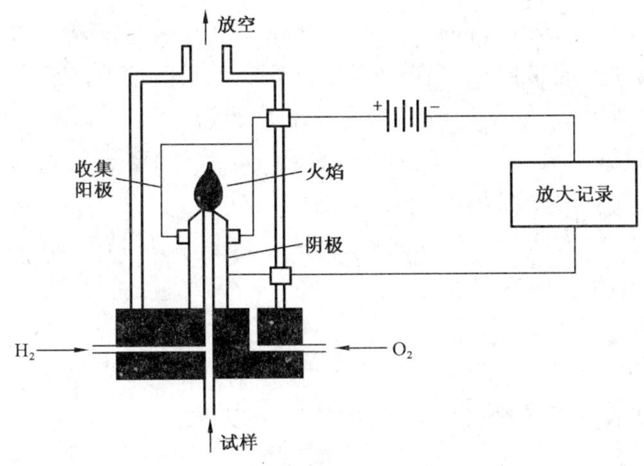

图 5-7　FID 结构示意图

1. 喷嘴

喷嘴的内径影响 FID 的灵敏度。内径小,灵敏度高,但线性范围窄且容易堵塞。内径大,灵敏度低,线性范围宽。通常填充柱使用的喷嘴内径为 0.5mm,喷嘴材料多为不锈钢、铂、陶瓷、石英。另外有些仪器的设计有不同的喷嘴分别用于填充柱和毛细管柱,使用时要注意查看说明书。

2. 电极的形状和位置

极化极多由铂金、不锈钢或镍合金制成圆形,位置与喷嘴在同一平面上,以保证最佳灵敏度,最小的噪声。收集极一般为不锈钢制作,可以制成网状、片状等形状。目前应用最多的是圆形,处在喷嘴上方,与喷嘴同轴安装。两电极之间要保持良好的绝缘。两电极间的平行距离保持在 0 ~ 6mm。过低,收集极过热,易产生热电子,增大噪声;过高,增大正负离子结合几率,降低收集效率。

3. 点火装置

一般用镍铬丝做点火线圈,点火时通 3 ~ 5V 交流电压,线圈发红即可。

(三)检测条件的选择

1. 正确选择气体

1)载气的选择

在载气种类选择上,对于 FID,可以采用 N_2、Ar、H_2、He 作为载气。其中以 N_2、Ar 作载气,FID 的灵敏度和线性范围要好一些,由于 Ar 成本较高,通常最常用的是氮气。

在载气流速选择上,应根据柱分离的要求进行调节。FID 属于质量型检测器,其峰高与载气流速成正比,且在一定的流速范围内,峰面积保持不变。如用峰高定量,又希望降低检测限极限,可适当增大载气流速。当用峰面积定量,从最佳线性和线性范围考虑,流速应低些为好。

2)载气、氢气和空气流速的选择

氢气在 FID 工作时作为燃气,将载气带来的样品燃烧、电离。氢气与载气的比例直接影响到 FID 的灵敏度和线性。通常以氮气作载气时,在载气流速固定情况下,氢气流量增大,响应值呈先增大后减小的情况,一般采用氢气与氮气的比例为 1:1。

空气是作为助燃气,为氢气燃烧提供必要的氧气。此外,空气还起到带走产生的水蒸气等燃烧产物的作用。空气流速一般与氢气流速之比为 10:1。流速小,氧气供应不足,响应值低。流速大,会使火焰不稳,增大噪声。在实际操作中,应根据实际情况,调整空气和氢气的配比,否则点火也会变得很困难。

3)保证气体纯度

FID 使用三种气体,在进行分析前,通常要先将气体净化。常量分析时,三种气体的纯度应在 99.9% 以上。痕量分析三种气体纯度要在 99.999% 以上。

2. 温度条件的选择

FID 对温度变化不敏感。但检测器温度的变化有可能影响 FID 的灵敏度和噪声。另外,在 FID 工作过程中,会产生大量的水蒸气,如果检测器温度过低,会使检测器发生积水现象,造成 FID 灭火，或者无法工作。因此，建议 FID 检测器的温度设置在 120℃ 以上，但也不能过高，过高会减少检测器的使用寿命，一般最高不超过 350℃。

3. 定期清洗

FID 长期使用后，有可能出现喷嘴和电极被重组分污染的现象，因此要定期对喷嘴和电极进行清洗。

当污染不太严重时，可不必卸下清洗，此时只需要将色谱柱取下，用一根管子将进样口与检测器连接起来，然后通载气并将检测器炉温升至 120℃ 以上，从进样口先注入 20μL 左右的蒸馏水，再用几十微升丙酮或氟利昂溶剂进行清洗。在此温度下保持 1 ~ 2h 检查基线是否平稳，若仍不满意可重复上述操作或卸下清洗。

当污染比较严重时，必须卸下清洗。先卸下收集极、正极、喷嘴等，若喷嘴是石英材料制成的，先将其放在水中进行浸泡过夜。若喷嘴是不锈钢等材料做成，则可与电极等一起，先小心用细砂纸（300 ~ 400 号）打磨，再用适当溶剂清洗（浸泡如甲醇与苯 1∶1），也可以用超声波清洗，最后用甲醇洗净，放置于烘箱中烘干。注意勿用含卤素的溶剂（如氯仿、二氯甲烷等），以免与聚四氟乙烯材料作用，导致噪声增加。

洗净后的各个部件，用镊子取，勿用手摸。烘干后装配时也要小心，否则会再度污染。

现以安捷伦色谱为例，介绍 FID 喷嘴及收集极组件拆卸、清洗、安装过程：

（1）关闭检测器，关闭检测器气体，降低检测器温度，待检测器温度降低后，打开检测器盖。

（2）用十字螺丝刀拆除固定检测器收集极的螺钉，然后将收集极组件径直向上拉出。

（3）用一把干净的小毛刷擦拭收集极内部，然后用仪表风或压缩空气将附着在收集极内的浮物吹出。

（4）分别用蒸馏水、己烷、甲醇清洗，在烘箱内 70℃ 温度干燥至少半小时。

（5）用一把专用内六角螺母工具，从检测器底座上拆下喷嘴，注意拆喷嘴前，先拆下柱子。

（6）用一根干净的细钢丝（外径 0.016in），轻轻插入喷嘴内，松动喷嘴内的沉积物，然后，用 1∶1 的甲醇和丙酮溶液清洗喷嘴内心和喷嘴的外部。

（7）分别用溶剂和压缩空气清洗检测器底座内的孔洞。

（8）重新安喷嘴，慢慢地拧紧，拧紧过 1/8 圈。

（9）重新安装收集组件，确保弹簧和收集极上凹槽接触良好。

（10）盖上检测器盖子。

（11）先通载气 30min，再点火升高检测器温度，最好先在 120℃ 保持数小时之后，再升至工作温度。

（四）使用注意事项

（1）离子头绝缘要好，外壳要接地。

（2）检测器的最低使用温度应在 100℃ 以上，防止检测器积水；为防止检测器被污染，检测器温度设置不应低于色谱柱实际工作的最高温度，一般应高于柱温 10 ~ 20℃。

（3）离子头的喷嘴和收集极，在使用一定时间后应进行清洗。

（4）FID 是用氢气和空气中燃烧所产生的火焰使被测物质离子化的，所以要注意安全问题。在未接上色谱柱时,不要打开氢气阀门,以免氢气进入柱箱。测定流量时,一定不能让氢气和空气混合,即测氢气时要关闭空气阀门,反之亦然。无论什么原因导致火焰熄灭时,应尽快关闭氢气阀门,直到排除了故障,重新点火时,再打开氢气阀门。

(5)FID 虽然是通用型检测器,但是有些物质在此检测器上的响应值很小或无响应。这些物质包括永久气体、卤代硅烷、H_2O、NH_3、CO、CO_2、CS_2、CCl_4 等。所以,检测这些物质时不应使用 FID。

(五)新型的 FID

近年来出现一种 EFID,它可以免去以往 FID 需要的外部气源(钢瓶等),仅用一个简单的水解电池电解产生化学计量的氢气和氧气,纯度高,不需分离,不用压缩,只需除掉其中的水分就可以直接供 FID 使用,起到了很好的替代作用。该电解池体积小,功率低,耗水量小,是一种经济可靠的 FID 气源。EFID 保持了原有 FID 的性能特征,灵敏度相当,检测限更优。

五、其他类型检测器简介

(一)电子捕获检测器(ECD)

ECD 是一种高灵敏度、高选择性的放射性检测器。ECD 只对电负性物质有响应。它的工作原理是当只有载气进入 ECD 时,被放射源轰击下电离,产生电子,形成基流。当有样品组分进入 ECD 时,其中的电负性物质俘获 ECD 内的电子,造成基流下降,产生响应信号。其大小与进入池中的组分量成正比。

ECD 池由电离源、阴极、阳极组成。ECD 属于浓度型检测器,其灵敏度较高,检测限很低,但线性范围比较窄。ECD 具有高选择性,对电负性物质如卤素、硫、磷、氧等响应强烈,且响应值随电负性增大而增大。对中性物质如烃类则不响应。ECD 对温度比较敏感,应注意控制检测器温度。

ECD 因为有放射源,使用过程中要防止污染。特别是防辐射,不能随意拆卸放射源。同时对放射源要定期进行检测。

(二)火焰光度检测器(FPD)

FPD 又称硫磷检测器,它对硫、磷具有高灵敏性和高选择性。它由氢火焰和光度计两部分组成。硫、磷在富氢火焰中具有特征光谱,根据吸光度可以确定硫磷的含量。但 FPD 对磷的响应是线性的,而对硫的响应是非线性的。且硫的存在还会影响到磷的测定。

氢气和氧气的比例影响硫磷测定。因为需要富氢火焰,所以一般氢气量要更大一些。温度上,硫的响应值随检测器温度升高而减小,磷的响应值基本上不随检测器温度改变而改变。

FPD 使用中要注意对光电倍增管的保护和调节。在安全上,要防止氢气泄漏和烫伤。

(三)氮磷检测器(NPD)

NPD 是碱盐离子化检测器之一。它是由 FID 发展而来,其结构是在喷嘴和收集极之间加入一个涂有硅酸铷的玻璃珠做的离子源。它采用的氢火焰是“冷氢焰”,而不是“热氢焰”。用铷珠进行加热。

NPD 具有灵敏度高,专一性强的特点。它适合测定含磷和含氮的化合物。目前主要用于食品、药物、农药残留以及亚硝胺类的分析。

NPD 的使用中要注意对电离源的保护。同时要注意氢气的使用安全。要减少柱流失对检测器的污染。喷嘴和电极要定期清洗。

NPD 是质量型检测器，破坏样品。

以下是几种常见检测器的性能比较，见表 5 – 8。

表 5 – 8 常用检测器的主要性能

检测器	响应特征	噪声水平 A	基流 A	敏感度 g/s	线性范围	响应时间 s	最小检测量，g
TCD	浓度型	0.005 ~ 0.01mV	无	1×10^{-10} ~ 1×10^{-6}g/mL	1×10^{4} ~ 1×10^{5}	<1	1×10^{-8} ~ 1×10^{-4}
FID	质量型	$(1\sim5)\times10^{-14}$	1×10^{-12} ~ 1×10^{-11}	$<2\times10^{-12}$	1×10^{6} ~ 1×10^{7}	<0.1	$<5\times10^{-13}$
ECD	一般为浓度型	1×10^{-12} ~ 1×10^{-11}	^{3}H：$>1\times10^{-8}$ ^{63}Ni：$>1\times10^{-9}$	1×10^{-14}g/mL	1×10^{2} ~ 1×10^{5}（与操作方式有关）	<1	1×10^{-14}
FPD	测磷为质量型，测硫与浓度平方成正比	1×10^{-10} ~ 1×10^{-9}（与光电倍增管有关）	1×10^{-9} ~ 1×10^{-8}（与光电倍增管有关）	磷：$\leq1\times10^{-12}$ 硫：$\leq5\times10^{-11}$	磷：$>10^{3}$ 硫：5×10^{2}（在双对数坐标值上）	<0.1	$<1\times10^{-10}$
TID	质量型	$\leq5\times10^{-14}$	$<2\times10^{-11}$	氮：$<1\times10^{-13}$ 磷：$<1\times10^{-14}$	1×10^{4} ~ 1×10^{5}	<1	$<1\times10^{-13}$
PID	浓度型	$(1\sim5)\times10^{-14}$	$<1\times10^{-10}$	1×10^{-13}	1×10^{7} ~ 1×10^{8}	<0.1	$<1\times10^{-11}$

第五节 气相色谱数据处理

一、色谱定性分析

色谱定性分析就是要确定色谱图中每个色谱峰代表什么组分。色谱定性分析方法有以下几种。

（一）利用保留值及其规律定性

1. 保留值对照法

保留值包括保留时间、保留体积、相对保留值、保留指数等。

（1）保留时间：该方法比较简单，通过比较未知物和标志物的保留时间来定性，相同，则为同一物质；不同，则不是。但保留时间受其他因素影响大，柱长、载气流速、柱温等都会影响保留时间的测得，因此一般不直接用保留时间定性。

（2）保留体积：用保留体积定性，不受载气流速影响，操作也很方便。

（3）相对保留值：相对保留值是比较可靠的参数，只受柱温、固定相性质影响。柱长、柱径、填充情况、载气流速等不影响相对保留值。

(4)保留指数:保留指数是以正构烷烃为参比标准,把组分的保留行为用两个紧靠近它的标准物(正构烷烃)标定。保留指数相对其他保留值有很多优点,而且现在有很多文献中关于保留指数的数据可供使用。

2. 峰高增值法

如果样品组成复杂,峰间距小,确定出保留值有困难,峰高增加法是此条件下最可靠的定性方法。具体操作为:先进样品,得到谱图。然后在样品中加入一定量的标志物质,在同样条件下,注入加标样的样品,从新谱图看哪个峰增高了,该峰就是加入的标志物组分。

3. 利用双柱定性

如果不同组分在同一色谱柱上有相同的保留值,那么可采用双柱法定性。该法对同系物的定性更有利。具体操作为:选择两个极性差别大的柱子,如果未知物与纯物质在两个柱子上分别获得的谱图一致,那么可以证明未知物与纯物质相同。

4. 利用保留值的规律定性

1)碳数规律

在一定温度下,同系物的保留值变化遵守如下规律:

$$\lg t'_r = an + b \quad (5-7)$$

式中 n——碳数;

a——直线斜率;

b——截距。

根据碳数规律,可以在已知同系物中几个组分保留值情况下,推出同系物中其他组分的保留值,与所得色谱图对照定性。

2)沸点规律

同族具有相同碳数的同分异构体存在如下关系:

$$\lg V_g = a_1 T_b + b_1 \quad (5-8)$$

式中 T_b——沸点;

a_1——直线斜率;

b_1——截距。

与碳数规律相同,如果能测定同族中几个组分的保留值,就可利用上式或作图法求其他组分的保留值,从而对未知物定性。

(二)利用与其他仪器联合定性

气相色谱法具有很好分离效能,但它不能直接对组分进行定性。而有些仪器,比如质谱仪、红外光谱仪、核磁共振等,特别适用于单一组分定性。因此将色谱仪与其他仪器联用,可以发挥它们各自的优势,进行复杂混合物的分析。

常用的有色谱—质谱联用,这是目前分析复杂未知物最有效的工具之一。色谱—红外联用,常用于对官能团进行定性分析。

(三)利用化学反应及物理吸附定性

色谱法只能给出保留值作为定性的依据,在物质定性时并不充分。将化学方法与物理方法与色谱法相结合，可以更好地确定化合物的组成和性质。

1. 利用柱前反应配合气相色谱法定性

在样品进入色谱柱之前，加入特征试剂，使其中的某些组分与特征试剂反应，生成新的衍生物，于是在色谱图上使该化合物峰的位置发生变化，比如消失、拖后或提前，从而判断这类化合物的存在。

2. 柱上选择性消除技术

1) 柱上扣除技术

在分析柱前，加一个预柱，在该柱子中装特殊试剂，使某些组分在预柱内发生不可逆吸附，从而在进入分析柱之前除去。

2) 注射器中扣除技术

让样品蒸汽进入注射器中与试剂在注射器内反应，再分别将反应前后的样品进入色谱柱，根据此谱图变化进行定性。该方法最适用于检测羰基化合物，区分醛类和酮类化合物，检测不饱和化合物等，又称“针管反应”。

3) 柱后流出物化学反应定性

收集色谱柱后流出物，通过加入特征试剂与其反应，可对未知物定性。这种方法需要收集柱后馏分，可通过加大进样量或使用制备柱，检测器也应选择非破坏性检测器，保证馏分不被破坏。

(四) 利用检测器的选择性定性

不同检测器对不同物质有不同的响应，灵敏度也不同。比如氢火焰检测器对无机气体不响应，电子捕获检测器只对电负性物质起反应。还有一些专属检测器，比如火焰光度检测器只对硫、磷敏感。因此，可将不同检测器进行并联，对照两张谱图，可以进行定性分析。

二、色谱定量分析

色谱法的定性能力并不强，其最重要的作用是对样品进行定量。色谱法定量的依据为：组分的量或在载气中的浓度与检测器中的响应信号成正比。响应信号包括峰面积或峰高，关系式为：

$$m_i = g_i \times A_i \tag{5-9}$$

式中 m_i——组分含量；

g_i——校正因子；

A_i——峰面积。

由于峰面积受操作条件影响较小，因此一般都采用峰面积进行定量分析。

(一) 定量校正因子

定量校正因子是定量计算公式中的比例常数，表示单位峰面积所代表的被测组分的量。

相同含量的不同组分由于各种性质的差别，导致在同一检测器上产生的响应信号也会不同，因此不能将两种不同的物质直接进行峰面积对比。所以，引入定量校正因子，使校正后的峰面积可定量地代表物质的含量。

定量校正因子分为绝对校正因子和相对校正因子。

1. 绝对校正因子

$$g_i = \frac{m_i}{A_i} \quad (5-10)$$

绝对校正因子与检测器类别、待测组分的性质、操作条件、载气性质有关。

根据组分含量表示单位不同,绝对校正因子可分为绝对质量校正因子和绝对摩尔校正因子,关系式为:

$$g_{Wi} = \frac{W_i}{A_i} \quad (5-11)$$

$$g_{Ni} = \frac{N_i}{A_i} \quad (5-12)$$

式中 W_i——质量;

N_i——物质的量。

2. 相对校正因子

相对校正因子 G_i 就是将某一化合物的绝对校正因子 g_i 与另一种标准物的绝对校正因子 g_i 相比,表示式为:

$$G_i = \frac{g_i}{g_s} = \frac{m_i/A_i}{m_s/A_s} \quad (5-13)$$

式中 m_s——标准物质的组分含量;

A_s——标准物质的峰面积。

G_i 的含义为:当 $A_i = A_s$ 时,待测物与标准物的含量之比。

相对校正因子 G_i 和检测器性能、待测组分的性质、标准物的性质、载气性质有关,而与操作条件无关。因此可认为 G_i 基本上是个通用常数。

相对校正因子也分为相对质量校正因子和相对摩尔校正因子。

相对质量校正因子 $$G_{Wi} = \frac{g_{Wi}}{g_{Ws}} = \frac{m_{Wi}/A_{Wi}}{m_{Ws}/A_{Ws}} \quad (5-14)$$

相对摩尔校正因子 $$G_{Ni} = \frac{f_{Ni}}{f_{Ns}} = \frac{N_i/A_i}{N_s/A_s} \quad (5-15)$$

两者关系为 $$G_{Ni} = G_{Wi} \cdot \frac{M_s}{M_i} \quad (5-16)$$

相对校正因子由于测定条件不同,会有很大的差异,因此相对校正因子不宜引用,应自己测定。

3. 定量校正因子与检测器相对响应值的关系

检测器相对响应值是检测器对某组分的绝对响应值与对标准物的绝对响应值之比。

$$S'_i = \frac{S_i}{S_s} = \frac{A_i/A_s}{m_i/m_s} = \frac{1}{G_i} \tag{5-17}$$

由上式可知,检测器的相对响应值 S'_i 与相对校正因子互为倒数。

(二)常用定量方法

1. 归一化法

归一化法的前提条件:样品中每个组分都出峰,将所有出峰组分的含量之和按100%计,计算式为:

$$w_i = \frac{W_i}{W} \times 100\% = \frac{W_i}{\sum W_i} \times 100\% = \frac{A_i G_i}{\sum A_i G_i} \times 100\% \tag{5-18}$$

式中 W_i——组分 i 的含量。

若样品组分中每个组分的校正因子相等,可将公式简化为:

$$w_i = \frac{A_i}{\sum A_i} \times 100\% \tag{5-19}$$

归一化法定量的优点是操作简便、准确,进样量的多少与结果无关,仪器与操作条件对结果影响小。缺点是对组分出峰要求严格,必须保证每个组分都出峰。对于有不出峰、出峰缓慢、分离不好影响峰面积测定的情况,都不能使用该方法。因此该方法受到一定程度的限制。

2. 内标法

内标法又称已知浓度试样对照法,主要用于混合物不能全部流出色谱柱,或检测器不能对所有组分都产生响应,或只要求对试样中某几个出现色谱峰的组分进行定量分析时,可采用内标法。内标法是把一定量的纯物质作为内标物,加入到已知质量的样品中,然后进行色谱分析,测定内标物和样品中几个组分的峰面积。

计算公式为:

$$\begin{aligned} w_i &= \frac{W_i}{W} \times 100\% = \frac{W_i}{W_s} \cdot \frac{W_s}{W} \times 100\% = \frac{A_i g_{W_i}}{A_s g_{W_s}} \cdot \frac{W_s}{W} \times 100\% \\ &= \frac{A_i}{A_s} \times G_{Wi/s} \times \frac{W_s}{W} \times 100\% \end{aligned} \tag{5-20}$$

式中 W_i、W_s——内标物和样品的质量;

A_i、A_s——待测组分和内标物的峰面积;

$G_{Wi/s}$——待测组分对于内标物的相对质量校正因子。

对内标物要求不能与样品或固定相发生反应;能与样品互溶;能与样品组分很好的分离,并比较接近;加入内标的量要与被测物组分含量接近;称量要准确。

内标法定量比较准确,且少了归一化法的限制。缺点在于:需要准确称量内标物和样品;样品中多一个内标物,对分离要求更高。

3. 外标法

外标法又称校正曲线法。选择样品中一个组分作为外标物,用外标物配成浓度与样品相当的外标混合物,进行色谱分析,求出单位峰面积对应的外标物的质量百分数。然后在相同条件下对样品进行色谱分析,由样品中待测物的峰面积和待测组分对外标物的相对校正因子,就可求出待测组分的含量。计算公式如下:

$$w_i = W_i \times \frac{w_s}{W_s} = A_i g_{Wi} \times \frac{w_s}{A_s g_{Ws}} = A_i \times G_{Wi/s} \times K \qquad (5-21)$$

$$K = \frac{w_s}{A_s}$$

式中 w_s——外标物的质量分数,%;

w_i——待测组分的质量分数,%;

A_i——待测组分的峰面积;

$G_{W_{i/s}}$——待测组分对于外标物的相对质量校正因子;

K——与外标物单位峰面积对应的外标物的质量分数,%。

外标法优点是操作简单,计算方便。缺点是仪器和操作条件对分析结果影响很大。

第六节　气相色谱常见的故障诊断及排除

气相色谱分析是借助于气相色谱仪来实现,所以色谱分析谱图出现的不正常既反映人为的原因,即分析人员的错误操作,也反应仪器方面的原因,即仪器的硬件故障及对色谱仪的使用、维护保养不到位而造成的仪器故障。先进的气相色谱仪都有不同的故障自我诊断功能,能诊断出仪器故障的原因,但更多需要分析人员去判断。

一、气相色谱仪故障的检查

通常气相色谱仪故障的检查,采用排除法。现从气相色谱仪的六个单元入手,详细介绍常见故障的检查方法。

1. 气路

气路的检查在故障的排除中往往十分有效,主要检查:

(1)气源是否充足(一般要求钢瓶压力必须不小于2MPa,以防瓶底残留物对气路的污染);

(2)气路是否有泄漏(采用分段憋压试漏或用皂液试漏);

(3)净化器是否失效(观察净化剂的颜色及色谱基流稳定情况);

(4)阀件是否失效或堵塞(观察压力表及阀出口流量);

(5)气化室内衬管是否有样品残留物及隔垫和密封圈的颗粒物(观察色谱基流稳定情况);

(6)喷嘴是否堵塞(观察点火是否正常);

(7)对敏感化合物的分析,汽化室的衬管和石英玻璃毛必须经过失活处理。

2. 色谱柱系统

色谱柱是分析的心脏部分,往往色谱图上的许多问题都与色谱柱系统密切相关,为此必须按以下步骤检查系统:

(1)色谱柱的连接是否正确;

(2)色谱柱的柱容量与进样量是否匹配;

(3)色谱柱固定液是否流失;

(4)分流比选择是否正确。

如何正确操作在以上其他各节中都已说明。

3. 各系统的加热控制

各系统加热控制的检查更多属于仪器上的问题,检查各系统的加热控制是否正常,有问题先看加热元件和测温元件是否正常,然后检查温控板。常见故障为加热元件和测温元件出问题,可以更换相应元件;检查温控板是否有问题,可以采用更换温控板后重新测试的办法。

4. 放大器

正常情况为放大器输出与采集系统已经连接好,检查放大器时可先将放大器输入端与检测器断开,此时开放大器,采集系统反映出来是基线跳到一个新水平,此时基线应平稳为一直线,且基流高低与放大器衰减和增益都成正比,极性倒向时基线有很大跳跃,调零功能也应正常反映到基流上,否则放大系统就有问题需检修。若基线抖动噪声大,可能是放大器受潮,输入极绝缘性能下降所致,可以将放大器的绝缘盒打开,用红外灯烘烤,或将放大器放入干燥器中1~2天。

5. 检测器

将色谱柱、检测器、放大器与采集系统都连接好,通载气并启动检测器(FID升温后点火,TCD加工作电流),则采集系统反映出来的是基流跳到一个新的水平。改变工作电流或氢气流量基流都会明显改变,这说明检测器信号已经到达采集系统,在汽化室和柱温维持常温条件下,基流若平稳,则说明检测器没问题,若基线不满足要求,可能是检测器污染或检测器有问题,必须加以排除。在汽化室和柱箱升温条件下,若基线不满足要求,可能是汽化室内衬管或硅胶垫污染,也可能是色谱柱未老化好或色谱柱污染,必须逐一进行排除。

气相色谱仪中的不同检测器机理各不相同,为了保证检测器的正常运行,在使用时提出不同的注意事项。

6. 采集系统

数据采集与处理系统目前多用计算机或微处理机,无论是工作站,微处理机还是记录器,可将其输入端短路,基线一定回零,而且平稳走直线,松开后基线跳到一个新水平,用手触输入端,基线明显跳跃,则为正常,如果无此现象,就是采集系统出现问题,必须找相关维修人员解决。

二、常见故障原因分析及排除方法

一般检查故障的步骤是根据色谱图上的故障现象，找出可能导致这种故障的所有原因，再从其中找出主要原因，然后逐一检验。通过检验确认了引起故障的原因之后，就应当针对这种原因采取适当的措施来排除故障，使仪器恢复正常运转。

色谱图及色谱仪的常见故障原因分析及排除方法见表5－9至表5－38。

表5－9　基线噪声

可能的原因	排除方法
导线接触不良	检查电路各接头处，并紧固，必要时更换
接地不良	检查记录仪或积分仪的接头并紧固
记录仪工作不正常	先将记录仪输入短路，若无改善，调整记录仪灵敏度旋钮
色谱柱污染或过量流失	加大载气流速，将异物吹走，必要时卸下柱后管道，对检测器进行清洗，排除异物，必要时更换色谱柱
用氢气发生器作载气源时，管道上积蓄了水	卸下管道清除其中的水，或增加载气净化器
气体污染	净化气源
FID 喷嘴污染	清洗检测器
玻璃衬管污染	拆卸、清洗、重新安装或更换一只新的衬管
气体流量不稳或配比不合适	重新调整流量及配比
气体流速过高	降低载气或空气、氢气流速
电源不稳或桥流过大	排除电源故障并调小桥电流

表5－10　基线抖动

可能的原因	排除方法
TCD 电桥的电流过高	减少电流量
FID 的燃烧气量过大	减少燃烧气量
放大器或记录仪灵敏度过高	适当降低放大器或记录仪灵敏度
载气不纯	更换净化器

表5－11　基线不能调零

可能的原因	排除方法
TCD 电桥的桥臂不平衡	更换 TCD 的加热丝
基流太大	排除造成基流太大的原因(如气体不纯、固定液流失、燃烧气量过大)
放大器或检测器有故障	检查放大器或检测器的参数和元件是否正常，修改参数或更换元件
FID 内积有冷凝水或被污染	升高检测器温度，把水赶出或清洗检测器
信号线短路	排除短路
固定液流失过大	降低柱温或更换色谱柱
气体不纯	更换不纯气体或加气体净化装置

表 5-12 前伸峰

可能的原因	排除方法
柱超载,进样量过大	换用大直径色谱柱或减少进样量
汽化温度低,样品在柱中凝聚	适当提高进样器、色谱柱及检测器温度
进样技术差	改进进样技术
色谱柱效差	更换色谱柱
测试样品分解	调低进样器温度,排除分解的原因
两个峰同时出现	改变操作条件(如降低柱温等)使两个峰分开或更换合适的色谱柱
载气流速太低	适当提高载气流速,必要时引入尾吹气,以减少试样停留时间
进样口不干净	清洗进样器

表 5-13 进样后不出峰

可能的原因	排除方法
检测器或记录器没有工作或输出衰减过大	检查检测器是否有信号输出,记录器或信号线是否正常,调节衰减至更灵敏的档位
色谱柱断裂堵塞、系统漏气	重新连接或更换柱子、更换隔垫堵漏、检查并排除各接头漏点
注射器针头堵或六通阀堵	更换注射器或用乙醇清洗六通阀阀芯
汽化室堵塞或吸附	清理汽化室,净化汽化室插管
汽化室温度太低,样品没气化	升高汽化室温度
柱温太低,样品冷凝在柱中	调整柱温至合适温度
FID 检测器熄火	检查火焰并重新点火
没有柱流量	检查、设置
进样口与柱连接处有泄漏	排除泄漏
进样口过滤网堵塞	拆卸、清洗并安装
分流比太大	调整分流出口流速
检测器积水或喷嘴堵	清洗检测器

表 5-14 色谱柱出口无气体或有气体无色谱峰

可能的原因	排除方法
FID 的喷嘴堵塞	清理喷嘴
色谱柱折断	对色谱柱逐段试漏,处理漏气部位
隔热垫漏气	换垫
汽化室被破碎隔热垫堵塞	清理汽化室
载气分流过大	调整分流比

表 5－15 出峰后基线下降

可能的原因	排除方法
进样量过大	减少进样量
燃烧气减少,甚至灭火	查找减少原因,重新调节燃气与助燃气的比例
检测器被污染	清洗检测器
进样垫泄漏	更换进样垫

表 5－16 火焰熄灭或点不着火

可能的原因	排除方法
FID 的喷嘴堵塞	排除堵塞物或更换喷嘴
点火装置有故障	清理点火装置
H_2 和空气的分配比不对	点火时氢气流量应大些,调整合适的流量配比
H_2 或空气出口压力不够	调至正常
H2 或空气的气体输送管线泄漏	查漏,处理至正常
燃气或助燃气进气阀堵塞	清理阀门
色谱柱流速过高	降低色谱柱流速或压力

表 5－17 基线单方面漂移

可能的原因	排除方法
热丝氧化	更换 TCD 池
使用新色谱柱	在较高温度下烘烤色谱柱 24h
检测器污染	检查气体纯度,清除气体杂质,打开注样器到检测器管路,在高温下烘烤 24h
TCD 流量不平衡	检查两个通道的流量,调整平衡
隔垫漏	更换隔垫
检测器温度不稳	增加检测器的稳定时间
气路不良	检查修理检测器气路部分

表 5－18 圆头峰或平头峰

可能的原因	排除方法
进样量过大,采集系统饱和	改变采集系统量程、减少进样量或增加放大器衰减
进样量过大,检测器饱和	减少进样量或增加分流
检测器被污染	清洗检测器

表 5－19　出现反峰

可能的原因	排除方法
FID 的喷嘴堵塞	排除堵塞物或更换喷嘴
记录仪输入线接反，倒相开关位置改变	改正记录仪输入线或倒相开关位置
离子化检测器的输出选择开关位置错误	改正输出开关的位置
载气或燃烧气不纯	更换气体或净化器
使用 TCD 时用氮气作载气，样品部分组分出反峰	改用氢气或氦气作载气

表 5－20　色谱柱、检测器、气化室不升温

可能的原因	排除方法
未通电或加热元件、测温元件烧坏	检查电源，更换加热元件、测温元件
温控元件有故障	更换损坏的元件或更换控温板

表 5－21　拖尾峰

可能的原因	排除方法
进样器衬套或色谱柱吸附活性样品	更换衬套及减活玻璃毛，如果效果不佳，则将色谱柱进气端去掉一段，再重新安装
色谱柱或进样器温度太低	提高进样器及色谱柱温度，进样器温度应比样品最高沸点高 25℃
样品中高沸点物质或隔热垫残渣污染进样器	清洗进样器
色谱柱选用不合适	更换色谱柱
进样技术差	改进进样技术
两个峰同时出现	改变操作条件（如降低柱温等）、减少进样量或更换合适的色谱柱
色谱柱被隔热垫残渣污染	将色谱柱进气端去掉一段，再重新安装
系统死体积太大	改进气路系统，减小死体积或柱后加尾吹气
金属填充柱吸附	改用玻璃填充柱

表 5－22　峰形不平滑

可能的原因	排除方法
放大器或采集系统灵敏度过高	适当降低放大器或采集系统的灵敏度
气流不稳使火焰跳动	调整气体流速
燃气与助燃气比例不当	调整气体流量的比例

表 5-23 保留时间延长,峰面积变小

可能的原因	排除方法
柱温变低	增加柱温
载气流速变慢	调整载气流速
系统漏气	查找漏气部位并进行处理

表 5-24 峰未分开

可能的原因	排除方法
色谱柱温度过高	适当降低柱温
色谱柱长不够	增加柱长
固定液流失严重	更换色谱柱
固定液或载体选择不合适	另外选择固定液装填色谱柱
载气流速太高	适当降低载气流速
进样技术差	改进进样技术

表 5-25 保留值正常,峰面积时大时小

可能的原因	排除方法
注射器有漏气或半堵塞现象	更换注射器
放大器、记录器衰减改变	调节衰减
载气漏	检查所有管路接头,消除泄漏
进样技术差	改进进样技术
载气或燃气流速变化	对 TCD,设法稳定载气流速;对 FID,设法稳定氢气流速
记录仪灵敏度或衰减改变	重新调整记录仪灵敏度或衰减

表 5-26 程序升温时,基线漂移

可能的原因	排除方法
固定相受热流失或未老化好	降低柱温,老化色谱柱
载气流速不平衡	平衡载气流速
色谱柱污染	重新老化或更换色谱柱

表 5-27 在峰后出现负的尖端

可能的原因	排除方法
检测器超负荷	减少进样量
检测器被污染	清洗检测器

表 5-28 在峰前出现负的尖端

可能的原因	排除方法
进样量过大	减少进样量
载气有大量漏气预兆	观察一段时间,确定后排除漏气
检测器被污染	清洗检测器

表 5-29 色谱峰丢失

可能的原因	排除方法
色谱柱吸附了某些组分	重新老化或更换色谱柱
高进样口温度导致样品分解	降低进样口温度
进样量太多导致衬管过载	减少进样量
进样口泄漏导致某些组分丢失	处理泄漏

表 5-30 保留值不重复

可能的原因	排除方法
进样技术差	改进进样技术
漏气,特别有微漏	进样口橡皮垫要经常更换,特别在高温操作下;检查各处接头除漏
载气流速不稳定	增加柱入口处压力
色谱柱温度未稳定	待柱温平衡后再进行分析
色谱柱温控不好	检查柱箱封闭情况
程序升温过程中升温重复性差	每次重新升温时等待足够的时间使起始温度保持一致
程序升温过程中载气流速变化大	采用恒流操作或采用载气流速控制稳定的气相色谱仪
进样量太大	减少进样量或用适当溶剂稀释样品
柱温过高,超过固定液的温度上限或太靠近温度下限	重新调节柱温
色谱柱破损	更换色谱柱
色谱柱填料性能改变	固定液流失、固定液涂渍不好、载体表面有裸露、填料吸附性能改变等,要根据具体情况逐一排查

表 5-31 鬼峰(没有规则的怪峰)

可能的原因	排除方法
隔垫降解	降低进样口温度,更换高温隔垫
色谱柱污染	重新老化或更换色谱柱
汽化室污染	清洗汽化室
样品不稳定	样品先进行处理再分析
载气中含有杂质	净化气源
样品倒灌	降低进样量、进样口温度,用大容量衬管,加大载气流速

表 5-32 溶剂峰拖尾

可能的原因	排除方法
色谱柱在进样口端位置不正确	重新安装色谱柱
载气气路中有密封垫的颗粒	清理载气气路

表 5-33 色谱峰形(峰面积)小

可能的原因	排除方法
分流比过大	调整到合适值
进样口接柱处泄漏	紧固
柱接检测器连接处泄漏	紧固
色谱柱断裂、破损	更换色谱柱
进样口的密封不好	更换“O”形圈
进样量小	增加进样量
进样垫破损严重	更换进样垫

表 5-34 宽峰

可能的原因	排除方法
分流流速太低	增加分流流量
汽化温度低,样品在色谱柱中凝聚	适当提高进样器、色谱柱及检测器温度
进样口吸附	改进进样技术
色谱柱过载	减少进样量,用适当溶剂稀释样品
测试样品分解	调低进样器温度,排除分解的原因
两个峰同时出现	改变操作条件(如降低柱温等)使两个峰分开或更换合适的色谱柱
载气流速太高或太低	校正色谱柱流量
进样技术不佳	快速平稳进样

表 5-35 色谱峰形(峰面积、峰高明显增加)大

可能的原因	排除方法
进样量过大	减小进样量
色谱柱流量过小	调整至合适值

表 5-36 分裂峰

可能的原因	排除方法
密封垫泄漏	更换密封垫
二次进样	提高进样技术

表 5-37 假峰

可能的原因	排除方法
色谱柱吸附样品,随后解吸	更换衬套或从色谱柱进口端去掉 1~2 圈重新安装
注射器污染	冲洗或更换注射器
进样量太大,形成倒灌	减少进样量
进样技术太差(进样太慢)	采用快速平稳的进样技术

表 5 -38 只有溶剂峰

可能的原因	排除方法
注射器有毛病	用新注射器验证
太低的载气流速	检查流速并调整到合适值
样品浓度太低	提高灵敏度或加大进样量
柱箱温度太高	降低柱箱温度到合适值
色谱柱不能从溶剂峰中解吸出组分	将色谱柱更换成较厚涂层或不同极性
载气泄漏	排除泄漏
样品被色谱柱或进样衬管吸附	更换衬套或从色谱柱进口端去掉 1 ~2 圈并重新安装

第七节 气相色谱法的应用实例

一、炼厂气的分析

(一)炼厂气的组成

炼油厂在原油加工过程中会产生大量气体,其主要组成包括氢气、氧气、氮气、甲烷、C_2 ~ C_5 及 C_6 以上重组分,另外还有少量二氧化碳、一氧化碳、硫化氢。在一些特殊加工过程中还会产生少量二烯烃和炔烃,这些气体统称炼厂气。炼厂气作为非常重要和宝贵的石油化工产品的原料,根据其来源的不同分为催化重整气、催化裂化气、焦化气、蒸汽裂解气等。表 5 -39 列出了炼厂气主要组成及其含量范围。

表 5 -39 炼厂气主要组成及其含量范围

组分名称	含量范围,%
氢气	>80
甲烷	>4
乙烷	>3
C_6 以上组分	>3
丙烷	>2
异丁烷	>1
正丁烷	>1
氮	>1
异戊烷	>0.6
正戊烷	>0.4
氧	>0.3
异丁烯	>0.2
丙烯	>0.04
正丁烯	>0.005

(二)炼厂气分析方法适用范围

本方法适用于催化裂化气、液化气、烟道气等各种炼厂气和天然气中 H_2、O_2、N_2、CO、CO_2 和 C_1 ~ C_5 的组成分析。检测范围 0.01% ~100%(体积分数)。

由于炼厂气的组分比较复杂,用单一色谱柱很难分离,因此,现在目前石化行业的主要分析方式是采用多维色谱分析(多柱多阀切换)。

1. 炼厂气分析方法一

1)方法简介

本方法是基于多柱多阀组合技术的多维气相色谱分析方法。它采用四阀五柱(七柱),一次定量进样完成炼厂气的组成分析。即采用两个十通阀、两个六通阀、两个 0.25mL 定量管和两个热导检测器。如果采用七柱测定,其中第六柱和第七柱为参考住。本方法是一种成熟的分析方法,适用于实验室常量炼厂气组成的分析。图 5-8 为柱阀连接示意图。

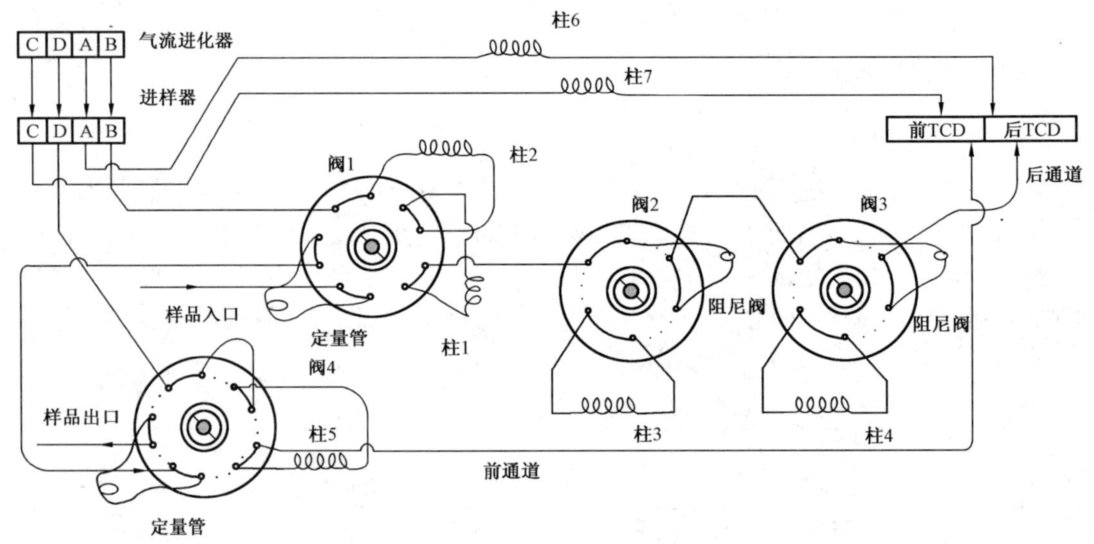

图 5-8 HP5890A 气相色谱仪柱阀连接示意图

2)方法特点

(1)一次进样,通过不同时段的阀切换使样品中不同组分在指定的色谱柱上得到分离,分析过程自动化程度高,全程炼厂气分析时间约为 35min。由于采用柱上反吹技术,使得 $C_5^=$(碳五烯)及以上的组分只能给出近似的含量,且无法进行单体的定性、定量。当这部分混合组分含量高时,由于校正因子的关系可能会引入较大的误差。

(2)此类方法采用热导检测器,由于热导检测器的线性范围不大,因此应用时在保证低浓度组分得以检测的同时应避免高含量组分超线性。另外,系统结构较为复杂也是这类系统的一大特点。

3)典型色谱图

典型色谱图如图 5-9 所示。

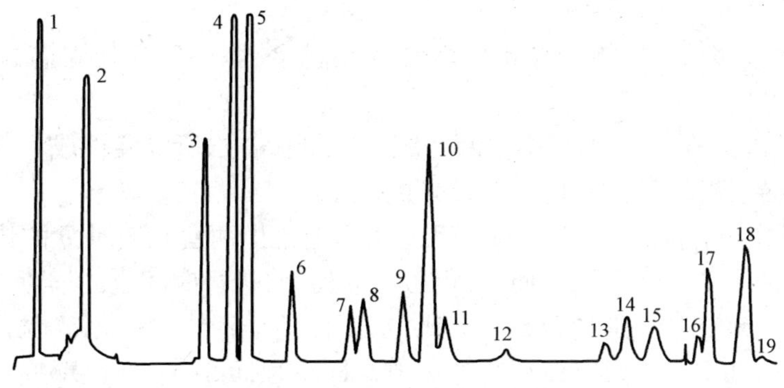

图 5－9 催化裂化气色谱图

1—氢气；2—$C_5^=$ 及以上重烃；3—丙烷；4—丙烯；5—异丁烷；6—正丁烷；
7—正丁烯；8—异丁烯；9—反丁烯；10—异戊烷；11—顺丁烯；12—正戊烷；
13—二氧化碳；14—乙烯；15—乙烷；16—氧气；17—氮气；18—甲烷；19—一氧化碳

2. 炼厂气分析方法二

1）方法简介

本方法是在方法一的基础上，改进和简化的多维气相色谱。这种方法采用一个十通阀、一个六通阀、四个不同的色谱柱、一个热导检测器、一个氢火焰离子化检测器及一个双通道色谱工作站，如图 5－10 所示。该方法由两个独立的进样分析体系构成。体系 1 是由十通阀、Porapak Q 预柱、分子筛分析柱、阻尼阀或阻尼柱和热导检测器（TCD）组成，主要用于永久性气体分析；体系 2 则是由六通阀、毛细管分析柱和氢火焰离子化检测器（FID）组成，可用于烃类气体或其他能用 FID 定量检测的气样分析。本方法的载气为氢气，若以 He 或 Ar 为载气，H_2 的结果也可同时得到。

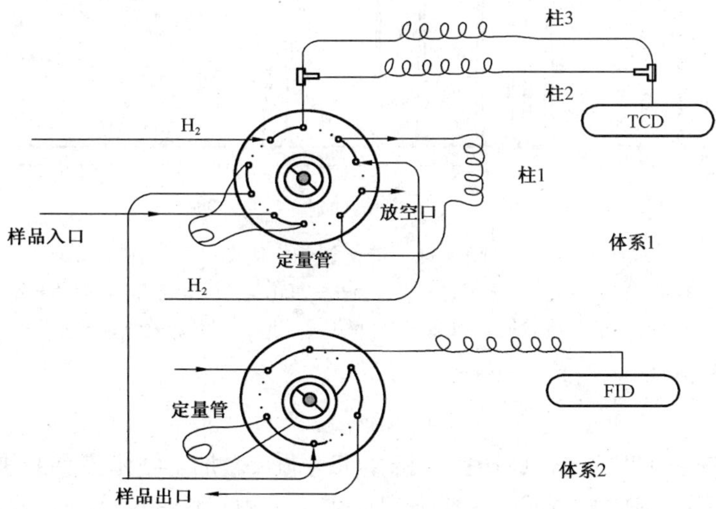

图 5－10 改进型多维气相色谱仪柱阀连接示意图

2)方法特点

本系统是改进型多柱多阀组合技术的多维气相色谱,炼厂气分析周期为20min。与其他方法相比,这一系统有以下特点:

(1)结构简单,成本低。由于只用了两个阀、三根色谱柱,所以硬件成本下降,结构也趋简洁,这给仪器的安装、调试、维护和使用都带来极大便利。

(2)灵活性强,应用范围宽。由于整个系统实际上是由两套相对独立的体系组成,所以应用时灵活性很强,两个体系既可同时使用,也可独立使用;进样时间也同样可以调整,而且还可根据不同的需要变换色谱柱、定量管和分流比,从而使整个系统的应用范围大大增加。例如,当需要分析天然气、油中气等含有较重组分烃类的样品时,可以将氧化铝柱替换为非极性的石英毛细管柱(如OV-1柱);分析丙烯、液化气等样品中的微量含氧化物(二甲醚、甲醇等)时,可换成Lowox柱。

(3)系统稳定、可靠,使用寿命长。由于进入柱内的所有组分,在所选分析条件下均能从各色谱柱中流出,所以理论上说只要载气符合要求,整个系统可长期稳定运行。

(4)色谱分离完全,定量结果可靠。

(5)由于系统正常应用时是以氢气为载气,所以样品中的氢气必须另外测定。

3)典型色谱图

典型色谱图如图5-11所示。

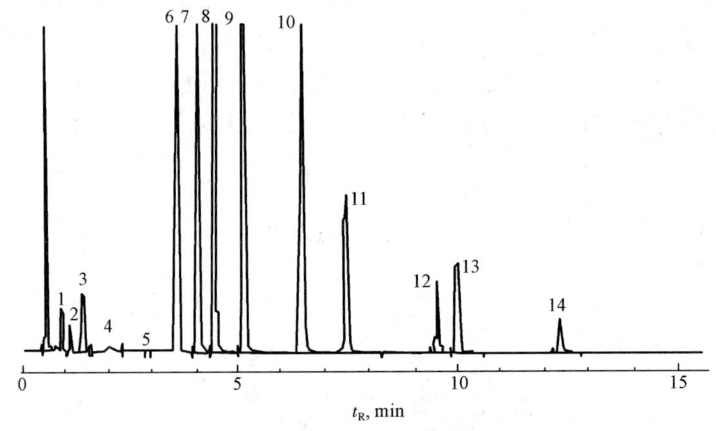

图5-11 催化裂化气谱图

1—二氧化碳;2—氧气;3—氮气;4—甲烷;5——氧化碳;6—甲烷;7—乙烷;8—乙烯;9—丙烷;10—丙烯;11—异丁烷;12—正丁烯;13—异丁烯;14—1,3-丁二烯

3. 炼厂气分析方法三

1)方法简介

本方法是基于细内径毛细管柱快速分析技术与芯片微加工技术发展起来的多通道并行快速分析系统,是炼厂气组成分析的第三个阶段。由于采用了预柱反吹并行检测的设计,其分析周期大大缩短。新的体系无论在提供的信息量、分析速度、可靠性以及应用灵活性等诸方面均有极大的改善,虽然由于成本的原因这一技术目前尚未普遍应用,但随着生产和应用技术的不断进步,这种模式很有可能成为未来炼厂气分析的主要手段。系统连接如图5-12所示。该

仪器由四个独立的分析通道组成，每个通道均有自己的进样系统、预柱反吹、分析柱、参考柱和热导检测器，各通道所配色谱柱的情况见表5－40。其中通道A用于H_2、O_2、N_2、CO、CH_4的测定；通道B用于CO_2、乙烯、乙烷和H_2S等酸性气体的分析；通道C用于C_3～C_5烃的分析；通道D用于C_6以上烃的测定。

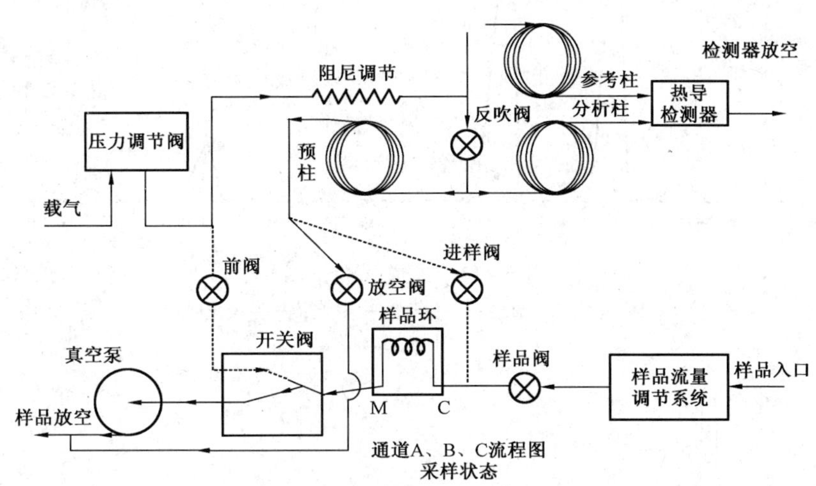

图5－12 Micro GC系统连接示意图

表5－40 各通道参数配置

项目	通道A	通道B	通道C	通道D
分析柱固定相	Molecular Sieve 5A	PoraPLOT U	Ab03	OV－1
预柱固定相	Molecular Sieve 13X	PoraPLOT Q	Ab03	
分析柱尺寸	10m×0.32mm×20μm	8m×0.32mm×10μm	10m×0.32mm×8μm	10m×0.15mm×2μm
预柱尺寸	2m×0.32mm×20μm	1m×0.32mm×10μm	1m×0.32mm×8μm	
检测器	微型热导			

2）方法特点

本方法是基于细内径毛细管柱快速分析技术与芯片微加工技术发展起来的多通道并行快速分析系统。高效、快速是本系统首要的最大的特点，全程炼厂气分析少于160s。系统第二个特点是通道配置灵活性好，四个分析通道既可独立也可同时使用，应用范围广。特点三是因采用高灵敏微型热导池和体积可变的进样方式，使其定量检测范围大大加宽。特点四是其结构紧凑、可靠性好、能耗低、用气量小。另外，当结合专用分析软件以外标和扩展校正归一化法为定量方法时，可以在保持该类仪器快速、灵活特点的同时消除外标定量对进样量的严格要求，这样既免去了对人员操作的诸多要求，又最大限度地节省了标气的使用量。

本系统所具备的高精度、高速度、高灵活性和高科技的特点，使其成为未来仪器发展的趋势，既可在实验室使用，也适用于现场连续检测和野外操作。

3）典型色谱图

典型色谱图如图5－13至图5－16所示。

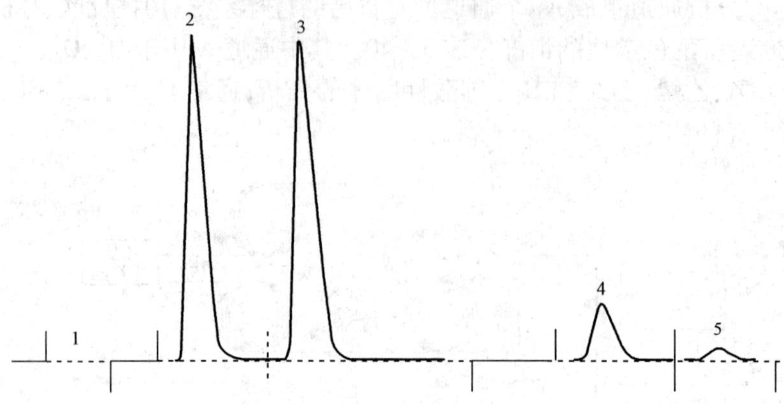

图 5 - 13　通道 A 色谱图

1—氢气;2—氧气;3—氮气;4—甲烷;5—一氧化碳

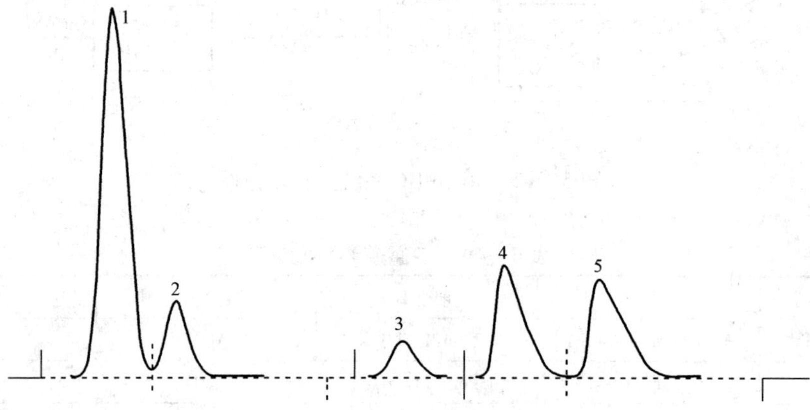

图 5 - 14　通道 B 色谱图

1—空气混峰;2—甲烷;3—二氧化碳;4—乙烯;5—乙烷

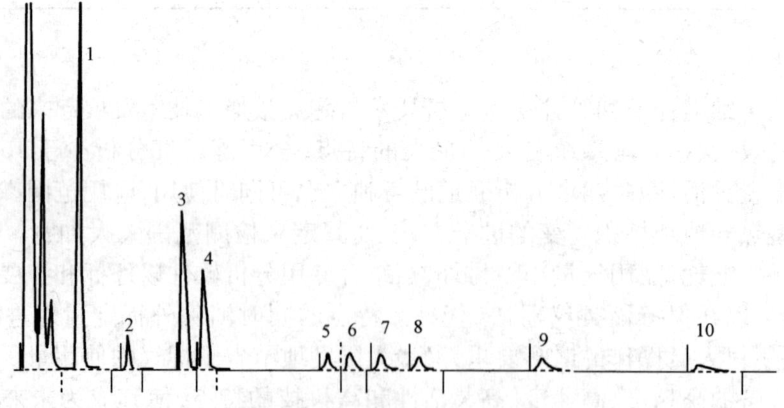

图 5 - 15　通道 C 色谱图

1—丙烷;2—丙烯;3—异丁烷;4—正丁烷;5—反丁烯;6—正丁烯;
7—异丁烯;8—顺丁烯;9—异戊烷;10—1,3 - 丁二烯

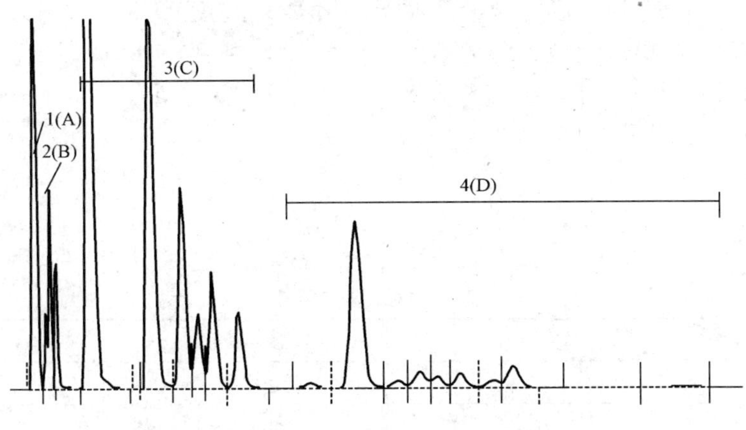

图 5-16 通道 D 色谱图

1—通道 A 馏出混峰;2—通道 B 馏出混峰;3—通道 C 馏出混峰;4—通道 D 馏出混峰

二、石脑油、汽油、重整油 PONA 族组成测定

(一)适用范围

本方法适用于测定 $C_3 \sim C_{12}$ 石脑油、重整原料油、重整生成油、含有烯烃的全馏分汽油等的组成。选用不同的数据库类型和计算模式可以测定单体烃组成和碳数族组成。当样品中芳烃含量大于 97% 时,不适合用本方法测定。

(二)方法概要

将待分析的样品注入气相色谱中,该色谱使用涂有 100% 交联甲基硅酮的高分辨弹性石英毛细管色谱柱,将样品分成烷烃 P、烯烃 O、环烷烃 N、芳烃 A,并以 P、O、N、A 的形式报告。

(三)仪器

(1)色谱柱:Agilent 公司生产的超性能柱,长 50m,内径 0.2mm,液膜厚 0.5μm,固定液为 100% 交联甲基硅酮。Agilent 生产号为 19091S—001。

(2)气相色谱仪:GC2010AF 或能够设定多阶程序升温,带一个氢火焰离子化检测器;一个带分流的毛细管柱进样口。

(3)计算机。

(4)软件:

Windows2000。

Shimadzu GCsolution -2.0 工作站软件。

石油化工科学研究院 PONA 分析软件。

(5)样品注射器,10μL。

(6)高纯度空气调压表,两级调节。

(7)高纯度氢气调压表,两级调节。

(8)高纯度氮气高压表,两级调节。

(四)试剂和材料

(1)高纯度空气,以甲烷计烃类含量不大于 2.0μL/L。

(2)高纯度氢气,以甲烷计烃类含量不大于0.5μL/L,纯度99.99%以上。

(3)高纯度氮气,以甲烷计烃类含量不大于0.5μL/L,纯度99.99%以上。

(4)正戊度烷,分析纯或芳烃样品SN225。

(五)操作步骤

1. 操作条件

操作条件见表5-41。

表5-41 操作条件

参数	数值	参数	数值
线速度,cm/s	11.6	一阶速率,℃/min	2
氢气流速,mL/min	0.31	终止温度,℃	180
空气流速,mL/min	350	保持时间,min	10
载气流速,mL/min	0.31	气化室温度,℃	250
补充氮气流速	30	检测器温度,℃	260
柱温,℃		进样量,μL	0.4~0.6
初始温度,℃	35	分流比	100:1
保持时间,min	15	柱前压,kPa	87.5

注:根据实际需要,可适当调整分析参数,以达到合适的分辨率。

2. 组分定性

烃类化合物在OV-01(100%交联甲基硅酮)色谱柱上按沸点顺序分离,沸点越低,出峰时间越早。根据色谱峰的保留时间,可以计算出相应的保留指数,与标准库中的保留指数相比较,即可对组分定性。

对于恒温过程,组分的保留指数可采用式(5-22)计算。

$$Iiso = 100N + 100 \times \frac{\lg t'_{R(A)} - \lg t'_{R(N)}}{\lg t'_{R(N+1)} - \lg t'_{R(N)}} \quad (5-22)$$

式中 $Iiso$——化合物A的保留指数;

$t'_{R(N)}$和$t'_{R(N+1)}$——碳数为N和$N+1$的正构烷烃的调整保留时间。

化合物A的调整保留时间$t'_{R(A)}$刚好介于$t'_{R(N)}$和$t'_{R(N+1)}$之间。

调整保留时间可由式(5-23)计算:

$$t'_{R(A)} = t_{R(A)} - t_0 \quad (5-23)$$

式中,$t_{R(A)}$为组分的保留时间,t_0为测定的死时间,即不被保留的组分通过色谱系统的保留时间。

对于恒温过程,色谱的保留指数仅与色谱固定相的类型和温度有关,为一常数,而与色谱柱的尺寸及流量无关。因此组分恒温过程的保留指数可以作为组分的定性依据。

对程序升温过程来说,组分保留指数与组分的保留温度成正比,对于线性和程序升温过程来说,组分的保留温度与保留时间成正比,因此,线性程序升温过程的保留指数可由式(5-24)表示:

$$Iprog = 100N + 100 \times \frac{t_{R(A)} - t_{R(N)}}{t_{R(N+1)} - t_{R(N)}} \qquad (5-24)$$

程序升温过程的保留指数与色谱固定相类型、色谱柱初温、升温速率、载气流速、色谱柱尺寸等因素有关,因此,采用程序升温过程的保留指数对组分进行定性时,为保证定性的准确性,采用的色谱条件必须与建立定性数据库时完全一致。

在实际的测定过程中,为获得组分的最佳分离,往往采用多阶程序升温过程。对于多阶程升过程,仍可近似采用式(5-24)计算组分的保留指数,在此种情况下,应严格保证测定条件的稳定性。

3. 组分定量

组分的定量一般采用归一化法计算,组分含量由式(5-25)计算。

$$\omega_i = \frac{A_i \cdot B_i}{\sum (A_i \cdot B_i)} \times 100\% \qquad (5-25)$$

式中 ω_i——组分的质量分数,%;

A_i——i 组分峰的面积;

B_i——i 组分的相对质量校正因子。

由于对于烃类组分在火焰离子化检测器上的质量响应因子都接近 1,因此,在简化计算中各组分的含量直接用色谱峰面积百分数来表示,各类型组分的响应因子表 5-42。

表 5-42 烃类组分的响应因子

碳数	烷烃	环烷烃	环烯烃	单烯烃和二烯烃	芳烃
3	0.916	0.916			
4	0.906	0.906			
5	0.899	0.874	0.874	0.899	
6	0.895	0.874	0.874	0.895	0.811
7	0.892	0.874	0.874	0.892	0.820
8	0.890	0.874	0.874	0.890	0.827
9	0.888	0.874	0.874	0.888	0.832
10	0.887	0.874	0.837		

4. 样品分析

采用岛津 2010 气相色谱仪进行汽油组成分析的一般操步骤:

(1)打开仪器,按要求设定仪器操作参数,待仪器稳定后,进样分析。

(2)启动工作站再解析程序,打开样品数据文件,观察数据积分有无错误,包括基线,有无漏峰等,推荐参数如下:

Slpoe:1000;peak width:10;min area:1000。

(3)检查积分无误后,保存积分数据。

(4)进入“再解析”程序中的“批处理”模块,选择“设置”功能,ASCII 文件转换,格式为

“txt”,“自动增加”。可以将文件保存在指定的目录下。

(5)保存并运行批处理文件,将数据进行运算。

(6)启动“PONA”计算软件,对数据进行运算。

选择“方法编辑”模块,选择参数或调入已保存的参数文件,主要包括以下内容:

数据方式:选择所用的工作站数据格式类型。

模式选项:一般选择通用模式。

数据库选择:选择所用的数据库。

定性和定量:选择定性窗口和定量方式:面积归一或校正因子归一。

参考峰修正:一般为禁用状态。

进入“数据计算”模块,对数据进行处理,包括如下基本步骤:

打开数据源文件→选择参考峰→确认参考峰→计算及定性→生成报告→文件保存→报告打印。

(六)精密度

对于方法的重复性和再现性,在标准 ASTM D5134T 和 SH/T 0714 中对选定的单体烃组分有明确的要求,对于一般组分,其重复性可以参照表 5-43 数据。

表 5-43 标准偏差和重复性参照数值

组分含量范围,%	标准偏差	重复性
0.01~0.09	0.01	0.03
0.1~0.99	0.03	0.08
1.00~20	0.11	0.3

图 5-17 软件封面

(七)注意事项

100%交联甲基硅酮的最高使用温度为 210℃,所以使用时柱温不能超过最高使用温度。

(八)PONA 软件具体操作

在软件封面(图 5-17)显示 3s 后,出现主界面(图 5-18),单击主界面的方法编辑标题,程序运行将进入编辑窗口。

点击编辑窗口中的数据格式,屏幕上将出现图 5-19所示的界面,在此界面下,用户可根据数据的工作站来源进行单一选择。

图 5-18 主界面

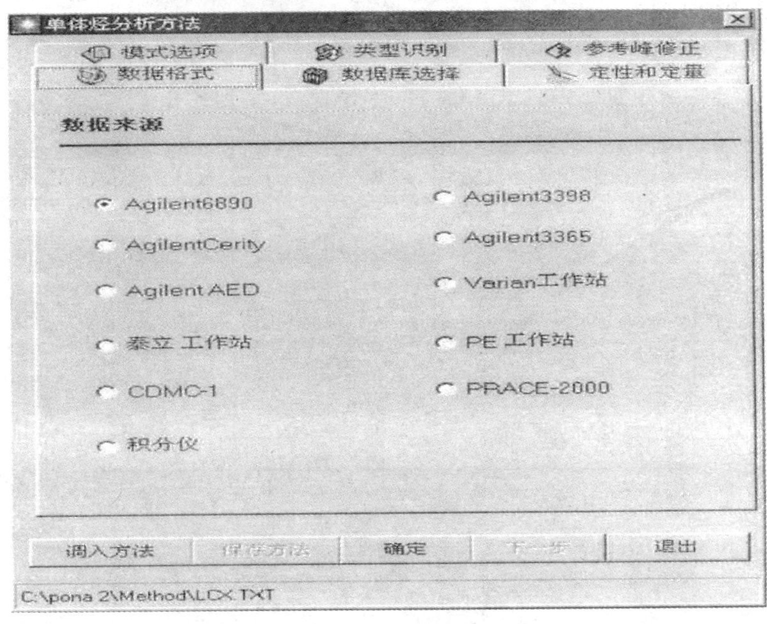

图 5-19　数据格式界面

点击数据库选择,屏幕上将出现图5-20所示界面,在此界面下,用户左表单的全部可选数据库中选择样品分析所需的数据库,可进行单一选择或多项选择。

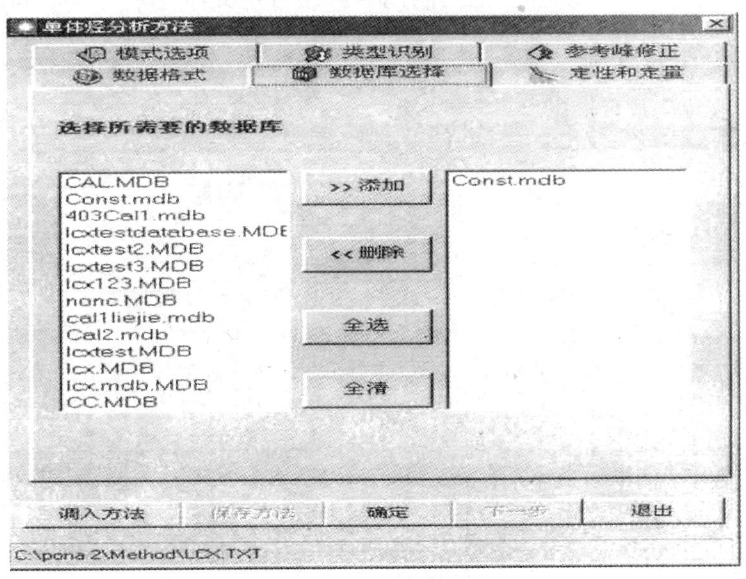

图 5-20　数据库选择

点击定性和定量选项,屏幕将切换为图5-21所示的界面,在定性窗口下,用户可选择自定义命令来修改默认的定性窗口的大小,在定量窗口下,可选择单体烃数据的计算是采用校正归一还是面积归一。

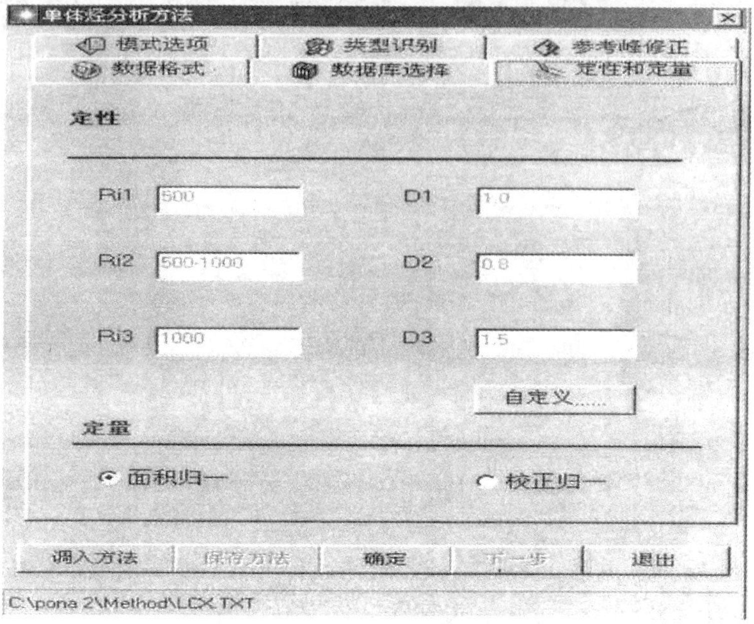

图 5－21　定性和定量

点击[含量修正]选项,屏幕将切换为图 5－22 所示的界面,用户可根据需要选择是否要进行含量修正,若不选,则没有此功能。另外,用户可用自定义命令来重新输入修正系数。

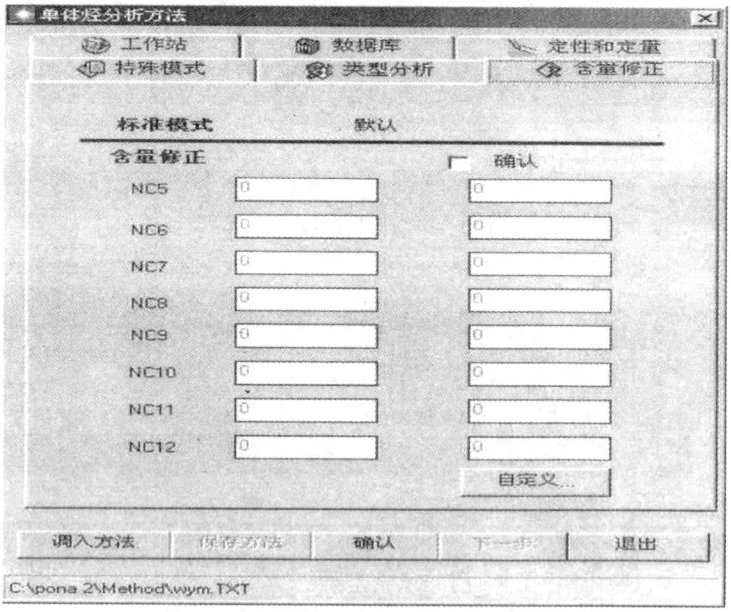

图 5－22　含量修正

[类型分析]选项为禁用命令,选用任一选项。

点击[模式选项],屏幕将切换为图 5－23 所示,用户可根据样品的情况选择一些特殊的计算模式。如无特殊事先说明,均选择通用模式。

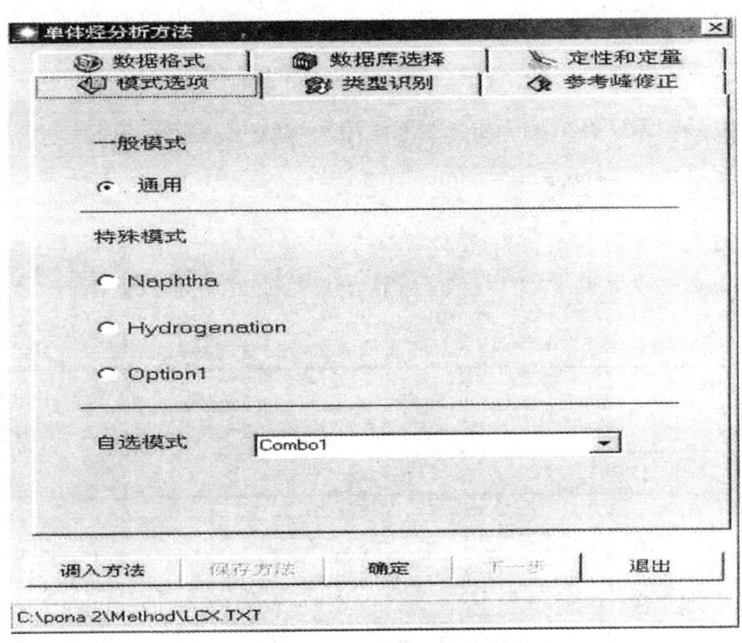

图 5－23 模式选项

[调入方法]命令将打开图 5－24 所示的界面,用户可在固定路径下选择所用方法。

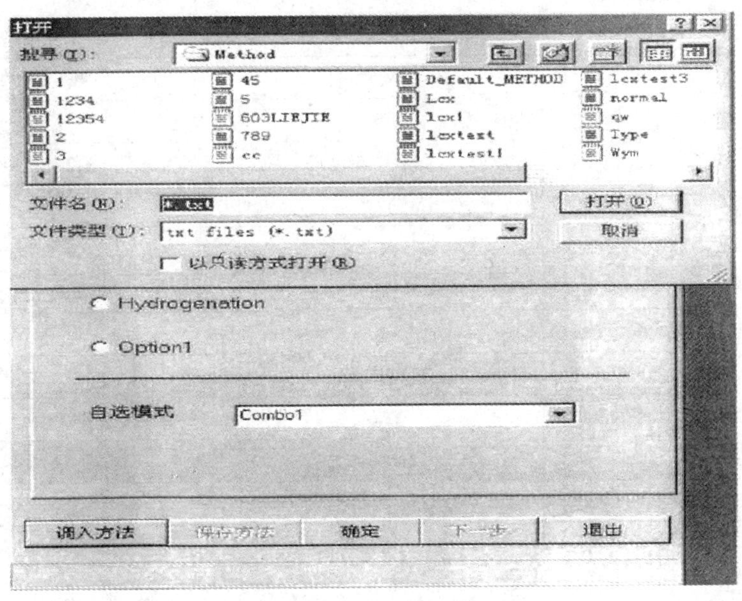

图 5－24 方法调入窗口

保存方法,将保存目前窗口下所有参数到指定路径:C:\PONA 2\Method\Lcx. txt,保存文件名可任意定义。确定,确认目前所有参数的选择,按下确定,再按下一步,将把当前的参数传递给分析计算界面。若没有选择确定,即进入下一步,当前修改的参数不会传递给计算界面。确定后没有保存参数将在下一次主程序进入时保存。下一步选择,将进入数据分析主界面。退出按钮将退回图 5-17 所示界面。

(九)汽油典型 PONA 组成数据

1. NF-1 直馏汽油参考标样单体烃数据

NF-1 直馏汽油参考标样单体烃数据和 PONA 数据见表 5-44 和表 5-45。

表 5-44 NF-1 直馏汽油参考标样单体烃数据

RT,min	Amount,%	RI	Name	Cname
7.702	0.329	300	NC3	丙烷
8.273	0.56	353.919	IC4	异丁烷
8.761	2.667	400	NC4	正丁烷
9.011	0.011	409.058	22DMC3	2,2-二甲基丙烷
10.552	3.263	464.891	IC5	异戊烷
11.521	4.839	500	NC5	正戊烷
13.354	0.096	526.523	22DMC4	2,2-二甲基丁烷
15.302	0.519	554.71	CYC5	环戊烷
15.391	0.412	555.998	23DMC4	2,3-二甲基丁烷
15.698	2.934	560.44	2MC5	2-甲基戊烷
16.872	2.101	577.427	3MC5	3-甲基戊烷
18.432	5.391	600	NC6	正己烷
20.829	0.082	621.199	22DMC5	2,2-二甲基戊烷
21.123	2.204	623.799	MCYC5	甲基环戊烷
21.469	0.232	626.859	24DMC5	2,4-二甲基戊烷
22.082	0.014	632.281	223TMC4	2,2,3-三甲基丁烷
23.677	0.895	646.387	BZ	苯
24.285	0.062	651.764	33DMC5	3,3-二甲基戊烷
24.758	1.575	655.948	CYC6	环己烷
25.73	1.728	664.544	2MC6	2-甲基己烷
25.943	0.73	666.428	23DMC5	2,3-二甲基戊烷
26.304	0.228	669.621	11DMCYC5	1,1-二甲基环戊烷
26.768	2.216	673.724	3MC6	3-甲基己烷
27.552	0.666	680.658	C13DMCYC5	顺1,3-二甲基环戊烷
27.888	0.832	683.63	T13DMCYC5+3EC5	反1,3-二甲基环戊烷+3-乙基戊烷

续表

RT, min	Amount, %	RI	Name	Cname
28. 218	1. 222	686. 548	T12DMCYC5	反1,2-二甲基环戊烷
29. 739	5. 47	700	NC7	正庚烷
32. 254	3. 541	720. 571	MCYC6	甲基环己烷
32. 385	0. 032	721. 642	22DMC6	2,2-二甲基己烷
32. 552	0. 28	723. 008	113TMCYC5	1,1,3-三甲基环戊烷
33. 613	0. 773	731. 687	25DMC6 + ECYC5	2,5-二甲基己烷
33. 873	0. 362	733. 813	24DMC6	2,4-二甲基己烷
34. 644	0. 45	740. 119	CTC124TMCYC5	1,反,2,4-三甲基环戊烷
34. 773	0. 063	741. 175	33DMC6	3,3-二甲基己烷
35. 54	0. 559	747. 448	CTC123TMCYC5	1,反,2,3-三甲基环戊烷
35. 863	0. 098	750. 09	234TMC5	2,3,4-三甲基戊烷
36. 421	2. 816	754. 654	TOL + 233TMC5	甲苯+2,3,3-三甲基戊烷
37. 137	0. 288	760. 51	23DMC6	2,3-二甲基己烷
37. 339	0. 315	762. 163	2M3EC5	2-甲基-3-乙基戊烷
37. 852	2. 184	766. 359	2MC7	2-甲基庚烷
38. 025	0. 608	767. 774	4MC7	4-甲基庚烷
38. 278	0. 147	769. 843	34DMC6 + 3M3EC5	3,4-二甲基己烷
38. 777	1. 424	773. 924	3MC7	3-甲基庚烷
38. 91	0. 212	775. 012	3EC6	3-乙基己烷
39. 159	1. 159	777. 049	C13DMCYC6, CCT123TMCY	顺1,3-二甲基环己烷
39. 38	0. 436	778. 857	T14DMCYC6	反1,4-二甲基环己烷
40. 083	0. 189	784. 607	225TMC6	2,2,5-三甲基己烷
40. 397	0. 247	787. 175	T1E3MCYC5	反1-乙基-3-甲基环戊烷
40. 66	0. 22	789. 326	C1E3MCYC5	顺1-乙基-3-甲基环戊烷
40. 823	0. 499	790. 659	T1M2ECYC5	反1-乙基-2-乙基环戊烷
40. 975	0. 04	791. 903	224TMC6	2,2,4-三甲基己烷
41. 128	0. 04	793. 154	1E1MCYC5	1-乙基-1-甲基环戊烷
41. 51	0. 58	796. 278	T12DMCYC6	反1,2-二甲基环己烷
41. 965	4. 78	800	NC8	正辛烷
42. 158	0. 174	801. 704	CCC123TMCYC5	1,2,3-三甲基环戊烷
42. 352	0. 267	803. 418	T13DMCYC6, C14DMCYC6	反1,3-二甲基环己烷
43. 149	0. 101	810. 457	IC3CYC5	异丙基环戊烷
43. 573	0. 007	814. 201	C8N(1)	碳八环烷(1)
43. 865	0. 093	816. 78	235TMC6	2,3,5-三甲基己烷
44. 231	0. 056	820. 012	C8N(2)	碳八环烷烃(2)

续表

RT,min	Amount,%	RI	Name	Cname
44.324	0.068	820.834	C1M2ECYC5	顺1-甲基-2-乙基环戊烷
44.693	0.243	824.093	24DMC7	2,4-二甲基庚烷
45.12	0.184	827.864	C12DMCYC6	顺1,2-二甲基环己烷
45.444	1.096	830.725	26DMC7	2,6-二甲基庚烷
45.697	1.017	832.959	ECYC6	乙基环己烷
45.975	0.041	835.415	C9N(1)	碳九环烷烃(1)
46.316	1.629	838.426	113TMCYC6	1,1,3-三甲基环己烷
46.494	0.035	839.998	35DMC7	3,5-二甲基庚烷
46.602	0.087	840.952	114TMCYC6	1,1,4-三甲基环己烷
46.743	0.094	842.197	C9N(2)	碳九环烷烃(2)
46.88	0.096	843.407	C9N(3)	碳九环烷烃(3)
47.042	0.135	844.838	C9N(4)	碳九环烷烃(4)
47.677	1.273	850.446	EBZ	乙苯
48.032	0.315	853.581	C9N(5)	碳九环烷烃(5)
48.391	0.067	856.752	C9N(6)	碳九环烷烃(6)
48.65	2.493	859.039	MXYL	间二甲苯
48.763	0.714	860.037	PXYL	对二甲苯
49.045	0.083	862.528	4EC7	4-乙基庚烷
49.365	0.661	865.354	4MC8	4-甲基辛烷
49.464	1.015	866.228	2MC8	2-甲基辛烷
50.241	1.289	873.09	3MC8	3-甲基辛烷
50.655	0.178	876.746	C9N(8)	碳九环烷烃(8)
50.789	0.096	877.93	124TMCYC6	1,2,4-三甲基环己烷
51.219	1.022	881.727	OXYL	邻二甲苯
51.459	0.168	883.847	112TMCYC6	1,1,2-三甲基环己烷
51.742	0.386	886.346	C9N(10)	碳九环烷烃(10)
51.974	0.531	888.395	C9N(11)	碳九环烷烃(11)
52.239	0.233	890.736	C9N(12)	碳九环烷烃(12)
52.479	0.112	892.855	C9N(13)	碳九环烷烃(13)
52.568	0.115	893.641	C9N(14)	碳九环烷烃(14)
53.288	4.062	900	NC9	正壬烷
53.609	0.134	903.145	123TMCYC6	1,2,3-三甲基环己烷
53.756	0.037	904.586	C9N(15)	碳九环烷烃(15)
53.931	0.016	906.3	C9N(16)	碳九环烷烃(16)
54.103	0.343	907.985	C9N(17)	碳九环烷烃(17)

续表

RT, min	Amount, %	RI	Name	Cname
54.455	0.09	911.434	(C,T)1E4MCYC6	1-乙基-4-甲基环己烷
54.758	0.224	914.403	IC3BZ	异丙基苯
55.005	0.026	916.823	C9N(18)	碳九环烷烃(18)
55.146	0.075	918.204	C9N(19)	碳九环烷烃(19)
55.382	0.581	920.517	C9N(20)	碳九环烷烃(20)
55.648	0.118	923.124	44DMC8	4,4-二甲基辛烷
56.027	0.276	926.837	35DMC8	3,5-二甲基辛烷
56.136	0.063	927.905	C10P(1)	碳十烷烃(1)
56.527	0.656	931.736	C9N(21)	碳九环烷烃(21)
56.812	0.255	934.529	C10P(2)	碳十烷烃(2)
56.986	0.772	936.234	26DMC8	2,6-二甲基辛烷
57.244	0.221	938.762	C9N(22)	碳九环烷烃(22)
57.412	0.059	940.408	C10P(3)	碳十烷烃(3)
57.622	0.213	942.465	C10N(1)	碳十环烷烃(1)
57.851	0.904	944.709	2M3EC7	2-甲基-3-乙基庚烷
58.288	0.164	948.991	C9N(23)	碳九环烷烃(23)
58.635	0.659	952.391	METOL	间甲乙苯
58.861	0.338	954.605	PETOL	对甲乙苯
59.141	0.35	957.349	4EC8	4-乙基辛烷
59.412	0.308	960.004	135TMBZ	1,3,5-三甲基苯
59.588	0.383	961.728	5MC9	5-甲基壬烷
59.759	0.539	963.404	4MC9	4-甲基壬烷
60.011	0.499	965.873	2MC9	2-甲基壬烷
60.236	0.042	968.078	C10P	碳十烷烃(5)
60.486	0.415	970.527	OETOL	邻甲乙苯
60.698	0.451	972.604	3MC9	3-甲基壬烷
60.931	0.037	974.887	C10N(2)	碳十环烷烃(2)
61.129	0.16	976.827	C10N(4)	碳十环烷烃(4)
61.289	0.074	978.395	C10N(5)	碳十环烷烃(5)
61.463	0.08	980.1	C10N(6)	碳十环烷烃(6)
61.618	0.054	981.619	C10N(7)	碳十环烷烃(7)
62.01	0.946	985.46	124TMBZ	1,2,4-三甲基苯
62.19	0.172	987.223	C10N(9)	碳十环烷烃(9)
62.437	0.228	989.643	C10N(10)	碳十环烷烃(10)
62.749	0.097	992.7	C10N(13)	碳十环烷烃(13)

续表

RT, min	Amount, %	RI	Name	Cname
63.286	0.068	997.962	C10N(14)	碳十环烷烃(14)
63.494	1.908	1000	NC10	正癸烷
63.824	0.117	1003.548	C10N(15)	碳十环烷烃(15)
64.232	0.034	1007.935	C10N(16)	碳十环烷烃(16)
64.54	0.047	1011.247	C10N(17)	碳十环烷烃(17)
64.788	0.358	1013.914	123TMBZ	1,2,3－三甲基苯
65.054	0.122	1016.774	C11P(1)	碳十一烷烃(1)
65.233	0.023	1018.699	1M3IC3BZ + 1M4IC3BZ	间/对－甲基异丙基苯
65.54	0.07	1022	C11P(3)	碳十一烷烃(3)
65.674	0.022	1023.441	25DMC9	2,5－二甲基壬烷
65.827	0.212	1025.086	C11P(5)	碳十一烷烃(5)
65.998	0.043	1026.925	INDAN	茚满
66.287	0.1	1030.032	C11P(6)	碳十一烷烃(6)
66.56	0.019	1032.968	1M2IC3BZ	1－甲基－2－异丙基苯
66.836	0.148	1035.935	26DMC9	2,6－二甲基壬烷
67.076	0.052	1038.516	C10N(18)	碳十环烷烃(18)
67.358	0.084	1041.548	C11P(8)	碳十一链烷烃(8)
67.576	0.109	1043.892	1M3C3BZ	1－甲基－3－丙基苯
67.979	0.045	1048.226	1M4C3BZ	1－甲基－4－丙基苯
68.157	0.083	1050.14	1E23DMBZ	1－乙基－2,3－二甲基苯
68.52	0.058	1054.043	C11P	碳十一烷烃(9)
68.761	0.019	1056.634	C11P(10)	碳十一烷烃(10)
68.995	0.047	1059.151	5MC10	5－甲基癸烷
69.13	0.039	1060.602	1M2C3BZ	1－甲基－2－丙基苯
69.305	0.089	1062.484	4MC10	4－甲基癸烷
69.614	0.07	1065.806	2MC10	2－甲基癸烷
70.018	0.04	1070.151	2E14DMBZ	2－乙基－1,4－二甲基苯
70.224	0.091	1072.366	3MC10	3－甲基癸烷
70.758	0.03	1078.108	C11P(15)	碳十一烷烃(15)
70.948	0.031	1080.151	C10A(2)	碳十芳烃(2)
71.412	0.037	1085.14	C10A(5)	碳十芳烃(5)
71.778	0.028	1089.075	C11N(1)	碳十一环烷烃(1)
72.171	0.02	1093.301	C11N(3)	碳十一环烷烃(3)
72.374	0.023	1095.484	C11N(4)	碳十一环烷烃(4)
72.794	0.438	1100	NC11	正十一烷烃

续表

RT,min	Amount,%	RI	Name	Cname
72.976	0.014	1102.113	C11N(5)	碳十一环烷烃(5)
73.185	0.027	1104.54	C12P(1)	碳十二烷烃(1)
73.799	0.021	1111.668	1245TETMBZ	1,2,4,5-四甲基苯
74.11	0.017	1115.279	1235TETMBZ	1,2,3,5-四甲基苯
74.618	0.045	1121.177	C12P(5)	碳十二烷烃(5)
75.406	0.015	1130.326	C12P(8)	碳十二烷烃(8)
75.768	0.008	1134.529	MINDAN	甲基茚满
76.13	0.025	1138.732	C12P(10)	碳十二烷烃(10)
76.293	0.022	1140.625	C11A(3)	碳十一芳烃(3)
76.488	0.007	1142.889	C12P	碳十二烷烃(11)
76.773	0.012	1146.198	4MINDAN	4-甲基茚满
76.999	0.007	1148.822	1234TETMBZ	1,2,3,4-四甲基苯
77.281	0.007	1152.096	C12P(12)	碳十二烷烃(12)
77.717	0.018	1157.158	5MC11	5-甲基十一烷烃
78.086	0.011	1161.442	4MC11	4-甲基十一烷烃
78.445	0.018	1165.61	2MC11	2-甲基十一烷烃
79.037	0.01	1172.483	3MC11	3-甲基十一烷烃
79.485	0.012	1177.685	NAPH	萘
81.407	0.053	1200	NC12	正十二烷烃

表5-45 NF-1直馏汽油参考标样PONA数据

CNum	Np,%	iP,%	O,%	N,%	A,%	CSum,%
2	0	0	0	0	0	0
3	0.33	0	0	0	0	0.33
4	2.67	0.56	0	0	0	3.23
5	4.84	3.27	0	0.52	0	8.63
6	5.39	5.55	0	3.78	0.9	15.62
7	5.47	5.06	0	6.49	2.82	19.84
8	4.78	6.51	0	6.34	5.5	23.13
9	4.06	4.74	0	6.63	3.29	18.72
10	1.91	4.71	0	1.43	0.5	8.55
11	0.44	1.17	0	0.09	0.02	1.72
12	0.05	0.19	0	0	0	0.24
合计,%	29.94	31.76	0	25.28	13.03	100.01
$C12^+$		0.01				
总峰数		187				

2. 重整汽油参考标样数据

重整汽油参考标样数据和 RA－2 重整汽油参考标样 PONA 数据见表 5－46 和表 5－47。

表 5－46 重整汽油参考标样数据

RT, min	Amount, %	RI	Name	Cname
7.659	0.377	300	NC3	丙烷
8.221	0.709	353.935	IC4	异丁烷
8.542	0.019	384.741	IC4	丁烯
8.701	1.448	400	NC4	正丁烷
8.87	0.009	406.232	TC4＝－2	反丁烯－2
9.146	0.007	416.409	CC4＝－2	顺丁烯－2
10.46	2.614	464.86	IC5	异戊烷
10.965	0.009	483.481	C5＝－1	戊烯－1
11.224	0.027	493.031	2MC4＝－1	2－甲基丁烯－1
11.413	2.07	500	NC5	正戊烷
11.731	0.023	504.668	TC5＝－2	反戊烯－2
12.1	0.014	510.085	CC5＝－2	顺戊烯－2
12.339	0.053	513.594	2MC4＝－2	2－甲基丁烯－2
13.21	0.982	526.38	22DMC4	2,2－二甲基丁烷
14.342	0.014	542.998	CYC5＝	环戊烯
14.538	0.007	545.875	4MC5＝－1	4－甲基戊烯－1
14.658	0.011	547.637	3MC5＝－1	3－甲基戊烯－1
15.139	0.457	554.698	CYC5	环戊烷
15.222	0.887	555.916	23DMC4	2,3－二甲基丁烷
15.534	4.164	560.496	2MC5	2－甲基戊烷
16.696	3.182	577.554	3MC5	3－甲基戊烷
17.09	0.039	583.338	2MC5＝－1	2－甲基戊烯－1
17.174	0.011	584.571	C6＝－1	己烯－1
18.225	3.994	600	NC6	正己烷
18.379	0.021	601.38	TC6＝－3	反己烯－3
18.495	0.008	602.419	CC6＝－3	顺己烯－3
18.639	0.039	603.709	TC6＝－2	反己烯－2
18.86	0.062	605.688	2MC5＝－2	2－甲基戊烯－2
19.189	0.044	608.636	C3MC5＝－2	顺3－甲基－2－戊烯
19.554	0.021	611.905	CC6＝－2	顺己烯－2
20.172	0.062	617.442	T3MC5＝－2	反－3－甲基戊烷－2
20.603	0.302	621.303	22DMC5	2,2－二甲基戊烷

续表

RT,min	Amount,%	RI	Name	Cname
20.892	0.432	623.891	MCYC5	甲级环戊烷
21.242	0.362	627.027	24DMC5	2,4-二甲基戊烷
21.84	0.044	632.384	223TMC4	2,2,3-三甲基丁烷
23.009	0.007	642.856	24DMC5 = -1	2,4-二甲基-1-戊烯
23.503	7.826	647.281	BZ	苯
24.031	0.293	652.011	33DMC5	3,3-二甲基戊烷
24.512	0.014	656.32	CYC6	环已烷
24.602	0.01	657.126	T2MC6 = -3	反2-甲基-3-已烯
25.473	1.873	664.929	2MC3	2-甲基已烷
25.68	0.709	666.783	23DCMC5	2,3-二甲基戊烷
26.042	0.021	670.026	11DMCYC5	1,1-二甲基环戊烷
26.499	2.293	674.12	3MC6	3-甲基已烷
26.886	0.009	677.587	C34DMC5 = -2 + C5MC6 = -2	顺3,4-二甲基-2-戊烯
27.276	0.037	681.08	C13DMCYC5	顺1,3-二甲基环戊烷
27.688	0.276	684.771	3EC5	3-乙基戊烷
27.924	0.06	686.885	T12DMCYC5	反1,2-二甲基环戊烷
28.081	0.015	688.292	224TMC5	2,2,4-三甲基戊烷
28.731	0.013	694.114	C3MC6 = -3	顺-3-甲基已烯-3
29.126	0.018	697.653	TC7 = -3	反-庚烯-3
29.388	1.715	700	NC7	正庚烷
29.609	0.053	701.822	CC7 = -3,C3MC6 = -2,2MC6	顺-庚烯-3
29.727	0.021	702.794	T3MC6 = -3	反-3-甲基已烯-2
29.934	0.016	704.5	TC7 = -2	反庚烯-2
30.162	0.011	706.38	3EC5 = -2	3-乙基戊烯-2
30.518	0.029	709.314	T3MC6 = -2	反3-甲基已烯-2
31.023	0.025	713.477	C7	碳七烯
31.784	0.016	719.749	C12DMCYC5	顺1,2-二甲基环戊烷
31.906	0.015	720.755	MCYC6	甲基环已烷
32.069	0.087	722.099	22DMC6	2,2-二甲基已烷
32.233	0.01	723.45	113TMCYC5	1,1,3-三甲基环戊烷
33.295	0.151	732.204	25DMC6	2,5-二甲基已烷
33.547	0.234	734.281	24DMC6,223TMC5	2,4-二甲基已烷
34.323	0.01	740.678	CTC124TMCYC5	1,反2,4-三甲基环戊烷
34.445	0.089	741.683	33DMC6	3,3-二甲基已烷
34.962	0.01	745.945	34DMC6 = -1	3,4-二甲基-1-已烯

续表

RT,min	Amount,%	RI	Name	Cname
35.217	0.012	748.046	CTC123TMCYC5	1,反2,3-三甲基环戊烷
35.553	0.022	750.816	234TMC5	2,3,4-三甲基戊烷
36.269	18.924	756.718	TOL,233TMC5	甲苯*+2,3,3-三甲基戊烷
36.42	0.019	757.962	C4MC7=-2	顺4-甲基-2-庚烯
36.824	0.155	761.292	23DMC6	2,3-二甲基己烷
37.013	0.043	762.85	2M3EC5	2-甲基-3-乙基戊烷
37.498	0.473	766.848	2MC7	2-甲基庚烷
37.688	0.23	768.414	4MC7	4-甲基庚烷
37.943	0.092	770.516	34DMC6	3,4-二甲基己烷
38.415	0.579	774.407	3MC7	3-甲基庚烷
38.556	0.131	775.569	3EC6	3-乙基己烷
38.868	0.013	778.14	C13DMCYC6,CCT123TMCY	顺1,3-二甲基环己烷
39.711	0.016	785.089	225TMC6	2,2,5-三甲基己烷
40.049	0.01	787.875	T1E3MCYC5	反1-乙基-3-甲基环戊烷
40.309	0.012	790.018	C1E3MCYC5	顺1-乙基-3-甲基环戊烷
40.481	0.016	791.436	T1M2ECYC5	反1-甲基-3-乙基环戊烷
40.873	0.012	794.667	1E1MCYC5	1-乙基-1-甲基环戊烷
41.166	0.018	797.082	T12DMCYC6	反1,2-二甲基环己烷
41.52	0.473	800	NC8	正辛烷
41.731	0.006	801.869	CCC123TMCYC5	1,2,3-三甲基环戊烷
42.365	0.008	807.484	244TMC6	2,4,4-三甲基己烷
43.513	0.009	817.653	235TMC6	2,3,5-三甲基己烷
43.858	0.021	820.709	C8N(2)	碳八环烷(2)
44.318	0.027	824.783	24DMC7	2,4-二甲基庚烷
45.04	0.031	831.178	26DMC7	2,6-二甲基庚烷
45.817	0.055	838.06	25DMC7	2,5-二甲基庚烷
45.986	0.009	839.557	113TMCYC6	1,1,3-三甲基环己烷
46.11	0.016	840.655	35DMC7	3,5-二甲基庚烷
47.369	3.794	851.807	EBZ	乙苯
48.405	8.334	860.983	MXYL	间二甲苯
48.503	2.741	861.851	PXYL	对二甲苯
48.682	0.018	863.437	4EC7	4-乙基庚烷
48.982	0.065	866.094	4MC8	4-甲基辛烷
49.08	0.077	866.962	2MC8	2-甲基辛烷
49.726	0.015	872.684	3MC8	3-甲基辛烷

续表

RT, min	Amount, %	RI	Name	Cname
49.84	0.091	873.694	C9N(7)	碳九环烷烃(7)
50.284	0.012	877.626	C9N(8)	碳九环烷烃(8)
50.923	4.933	883.286	OXYL	邻二甲苯
52.81	0.083	900	NC9	正壬烷
54.374	0.377	915.259	IC3BZ	异丙基苯
57.51	1.227	945.854	NC3BZ	正丙苯
58.295	3.026	953.512	METOL	间甲乙苯
58.512	1.349	955.629	PETOL	对甲乙苯
59.05	1.226	960.878	135TMBZ	1,3,5－三甲基苯
59.352	0.006	963.824	4MC9	4－甲基壬烷
59.599	0.008	966.234	2MC9	2－甲基壬烷
60.126	1.488	971.376	OETOL	邻甲乙苯
61.364	0.007	983.454	C10N(8)	碳十环烷烃(8)
61.7	4.988	986.732	124TMBZ	1,2,4－三甲基苯
63.152	0.059	1000.995	NC10	正癸烷
63.433	0.057	1004.034	C10N(15)	碳十环烷烃(15)
64.418	1.332	1014.687	123TMBZ	1,2,3－三甲基苯
64.677	0.042	1017.489	1M3IC3BZ + 1M4IC3BZ	间/对－甲基－异丙基苯
65.617	0.423	1027.655	INDAN	茚满
65.976	0.009	1031.538	C11P(6)	碳十一烷烃
66.226	0.031	1034.242	1M2IC3BZ	1－甲基－2－异丙基苯
66.929	0.14	1041.845	13DEBZ + C11P	1,3－二乙苯
67.185	0.377	1044.614	1M3C3BZ	1－甲基,3－丙基苯
67.579	0.22	1048.875	1M4C3BZ	1－甲基,4－丙基苯
67.772	0.462	1050.963	1E23DMBZ	1－乙基－2,3－二甲基苯
67.152	0.024	1055.072	14DEBZ + C11P	1,4－二乙苯
68.734	0.131	1061.367	1M2C3BZ	1－甲基,2－丙基苯
69.619	0.299	1070.939	2E14DMBZ	2－乙基,1,4－二甲基苯
69.811	0.27	1073.015	C10A + 3MC10	碳十芳烃＋3－甲基癸烷
70.064	0.011	1075.752	5MINDAN	5－甲基茚满
70.369	0.496	1079.05	C10A(2)	碳十芳烃(2)
70.552	0.019	1081.03	C10A(3)	碳十芳烃(3)
71.013	0.033	1086.016	C10A(5)	碳十芳烃(5)
72.306	0.113	1100	C10A(6)	碳十芳烃(6)
73.376	0.324	1112.337	1245TETMBZ	1,2,3,4－四甲基苯

续表

RT, min	Amount, %	RI	Name	Cname
73.703	0.469	1116.107	1235TETMBZ	1,2,3,5-四甲基苯
75.366	0.099	1135.282	MINDAN	甲基茚满
75.661	0.008	1138.683	C12P(10)	碳十二烷烃(10)
76.093	0.009	1143.664	C12P(11)	碳十二烷烃(11)
76.308	0.13	1146.143	4MINDAN	4-甲基茚满
76.582	0.161	1149.302	1234TETMBZ	1,2,3,4-四甲基苯
77.249	0.011	1156.993	5MC11	5-甲基十一烷
78.368	0.008	1169.895	C11A(6)	碳十一芳烃(6)
79.094	0.271	1178.266	NAPH	萘
80.391	0.016	1193.22	C11A(8)	碳十一芳烃(8)
80.546	0.011	1195.007	DMINDAN(4)	二甲基茚满

表 5-47 RA-2 重整汽油参考标样 PONA 数据

Cnum	Np, %	iP, %	O, %	N, %	A, %	CSum, %
2	0	0	0	0	0	0
3	0.38	0	0	0	0	0.38
4	1.45	0.71	0.04	0	0	2.2
5	2.07	2.61	0.14	0.46	0	5.28
6	3.99	9.22	0.33	0.45	7.83	21.82
7	1.72	6.15	0.22	0.15	18.92	27.16
8	0.47	2.3	0.03	0.14	19.8	22.74
9	0.08	0.34	0	0.11	15.44	15.97
10	0.06	0.01	0	0.06	4.12	4.25
11	0	0.01	0	0	0.04	0.05
12	0	0.03	0	0	0	0.03
合计, %	10.22	21.38	0.76	1.37	66.15	99.88
C_{12}^+		13				
总峰数		156				

三、多维色谱法测定汽油中的醇醚类含氧化合物

(一)适用范围

本方法适用于测定汽油中的醇类和醚类含量。所测定的组分为：甲基叔丁基醚(MTBE)、乙基叔丁基醚(ETBE)、叔戊基甲基醚(TAME)、二异丙基醚(DIPE)、甲醇、乙醇、异丙醇、正丙醇、异丁醇、叔丁醇、仲丁醇、正丁醇及叔戊醇(叔戊基醇)。各种醚的测定范围为 0.1% ~ 20.0%(质量分数)，各种醇的测定范围为 0.1% ~ 12.0%(质量分数)。本方法提供了用于将

各组分转变为氧的质量分数和体积分数的计算公式。

本方法不适用于醇基燃料，如 M－85、E－85、MTBE 产品、乙醇产品及改性醇。甲醇燃料的甲醇含量不在本标准测定范围。苯能被本方法同时检测，但不能被定量，需要用另外的方法分析。

（二）测定过程

本方法选用带有自动进样器和电动十通阀的色谱仪，选用两根色谱柱，一个是 TCPE 预切柱[1,2,3－三－(2－氰基乙氧基)丙烷]，另一个是甲基硅酮石英毛细柱（WCOT）。基本流程是样品先进入 TCPE 预切柱，其中的轻烃被冲洗放空，当甲基环戊烷流出后，切换至反吹位置，让含氧化物进入 WCOT 分析柱。在任何重烃类组分流出之前，先让醇类和醚类从分析柱上冲洗出来。待苯和叔戊基甲基醚从分析柱流出后，把十通阀切换到起始位置，将分析柱中的重烃组分反吹至检测器。通过火焰离子化检测器（FID）或热导检测器（TCD）检测流出的组分。

本方法采用内标法计算出每个组分浓度。可选用 1,2－二甲基氧基乙烷（乙二醇二甲基醚）(DME)作为内标样。

本方法中 TCPE 预切柱分为两种，一种是毛细柱，一种是微填充柱。预切柱的作用是完成从相同沸点范围的挥发性烃类中预分离含氧化合物。含氧化合物和其余烃类被反吹到分析柱上。选用不同的 TCPE 预切柱，可获得不同的色谱图。

（三）典型色谱图

典型色谱图见图 5－25 和图 5－26。

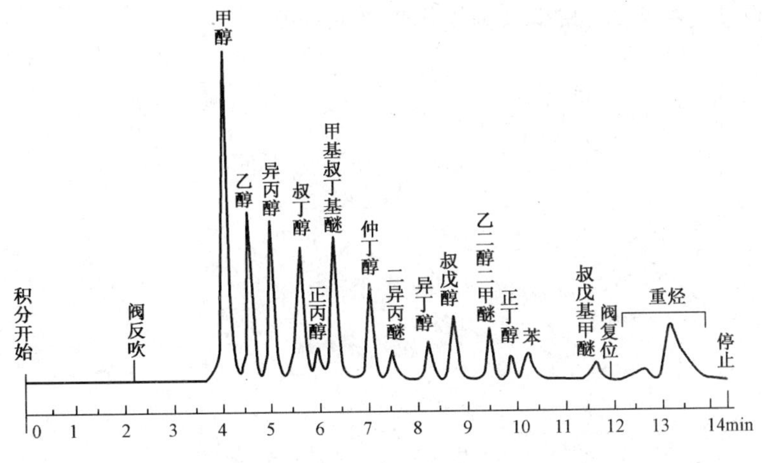

图 5－25 用毛细柱作预切柱典型色谱图

（四）注意事项

（1）流量调节：为保证定量的准确性，应使阀切换前后的基线保持一致。在本系统中，是通过连在气路中与 TCPE 预柱进行平衡的一个阻力阀来实现的。

（2）阀的切换时间：由于系统提供的阀切换时间自由度很小，所以切阀点的选择和准确很重要。切阀早会使轻烃来不及放空而残留，干扰含氧化合物的测定；切阀晚会使部分醚类化合物放空，影响定量。

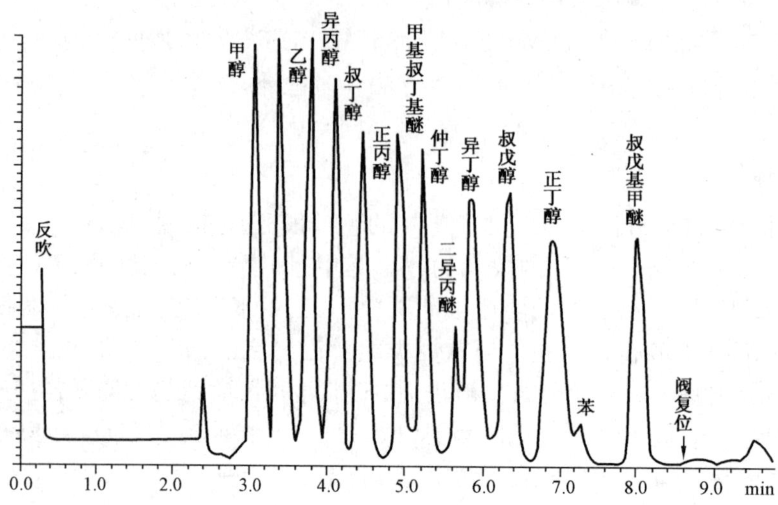

图 5－26　用微填充柱作预切柱典型色谱图

(3)分析样品的配制:因为汽油、醇类、醚类均易挥发,而本方法使用内标法定量,需要向待测样品中加入内标物,所以,在样品配置时应使用带盖样品瓶进行称量,以避免组分的挥发。另外,在配制标样的时候应特别注意,所有标样都是易燃的,人如果摄取或吸入可能有害或致命。

(4)仪器全自动配置:为了保证定量的准确性和分析的重复性,应尽量配置全自动仪器,即自动进样、阀自动切换等,以减少人为操作带来的误差。

第六章　高效液相色谱法

第一节　高效液相色谱法的基础知识

一、高效液相色谱法的测试原理

高效液相色谱分析是以液体为流动相的色谱法。采用高压泵来输送流动相，用高效的新型固定相，并配置有效的检测器，实现全部分离检测过程自动化色谱技术，称为高效液相色谱法，简称 HPLC。

二、高效液相色谱的分类

高效液相色谱中包括多种分离模式，从不同角度考虑，可以得到不同的分类结果。

根据流动相与固定相极性的差别，可分为正相色谱和反相色谱。流动相极性大于固定相极性时，称为反相色谱。反之，称为正相色谱。

按色谱过程分离机制可将液相色谱分为吸附色谱、分配色谱、空间排阻色谱、离子交换色谱及亲和色谱等类别。

(1)吸附色谱：固定相为吸附剂，依据组分在吸附剂上吸附系数的差别而达到分离的目的。

(2)分配色谱：这是高效液相色谱法中最常用的模式。固定相为液态，利用样品组分在固定相与流动相中的分配系数的差别而达到分离的目的。

(3)体积排阻色谱：采用凝胶作为固定相，依据样品组分的分子尺寸与凝胶孔径间的关系即渗透的差别而分离。按流动相的性质不同(亲油或亲水)又可分为凝胶渗透色谱及凝胶过滤色谱两类。

(4)离子交换色谱：采用离子交换树脂作为固定相，依据样品离子与固定相表面离子交换基团的交换能力(交换系数)的差别进行分离。离子交换色谱按分离对象多流路与柱系统的不同，还可进一步细分。

(5)亲和色谱：具有生物活性的配基(如酶、辅酶、抗体等)键合到载体或基质表面上形成固定相，利用蛋白质或生物大分子与固定相表面上配基的专属亲和性进行分离。

(6)化学键合色谱：将特定的官能团键合到基质表面，所形成的固定相称为化学键合相。采用化学键合相的色谱方法称为化学键合相色谱法。化学键合相可作为液—液分配色谱、离子交换色谱、手性拆分色谱及亲和色谱等的固定相。由于化学键合相的官能团不易流失，因而被广泛应用于各种分离模式的高效液相色谱法中，在反相键合相色谱流动相中加入离子对试剂或离子抑制剂(弱酸、弱碱或缓冲盐)，分别称为离子对色谱法及离子抑制色谱法。

第二节　高效液相色谱仪

高效液相色谱仪与气相色谱仪的组成基本相似，可分为四大系统：供液系统、分离系统、检测系统和参数控制及数据处理系统。供液系统主要包括流动相储液罐、泵、进样阀和梯度淋洗系统。分离系统主要是色谱柱。检测系统指的是各种检测器。参数控制及数据处理系统指的是微处理机、记录仪或工作站。

一、供液系统

(一)流动相储液瓶及脱气

储液罐的材料应耐腐蚀，可以是玻璃、不锈钢或特种塑料聚醚酮。与泵连接的出口管前端一般要加过滤器，防止有固体杂质进入泵。分析使用的流动相应脱气，以除去溶解在流动相中的气体。具体的脱气方法有抽真空脱气和超声振荡脱气。脱气的目的是防止当流动相流经色谱柱，进入检测器时，因压力降低产生气泡。气泡的产生会使基线噪声增加，灵敏度下降，影响分析结果。新型的分析仪器都配有自动脱气装置，免去了人工脱气的麻烦，而且在线脱气的实时性和有效性远远超过了人工脱气。

(二)高效液相色谱流动相

与气相色谱相比，液相色谱的最大特点是通过对流动相的调整，可便捷地改变分离选择性。液相色谱所采用的流动相通常为各种低沸点有机溶剂与水或缓冲溶液的混合物，对流动相选择的一般要求包括：化学稳定性好，不与固定相和样品组分发生化学反应；与所用检测器相匹配，不影响检测器的正常工作；对待分析样品要有足够的溶解能力，以利于提高检测灵敏度；粘度小，以保证合适的柱压降；沸点低，以有利于制备分离时样品的回收。

1. 正相色谱流动相

在正相色谱中，由于固定相的极性大于流动相的极性，所以增加流动相的极性，洗脱能力增强，增加分离效率，一般二元以上的混合溶剂比纯溶剂更实用。例如，在饱和烷烃(如正己烷)中加入一种极性较大的溶剂(如异丙醇)作为极性调节剂构成的混合溶剂是正相色谱的常用流动相组成。若分离选择性不好，可以改用其他类型的强溶剂。对于难以达到所需要分离选择性的情况，也可以考虑使用三元或四元溶剂体系。

2. 反相色谱流动相

在反相色谱中，溶质按其疏水性大小进行分离，极性越大或疏水性越小的溶质，与非极性的固定相的结合越弱，越先被洗脱。

反相色谱流动相通常以水作为基础溶剂，加入一定量的能与水互溶的极性调整剂(如甲醇、乙腈、四氢呋喃等)配制成混合流动相。极性溶剂所占比例对溶质的保留值和分离选择性有显著影响。一般情况下，甲醇—水系统已能满足多数样品的分离要求，是反相色谱最常用的流动相。一般推荐采用乙腈—水系统做初始实验，因为与甲醇相比，乙腈的溶剂强度较高且粘度低，同时满足在紫外 185 ~ 205nm 检测的要求。

反相液相色谱中的流动相强度由有机溶剂的浓度和类型共同决定,常用溶剂洗脱强度的强弱顺序为:水(最弱)<甲醇<乙腈<乙醇<四氢呋喃<丙醇<二氯甲烷(最强)。溶剂的强度随着其极性的增加而降低。除二氯甲烷与水无法混溶外,其他溶剂都可与水混用。二氯甲烷常用来清洗被强保留样品污染的反相色谱柱。

流动相的 pH 值对可解离溶质的影响很大,三氟乙酸(TFA)是最常用的离子对试剂,使用浓度为 0.1%,使流动相的 pH 值为 2~3,可以有效地抑制氨基酸上 α-羧基的解离,增加溶质的疏水性,改善分离效果。

3. 离子交换色谱流动相

离子交换色谱常用缓冲溶液作为流动相。被分离组分在离子交换柱中的保留除与样品离子和树脂上的离子交换基团作用的强弱有关外,也受流动相的 pH 值高低、离子强度等的影响。pH 值可改变化合物的解离程度;流动相的离子强度越高,越不利于样品的解离。

离子交换色谱多以水溶液为流动相。水不仅是理想的溶剂,同时还具有使样品离子化的特性。在以水为流动相的离子交换色谱中,溶质保留值和分离度主要通过流动相的 pH 值和离子强度来调节。在流动相中有时也加入少量的乙醇、四氢呋喃等有机溶剂,以增加样品的溶解度,减少峰拖尾现象。

改变 pH 值可以改变离子交换基团上可解离的 H^+ 或 OH^- 的数目,因此流动相 pH 值直接影响固定相的离子交换容量。对阳离子交换剂而言,pH 值降低,交换剂的离子化受到抑制,交换容量降低,组分的保留值减小;对于阴离子交换剂而言,则恰好相反。

改变流动相的 pH 值,也会影响弱电离的酸性或碱性溶质的形态分布,进而改变其保留值。pH 值增大,在阴离子交换色谱中组分的保留值增大,在阳离子交换色谱中组分的保留值减小。流动相 pH 值的变化也能改变分离的选择性。使用阳离子交换剂时,常选用含磷酸根离子、甲酸根离子、乙酸根离子或柠檬酸根离子的缓冲液;使用阴离子交换剂时,则常选用含氨水、吡啶等的缓冲液。

在离子交换色谱中,溶剂的强度主要取决于流动相中盐的总浓度(即离子强度),增加流动相中盐的浓度,样品离子与所加盐的离子争夺离子交换基团上反电荷位点的能力降低,保留值降低。

由于不同种类的离子与离子交换剂作用强度不同,因此流动相中所加盐的类型对样品离子的保留值有很大影响,常用 $NaNO_3$ 来控制离子交换色谱中流动相的离子强度。

4. 体积排阻色谱流动相

体积排阻色谱法依据凝胶的孔容及孔径分布,样品相对分子质量大小、分布以及相互匹配情况实现样品的分离。由于分离效果与样品、流动相之间的相互作用无关,因此改变流动相的组成一般不会改善分离度。

体积排阻色谱法中流动相的选择除需满足一般的流动相选择原则外,还必须与凝胶固定相相匹配,能浸润凝胶。当采用软质凝胶时,流动相应能使凝胶溶胀。为增加样品溶解度而采用高柱温操作时,可选用高沸点溶剂。

凝胶渗透色谱主要用于高聚物相对分子质量的测定。四氢呋喃对于样品一般有良好的溶解性能和适宜的粘度,且可使小孔径聚苯乙烯凝胶溶胀,因此被广泛使用。四氢呋喃在储运过程中特别是在光照射条件下,容易生成过氧化物,使用前应予以除去。二甲基甲酰胺、邻二氯苯、间甲酚等可在高柱温条件下使用;强极性的六氟异丙醇、三氟乙醇等,可用于粒度小于10μm 的凝胶柱。

凝胶过滤色谱主要用于生物大分子分离,通常使用不同 pH 值的缓冲水溶液作为流动相。当使用亲水性有机凝胶(葡聚糖、琼脂糖、聚丙烯酰胺等)、硅胶或改性硅胶作固定相时,为消除吸附作用以及样品与基体的疏水作用,通常在流动相中添加少量无机盐,如 NaCl、KCl、NH_4Cl 等,维持流动相的离子强度为 0.1 ~0.5。

(三)泵

现代高效液相色谱都使用小颗粒的填料,因此,流动相在通过色谱柱时,会遇到很大的阻力,因此需要高压泵。

1. 对泵的要求

(1)泵的结构材料要能抗化学腐蚀;

(2)能在高压下连续工作,通常输出压力要能达到 40 ~50MPa;

(3)无脉冲或加一个脉冲抑制器;

(4)流量可变,流量稳定,重现性要大大优于 1%;

(5)为了可以快速更换溶剂,泵体积要小。

2. 泵的材料

现代高效液相色谱仪一般使用不锈钢或聚四氟乙烯作为泵的材料,泵的密封材料一般由加了填料的聚四氟乙烯制造,这些材料可以适应绝大多数流动相。现在也有用紧密陶瓷做泵的。

3. 泵的种类

高压输液泵主要有两种类型:恒流泵和恒压泵。恒流泵使输出的液体流量稳定;恒压泵使输出的液体压力稳定。恒流泵可分为往复泵和注射泵。

1)往复泵

往复泵为在 HPLC 中应用最广泛的一种泵。往复泵有两类,一种是活塞式,一种是隔膜式。前者的活塞直接和流动相接触;后者的活塞是通过某种介质推动隔膜,隔膜再压缩或吸入流动相。在泵头装有逆止阀,阀和活塞或隔膜同步活动,在活塞或隔膜作一次运动时可以泵出并吸入一个泵体积的流动相,其结构如图 6 -1 所示。

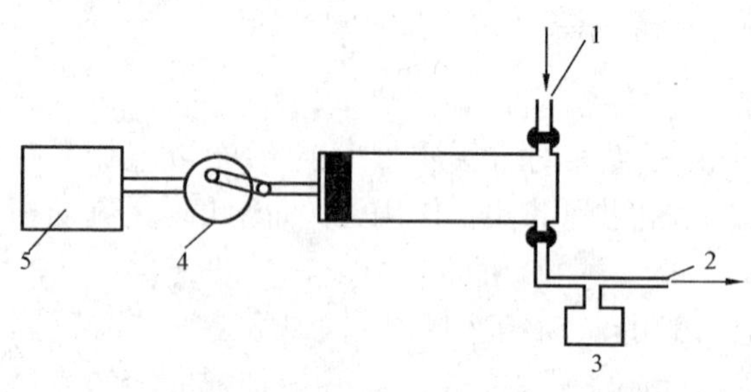

图 6 -1 活塞式往复泵示意图

1—泵入口;2—泵出口;3—脉冲阻尼;4—凸轮;5—电动机

泵入口和出口处的逆止阀(单向阀)是靠泵头的液体压力控制的。在活塞泵出流动相时,泵头压力增加,使泵入口逆止阀关闭,出口逆止阀打开。由于只有在活塞泵出流动相时才有液流进入色谱系统,在泵吸入流动相时,无液流输出,所以形成脉冲式供液。为了解决这一问题,又设计出了双柱塞和三柱塞泵,使液流脉动减小。

往复泵的优点:

(1)可在高压下连续大量输液;

(2)泵的液缸容积小,其柱塞尺寸小,易于密封,造价低廉,操作方便。

往复泵的缺点:

(1)输出流动相虽然连续、恒定流量,但存在脉动,若检测器对流量敏感(比如折光率检测器)会产生基线波动。

(2)活塞式往复泵直接与流动相接触造成污染;隔膜式往复泵可以克服此缺点。

(3)长期运转后,容易造成单向阀的阻塞或因单向阀的阀球磨损不能关闭单向阀,造成往复泵不能正常工作。

2)注射泵

注射泵类似于注射器,用一台步进电动机驱动注射泵的活塞把液流从泵腔中挤出,泵腔体积较大,密封性好的活塞使泵腔中的液体等速流出,如图6-2所示。

注射泵的优点:

(1)可在高输液压力下给出精确的无脉动、可重现的流量;

(2)可通过改变电动机的电压,控制电动机的转速,从而改变活塞的移动速度,实现可调节流动相流量,使输出流量与系统阻力无关;

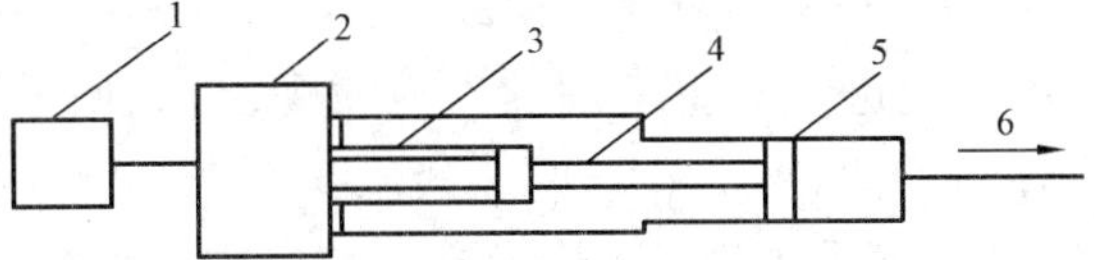

图6-2 注射泵示意图

1—电动机;2—涡轮;3—螺旋柱;4—螺杆;5—活塞;6—泵出口

(3)因其流量稳定、操作方便,可与多种高灵敏检测器连接使用。

注射泵的缺点:

(1)由于泵液缸容积有限,每次流动相输完后,需重新吸入流动相,故当流动相流量大时,流动相中断频繁,不利于连续工作;使用两台泵交替工作可以克服此不足;

(2)泵在高压下工作,对活塞和液缸间的密封要求高,更换溶剂不方便,且价格昂贵。

3)恒压泵

恒压泵又称气动放大泵,是输出恒定压力的泵。当系统阻力不变时,可保持恒定流量,当系统阻力发生变化时,就不能保持恒定流量,需要使用恒流泵。

恒压泵是利用气体为动力源,通过帕斯卡原理把气体的压力放大成流动相的压力,即和气体直接接触的活塞面积大(A_G),和流动相接触的活塞面积小(A_L),压力放大倍数(x)为:

$$x = \frac{A_G}{A_L} \tag{6-1}$$

恒压泵的结构如图6-3所示:

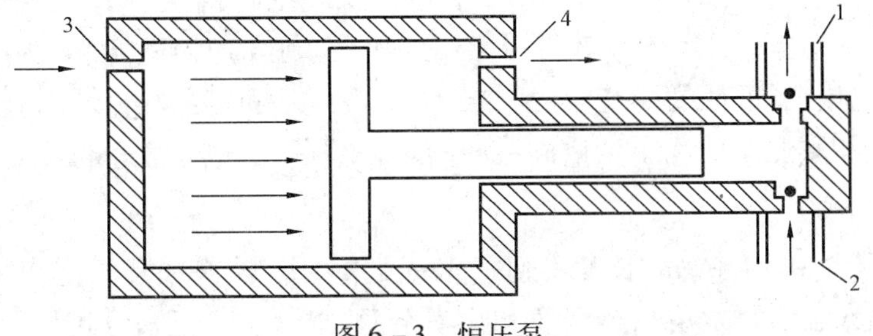

图6-3 恒压泵

1—泵出口;2—流动相入口;3—高压气入口;4—气体放空

恒压泵可以用较小的气体压力得到较高的流动相压力，所以它很适用于液相色谱柱的装填。近代的液相色谱仪不用这种泵。

(四)梯度洗脱

在分离分配比(k')悬殊的混合物时，使用同一浓度的流动相(等度或均液)进行洗脱难以实现分离，但是如果使用梯度洗脱就可以很容易地解决这个问题。液相色谱的梯度洗脱类似于气相色谱的程序升温，只是液相色谱梯度洗脱是通过改变流动相的组成而不是改变温度实现的。由于流动相组成改变可使溶质的分离分配比 k' 改变。

梯度洗脱中，为保证流速稳定，必须使用恒流泵，否则很难获得重复性结果。

(五)进样系统

1. 高压阀进样装置

高压阀进样装置常用的为六通阀，与气相色谱的六通阀类似。先将样品装载到定量管中，然后转动手柄，将定量管连接到流路中，样品由流动相带入色谱柱。六通阀能在高压下进样，定量精度高，重现性好，能进较大量的样品，易于自动化。缺点是有一定死体积，会引起峰形变宽。

2. 自动进样器

现在很多厂家的仪器都可以通过计算机自动控制，进行自动进样，自动进样适合样品很多的连续进样分析测试部门使用。

二、分离系统

分离系统指的是色谱柱，它是高效液相色谱最重要的部件。

(一)色谱柱的材料和规格

HPLC 的柱管常用内壁抛光的不锈钢管，一般形状为直形。标准填充柱的柱管内径为 4.6mm 或 3.9mm，长 10 ~ 50cm，填料粒度 5 ~ 10μm 时，柱效可达每米 5000 ~ 10000 块(理论塔板数)。使用 3 ~ 5μm 填料，柱长可减至 5 ~ 10cm。当使用内径在 0.5 ~ 1.0mm 的微孔填充柱或内径为 30 ~ 50μm 的毛细管柱时，柱长为 15 ~ 50cm。

(二)色谱柱固定相

高效液相色谱所用的固定相绝大多数是用键合方法把活性基团连接到基质上。基质主要为全多孔球形或无定形硅胶，此外还有三氧化二铝、二氧化锆、苯乙烯－二乙烯基苯共聚微球、脲醛树脂微球等。基质表面经化学改性并经化学键合制成各种固定相，如非极性烷基(C_4、C_8、C_{18})、苯基固定相，弱极性的酚基、醚基、二醇基、芳硝基固定相和极性腈基、氨基、二氨基固定相；具有磺酸基和季氨基的离子色谱固定相；具有不同孔径的凝胶色谱固定相。

(三)保护柱

保护柱为内径 2.0 ~ 4.6mm、长度不超过 3cm 的短柱。填充和分析柱相同的固定相，它的作用是收集、阻断来自进样器的机械杂质和化学杂质，以保护和延长分析柱的使用寿命。保护柱在分析 50 ~ 100 次样品后应更换。

(四)柱接头和连接管

柱接头通过过滤片与色谱柱管连接,在色谱柱管的上下两端要安装过滤片,过滤片一般用多孔不锈钢烧结材料制成。此烧结片的孔径小于填料颗粒直径,可让流动相顺利通过,并可阻挡流动相中极小的机械杂质以保护色谱柱。

柱连接处的死体积越小越好,以减少柱外的谱带扩展。通常采用窄孔的厚壁不锈钢管。

(五)色谱柱的装填

HPLC 的装柱对柱效影响很大。目前主要有两种装柱方法:干法装柱和湿法装柱。干法装柱适用于粒度大于 20μm 的易于装柱的固定相填充;而湿法装柱(又称匀浆法)则适于粒度小于 20μm 的固定相和具有溶胀特性的固定相的填充。

(六)色谱柱的保养

除了使用保护柱和过滤片,在色谱柱的使用过程中也应注意保护色谱柱。在初次使用色谱柱时,应先用规定的溶剂冲洗一定时间,然后再改用分析用的流动相,至基线平稳方可进样。色谱柱每次用完后,需要用适当的溶剂将其仔细冲洗一段时间,取下钢柱后要将两端塞紧密封,使其在不干燥的条件下保存。

三、检测系统

用于液相色谱中的检测器,除应具有灵敏度高、噪声低、线性范围宽、响应快、死体积小等特点外,还应对温度和流速的变化不敏感。常用的检测器有紫外吸收检测器、示差折光检测器、电导检测器、荧光检测器和蒸发光散射检测器等。

(一)紫外吸收检测器

紫外吸收检测器(UVD)是应用最广泛的一种检测器。这类检测器对许多溶质都有很高的灵敏度,但样品必须在可见光区或紫外光区有吸收。该检测器可分为固定波长、可变波长和二极管阵列检测三种类型。

1. 固定波长紫外吸收检测器

该检测器由低压汞灯作为光源,提供固定波长 $\lambda = 254$nm(或 $\lambda = 280$nm)的紫外光。根据朗比定律,紫外光经过流通池,测量吸光度,可以确定样品含量。为减少死体积,流通池的体积很小,仅为 5 ~ 10μL,光路约 5 ~ 10mm,结构常采用 H 形。此检测器结构紧凑、造价低、操作维修方便、灵敏度高,适用于梯度洗脱。

2. 可变波长紫外吸收检测器

可变波长紫外吸收检测器采用氘灯作为光源,波长在 190 ~ 600nm 范围内可连续调节。有光源发出的光,经过滤光、反射、色散成单色光,最后通过样品流通池。通过样品池的光一路到达测量光电二极管,一路被反射到参比光电二极管。两者的信号差,就是样品的检测信息。

可变波长紫外吸收检测器可选择的波长范围很大,既提高了检测器的选择性,又可选用组分的最灵敏吸收波长进行测定,从而提高了检测的灵敏度。它还有停流扫描功能,可绘出组分的光吸收谱图,以进行吸收波长的选择。

3. 光二极管阵列检测器

光二极管阵列检测器(PDAD)是一种新型紫外吸收检测器,它与普通紫外吸收检测器的区别在于进入流通池的不再是单色光,获得的检测信号不是在单一波长上的,而是在全部紫外光波长上的色谱信号。因此它不仅可进行定量检测,还可提供组分的光谱定性的信息。

它采用钨灯与氘灯组合光源。特殊的后置灯设计,使钨灯灯丝的影像恰好聚焦在氘灯放电处,从而在光学上把两个光源结合在一起,使它们发出的光共用一个光轴进入光源透镜。光源发出的复合光经消除色差透镜系统聚焦后,照射到流通池(4.5μL)上,透过光经全息凹面衍射光栅色散后,投射到一个由1024个二极管组成的二极管阵列上而被检测。它可绘制出随时间(t)变化进入检测器液流的光谱吸收曲线——吸光度(A)随波长(λ)变化的曲线,因而可由获得的A、λ、t信息绘制出具有三维空间的立体色谱图。可用于被测组分的定性分析及纯度测定。全部检测过程由计算机控制完成。

(二)折光率检测器

折光指数检测器(RID)又称示差折光检测器(DRD),它是通过连续监测参比池和测量池中溶液的折射率之差来测定试样浓度的检测器。由于每种物质都具有与其他物质不相同的折射率,因此RID是一种通用型检测器。

溶液的折射率等于溶剂及其中所含各组分溶质的折射率与其各自的摩尔分数的乘积之和。当样品浓度低时,由样品在流动相中流经测量池时的折射率与纯流动相流经参比池时的折射率之差,指示出样品在流动相中的浓度。

此类检测器一般不能用于梯度洗脱,因为它对流动相组成的任何变化都有明显的响应,会干扰被测样品的监测。

折光率检测器按工作原理可分为反射式、偏转式和干涉式三种。其中干涉式造价昂贵,使用较少。偏转式池体积大(约10μL),但可适用于各种溶剂折射率的测定。反射式池体积小(约3μL),应用较多,但当测定不同折射率范围的样品时(通常折射率分为1.31~1.44和1.40~1.60两个区间),需要更换固定在三棱镜上的流通池。

反射式折光指数检测器依据菲涅尔反射原理,此检测器的普及程度仅次于紫外吸收检测器。折光指数检测器对温度变化敏感,使用时温度变化要保持在±0.001℃范围内。此检测器对流动相流量变化也敏感,其灵敏度较低,不宜用于痕量分析。

(三)电导检测器

电导检测器是一种选择性检测器,用于检测阳离子或阴离子,其在离子色谱中获得了广泛的应用。由于电导率随温度变化,因此测量时要保持恒温。它不适用于梯度洗脱。

(四)荧光检测器

荧光检测器利用某些溶质在受紫外光激发后,能发射可见光(荧光)的性质来进行检测。它是一种具有高灵敏度和高选择性的检测器。对不产生荧光的物质,可使其与荧光试剂反应,制成可发生荧光的衍生物再进行测定。

荧光检测器的灵敏度比紫外吸收检测器高100倍,当要对痕量组分进行选择性检测时,它是一种有力的检测工具。但它的线性范围较窄,不宜作为一般的检测器使用,可用于梯度洗脱。测定中不能使用可熄灭、抑制或吸收荧光的溶剂作流动相。对不能直接产生荧光的物质，要使用色谱柱后衍生技术，操作比较复杂。此检测器现已在生物化工、临床医学检验、食品检验、环境监测中获得广泛的应用。

四、参数控制和数据处理系统

现代液相色谱基本上都采用工作站来进行参数控制和数据处理，其功能十分强大，可以很好的解决柱流量、泵切换等问题，并能提供良好的处理数据软件，可以直接实现数据采集、谱图分析、工作曲线制作等各项工作。

第三节　高效液相色谱仪的日常维护及故障处理

一、高效液相色谱仪的日常维护和保养

液相色谱仪主要由贮液瓶、泵、进样器、柱、柱温箱、检测器、数据处理系统组成，对各组成系统的维护和保养工作是保证高效液相色谱仪正常使用的关键环节。

(1)高效液相色谱仪的工作环境要求：工作温度 10～30℃；相对湿度小于 80%；最好是恒温、恒湿，远离高电磁干扰、高振动设备。

(2)泵的保养：使用流动相尽量要清洁；进液处的沙芯过滤头要经常清洗；流动相交换时要防止沉淀；应避免泵内堵塞或有气泡。

实验完毕要把泵中的缓冲液冲洗干净，防止盐沉积，泵要浸在无缓冲液的溶液或有机溶剂中，泵压过高会缩短其使用寿命。注意溶剂配比及正反相的切换。

(3)进样器的保养：每次分析结束后，要反复冲洗进样口，防止样品交叉污染。对手动进样器，停机后要用合适溶剂冲洗干净，以防止残留样品及缓冲盐沉淀磨损或阻塞进样器；对自动进样器，应使用合适溶剂进行针清洗操作。

(4)色谱柱的保养：色谱柱在任何情况下不能碰撞、弯曲或强烈振动；当色谱柱和色谱仪连接时，阀件或管路一定要清洗干净；要注意流动相的脱气；避免使用高粘度的溶剂作为流动相；进样样品要提纯；严格控制进样量；每天分析工作结束后，要清洗进样阀中残留的样品；每天分析测定结束后，都要用适当的溶剂清洗柱；若分析柱长期不使用，应用适当有机溶剂保存并封闭。

流动相尽可能使用 HPLC 级的试剂，含有缓冲盐的和非 HPLC 级的试剂一定要通过 0.45μm 的过滤膜并脱气，陈旧的流动相应废弃，防止微生物生长和组分改变。尽量不用腐蚀性及溶解性太强的溶剂，避免微粒在柱头沉降。

泵压不要过高，应使用保护柱，经常清洗色谱柱；色谱柱不用时，一定要洗去缓冲盐，柱体充满有机相，柱两端盖紧以保持柱填料湿润。

(5)检测器(UV)的保养：保持检测器(流通池)清洁，用后注意清洗；流通池有气泡时，要对流动相进行脱气处理；检测器的灯有一定寿命，灯失效时，检测器响应降低，噪声增大，因此应注意灯的维护保养，在分析前、柱平衡得差不多时，再打开检测器；在分析完成后，马上关闭

检测器。4h 以上不用灯的情况下,可把灯关掉。

总之,在使用高效液相色谱时一定要注意仪器的正确操作和保养,保持仪器系统的干净是使用和维护好仪器的关键。

二、液相色谱使用过程中常见问题及解决方法

液相色谱在使用过程中常会出现一些影响分析结果的问题,如果使用人员能了解常见问题及其成因和相关的解决方法,能做到早预防、勤维护,会使分析结果保持较好的稳定性与较高的精确性。

对于整个液相色谱仪系统而言,色谱柱、泵和检测器是核心部件,同时也是容易出故障的主要部位。高效液相色谱使用过程中故障排出时要遵守以下原则:

(1)一次只改变一个因素,从而确定假定因素与问题之间的联系;

(2)如果通过更换组件来排查故障时,注意将拆下的完好组件装回原位,从而避免浪费;

(3)养成良好的记录习惯,一个良好的记录是成功进行故障排除的关键。

下面从液相色谱仪使用过程中出现的常见问题入手,介绍产生问题的原因及处理方法。

(一)压力异常情况的处理

这里所说的压力仅指柱头压力。柱压问题是使用高效液相色谱过程中需要密切注意的地方,柱压的稳定与色谱图峰形的好坏、柱效、分离效果及保留时间等密切相关。所谓柱压稳定并不是指压力值稳定于一个恒定值,而是指压力波动在一定范围内。压力过高、过低及波动较大都属于柱压问题,但柱压的高低与色谱柱的种类、品牌、液相系统本身及使用的流动相种类相联系。值得注意的是在使用梯度洗脱时,柱压平稳缓慢的变化是允许的。

在实际应用中除了流动相的流速外,改变流动相组成和温度,改变柱长、柱内径和填料粒度,柱阻塞压力突然升高等都会引起压力的改变。下面讨论引起压力变化的原因及处理方法。

(1)压力异常:流动相流动正常,但没有压力显示,可能的原因及排除方法见表 6-1。

表 6-1 流动相流动正常,但没有压力显示

可能的原因	排除方法
仪表损坏	更换仪表
压力传感器损坏	更换压力传感器

(2)压力异常:柱压降低,但不回零,可能的原因及排除方法见表 6-2。

表 6-2 柱压降低,但不回零

可能的原因	排除方法
流速设定过低	调整流速
系统漏液	确定漏液位置并维修
色谱柱选择不当	选择恰当的色谱柱
柱温过高	降低温度
控制器失常	修理或更换控制器

(3)压力异常:没有压力显示,没有流动相流动,可能的原因及排除方法见表6-3。

表6-3 没有压力显示,没有流动相流动

可能的原因	排除方法
电源问题	接通电源,开机
熔断丝被烧坏	更换熔断丝
控制器设定不正确或设定失败	采取恰当的设定,修理或更换控制器
柱塞杆折断	更换柱塞杆
泵头内有空气	溶剂脱气、启动泵抽出空气
流动相不足	补充流动相或更换入口滤头
单向阀损坏	更换单向阀
漏液	拧紧或更换手紧接头

(4)压力异常:柱压升高,可能的原因及排除方法见表6-4。

表6-4 柱压升高

可能的原因	排除方法
流速设定过高	调整流速设定
色谱柱被堵塞	更换新的色谱柱
管路或连接口堵塞	更换被堵塞管路,对连接口进行清洗
流动相及配比不合适	流动相粘度高,系统压力大,更换低粘度流动相或重新调整配比
进样器堵塞	清洗进样器
柱温过低	提高温度
系统压力零点漂移	调节压力传感器的零点
保护柱阻塞	清洗或更换保护柱
在线过滤器阻塞	清洗或更换在线过滤器

(5)压力异常:压力降为零,有流动相流动,可能的原因及排除方法见表6-5。

表6-5 压力降为零,有流动相流动

可能的原因	排除方法
电源问题	接通电源,开机
熔断丝被烧坏	更换熔断丝
控制器设定不正确或设定失败	采取恰当的设定,修理或更换控制器
柱塞杆折断	更换柱塞杆
泵头内有空气	溶剂脱气、启动泵抽出空气
流动相不足	补充流动相,检查泵是否运行

续表

可能的原因	排除方法
单向阀损坏	更换单向阀
漏液	拧紧或更换接头
仪表损坏	更换仪表
压力传感器损坏	更换压力传感器

(6)压力异常:压力波动,可能原因及排除方法见表6-6。

表6-6 压力波动

可能的原因	排除方法
系统漏液	确定漏液位置并维修
单向阀损坏	更换单向阀
泵密封损坏	更换泵密封
系统管路中存在气泡	重新进行排气操作

(二)漏液的处理

漏液问题通常可以通过拧紧或更换管路接头的方法来解决。但值得注意的是过分拧紧会导致金属接头的漏液和塑料接头的磨损。如果通过稍微拧紧接头不能解决漏液的问题,就必须将接头取下,检查是否损坏(例如卡套损坏、密封表面有杂质);损坏的接头应该更换掉。

(1)漏液:接头处漏液,可能的原因及排除方法见表6-7。

表6-7 接头处漏液

可能的原因	排除方法
接头松动	拧紧
接头磨损	更换
接头过紧	拧松,再重新拧紧或直接更换
接头被污染	拆下清洗或直接更换
部件不匹配	使用同一品牌的配件

(2)漏液:进样阀漏液,可能的原因及排除方法见表6-8。

表6-8 进样阀漏液

可能的原因	排除方法
转子密封损坏	重新安装或更换进样阀
定量环阻塞	更换定量环
进样口密封松动	调整
进样针头尺寸不合适	使用恰当的进样针
废液管中产生虹吸	保持废液管高于废液液面
废液管阻塞	更换或疏通废液管

(3)漏液:泵漏液,可能的原因及排除方法见表6-9。

表6-9 泵漏液

可能的原因	排除方法
单向阀松动	拧紧单向阀(不必拧得过紧或直接更换单向阀)
接头松动	拧紧接头(不必拧得过紧)
混合器密封损坏	更换混合器密封或直接更换混合器
泵密封损坏	维修或更换泵密封件
压力传感器损坏	维修或更换压力传感器
脉冲阻尼器损坏	更换脉冲阻尼器
比例阀损坏	检查隔膜,漏液立即更换,或检查手紧接头,损坏的立即更换
放空阀损坏	拧紧放空阀或直接更换放空阀

(4)漏液:色谱柱漏液,可能的原因及排除方法见表6-10。

表6-10 色谱柱漏液

可能的原因	排除方法
尾端接头松动	拧紧接头
卡套内有填料	拆下、清洗卡套、重新安装
筛板厚度不合适	使用合适的筛板:物质粒径3~4μm时,筛板孔径0.5μm;物质粒径5~20μm时,筛板孔径2μm

(三)异常色谱峰问题

液相色谱系统的许多问题都能在谱图上反映出来,其中有一些问题可以通过改变设备参数、修改操作程序来解决,而色谱柱和流动相的正确选择是得到好的色谱图的关键。异常的色谱峰指的是色谱图中无峰或出现负峰、宽峰、双峰、肩峰、峰形不对称、宽峰与邻近的峰分不开等情况,其具体情况与原因分析及相应的排除方法如下:

(1)所有峰均为宽峰,可能的原因及排除方法见表6-11。

表6-11 所有峰均为宽峰

可能的原因	排除方法
色谱柱尺寸及类型选择不合适	更换色谱柱
色谱柱或保护柱被污染,柱效降低	取下保护柱再进行分析,如果必要更换保护柱。对色谱柱进行再生,或直接更换同样类型的色谱柱
色谱柱过载	减少进样体积
流动相组成变化	重新制备新的流动相
流动相流速太低	调节合适的流速
检测器时间常数太大	使用较小的时间常数
柱入口塌陷	打开柱入口,填补塌陷或更换色谱柱

续表

可能的原因	排除方法
色谱峰未完全分离	选择其他类型的色谱柱以改善分离效果
检测器的反应时间或池体积过大	减少响应时间或使用更小的流通池
柱温过低	提高柱温,但温度不宜超过75℃
色谱柱与检测器之间的管路太长或管路内径太大	使用合适内径的短管路
漏液(特别是在柱子和检测器之间)	检查接头是否松动、损坏或不配套,泵是否漏液,是否有盐析出以及不正常的噪声,如果必要更换密封
样品带来的干扰与污染	改进清洗方法

(2)未出峰,可能的原因及排除方法见表6-12。

表6-12 未出峰

可能的原因	排除方法
系统未进样或样品被分解	重新进样或降低系统温度
泵未输送流动相或流动相使用不正确	检查泵输送流动相情况,重新选择流动相
检测器设置不正确	重新设置检测器参数

(3)一个峰或几个峰是负峰,可能的原因及排除方法见表6-13。

表6-13 一个峰或几个峰是负峰

可能的原因	排除方法
流动相吸收本底高	在流动相中避免加入有紫外吸收的组分
进样过程中进入空气	改进进样技术
样品组分吸收低于流动相吸收	重新选择流动相

(4)所有峰均为负峰,可能的原因及排除方法见表6-14。

表6-14 所有峰均为负峰

可能的原因	排除方法
信号电缆接反或检测器输出极性设置颠倒	重新接信号电缆,改正检测器输出极性设置
光学系统未平衡	重新平衡光学系统

(5)峰面积比预期的小(灵敏度下降),可能的原因及排除方法见表6-15。

表6-15 峰面积比预期的小

可能的原因	排除方法
样品粘度过大	适当稀释样品
进样器故障或进样体积误差	修理或更换进样器
检测器设置不正确	重新设置检测器参数

续表

可能的原因	排 除 方 法
定量管体积不正确	更换定量管
检测器被污染或检测器灯故障	清洗检测器,更换检测器灯
样品过滤器表面吸附下降	改变过滤器类型,采用交替清洗技术,严格按相同条件处理所有样品

(6)出现双峰或肩峰,可能的原因及排除方法见表6-16。

表6-16 出现双峰或肩峰

可能的原因	排 除 方 法
进样量过大或样品浓度过大	减少进样量或适当稀释样品
保护柱或色谱柱柱头堵塞	清理保护柱或色谱柱柱头,除去堵塞物
保护柱或色谱柱污染或失效	取下保护柱再进行分析,如果必要更换保护柱。对色谱柱进行再生,或直接更换色谱柱
柱塌陷或形成短通道,分离差	打开色谱柱入口,填补塌陷或直接更换色谱柱

(7)出现前延峰,可能的原因及排除方法见表6-17。

表6-17 出现前延峰

可能的原因	排 除 方 法
进样量过大或样品浓度过大	减少进样量或适当稀释样品
样品溶剂极性大于流动相极性	改变样品溶剂,建议采取流动相作为样品溶剂
保护柱或色谱柱污染或失效	取下保护柱再进行分析,如果必要更换保护柱。对色谱柱进行再生,或直接更换色谱柱
柱温低	适当升高柱温
柱塌陷或过滤片堵塞	打开柱入口,填补塌陷,换烧结过滤片或更换色谱柱

(8)出现鬼峰,可能的原因及排除方法见表6-18。

表6-18 出现鬼峰

可能的原因	排 除 方 法
前一次进样的洗脱峰	增加运行时间或梯度斜率,提高流速
样品过滤器带来污染	过滤器浸泡在样品溶剂中或改变过滤器类型,采用交替清洗技术
流动相被污染	重新更换流动相。流动相最好现用现配,隔夜使用要放在冰箱冷藏,再次使用时先进行过滤,尽可能使用HPLC级试剂

(9)出现峰拖尾,可能的原因及排除方法见表6-19。

表 6-19　出现峰拖尾

可能的原因	排 除 方 法
色谱柱效下降	对色谱柱再生,采用保护柱,或直接更换色谱柱
柱塌陷或过滤片堵塞	打开柱入口,填补塌陷,换烧结过滤片或更换色谱柱
有干扰峰	使用更长的色谱柱,或直接更换色谱柱
流动相选择错误或配比不合适	改变流动相,重新调整流动相配比
次级保留效应	发生离子排斥时,降低流动相 pH 值,发生离子交换时,增加流动相 pH 值;增加缓冲液或盐的浓度;在流动相中加入三乙胺(分析碱性组分)或乙酸(分析酸性样品)作改良剂
固定相选择不合适	更换色谱柱
柱过载(进样量过大或样品浓度过大)	减少进样量或适当稀释样品
样品中含有酸性或碱性组分时,缓冲液选择不合适	选择浓度合适的缓冲液流动相
溶剂与样品不相配	改变样品溶剂,建议采取流动相作为样品溶剂
柱外效应	调整系统连接(使用更短、内径更小的管路)或使用小体积的流通池

(10)出现平头峰,可能的原因及排除方法见表 6-20。

表 6-20　出现平头峰

可能的原因	排 除 方 法
检测器设置不正确,检测器饱和	重新设置检测器参数
进样量过大或样品浓度过高	减少进样量或适当稀释样品

(11)分离度降低,可能的原因及排除方法见表 6-21。

表 6-21　分离度降低

可能的原因	排 除 方 法
流动相污染或变质(引起保留时间变化)	重新配制流动相
保护柱或分析柱阻塞	去掉保护柱或更换保护柱,将分析柱反冲或再生,更换柱入口处的筛板或更换色谱柱

(12)所有的峰面积都太大,可能的原因及排除方法见表 6-22。

表 6-22　所有的峰面积都太大

可能的原因	排 除 方 法
检测器衰减设定过高	减少衰减的设定
进样量太多	减少进样量

(13)所有的峰面积都太小,可能的原因及排除方法见表 6-23。

表 6-23 所有的峰面积都太小

可能的原因	排 除 方 法
检测器衰减设定过低	采取较大的衰减
检测器时间常数设定太大	设定为较小的时间常数
进样量太少	增大进样量

(四)针对保留时间漂移的问题

保留时间的改变是很多液相色谱使用者常碰到的问题,其包括了保留时间增大和减小。它的产生与很多原因有关。

(1)保留时间波动,可能的原因及排除方法见表 6-24。

表 6-24 保留时间波动

可能的原因	排 除 方 法
温度变化	保证柱温恒定
流动相问题	要注意每次配制流动相的准确性,避免流动相被污染或者加入的添加剂对被测组分的干扰
系统不平衡	每次运行之前及改变流动相时要充分平衡色谱柱
固定相问题:高活性物质与固定相结合,使固定相活性位点减少	定期活化色谱柱

(2)保留时间不断变化,可能的原因及排除方法见表 6-25。

表 6-25 保留时间不断变化

可能的原因	排 除 方 法
流速变化	重新设定流速;检查泵的运行情况,是否有气泡,是否漏液
流动相组成的变化	注意每次配制流动相的准确性,将流动相线上混合改为手工混合,避免流动相中挥发性溶剂损失
色谱柱被污染物钝化	采用保护柱,正/反相冲洗色谱柱或更换新色谱柱
色谱柱键合相损失	使用硅胶预柱减慢键合相损失
泵中有气泡	溶剂脱气、启动泵抽出空气
样品介质效应	改进样品预处理技术,除去干扰介质

(五)基线噪声和基线偏移问题

一个良好的数据系统的基线噪声应该很低,信噪比要高,同时应避免基线漂移,但由于系统设置及操作条件选择不合适,就会产生明显的基线噪声和基线偏移。

(1)产生不规则的基线噪声可能的原因及排除方法见表 6-26。

表 6-26 产生不规则的基线噪声

可能的原因	排除方法
信号线选择错误或连接不当	使用厂家提供的信号线并正确连接
系统漏液	检查管路接头是否松动,泵是否漏液,是否有盐析出和不正常的噪声,如有必要,更换密封
系统内有气泡	用强极性溶液清洗系统
检测器或记录仪电子元件的问题	断开检测器和记录仪的电源,检查并更正
流动相各溶剂不相溶	选择互溶的流动相
色谱柱填料流失或阻塞	更换色谱柱
流动相污染、变质或由低品质溶剂配成	检查流动相的组成。使用高品质的化学试剂及 HPLC 级的溶剂
检测器灯能量不足	更换灯
流通池污染	用 1mol/L 的硝酸清洗流通池
流动相混合不均匀或混合器工作不正常	维修或更换混合器,在流动相不使用梯度洗脱液时,建议不使用泵的混合装置

(2)基线漂移可能的原因及排除方法见表 6-27。

表 6-27 基线漂移

可能的原因	排除方法
温度波动	控制好柱子和流动相的温度
流动相不均匀	设法增加混合效率,或用手工混合流动相
流通池被污染或有气体	用甲醇或其他强极性溶剂冲洗流通池
检测器出口阻塞	取出阻塞物或更换管子
流动相配比不当或流速变化	更改配比或流速,并定期检查
柱平衡慢,特别是流动相发生变化时	用中等强度的溶剂进行冲洗,更改流动相时,在分析前用 10~20 倍体积的新流动相对色谱柱进行冲洗
流动相污染、变质或由低品质溶剂配成	检查流动相的组成。使用高品质的化学试剂及 HPLC 级的溶剂
样品中有强保留的物质(高 K′值)以馒头峰样被洗脱出	使用保护柱,如有必要,在进样之间或在分析过程中,定期用强溶剂冲洗色谱柱

(3)产生规则的基线噪声可能的原因及排除方法见表 6-28。

表 6-28 产生规则的基线噪声

可能的原因	排除方法
在流动相、检测器或泵中有空气	流动相脱气。冲洗系统以除去检测器或泵中的空气
系统漏液	检查管路接头是否松动,泵是否漏液,是否有盐析出和不正常的噪声,如有必要,更换密封
流动相混合不完全	用手摇动使混合均匀或使用低粘度的溶剂
温度影响(柱温过高,检测器未加热)	设置合适的色谱柱和检测器温度
其他仪器的电磁干扰	设法排除

续表

可能的原因	排除方法
泵振动	在系统中加入脉冲阻尼器
流动相污染、变质或由低品质溶剂配成	检查流动相的组成。使用高品质的化学试剂及 HPLC 级的溶剂
样品中有强保留的物质（高 K′值）以馒头峰样被洗脱出	使用保护柱，如有必要，在进样之间或在分析过程中，定期用强溶剂冲洗柱子

（六）进样阀问题

以下问题是在使用进样阀过程中有可能发生的。

（1）手动进样阀载样困难，可能的原因及排除方法见表 6－29。

表 6－29　手动进样阀载样困难

可能的原因	排除方法
进样阀安装不当造成转子堵塞	重新安装
定量环阻塞	用反冲法清洗或更换定量环
进样器污染	清洗或更换进样器
管路阻塞	清洗或更换管路

（2）自动进样阀不能转动，可能的原因及排除方法见表 6－30。

表 6－30　自动进样阀不能转动

可能的原因	排除方法
无压力或电源	提供恰当的压力或电源
转子太紧	调整转子的松紧度
进样阀安装不当	重新安装
管路阻塞	清洗或更换管路

（3）手动进样阀转动不灵可能的原因及排除方法见表 6－31。

表 6－31　手动进样阀转动不灵

可能的原因	排除方法
转子密封损坏	更换或调整转子密封
转子太紧	调整转子的松紧度

（七）由气味、现象和声音可以发现的问题

操作者需要运用所有的感官去发现液相色谱的问题。操作者需要养成习惯，每天花上几分钟运用感官（除了味觉）来“感觉”液相色谱是否存在问题，这样可以帮助迅速找到问题所在。例如，在看到漏液之前，可能首先闻到气味。

（1）溶剂的气味：可能为系统漏液或溶剂溅出，对系统密封进行检查，检查废液瓶是否已满。

（2）热气味：判断是否仪器过热，检查并调节通风设施，检查并调节温度设定。

(3)读数不正常:压力不正常,进行排除;色谱柱温问题,检查并调节设定;检测器灯失效,换灯。

(4)灯警告:压力超出极限值,检查是否阻塞,检查并调节极限值的设定,其他警示灯,参见用户手册。

(5)警告音:溶剂泄漏或溅出,找到并解决;其他警告音,参见用户手册。

(6)刺耳的短音或长音:常见为轴承失效或机械故障,参见用户手册;或者是润滑不够,进行恰当的润滑。

第四节　高效液相色谱法应用实例

目前高效液相色谱已经发展到与高效气相色谱相当的水平,而且对于高相对分子质量、热稳定性差和极性强等不适合用气相色谱分析物质都可以用液相色谱来分析。因此它应用相当广泛。

一、应用实例一

高效液相色谱法测定工业用精对苯二甲酸(PTA)中的对羧基苯甲醛(4 - CBA)和对甲基苯甲酸(P - T 酸)含量(参考 SH/T 1612.7 工业用精对苯二甲酸中对羧基苯甲醛和对甲基苯甲酸含量的测定　高效液相色谱法)。

(一)适用范围

适用于工业用 PTA 中 4 - CBA 和 P - T 酸的含量。

(二)方法提要

先将试样溶解于氨水溶液中,调节试样溶液的 pH 值为 6 ~ 7,然后进行高效液相色谱分析。色谱柱为阴离子交换键合固定相,流动相为磷酸盐缓冲溶液,用紫外检测器进行检测,并以外标法进行定量。

(三)流动相的配制

称取一定量的磷酸二氢铵(配制浓度为 $c_{(NH_4H_2PO_4)}=0.15mol/L$ 时,称取 17.25g;配制浓度为 $c_{(NH_4H_2PO_4)}=0.30mol/L$ 时,称取 34.50g),溶于 850mL 水中,滴加磷酸溶液(1 + 1),调节 pH 值至 4.3,转移至 1000mL 容量瓶中,再加入 100mL 乙腈(或甲醇),混匀,再用水稀释至刻度。使用前需经微孔滤膜真空过滤并进行脱气。

(四)对高效液相色谱仪的要求

(1)输液泵:为高压恒流泵,其流量范围为 0.1 ~ 9.9mL/min,工作压力一般为 0 ~ 40MPa,压力脉冲应小于 ±1%。

(2)进样装置:为高效液相色谱用微量高压旋转型阀,配置 20 ~ 50μL 样品定量管。

(3)检测器:紫外(UV)检测器,使用波长为 254nm。

(4)记录装置:积分仪或色谱数据处理机。

(5)高效液相色谱用微量注射器:容积 50 ~ 100μL,供将试样注入样品定量管用。

(6)真空过滤器:配用孔径为 0.22μm 或 0.45μm 滤膜。

(7)色谱柱及典型操作条件:见表 6 - 32 典型操作条件所示。

(8)预柱:安装在输液泵与进样阀之间,为不锈钢材质,其内径一般为 4 ~ 10mm,柱长为

50～100mm，填料与分析柱相同或与其配套的亲水化学键合型硅胶，粒径一般为10～20μm。

表6－32 典型操作条件

色谱柱	强碱性阴离子交换柱	弱碱性阴离子交换柱
固定相	季氨基化学键合型硅胶，如Spherisorb SAX	叔铵基化学键合型硅胶，如Shim－pack WAX
粒径，μL	10	5
柱管材质	不锈钢	
柱长，mm	250	150
内径，mm	4～5	
流动相	0.15mol/L $NH_4H_2PO_4$ 水溶液 (pH＝4.3)：乙腈＝9：1	0.3mol/L $NH_4H_2PO_4$ 水溶液 (pH＝4.3)：乙腈＝9：1
流量，mL/min	1.0～1.5	
检测器	UV 254nm	
进样量，μL	20～50	
柱温，℃	25～40	

（五）操作步骤

（1）设定操作条件：开启色谱仪，按表6－1所示的操作条件进行设定。

（2）外标校准：称取约0.5g（精确至0.001g）PTA标准样品于25mL烧杯中，加入3mL氨水溶液，再加水至10mL，微热搅拌使其完全溶解，然后滴加磷酸溶液，调节溶液pH值为6～7，定量移入50mL容量瓶中，用水稀释至刻度。用微量注射器将该溶液充满进样阀的样品定量管，并注入色谱仪，进行分离测定，记录色谱图并由此得到相应的4－CBA和P－T酸的峰高值。

（3）样品的测定：称取约0.5g（精确至0.001g）PTA试样，重复外标校准相应的步骤，得出待测试样中4－CBA和P－T酸的峰高值。

（六）计算

试样中4－CBA（或P－T酸）的含量X（mg/kg）按下式计算：

$$X = \frac{m_s \cdot H \cdot C_s}{m \cdot H_s}$$

式中 H——试样中4－CBA或P－T酸的峰高值；

m——所称取的试样的质量，g；

H_s——标样中4－CBA或P－T酸的峰高值；

C_s——标样中4－CBA或P－T酸的含量，mg/kg；

m_s——所称取的标准样品的质量，g。

（七）典型色谱图

典型色谱图如图6－4所示。

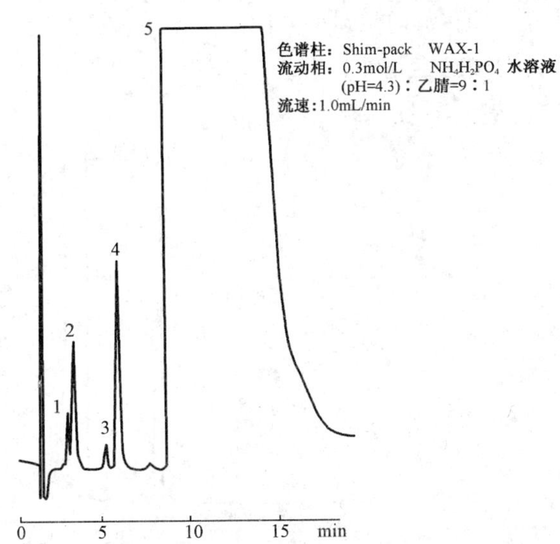

图6－4 PTA中的4－CBA和P－T酸含量测定典型色谱图

1—羟甲基苯甲酸；2—4－CBA；3—苯甲酸；4—P－T酸；5—PTA

二、应用实例二

环氧乙烷装置液体、气体中甲醛和乙醛分析方法:高效液相色谱法。

(一)适用范围

适用于环氧乙烷装置中环氧乙烷产品及乙二醇水溶液中甲醛和乙醛的分析。甲醛的最小检出限为2μg/mL,乙醛的最小检出限为3μg/mL。

(二)方法原理

样品中的甲醛和乙醛与反应液中的2,4-二硝基苯肼反应,分别生成2,4-二硝基苯甲腙和2,4-二硝基苯乙腙,在液相色谱中,以57%乙腈和43%水为流动相,经ODS C_{18}液相色谱柱后分离,利用紫外检测器在254nm处进行检测,测定出样品中的甲醛和乙醛含量。醛基与2,4-二硝基苯肼反应方程式如下:

$$C_6H_3(NO_2)_2N(H)NH_2 + OCHR \rightarrow C_6H_3(NO_2)_2N(H)N \quad CHR + H_2O$$

(三)测试方法

(1)气体样品中甲醛乙醛的测定:将气体吸收装置的两个串联玻璃管中各加入1mL 2,4-二硝基苯肼衍生液,加入乙腈至10mL刻度线,将一定流量的气体通入气体吸收装置中20~30min,记录气体的流量和时间,计算通过样品吸收液的总气体流量。将吸收后的溶液转移至25mL容量瓶中,将吸收瓶用少量乙腈洗去残留液转移至容量瓶中,并用乙腈稀释至刻度。混匀后放置10min,然后以与测定标准曲线相同的色谱条件注入液相色谱柱,测定甲醛、乙醛的峰面积,通过标准曲线计算出所含甲醛、乙醛的微克数。

(2)乙二醇水溶液中甲醛、乙醛的测定:用移液管移取2mL乙二醇水溶液于25mL容量瓶中,准确称重(精确至0.0001g),然后在容量瓶中加入2mL的衍生液,用乙腈稀释至刻度,混匀,放置10min,与测定标准曲线相同的色谱条件注入液相色谱柱,测定甲醛、乙醛的峰面积,通过标准曲线计算出所含甲醛、乙醛的微克数。

(四)典型色谱图

典型色谱图如图6-5所示。

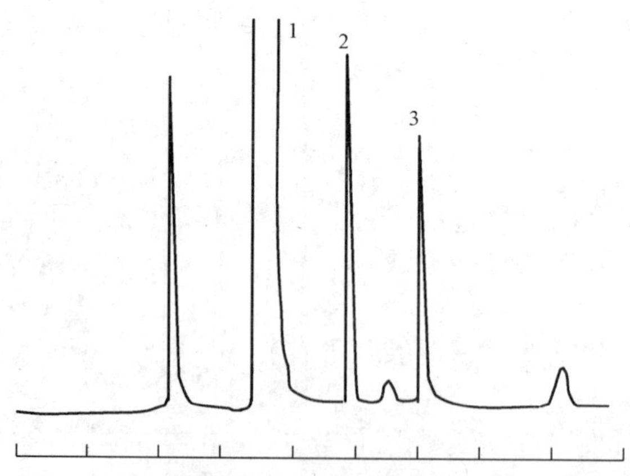

图6-5 液体、气体中甲醛和乙醛测定典型色谱图

1—2,4-二硝基苯肼衍生液;2—甲醛苯腙;3—乙醛苯腙

第七章　气相色谱—质谱联用分析法

气相色谱—质谱联用(GC－MS)分析法是将气相色谱法和有机质谱法相结合,达到对混合物组分进行分离并且定性定量测定的目的。气相色谱部分起到分离混合物的作用,质谱仪是检测器,起到对分离后的各个组分进行结构鉴定,从而实现对混合物组分进行定性定量的测定。

要想对 GC－MS 工作原理有更深入的了解,必须先学习一般质谱仪的结构和工作原理。

第一节　一般质谱仪结构与工作原理

一、基本概念和术语

(1)质荷比:指带电粒子的质量与所带电荷之比值,以 m/e 表示。

(2)质谱图:是以质荷比(m/e)为横坐标,相对强度为纵坐标构成的棒状谱图。

(3)基峰:质谱图上相对强度最大的峰称为基峰,规定基峰的相对强度为100%。

(4)相对丰度:也称相对强度,是带电粒子相对于质谱图上最高峰(即基峰)的相对百分数。

(5)分子离子:样品分子受高速电子轰击后失去一个价电子形成的正离子,分子离子的质荷比在数值上就是该分子的相对分子质量。

(6)碎片离子:分子离子往往具有过剩的能量,很容易经过裂解生成碎片离子,碎片离子可能再次裂解,生成质量更小的碎片离子,另外在裂解的同时也可能发生重排,因此在化合物的质谱中常常可以看到许多碎片离子峰。碎片离子峰是质谱定性的重要依据。

(7)同位素离子峰:由于同位素的存在,可以看到比分子离子峰大一个质量单位的峰;有时还可以观察到 M＋2、M＋3 等。

二、质谱仪的结构与工作原理

质谱分析法主要是在高真空的状态下,化合物受热汽化,气态分子被一定能量的电子流冲击,失去一个电子,成为带正电荷的离子即分子离子(母离子),这样的离子会进一步碎裂形成更多的碎片离子,这些阳离子在电场和磁场的作用下,按照质量 m 和所带电荷 z 的比值(简称质核比,用 m/z 表示)的大小排列而成的谱图称为质谱,所用的仪器称为质谱仪。质谱仪的结构包括进样系统、离子源、质量分析器、检测器、真空系统和数据处理系统。质谱仪的基本构造如图 7－1 所示。

(一)进样系统

质谱仪的工作是在高真空状态下进行的,而被分析的样品则处于常压环境下。将样品无

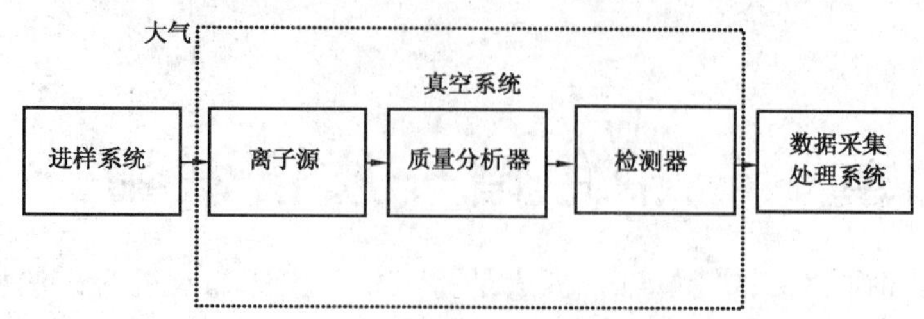

图 7-1 质谱仪的基本构造图

分馏、快速、安全和方便地送入质谱仪器的离子源是进样系统的主要任务。一般的质谱仪器进样系统分为直接进样系统、间接进样系统和参考样品进样系统。随着色谱—质谱(气相色谱—质谱 GC-MS 或液相色谱—质谱 LC-MS)联用技术的发展,气相色谱和液相色谱可以看成是质谱仪的特殊进样系统,而质谱仪可以看成是气相色谱和液相色谱的特殊检测器。

1. 直接进样系统

直接进样系统是利用一个推杆或探头将样品送入离子源的电离盒样品口,然后使样品汽化的进样系统,主要用于固体和高沸点样品进样。由于样品在电离盒旁边汽化,大部分样品蒸汽能进入电离盒,因此样品的利用率高于其他几种进样系统。同时由于汽化位置与电离区域很近,样品一旦汽化,很快被电离,能比较有效地防止样品热分解。

2. 间接进样系统

间接进样系统也称储气罐进样系统。它是先将气态样品或液、固态样品的蒸汽储存在储气罐中,然后通过加热的导管送入电离盒的一种进样系统。间接进样系统对气、液、固态样品的分析均适用。适用于定量分析,但不适用于热稳定性差的样品,热稳定性差的样品可能在进入离子盒前就部分或全部热分解了。

3. 参考进样系统

参考样品是指质量定标所用的标样。为了防止标准样品污染样品进样系统,质谱仪常常装备有专门的参考样品进样系统。

(二)离子源(Ion source)

离子源的作用是将样品电离,得到带有样品信息的离子。质谱仪的离子源种类很多,现将主要的离子源介绍如下。

1. 电子电离源(Electron Ionization,简称 EI)

电子电离源又称 EI 源,工作机理是利用具有一定能量的电子束使气态的样品分子或原子电离,也称电子轰击源,主要适用于易挥发的有机样品的测定。它是应用最为广泛的离子源,其优点是结构简单,易于操作,电离效率高,谱线多,信息量大,再现性好,有标准质谱图可以检索;缺点是某些化合物的分子离子峰很弱,甚至观察不到。GC-MS 联用仪中都配有这种离子源。图 7-2 是电子电离源的构造示意图。

工作原理:在真空条件下,当电流通过灯丝 8 时,灯丝温度达到 2000℃左右,炽热的灯丝发射出电子。电子在电离电压(即加在电离盒 1 和灯丝 8 上的电位差)下加速,获得能量,并

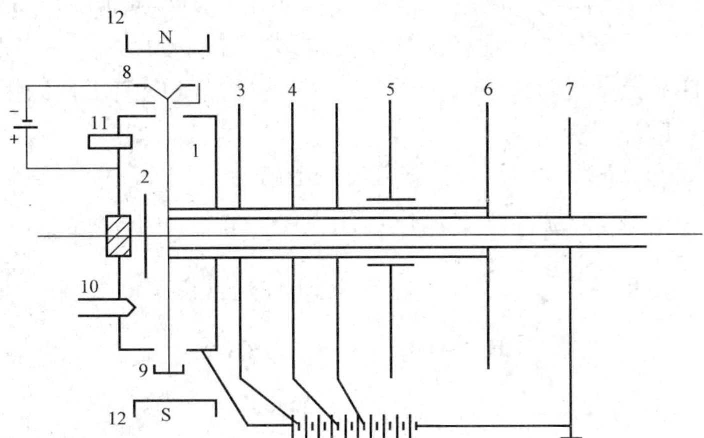

图 7－2 电子电离源的构造示意图

1—电离盒；2—推斥极；3—引出极；4—聚焦极；5—Z 向偏转极；6—总离子流检测极；7—主狭缝；8—灯丝（或称阴极）；9—电子收集极；10—电离盒加热器；11—热电偶；12—永久磁铁

经聚焦成束，进入电离盒。在电离盒中，电子与其他的样品分子或原子相互作用，当电子能量高于样品离子化电位时，样品分子或原子发生电离形成带电荷的样品离子。永久磁铁 12 产生的磁场使电子在离子盒内做螺旋运动，增加了电子与气态分子或原子之间的作用几率，从而提高了电离效率。穿过电离盒的电子被电子收集极 9 收集。样品离子在电离盒中一旦形成，就立即在推斥极 2 和引出极 3 作用下被拉出电离盒。聚焦极 4 和 Z 向偏转极 5 使离子聚焦成束。通过离子流检测极 6 后离子流被记录成总离子流图信息后被输出，离子经过主狭缝 7 后进入质量分析器。

为了获得可重复的质谱图，轰击电子的能量规定为 70 电子伏特（70eV），所有的标准质谱图都是在 70eV 下做出的。在 70eV 电子轰击碰撞作用下，有机物样品分子可能有四种不同途径形成离子：

（1）可能被打掉一个电子形成分子离子；

（2）分子样品分子离子进一步发生化学键断裂形成碎片离子；

（3）分子离子发生结构重排形成重排离子；

（4）通过分子离子反应生成加合离子。

由分子离子可以确定化合物相对分子质量，由碎片离子可以得到化合物的结构。对于一些不稳定的化合物，在 70eV 的电子轰击下很难得到分子离子。为了得到相对分子质量信息，可以采用 10～20eV 的电子能量，不过此时仪器灵敏度将大大降低，需要加大样品的进样量，而且，得到的质谱图不再是标准质谱图。

此外，还有同位素离子。这样，一个样品分子可以产生很多带有结构信息的离子，对这些离子进行质量分析和检测，可以得到具有样品信息的质谱图。

2. 化学电离源（Chemical Ionization，简称 CI）

有些化合物稳定性差，用 EI 方式不易得到分子离子峰，因而也就得不到相对分子质量信息。为了得到相对分子质量信息可以采用 CI 电离方式。CI 和 EI 在结构上没有多大差别，或者说主体部件是共用的,其主要差别是 CI 源工作过程中要引进一种反应气体。反应气体可以是甲烷、异丁烷、氨等。反应气的量比样品气要大得多。灯丝发出的电子首先将反应气电离,然后反应气离子与样品分子进行离子—分子反应,并使样品气电离。现以甲烷作为反应气为例,说明化学电离的过程。

(1)一级电离反应:在电子轰击下,甲烷首先被电离。

$$CH_4 + ne \rightarrow CH_4^+ + CH_3^+ + CH_2^+ + CH^+ + C^+ + H^+ + ne$$

(2)二级电离反应:甲烷离子与分子进行反应,生成活性离子 CH_5^+ 和 $C_2H_5^+$。

$$CH_4^+ + CH_4 \rightarrow CH_5^+ + CH_3^+$$

$$CH_3^+ + CH_4 \rightarrow C_2H_5^+ + H_2$$

(3)活性离子 CH_5^+ 和 $C_2H_5^+$ 与样品分子 M 反应,生成了比分子离子多一个 H 或少一个 H 的准分子离子($M \pm 1$):

$$CH_5^+ + M \rightarrow [M+1]^+ + CH_4$$

$$C_2H_5^+ + M \rightarrow [M+1]^+ + C_2H_4$$

$$或\ CH_5^+ + M \rightarrow [M-1]^- + CH_4 + H_2$$

$$C_2H_5^+ + M \rightarrow [M-1]^- + C_2H_6$$

事实上,以甲烷作为反应气,除$(M+1)^+$之外,还可能出现$(M+17)^+$,$(M+29)^+$等离子,同时还出现大量的碎片离子。化学电离源是一种软电离方式,有些用 EI 方式得不到分子离子的样品,改用 CI 后可以得到准分子离子,因而可以求得相对分子质量。对于含有很强的吸电子基团的化合物,检测负离子的灵敏度远高于正离子的灵敏度,因此,CI 源一般都有正 CI 源和负 CI 源,可以根据样品情况进行选择。由于 CI 源得到的质谱不是标准质谱,所以不能进行库检索。

EI 和 CI 源主要用于气相色谱—质谱联用仪,适用于易汽化的有机物样品分析。

(三)质量分析器(Mass analyzer)

质量分析器的作用是将离子源产生的离子按质荷比 *m/e* 顺序分开并排列成谱。用于有机质谱仪的质量分析器有磁式双聚焦分析器、四极杆分析器、离子阱分析器、飞行时间分析器、回旋共振分析器等。磁式双聚焦分析器、四极杆分析器是应用在 GC - MS 中最广泛的分析器。

1. 磁式双聚焦质量分析器(Double focusing analyzer)

磁式双聚焦质量分析器(图 7 - 3)是在单聚焦质量分析器(图 7 - 4)的基础上发展起来的。单聚焦质量分析器的主体是处在磁场中的扇形真空腔体。离子进入分析器后,由于磁场的作用,其运动轨道发生偏转改作圆周运动,离子的运动半径与离子的质量有关,因此磁场即把不同质量的离子按质荷比的大小顺序分成不同的离子束,这就是磁场引起的质量色散作用。磁场同时还具有能量色散作用,即相同质荷比但能量不同的离子将在磁场中产生色散而不能聚焦,从而降低了分辨率。为了消除离子能量分散对分辨率的影响,通常在扇形磁场前加一扇形电场，扇形电场是一个能量分析器，不起质量分离作用。质量相同而能量不同的离子经过静电电场后会彼此分开。即静电场有能量色散作用。如果设法使静电场的能量色散作用和磁场的能量色散作用大小相等方向相反，就可以消除能量分散对分辨率的影响。只要是质量相同的离子，经过电场和磁场后可以汇聚在一起，不同质量的离子得到分离。这种由电场和磁场共同实现质量分离的分析器，同时具有方向聚焦和能量聚焦作用，称为双聚焦质量分析器。

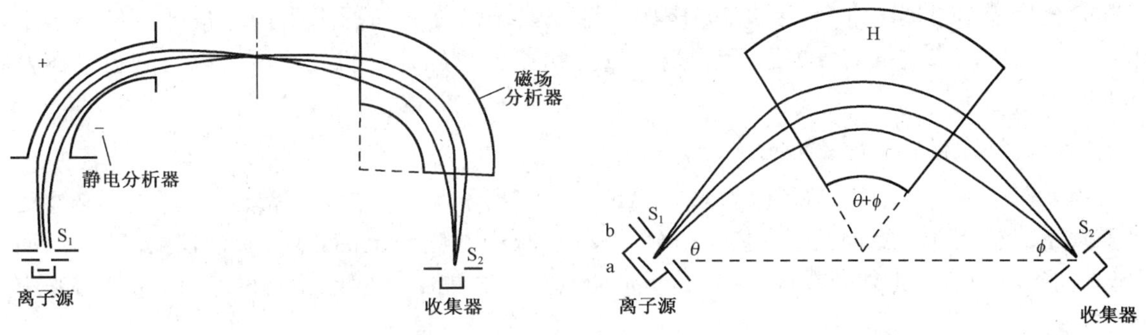

图 7－3　双聚焦质量分析器

图 7－4　单聚焦质量分析器

2. 四极杆分析器（Quadrupole analyzer）

四极杆分析器由四根棒状电极组成，其剖面图如图 7－5 所示。电极材料是镀金陶瓷或钼合金。相对两根电极间分别加有直流电压和射频电压。四个棒状电极形成一个四极电场。当高速运动的离子束穿过准直小孔进入四极杆之间的空间时，在高频电场的作用下发生振荡，在一定的电压和频率下，只有一种质荷比的离子会形成稳定的振荡通过四极杆到达检测器，其余离子则因振幅不断增大，撞在电极上而被过滤掉。如果使交流电压的频率不变，连续的改变直流和交流电压的大小（保持他们的比例不变）（电压扫描）或保持电压不变连续的改变交流电压的频率（频率扫描），就可使不同质荷比的离子依次到达检测器，实现质量扫描得到质谱图。

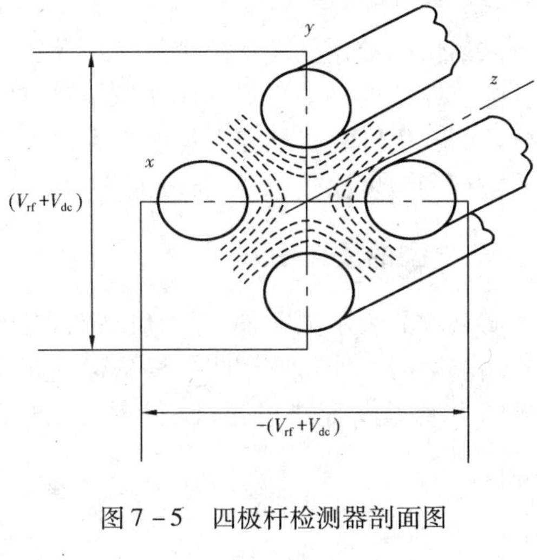

图 7－5　四极杆检测器剖面图

四极杆分析器的优点为：

（1）结构简单、体积小、重量轻，价格便宜，清洗方便，操作容易。

（2）仅用电场而不用磁场，无磁滞现象。扫描速度快，这使得它适合与色谱联机。

（3）要求的真空度相对较低，因而特别适合同液相色谱联机。

四极杆分析器的缺点为：

（1）分辨率比磁分析器略低。

（2）对较高质量的离子有质量歧视效应。

(四)离子检测系统(Detecter)

质谱仪的检测系统的作用是将从质量分析器出来的只有 $10^{-12} \sim 10^{-9}$ A 的微小离子流加以接收、放大,以便记录。质谱仪的检测系统主要使用电子倍增器,也有的使用光电倍增管,由质量分析器出来的离子打到"高能打拿极"上产生电子,电子经电子倍增器产生电信号,记录不同离子的信号即得到质谱。信号增益与倍增器电压有关,提高倍增器电压可以提高灵敏度,但同时会降低倍增器的寿命,因此,应该在保证仪器灵敏度的情况下采用尽量低的倍增器电压。由倍增器出来的电信号被送入计算机储存,这些信号经计算机处理后可以得到色谱图及其他各种信息。

(五)真空系统(Vacuum system)

为了保证离子源中灯丝的正常工作,保证离子在离子源和分析器正常运行,消减不必要的离子碰撞,散射效应,复合反应和离子—分子反应,减小本底与记忆效应,质谱仪的离子源、质量分析器、检测器都必须处在优于 10^{-5} mbar 的真空中才能工作。也就是说,质谱仪都必须有真空系统。

一般真空系统由机械真空泵和扩散泵或涡轮分子泵组成。机械真空泵能达到的极限真空度为 10^{-3} mbar,不能满足要求,必须依靠高真空泵。扩散泵是常用的高真空泵,其性能稳定可靠,缺点是启动慢,从停机状态到仪器能正常工作所需时间长;涡轮分子泵则相反,仪器启动快,但使用寿命不如扩散泵。但由于涡轮分子泵使用方便,没有油的扩散污染问题,因此,近年来生产的质谱仪大多使用涡轮分子泵。涡轮分子泵直接与离子源或分析器相连,抽出的气体再由机械真空泵排到体系之外。

(六)数据处理系统

质谱仪的数据处理系统都是使用计算机系统,它不仅能快速准确地采集数据和数据处理,而且能监控仪器各单元的工作状态,实现仪器的自动操作,并能代替人工进行化合物的定性定量分析。利用计算机储存大量已知有机化合物的标准谱图即标准谱库,能对未知组分与标准物质进行相似度比较,得出比较准确的定性结果。

三、典型的质谱图

质谱图的表示法两种:峰形质谱图和棒图。图 7-6 是典型的峰形质谱图;图 7-7 是典型的棒图质谱图。峰形质谱图的横坐标是质荷比 m/e,纵坐标是离子流强度;棒图的横坐标是质荷比 m/e,纵坐标是离子相对丰度值,棒图是标准的质谱图,是定性定量的依据。

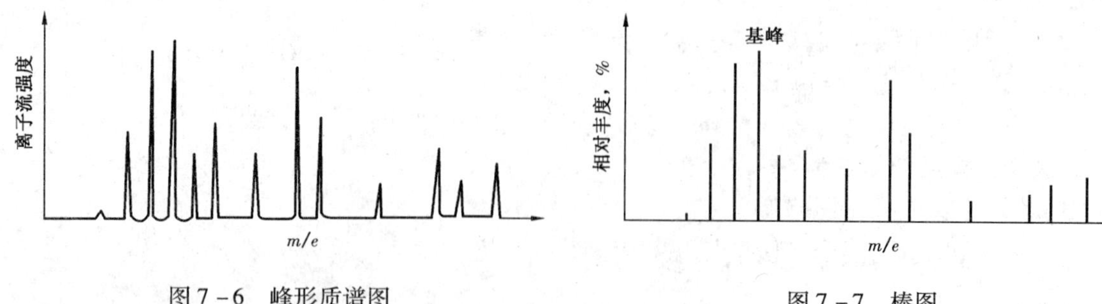

图 7-6 峰形质谱图　　图 7-7 棒图

四、质谱仪性能指标

(一)灵敏度

GC－MS 灵敏度表示某样品(如八氟萘或六氯苯),在一定的分辨率下,产生一定信噪比的分子离子峰所需的样品量。具体测量方法如下:通过 GC 进标准测试样品(八氟萘)1pg,质谱采用全扫描方式从 m/e200 扫到 m/e300,扫描完成后,用八氟萘的分子离子 m/e272 做质量色谱图并测定 m/e272 离子的信噪比,如果信噪比为 20,则该仪器的灵敏度可表示为 1pg 八氟萘(信噪比 20:1)。有的仪器用六氯苯作测试样品,那么测量时要改用六氯苯的分子离子 m/e 288,如果仪器灵敏度达不到 1pg,则要加大进样量,直到有合适大小的信噪比为止,用此时的进样量及信噪比来表示灵敏度。

(二)分辨率

质谱仪的分辨率表示质谱仪把相邻两个质量分开的能力,常用 R 表示。其定义为:如果某质谱仪在质量 M 处刚刚能分开 M 和 $M+\Delta M$ 两个质量的离子,则该质谱仪的分辨率为 $R=M/\Delta M$。刚刚能分开一般是指两峰间的“峰谷”是峰高的 10%(每个峰提供 5%),如图 7－8 所示。其中 $\Delta M=m_2-m_1$,在两峰质量数相差较小,即 m_2-m_1 越小,要求仪器分辨率越大。

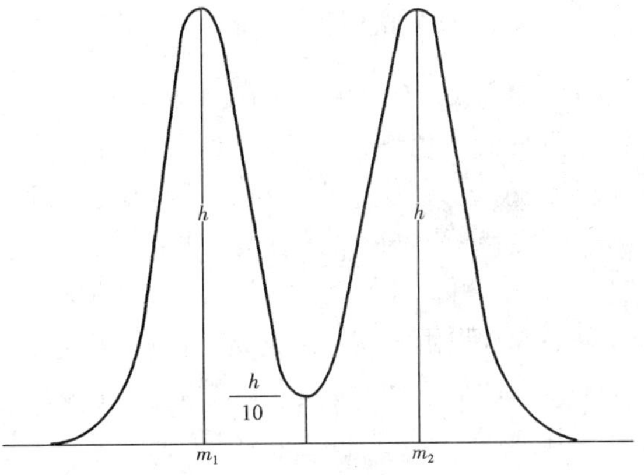

图 7－8 刚刚分开即峰谷分辨率为 10% 时谱图

通常,$R \geqslant 10000$ 为高分辨质谱,$R \leqslant 1000$ 为低分辨质谱。

对于磁式质谱仪,质量分离是不均匀的,在低质量端离子分散大,高质量端离子分散小,或者说 M 小时 ΔM 小,M 大时 ΔM 也大。因此,仪器的分辨率数值基本不随 M 变化。在四极质谱仪中,质量排列是均匀的,若在 $M=100$ 处,$\Delta M=1$,则 $R=100$;在 $M=1000$ 处,$\Delta M=1$,则 $R=1000$,分辨率随质量变化。为了对不同 M 处的分辨率都有一个共同的表示法,质谱仪的分辨率一般表示为 M 的倍数,如 $R=1.7M$ 或 $R=2M$ 等。如果是 $R=2M$,表示在 $M=100$ 时,$R=200$;$M=1000$ 时,$R=2000$。

(三)质量范围

质量范围是质谱仪所能测定的离子质荷比的范围。对于多数离子源,电离得到的离子为单电荷离子。这样质量范围实际上就是可以测定的相对分子质量范围。

质量范围的大小取决于质量分析器。四极杆分析器的质量范围上限一般在 1000 左右,也有的可达 3000,而飞行时间质量分析器可达几十万。由于质量分离的原理不同,不同的分析器有不同的质量范围,彼此间比较没任何意义。同类型分析器则在一定程度上反映质谱仪的性能。当然,了解一台仪器的质量范围,主要为了知道它能分析的样品相对分子质量范围。不能简单认为质量范围宽仪器就好。对于 GC－MS 来说,分析的对象是挥发性有机物,其相对分子质量一般不超过500,最常见的是300以下。因此,对于GC-MS的质谱仪来说,质量范围达到800应该就足够了,再高也不一定就好。如果是LC-MS用质谱仪,因为分析的很多是生物大分子,质量范围宽一点会好一些。

(四)质量稳定性

质量稳定性主要是指仪器在工作时质量稳定的情况,通常用一定时间内质量漂移的质量单位来表示。例如,某仪器的质量稳定性为:0.1amu/12h,意思是该仪器在12h之内,质量漂移不超过0.1amu。

第二节 GC-MS联用分析法

一、GC-MS联用仪结构

GC-MS联用仪主要由四部分组成:气相色谱部分、接口、质谱部分和数据处理系统。色谱部分和一般的色谱仪基本相同,包括有柱箱,汽化室和载气系统,分流/不分流进样系统、程序升温系统、压力、流量自动控制系统等,一般不再有色谱检测器,而是利用质谱仪作为色谱的检测器。在色谱部分,混合样品在合适的色谱条件下被分离成单个组分,然后进入质谱仪进行鉴定。

GC-MS联用的主要问题是如何解决色谱与质谱的接口,因为气相色谱仪是在常压(约1.01×10^5Pa)下工作,而质谱仪需要在高真空(一般低于10^{-3}Pa)下工作,两者之差在10^8Pa以上,所以必须有一个合适的接口,使两者的压力基本匹配,才能达到质谱仪的检测。这种接口称为分子分离器。分子分离器的作用是将气相色谱载气去除,使样品气进入质谱仪。如果气相色谱仪使用填充柱,必须经过分子分离器,如果色谱仪使用毛细管柱,所需的载气柱流量一般为1~2mL/min,比填充柱约小1个数量级。在离子源处配有高效分子涡轮泵,不会破坏质谱仪真空度,可以将毛细管直接插入质谱仪离子源。目前常用的GC-MS都是使用毛细管色谱柱。

GC-MS的质谱仪部分可以是磁式质谱仪、四极质谱仪,也可以是飞行时间质谱仪和离子阱。目前使用最多的是四极质谱仪。离子源主要是EI源和CI源。

GC-MS的另外一个组成部分是计算机系统。由于计算机技术的提高,GC-MS的主要操作都由计算机控制进行,这些操作包括利用标准样品(一般用全氟三丁胺)校准质谱仪,设置色谱和质谱的工作条件,数据的收集和处理以及库检索等。这样,一个混合物样品进入色谱仪后,在合适的色谱条件下,被分离成单一组成并逐一进入质谱仪,经离子源电离得到具有样品信息的离子,再经分析器、检测器,即得每个化合物的质谱。这些信息都由计算机储存,根据需要,可以得到混合物的色谱图、单一组分的质谱图和质谱的检索结果等。根据色谱图还可以进行定量分析。因此,GC-MS是有机物定性、定量分析的有力工具。

二、GC-MS工作原理

GC-MS具有灵敏度高、样品量少、分析速度快等优点,关键是能解决某些其他方法无能为力的定性定量测定问题。

(一)GC - MS的工作原理

GC - MS的工作原理如图7 - 9所示。

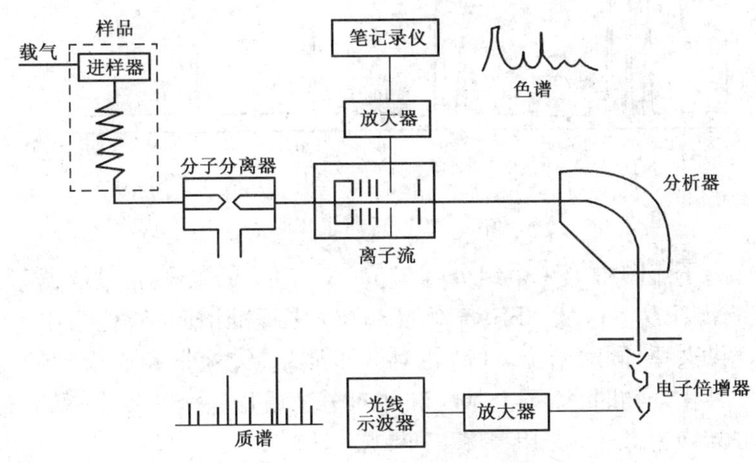

图7 - 9 GC - MS的工作原理

当一个样品用微量注射器注入气相色谱仪的进样器后,样品在加热器中被加热汽化,由载气载入样品气通过色谱柱,进行分离,每种组分以不同的保留时间离开色谱柱。在色谱仪出口,载气已完成了它的使命,需要设法将载气筛去,仅让样品进入离子源。分子分离器的作用就是尽可能把载气除去,只让分析组分通过。因为这样,分析组分的量很小,进入离子源后,不至于破坏质谱仪的真空度。如果使用毛细管色谱柱,就可以不用分子分离器。组分的中性分子进入质谱仪的离子源后,被电离为带电离子,还会有一部分载气(GC - MS操作中用氦气作载气)进入离子源。这部分载气和质谱仪内残余气体分子一起被电离为离子,并构成质谱的本底:组分离子和本底离子一起被离子源的加速电压加速,射向质谱仪的分析器中。在进入分析器前,设置一个总离子检测极,收集总离子流的一部分。总离子检测极收集的离子流经过放大器放大并记录下来,得到该组分的色谱峰,该图称为总离子流色谱图(简称TIC),如图7 - 10所示。总离子流色谱峰由低到峰顶再下降的过程,就是某组分出现在离子源的过程。在进行GC - MS操作时,从进样起,质谱仪开始在预定的质谱范围内,磁场作自动循环扫描,每次扫描给出一组质谱,存入计算机,计算机算出每组质谱的全部峰强总和,作为再现色谱峰的纵坐标。每次扫描的起始时间t_1、t_2、t_3、…作为横坐标。这样每一次扫描给出一个点,这些点连线给出一个再现的色谱峰。它和总离子色谱峰相似,数据系统可给出每个再现色谱峰峰顶所对应的时间。再现的色谱峰可以计算峰面积,进行定量分析。利用再现的色谱峰,可任意调出色谱上任何一点所对应的一组质谱;色谱峰顶处可获得无畸变的质谱。

(二)数据库检索

图7 - 10中的横坐标的第一行数字表示扫描次数,如76,表示第76次扫描;第二行数字表示保留时间。纵坐标表示离子强度,每个组分的含量由峰面积计算。各个峰尖上的数字代表扫描次数。

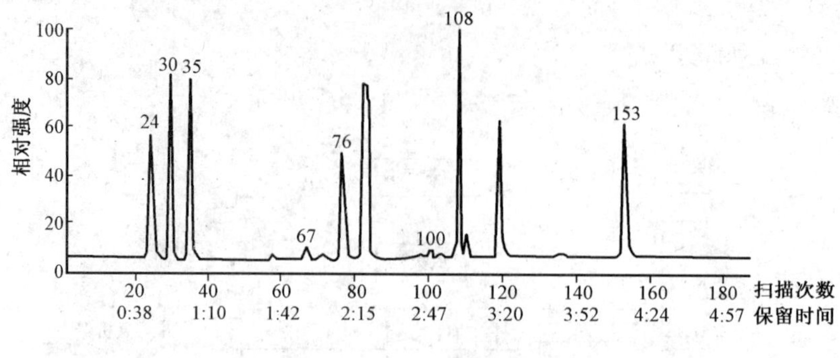

图 7 - 10　总离子流图

图 7 - 11 是总离子流图中第 4 个组分峰(76#)对应的质谱图,通过数据库检索,分子离子峰 m/e 为 106,基峰 m/e 为 91,从 NBS 谱库的 38785 张标准谱图中,检索出 15 种可能化合物的名称和元素组成供选择,同时给出基峰、相对分子质量、纯检索和逆检索的相似度。由检索结果来判断是那一种化合物时,原子上基峰和相对分子质量完全一致,三种相似度最高的为第一种选择。因此,76#峰为 1,2 - 二甲基苯。

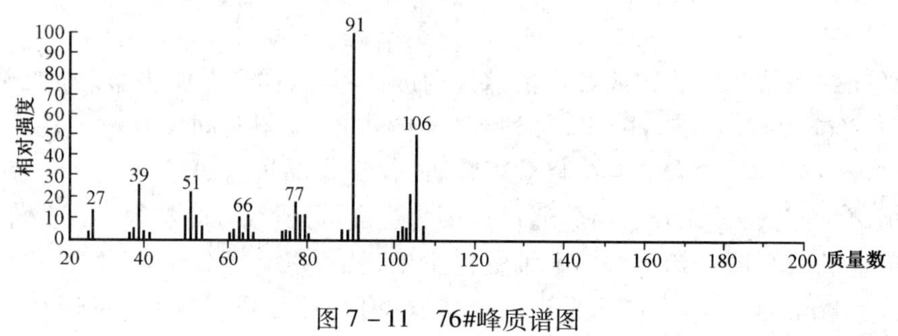

图 7 - 11　76#峰质谱图

第三节　GC - MS 联用仪使用及维护

一、气源选择

(一)载气

GC - MS 最常用的载气是氦气和氢气。由于载气要携带样品进入色谱柱进行分离,然后进入检测器对各组分进行定性和定量,所以这些气体的纯度是至关重要的。载气的纯度对于防止色谱硬件的性能下降也是十分重要的。载气中的污染物对色谱柱的寿命以及对被分析物的检测都有很大的影响。气体不纯会出现污染物峰、增大柱流失,同时伴随有色谱柱或检测器的损坏。

(二)辅助气体

辅助气也称为反应气,是检测器或具体应用中专用的气体。这些气体包括燃料气、氧化气、冷却气、检测器气和气压动力用气。辅助气体的纯度要求取决于这些气体的使用目的和他们是否与样品接触。冷却气(二氧化碳)和气压动力用气体(空气或氮气)一般不与样品或检测器接触,所以,这些非接触气体不必用最高纯度的。对于大多数应用,要求气体中油和颗粒物的含量低,因此,可以使用低纯度的"专用气体"级产品。在大多数情况下,燃料气、氧化气和检测器气体要与样品接触,故需要较高纯度的气体。不过,不同气体供应商对于气体纯度的表示方法有所不同。重要的是要了解气体供应商所提供产品的杂质,从而选择适当的气体净化产品。

常见气体一般分为四种:低纯度的专用气体或工业气体(≤99.998%)、高纯级(UHP/Zero Grade)(99.999%)、超纯级(Ultra - Pure Grade)(99.9995%)、研究级(Research Grade)(99.9999%),气质联用仪推荐使用的载气或检测器气体纯度应为99.9995%,见表7-1,同时建议使用高质量净化器滤掉碳氢化合物、水和氧气。

表7-1 载气及反应气体纯度

载气或反应气体	纯度
氦气	99.9995%
氢气	99.9995%
甲烷反应气体①	99.999%
异丁烷反应气体②	99.99%
氨气反应气体②	99.9995%
二氧化碳反应气体②	99.995%

注:① 用于安装和验证性能所需的反应气体,仅限于CI MS。② 可选反应气体,仅限于CI MS。

二、色谱柱老化及安装

GC - MS可使用的色谱柱有很多种,但最好是专用的GC - MS色谱柱,因为普通色谱的柱子会在使用过程中有不同程度的固定液流失,会造成离子源的污染。

在调谐或数据采集时,流入MS的色谱柱流速不应超过建议使用的最大流速。因此,对色谱柱的长度和流速均有限制。超过建议使用的流速会导致质谱图性能和灵敏度降低。

下面以Agilent公司的7890GC - 5975MS色质联用系统为例,介绍色谱柱老化及安装过程。

(一)老化色谱柱

在将色谱柱与GC - MS接口连接之前必须先老化色谱柱。因为载气通常会带走一小部分毛细管色谱柱固定相,称为色谱柱流失。色谱柱流失会将微量的固定相沉淀在MS离子源中,这样会降低MS的灵敏度,导致需要清洗离子源。而在新的或交联状况欠佳的色谱柱中,色谱柱流失现象极为普遍。如果加热色谱柱时载气中含有微量的氧,则色谱柱流失会更加严重。为了最大限度地减少色谱柱流失,在将毛细管色谱柱安装到GC - MS接口之前,应先行老化。操作步骤如下:

(1)将色谱柱安装在GC进样口中。

(2)不加热GC柱箱的情况下,在色谱柱中通载气5min。

(3)将柱箱温度以5℃/min的速度提升,使其比最高分析温度高出10℃。

(4)一旦柱箱温度超过80℃,立即将5μL甲醇注入GC中。然后每隔5min注入一次,重复两次。这样做有助于在将色谱柱安装到GC/MS接口之前去掉色谱柱上的污物。

(二)老化密封垫圈

在安装密封垫圈之前,将其加热到预计的最高操作温度数次,这样可以减少从密封垫圈处发生的化学流失。

(三)准备安装毛细管色谱柱

(1)将隔垫、色谱柱螺帽和可老化的密封垫圈插入色谱柱的自由端(图7-12)。垫圈的锥形端必须朝向远离色谱柱螺帽的一端。

(2)使用色谱柱切割器在距离色谱柱端部2cm的位置刻线。

(3)将色谱柱的端部切割下来。用大拇指将色谱柱靠紧色谱柱切割器,用色谱柱切割器的刀刃将色谱柱切断。

(4)检查锯齿状刀刃或毛口的端部。如果断口不整洁或不平整,则请重复步骤(2)和(3)。

(5)使用不含棉绒并沾有甲醇的湿布擦拭色谱柱的自由端外侧。

(四)在分流或不分流进样口中安装毛细管色谱柱

(1)准备安装色谱柱。

(2)调整色谱柱,使其比密封垫圈端部高出4~6mm(图7-13)。

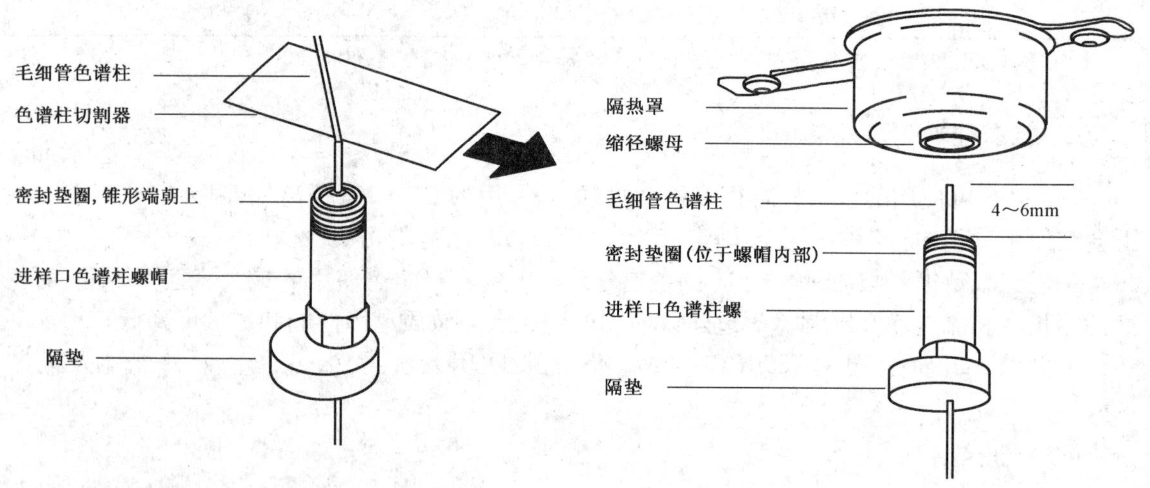

图7-12 准备安装毛细管色谱柱

图7-13 在分流或不分流进样口中安装毛细管色谱柱

(3)将隔垫插入以将螺帽和密封垫圈放置在正确的位置。

(4)将色谱柱插入进样口。

(5)将螺帽沿色谱柱向上插入进样口底部并用手指拧紧螺帽。

(6)调整色谱柱位置以使隔垫与色谱柱螺帽的底部对齐。

(7)将色谱柱螺帽再拧紧1/4至1/2圈。轻轻地拉一下色谱柱,它应该不会滑脱。

(8)打开载气气流。

(9)将色谱柱的自由端浸入异丙醇中,检验是否有载气气流。查看气泡。

(五)将毛细管色谱柱安装在 GC/MS 接口中

(1)老化色谱柱。

(2)为 MS 通风,并打开分析器箱。确保可以看到 GC/MS 接口的末端。

(3)如果安装了 CI 接口,从接口的 MS 端取下加了弹簧的端密垫。

(4)将接口螺帽和可老化的密封垫圈插入 GC 色谱柱的自由端。密封垫圈的锥形端必须朝向螺帽。

(5)将色谱柱插入 GC/MS 接口(图 7-14),直到可从分析器箱将其拉出。

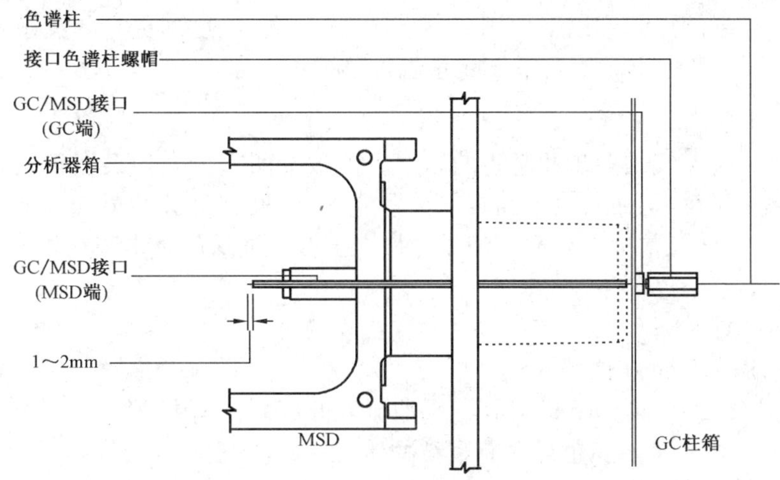

图 7-14 将毛细管色谱柱安装在 GC/MS 接口中

(6)从色谱柱端部切下 1cm。不要让任何色谱柱碎片掉入分析器箱中,这些碎片有可能损坏高真空泵。

(7)使用不含棉绒并沾有甲醇的湿布清洗色谱柱的自由端外侧。

(8)调整色谱柱,使其比接口端部高出 1~2mm。如有必要,请使用手电筒和手持透镜查看分析器箱内部色谱柱的端部。不要用手指触摸色谱柱的端部。

(9)用手拧紧螺帽。拧紧螺帽时要确保色谱柱的位置没有发生变化。如果先前已将加了弹簧的端密垫拆下,重新将其安装上。

(10)检查 GC 柱箱以确保色谱柱没有碰到柱箱壁。

(11)将螺帽拧紧 1/4 至 1/2 圈。经过一到两轮的加热循环后检查密封性。

(六)注意事项

(1)因为热膨胀的缘故,在数次受热与冷却后,新的密封垫圈会松动。经过两到三轮的加热后,检查密封性。

(2)处理色谱柱时,尤其是接触即将插入 GC/MS 接口的一端时,请务必带上干净的手套。

(3)不要使用氢气老化毛细管色谱柱,GC 柱箱中的积聚氢气会引起爆炸。如果使用氢气作为载气,请首先使用超纯的(纯度为 99.9995% 或更高)惰性气体(如氦气、氮气或氩气)老化色谱柱。

(4)无论是GC柱箱、GC/MS的接口或进样口的温度,都不得超过色谱柱最高使用温度。

三、真空系统及泵的维护与保养

真空系统产生MS操作所需的高真空(低压)。如果没有真空,分子的平均自由程就会太短。离子就不能从离子源通过滤质器到倍增器(检测器),而不与其他分子碰撞。

质谱仪的高真空系统一般是由机械泵和扩散泵或涡轮分子泵串联组成。机械泵作为前级泵将真空系统抽到$10^{-2}\sim10^{-1}$Pa,然后再由扩散泵或涡轮分子泵继续抽到高真空。真空系统的主要部件有:真空管、前置真空规、校准阀、真空规控制器(可选)、真空密封圈、前级泵和(或)捕集器、扩散或涡轮分子泵和风扇、高真空规管。

正确维护真空系统可起到以下作用:避免灯丝过早损坏、达到更高的灵敏度、减少离子源清洗频率、延长四极杆使用寿命、防止EM角管过早损坏。

(一)扩散泵

扩散泵油量影响蒸气的多少和基板的温度。扩散泵油太少会使泵在较高温度下工作,结果导致泵油裂化或降解,从而失去了高真空。另外,由于没有足够的蒸气排走气体,泵油少还会降低泵速度,因此要经常检查扩散泵油量。检查扩散泵油量的基本步骤如下:

(1)关机,放气。

(2)拔掉MS电源线。

(3)移走泵,用铝箔罩好顶部。

(4)用GC炉(60℃)加热15min后,让泵油流入低部的油箱中,移开泵芯。

(5)检查泵油,如果泵油变色或含有颗粒物质,必须进行更换。

(6)使用金属尺测量泵油的深度。泵油深度为9±1mm时泵才能正常工作。新更换的泵油大约12mm深,因为通常情况下,大约有2mL泵油在真空歧管的尾部。

(二)前级泵

前级泵油通常每6个月更换一次,但要根据应用情况而改变。泵油更换后,如果有前级捕集器,则应更换分子筛。更换泵油的基本步骤如下:

(1)关机,放气。

(2)在前级泵排液塞下放一容器。

(3)从泵顶端取下注液塞,露出注液口。

(4)打开排液塞。

(5)重新接上MS的电源,开机2~3s,然后关闭。这样做可以将内部泵腔中的旧油排出,并再次拔掉电源线。

(6)重新插上排液塞,并从注液口倒入泵油。

(7)盖好注液塞。

(8)重新接通MS电源。

(9)启动MS,并抽真空。

四、质谱仪离子源的清洗和安装

质谱仪离子源的作用是将被分析的样品分子电离成带电的离子,并使这些离子在离子光学系统的作用下，汇聚成有一定几何形状和一定能量的离子束，然后进入质量分析器被分离。如果分析物信号有损失，已经无法通过维护气相色谱进样口和色谱柱来改善；或者在离子源调谐时发现校正离子峰峰形较差、推斥极或电子倍增器电压升高，都说明离子源需要清洗。正确清洗和重新安装对于可靠稳定的分析操作至关重要。

（一）选择清洁方法

对于任何清洁过程来说，其主要操作就是清除表面上的污染物，去除污染，恢复离子源透镜系统的静电性质。为恢复离子源性能开发了很多清洁离子源的方法，这些方法包括研磨、超声以及电解抛光。研磨方式有以下几种好处：提供充足的能量去除表面污染物；所需设备最少；对用户的危险性较小。氧化铝是研磨清洁不锈钢离子源部件的常用材料，它可以是粉末状，也可能是研磨片。主要表面被研磨干净后，必须清除掉落的颗粒。清除粒子的方法是用棉签或被丙酮浸过的干净布擦拭。清洁用的棉签必须经过超声后才能处理各个部件。

（二）清洁前准备

清洁前，必须给质谱仪放气，同时必须取出离子源。在放气之前必须满足以下情况：加热区温度低于 100°C；扩散泵关闭，并冷却或涡轮分子泵关闭，并不再旋转；前级泵关闭。

运行自动放空程序时，一定要运行整个过程。不正确的放空可能引起扩散泵液体沉积到分析器上（回流），不正确的放空还能缩短放大器的寿命。

（三）清洗程序

正确拆卸离子源。重要的是所有陶瓷片、入口和离子聚焦镜绝缘体，离子加热块，所有的螺母和灯丝都应该放置在一张干净，无纤维材料（例如经过溶剂洗涤的或火焰处理过的锡纸）上，并且避免与任何溶剂接触（图 7－15）。将金属元件分离开来有助于更加容易地清洗离子源。

（1）向少量超细粉中加入去离子水，将超细铝粉调成均匀而浓稠的浆状（图 7－16）。

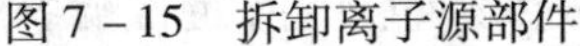

图 7－15　拆卸离子源部件

图 7－16　超细铝粉和浆状物

（2）用棉签将少量的超细铝粉浆状物涂在金属组件表面。摩擦去除表层附着的材料后，可获得光洁的金属表面。清洗离子源源体时，清洗灯丝孔也很重要，使用木质的牙签将超细铝粉浆状物涂在孔内,在离子源清洗程序结束之前再将灯丝孔中的超细铝粉浆状物清除掉。最容易受污染的部件有离子源源体、推斥极和拉出极透镜,清洗这些部件时需要格外小心。

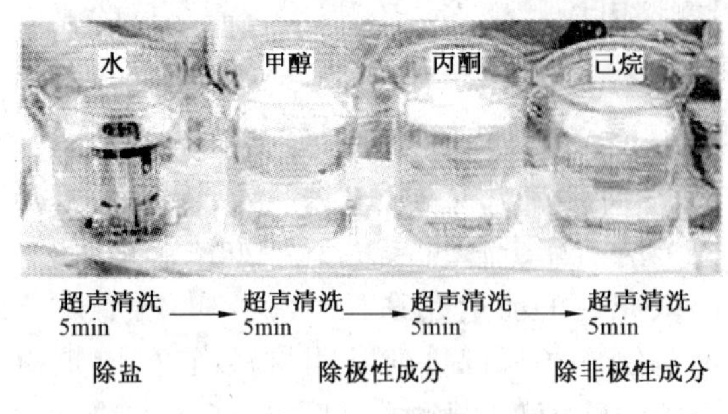

图 7-17　离子源清洗顺序

(3)用去离子水冲洗所有部件,尽可能将超细铝粉清除干净。

(4)将冲洗后的部件全部放在烧杯中,加入去离子水浸没所有部件,超声清洗 5min。步骤(4)、(5)、(6)和(7)参考图 7-17。

(5)使用金属镊子将部件从装有水的烧杯中小心地取出来,浸入一个装有甲醇(HPLC 级)的烧杯中,超声清洗 5min。

(6)使用金属镊子将部件从装有甲醇的烧杯中小心地取出来,浸入一个装有丙酮(HPLC 级)的烧杯中,超声清洗 5min。

(7)使用金属镊子将部件从装有丙酮的烧杯中小心地取出来,浸入一个装有己烷(HPLC 级)的烧杯中,超声清洗 5min。

(8)使用金属镊子将部件从装有己烷的烧杯中小心地取出来,放置在一张干净的锡纸或无纤维的纸巾上。正确组装各个部件。检查灯丝,若发现破损,立即更换。认真检查推斥极上的陶瓷片,确保无裂痕,通常由于被拧得太紧而导致裂痕。

(9)立即重新将离子源安装回质谱仪。

(四)重新安装程序

离子源只有在达到一定的真空度后才能开始升温,这就需要确认不漏气以及水分降低。漏气或高水背景下加热离子源至操作温度会活化离子源,将清洗离子源的努力付之一炬。更好的方法是对离子源、四极杆、气相色谱区抽真空冷却(例如,设置为 0°C),等待 20min,检查系统。

(1)进入手动调谐面板检查空气和水分的值,详见“调谐结果评价”部分。

(2)上载分析方法。

此方法的原则在于如果系统漏气,仪器区域仍然在常温状态,可以立即进行故障排除而无需等待系统冷却。

五、仪器的调谐

仪器调谐就是进行仪器的校准。通过调节离子源、质量分析器、检测器各个参数,获得需要的分辨率、灵敏度、准确的质量测量以及正确的离子丰度。仪器调谐目的一是了解仪器状态,如在验收仪器进行性能测试、仪器故障维修或仪器维护清洗后检查仪器是否正常、能否达到规定的性能指标;二是为了满足不同分析方法要求,获得最佳定性、定量分析条件。除了适当的分辨率和质量测定准确外,定量分析要求有足够的灵敏度和重现性,定性分析要求正确的离子丰度比,否则定量结果的可靠性以及定性依据的谱图解释和谱库检索都会有问题。

仪器状态是否满足要求,需要用规定的标准样品测试结果来检验,仪器调谐所需的标准物质因质量范围不同。采用的标准样品也不同。通常质量范围小于 1000 的低分辨率 GC/MS 多采用全氟三丁胺(PFTBA 或 FC43)进行调谐,因为全氟三丁胺易挥发、稳定性好、碎片质量范围宽,仅有^{15}N、^{13}C同位素。不同定量分析方法也需采用不同标准化合物标定仪器,如环境分析的 EPA524 和 EPA525 方法规定使用氯氟苯(BFB)和十氟三苯膦(DFTPP);油品烃类型组成分析 ASTM 标准方法使用正十六烷校准仪器等。

调谐必须在仪器稳定条件下进行,仪器不稳定调谐结果不可靠。无论何种调谐方式,使用何种标样,调谐的步骤大致相同。不同仪器的操作系统软件都会提供几种调谐方式,有人工输入参数的手动调谐,也有完全由计算机控制的自动调谐。导入标准样品后,根据设定的特征离子质量和丰度比,手动或自动按一定程序反复调节仪器各个参数,直至获得满意的分辨率、灵敏度,并进行质量校正得到应有的质量准确度。

(一)调谐参数设置

调谐必须依据方法要求,设置标准化合物的特征离子质量和相对强度。离子源、分析器的温度一般不低于 150℃,离子源的温度一般高于分析器,还要注意真空状态。若存在漏气或系统严重污染,调谐便不能正常进行。运行调谐程序时,在调谐窗口可观察到设定质量离子的峰型,以及各参数的变化情况,多数显示所选择三个离子的峰型图,也有给出标准化合物的全谱。

(二)调谐结果评价

(1)由峰型是否平滑对称以及半峰宽大小来判断是否达到需要的分辨率。

(2)由给出的各离子质量测定值判断质量的准确性如何。

(3)由谱图中基峰的绝对强度(如 F43 的 m/e69 丰度)确定灵敏度是否满足要求。

(4)离子丰度比是否正确,同位数峰比例是否正确。

(5)各操作参数是否偏离正常值,如果参数偏离正常值范围,说明仪器可能存在问题,如推斥极电压和倍增器电压增高,说明离子源污染了。

(6)检查本底峰,观察 m/e18、m/e28、m/e32、m/e44 及其他杂质峰的强度,判断系统是否漏气或受污染。

(7)典型调谐报告:以 Agilent 公司的 5975 质谱仪为例,调谐标样为全氟三丁胺,典型的调谐结果图如图 7-18 所示。根据调谐结果图中的结果,可以得出以下调谐评估报告:

① 基峰应为 69 或 219,实际测定基峰为 219,调谐通过。

② 质量数 69、219、502 的位置为 69、219、502,调谐通过。

③ 同位素质量数 70、220、503 的位置为 70、220、503,调谐通过。

④ 同位素质量数 70 与 69 之比应为 0.5%~1.6%,实际测定为 1.12%;220 与 209 之比应为 3.2%~5.4%,实际测定为 4.38%;503 与 502 之比应为 7.9%~12.3%,实际测定为 10.07%,调谐通过。

⑤ 质量数 219 与质量数 69 之比应大于 40%,实际测定为 112.09%,调谐通过。

⑥ 质量数 69 前伸应不大于 3%,实测为 0.08%;质量数 219 前伸应不大于 6%,实测为 0.11%;质量数 502 前伸应不大于 12%,实测为 0.27%,调谐通过。

⑦ 测试系统中是否出现泄漏:18 与 69 之比应小于 20%,实测为 0.44%;28 与 69 之比应小于 10%,实测为 1.79%,说明系统不漏气,调谐通过。

⑧ 电子倍增器电压应小于 2700,实测为 1035,调谐通过。

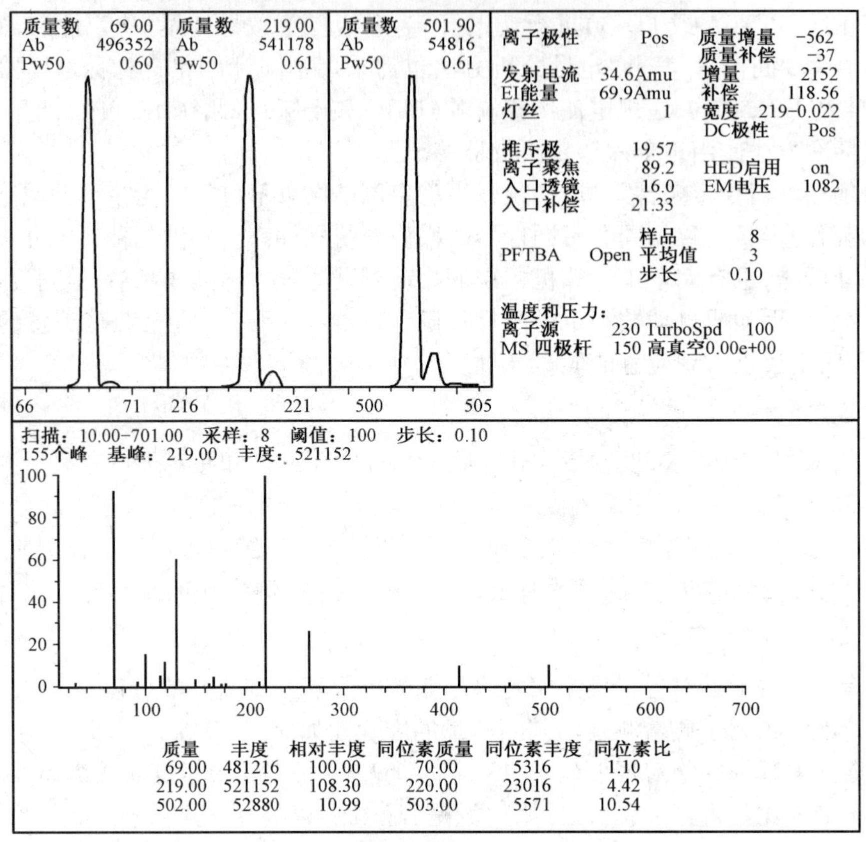

图 7-18 典型的全氟三丁胺调谐结果图

(三)调谐标准溶液

全氟三丁胺(PFTBA)是最常用的调谐化合物,用于 EI 模式的自动调谐时使用。调谐化合物一般是液体,但也可以是挥发或半挥发的固体。通常气质联用仪还会用到全氟二甲基三氧十二烷(PFDTD)、十氟三苯膦(DFTPP)、反式五氟壬基三嗪(PFHT)、氯氟苯(BFB)标准溶液,DFTPP 通常用于样品校验;PFDTD 是 MS、CI 模式的自动调谐时使用;PFHT 通常是高质量数验证样品,表 7-2 中列出 Agilent 公司的质谱仪标样使用情况。

表 7-2 质谱标样使用情况

<table>
<tr><th colspan="2">调谐样品</th><th colspan="3">性能认证样品校验用样品</th><th colspan="2">检验用样品</th></tr>
<tr><th>EI 调谐</th><th>CI 调谐</th><th>EI</th><th>负离子模式 CI</th><th>正离子模式 CI</th><th>半挥发性化合物</th><th>挥发性化合物</th></tr>
<tr><td>PFTBA</td><td>PFDTD</td><td>八氟萘
1pg/μL</td><td>八氟萘
100pg/μL</td><td>二苯酮
100pg/μL</td><td>DFTPP</td><td>BFB</td></tr>
</table>

六、GC-MS 联用仪典型仪器测试程序

以 Agilent 公司的 7890GC-5975MS 色质联用系统为例,介绍 GC-MS 联用仪的典型测试程序。

(一)开机

(1)开载气钢瓶(He)控制阀,设置分压阀压力为0.5MPa。

(2)开计算机,登录进入 Windows XP(SP2)系统,初次开机时建议使用5975 的小键盘 LCP 输入 IP 地址和子网掩码,并使用新地址重起。

(3)开 7890GC、5975MS 电源(若 MS 真空腔内已无负压则应在打开 MS 电源的同时用手向右侧推真空腔的侧板直至侧面板被紧固地吸牢),等待仪器自检完毕。

(4)双击"Instrument #1"图标,进入 MS 化学工作站。

(5)Instrument Control/仪器控制界面下,单击"View/视图"菜单,选择"Tune and Vacuum Control/调谐及真空控制"进入调谐与真空控制界面,在"Vacuum/真空"菜单中选择"Vacuum Status/真空状态",观察真空泵运行状态。如果仪器真空泵配置为涡轮分子泵,状态显示涡轮泵转速 Turbo Pump Speed,涡轮泵转速应很快达到100%,否则,说明系统有漏气,应检查侧板是否压正、放空阀是否拧紧、柱子是否接好。

(二)调谐

调谐应在仪器至少开机2h 后方可进行,若仪器长时间未开机或仪器为5975 扩散泵配置,为得到好的调谐结果建议将此时间延长至4h。

(1)确认打印机已连好并处于联机状态。

(2)在操作系统桌面双击"Instrument #1"图标进入工作站系统。

(3)在 Instrument Control/仪器控制界面下,单击"View/视图"菜单,选择"Tune and Vacuum Control/调谐及真空控制"进入调谐与真空控制界面。

(4)单击"Tune/调谐"菜单,选择"Autotune/自动调谐"或"Tune MS/调谐 MS",进行自动调谐,调谐结果自动打印,检查调谐报告或调谐评估报告,了解相关信息,直至调谐评估通过。一般根据需要选择所要进行的调谐,Autotune/自动调谐为最大灵敏度调谐,而 Standard spectra tune/标准谱图调谐为标准谱图调谐,其与 Autotune/自动调谐相比灵敏度稍低,但与谱库中标准谱图的匹配度更高,适合于谱库检索与定性。此时仪器将自动完成整个调谐过程(3 ~ 5min),并将调谐结果由打印机输出(见调谐报告图7-18)。调谐文件会自动保存并覆盖相应文件。如果要保存手动调谐中的参数,如修改灯丝1 为灯丝2 时注意要先将调谐文件保存。

(5)手动保存或另存调谐参数。

(6)点击"view/视图"然后选择"instrument control/仪器控制"返回到仪器控制界面。

注意:自动调谐文件名为 ATUNE.U、标准谱图调谐文件名为 STUNE.U、其余调谐方式有各自的文件名,每次调谐之后会自动覆盖上次相同方式的调谐文件。

(三)GC7890A 配置设置

点击"Instrument/仪器"菜单,选择"GC Configuration/编辑 GC 软配置"进入。在"Connection/连接"画面下,输入 GC Name:如"GC 7890";可在 Notes 处输入7890A 的配置,如"7890GC with 5975C MS"。点击"Get GC Configuration/获得 GC 配置"按钮获取7890A 的配置。

1. 设定自动进样器(ALS)配置

点击"Configuration/配置"按钮,点击"ALS"子按钮进入,输入注射器的体积,如"10uL";选择溶剂清洗模式:如 A,B。若无 ALS,则无此内容。

2. 模块配置设定

点击“Modules/模块”按钮进入,点击下拉式箭头,分别选择进样口、检测器的气体类型。

3. 柱参数设定

点击“Columns/色谱柱”按钮,进入柱参数设定画面。在“ +/- ”下方第一行空白按钮处,双击进入“Install Column 1/从目录中选择色谱柱 1”画面。

如果要安装的色谱柱已在目录中,则选中点击确定;否则点击“Add Column to Local Inventory/向目录中添加色谱柱”按钮进入柱库,从柱子库中选择安装的柱子,如 19091S - 433。

注:DB 系列的柱子在制造商为 J&W 的目录中选取。

然后点击“Add Selected Column to Inventory/向目录中“添加色谱柱”钮,则该柱被加到目录中,并选中它,点击“Install Selected Column/安装选定的色谱柱”。点击该柱对应下拉式箭头,选择连接的进样口、检测器及加热类型。例如,Front Inlet/前进样口、Front Detector/前检测器、MS/真空、Oven/柱箱。用同样方法添加其他色谱柱。

4. 其他项设定

点击“Miscellaneous/其他”进入其他项设定,如:选择压力单位 psi;输入柱子的最大耐高温:如 325℃(19091S - 433 柱)。将辅助加热器类型配置为 MS Transfer line/MS 传输线;若阀用于进样或 DEAN SWITCH 切割,在 Valve Type/阀类型区域选择阀号,并选择类型为“Switching Valve/开关阀”,仪器上有几个阀就选几个,与 Time Table 配合使用进行阀进样/切换。点击“OK/确定”退出配置画面。

(四)数据采集方法编辑

从“Method/方法”菜单中选择“Edit Entire Method/编辑完整方法”项,选中除“Data Analysis/数据分析”外的三项,点击“OK/确定”。编辑关于该方法的注释,然后点击“OK/确定”。

1. 进样器选择

如果未使用自动液体进样器 7683B,则在“Select Injection Source/Location/进样方式”画面中选择“Manual/手动”,使用则选择“GC ALS”。点击“OK/确定”,进入下一画面。

2. 设定柱模式

点击图标,进入柱模式设定画面,在画面中,点击鼠标右键,选择“Download method to GC/从 GC 下载方法”,再用同样的方法选择“Upload method from GC/从 GC 上传方法”;点击“1”处进行色谱柱 1 设定,然后选中“On”左边方框;选择控制模式,“flow/流速”或“pressure/压力”。如:选择 flow/流速,输入 1.2。

3. 进样器参数设定

点击图标,进入进样器参数设定画面。点击“Front Injector/前进样器”或“Back Injector/后进样器”按钮,进入参数设定画面。选中进样体积(如 1uL) PreInj——进样前,PostInj——进样后;Volume(uL)——清洗的体积;Sample Wash——用样品洗针次数;Solvent A Wash——溶剂 A 洗针的次数;Solvent B Wash——溶剂 B 洗针的次数;Pumps——赶气泡抽吸的次数,5 ~ 6 次左右即可。

4. 设定阀参数

点击图标,进入阀设定画面。若阀用于进样或 dean switch 切换,在 Type 区域选择类型为"Switching Valve",初始状态:Off(仪器上有几个阀就选几个,与 Time Table 配合使用进行阀进样)。

5. 设定分流不分流进样口参数

点击图标,进入进样口设定画面。点击"SSL - Front/SSL - 前"或"SSL - Back/SSL - 后"按钮进入毛细柱进样口设定画面,点击"Mode/模式"右方的下拉式箭头,选择进样方式为"Splitless/不分流"或"Split/分流"。

(1)在空白框内输入进样口的温度(如250℃),然后选中左边的所有方框。

(2)选择"Septum Purge Flow Mode/隔垫吹扫流量模式"为"Standard/标准",并输入隔垫吹扫流量:如3mL/min。对于特殊应用也可选择"Switched/可切换的",进行关闭。

(3)在"Purge Flow to Split Vent/分流出口吹扫流量"下边的空白框内输入吹扫流量(如0.75min 后60mL/min);选择分流方式,则要输入分流比或分流流量。

6. 设定柱箱温度参数

点击图标,进入柱温参数设定。在空白表框内输入温度,选中"Oven Temp On/柱箱温度为开"左边的方框;Ramp——升温阶次;℃/min——升温速率;Hold min——保持的时间;输入柱子的平衡时间(如1min)。

7. 设定辅助参数

点击图标,进行辅助参数设定。在辅助加热区设定质谱的接口温度,如280℃。

8. 设定时间表

点击图标,进入时间表参数设定,在"Time/时间"下方的空白处输入时间(如0.01min),点击"Event type/事件类型"下方的下拉式箭头,选中事件(如,阀);点击"Position/位置"下方的下拉式箭头,选中事件的位号(如阀1);点击"Set point/设定值"下方的下拉式箭头,选中事件的状态(如打开)。输入完一行,依此输入多行。点击"OK/确定"。

9. 信号参数设定

点击图标,进入信号参数设定画面。点击"Signal Source/信号源"下方下拉式箭头,选择"Front Signal/前部信号";点击"Data Rate/Min Peak Width/数据采集频率/最小峰宽"下方的下拉式箭头,选择数据采集数率(如5Hz),选择"Save Data/保存",存储所有的数据,进行配置浏览。点击"OK/确定"。

10. 编辑扫描方式质谱参数

点击"Edit Scan Params/编辑扫描参数"编辑扫描参数,根据分析需要设置扫描质量范围。如果对样品不很熟悉不必分组,根据分析需要设置阈值和采样速率,设置实时绘图参数,然后点击"Close/关闭"完成扫描参数设定。

11. 编辑 SIM 质谱参数

编辑 SIM 方式参数点击"Edit SIM Params/编辑 SIM 参数"编辑选择离子参数。

编辑 SIM 参数:停留时间(dwell time)和分辨率参数适用于组里的每一个离子。在 Dwell 列中输入的时间是消耗在选择离子的采样时间。它的缺省值是 100ms。它适用于在一般毛细管 GC 峰中选择 2~3 个离子的情况。如果多于 3 个离子,使用短一点的时间(如 30 或 50ms),编辑完 SIM 参数后,在"Edit SIM Params"画面点击"OK/确定"。

(五)采集数据

从"Method/方法"菜单下点击"Run Method/运行方法"来运行一个方法。若仪器配有自动进样器则将自动完成数据的采集,若为手动进样则依提示在 GC 面板上先按"PreRun"键,待仪器准备好后进样的同时按 GC 面板上的"Start"键,以完成数据的采集。

(六)数据分析

要想进行谱库检索,首先要购买并安装好商业谱库(如 NIST 05 谱库)或已建立好自己的用户谱库。

(1)双击桌面上的"Instrument #1 Data Analysis"图标,打开 MS 的 Data Analysis,选择所要处理的数据文件,然后点击"OK/确定"。

(2)执行本底扣除操作,在希望扣除本底的区域,按住鼠标右键拖拽或双击右键,经过扣除本底的文件以原文件名保存在 DATA/BSB 文件夹中,得到目标化合物的质谱。

(3)用右键双击化合物 TIC 谱图得到该化合物的质谱图,用鼠标右键在目标化合物 TIC 谱图区域内拖拽可得到该化合物在所选时间范围内的平均质谱图,右键双击则得到单点的质谱图。选择谱库,按"Browse/浏览"在 Database 目录下选择所需的谱库,选中谱库名后点击"OK/确定"。

(4)在总离子流图的峰位置双击右键得到该保留时间的质谱图。

(5)在得到的质谱图区域任意位置双击鼠标右键,即可得到该谱图在所选谱库中的检索结果。

(6)将结构式加注在质谱图上,在图上选择合适的检索结果,单击"Done/完成",然后在质谱图的目标位置按住鼠标右键拖拽一个矩形即可将该化合物的结构式加注到谱图上。

(七)百分比报告

(1)在 Method/方法下调入采集此数据的方法,然后积分。

(2)通过点击"Auto Integrate/自动积分"或"Integrate/积分"得到积分结果,如果对自动积分的结果不满意,可以到 Chromatogram/色谱图菜单选择"Ms Signal Integration Parameters/质谱信号积分参数"更改积分参数,然后选择"Integrate/积分",直到得到满意的积分结果。

(3)选择百分比报告。

(八)关机

在操作系统桌面双击"Instrument #1"图标进入工作站系统进入 Tune and Vacuum Control/调谐和真空控制界面,选择"Vent/放空",在跳出的画面中点击"OK/确定"进入放空程序。如果是涡轮泵系统,需要等到涡轮泵转速降至 0%,同时离子源和四极杆温度降至 100℃以下,大概 40min 后退出工作站软件,并依次关闭 GC、MS 电源,最后关掉载气。

第八章　紫外可见分光光度法

分光光度分析是基于物质对光的选择性吸收而建立的分析方法，根据物质对不同波长的单色光的吸收程度不同而对物质进行定性和定量分析，包括紫外可见分光光度法、红外光谱法和原子吸收分光光度法等。紫外可见分光光度法所用的光谱区域为200～780nm，其中可见分光光度法为400～780nm，紫外分光光度法为200～400nm。

物质呈现的颜色与光有着密切的关系。不同波长的可见光可使眼睛感觉到不同的颜色。日常所见的白光，如日光、白炽灯光，都是混合光，即它们是由波长400～760nm的电磁波按适当强度比例混合而成的。这段波长范围的光是人们视觉可觉察到的，所以称为可见光。当电磁波的波长小于400nm时称为紫外光，大于760nm的称为红外光，都是人们视觉觉察不到的光。

不同波长的可见光引起人们不同的视觉。但是由于人们视觉的分辨能力所限，人们看到的某种颜色光是介于一个波长范围的光。各色光的近似波长范围如图8－1所示。

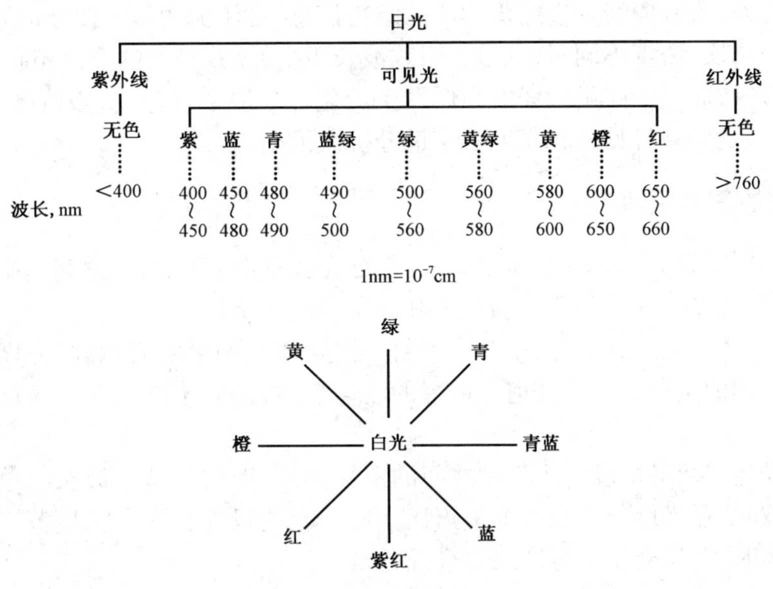

图8－1　光色互补示意图

当将某两种颜色的光按适当强度比例混合时，可以形成白光，这两种色光就称为互补色。溶液所以呈现不同的颜色是由于该溶液对光具有选择性吸收的缘故，如图8－1所示。当一束白光(混合光)通过某溶液时，如果该溶液对可见光区各种波长的光都没有吸收，即入射光全部通过溶液，则该溶液呈无色透明状。当该溶液对可见光区各种波长的光全部吸收时，则该溶液呈黑色。如某溶液对可见光区某种波长的光选择性地吸收，则该溶液即呈现出被吸收波长光的互补色光的颜色。例如，当一束白光通过 $KMnO_4$ 溶液时，该溶液选择性吸收了绿色波长的光,而将其他的色光两两互补成白光而通过,只剩下紫红色光,未被互补,所以 $KMnO_4$ 溶液呈现紫色。

第一节　分光光度法基本原理及常用定量方法

一、光吸收曲线

物质具有选择性吸收不同波长范围光的性能,通常用光吸收曲线来描述。其方法是将不同波长的光依次通过某一定浓度和厚度的有色溶液,分别测出它们对各种波长光的吸收程度,用吸光度 A 表示,以波长为横坐标,吸光度为纵坐标,画出曲线,所得曲线称为光的吸收曲线(吸收光谱)。

对于任何一种有色溶液,都可以测出它的光吸收曲线。吸收曲线表明了某种物质对不同波长光的吸收能力分布。曲线上的各个峰称吸收峰。峰越高,表示物质对相应波长的光的吸收程度越大。光吸收程度最大处的波长称为最大吸收波长,常用 λ_{max} 表示,例如 $KMnO_4$ 溶液的 $\lambda_{max}=525nm$。

不同的物质,吸收曲线的形状不同,最大吸收波长不同,这是紫外可见分光光度分析定性分析的基础。另外,吸收曲线可以提供物质的结构信息,可作为物质定性分析的依据之一。

而对于同一物质,浓度不同时,其最大吸收波长不变,吸收光谱的形状相同,只是吸收程度要发生变化,表现在曲线上就是曲线的高低发生变化。一般浓度越高,吸收峰就越高,这就形成了光吸收定律,是紫外可见分光光度法定量分析的依据。

二、光吸收的基本定律

朗伯—比耳定律是光吸收的基本定律,也是分光光度分析法的依据和基础。当入射光波长一定时,溶液的吸光度 A 是待测物质浓度和液层厚度的函数。

朗伯定律定义为用适当波长的单色光照射一固定浓度的溶液时,其吸光度与光透过的液层厚度呈正比。朗伯定律适用于任何非散射的均匀介质,但它不能阐明吸光度与溶液浓度的关系。

比耳定律描述了溶液浓度与吸光度之间的定量关系,即用一适当波长的单色光照射厚度一定的均匀溶液时,吸光度与溶液浓度呈正比。比耳定律只能在一定浓度范围才适用。因为浓度过低或过高时,溶质会发生电离或聚合,而产生误差。

朗伯—比耳定律是合并朗伯定律和比耳定律而来,它表明当一束平行单色光垂直入射通过均匀、透明的吸光物质的稀溶液时,溶液对光的吸收程度与溶液的浓度成正比,与液层厚度成正比。其数学表达式为:

$$A = kcl \tag{8-1}$$

式中 l——液层厚度,即样品的光程长度;

c——溶液浓度;

k——吸光系数,它与溶液的性质、温度及入射光波长等因素有关。

k 的值及单位与 c 和 l 采用的单位有关。l 的单位通常以 cm 表示，因此 k 的单位主要决定于浓度 c 用什么单位。当溶液浓度 c 以质量浓度 g/L 为单位表示时，相应的吸光度则为质量吸光度，k 称为质量吸光系数，以 α 表示，单位为 L/(g · cm)。

当溶液浓度 c 以摩尔浓度 mol/L 为单位时，k 称为摩尔吸光系数，符号 ε，单位为 L/(mol · cm)。

摩尔吸光系数的物理意义是浓度为 1mol/L 的溶液，在厚度为 1cm 的吸收池中，在一定波长下测得的吸光度。

ε 比 α 更常用，因为有时吸收光谱的纵坐标用 ε 或 $lg\varepsilon$ 表示，并以最大摩尔吸光系数(ε_{max})表示吸光强度。

摩尔吸光系数是吸光物质的重要参数之一，它是物质吸光能力的量度，可作为定性分析的参考和估量定量分析方法的灵敏度。ε 越大，方法的灵敏度越高。如 ε 为 10^4 数量级时，测定该物质的浓度范围可以达到 $10^{-6} \sim 10^{-5}$mol/L；当 $\varepsilon < 10^3$ 时，其测定范围为 $10^{-4} \sim 10^{-3}$mol/L。

摩尔吸光系数必须通过试验，首先测量吸光度值，再通过计算得到。摩尔吸光系数与入射光的波长有关，因此在表示某物质溶液的 ε 时，常用下标注明入射光的波长。

三、吸光度的加和性

在多组分的体系中，在某一波长下，如果各种对光有吸收的物质之间没有相互作用，则体系在该波长的总吸光度为各组分吸光度的和，即吸光度具有加和性。可表示如下：

$$A_{总} = A_1 + A_2 + A_3 + \cdots + A_n = \sum A_n \qquad (8-2)$$

式中，各吸光度的下标表示组分 1、2、…、n。

吸光度的加和性对多组分同时定量测定，校正干扰等都极为有用。

四、常用的定量方法

紫外可见分光光度法的定性能力并不强，但紫外和可见分光光度法在定量分析领域有着更为重要和广泛的应用。紫外可见分光光度法有多种定量测定方法，可以根据样品性质、待测组分的个数、含量及干扰情况进行选用。下面介绍几种常用的定量方法。

(一)工作曲线法

对于单一组分的测定，工作曲线法是实际工作中用得最多的一种定量方法。

在建立一个方法时，首先要确定符合朗比定律的浓度范围，即线性范围，定量测定要在线性范围内进行。

工作曲线的制作方法为：配制 4 个以上浓度成适当比例的待测组分的标准溶液，以空白溶液为参比溶液，在选定的波长下，分别测定吸光度。以标准溶液浓度为横坐标，吸光度为纵坐标，绘制工作曲线。

在一定条件下，工作曲线是一条直线，直线的斜率、截距以及线性相关系数可以用最小二乘法求得或用多功能计算器计算获得。

使用最小二乘法或用多功能计算器确定的直线称为回归线，a、b 称为回归系数。

工作曲线可以用一元线性方程(回归方程)表示：

$$y = a + bx \quad (8-3)$$

式中 x——标准溶液的浓度；

y——相应的吸光度。

可以用相关系数 r 来表示回归方程线性关系的好坏。相关系数越接近于1,回归方程线性关系越好。一般的光度分析方法 $r>0.999$。

工作曲线应定期校准。当条件有变动时,例如仪器经过修理、更换光源、更换标准溶液、试剂(如显色剂)重新配,都应重新制作工作曲线。

在测定样品时按同样方法制备待测样品溶液,测定其吸光度,在工作曲线上即可查出待测物的浓度。待测物浓度应在工作曲线性线范围内。

(二)标准对照法

标准对照法又称单点校准曲线法或直接比较法。当工作曲线是通过原点的一条直线时,在工作曲线的线性范围内,用原点及一个标准溶液就可以制作一条工作曲线,即 $y=bx$。

在相同条件下,在同一波长处测定,吸光度与浓度成正比,根据下式可计算出待测样品的浓度。

$$\frac{c_{样}}{c_{标}} = \frac{A_{样}}{A_{标}} \qquad c_{样} = c_{标}\frac{A_{样}}{A_{标}} \quad (8-4)$$

需要注意的是,标准样品和待测样品浓度应接近,且标准样品的吸光度在0.2~0.8以内较好。

(三)吸收系数法

吸收系数法是利用标准样品的吸收系数值进行定量分析,即先测定标准样品准确的吸收系数,然后与样品的测定值比较,计算出样品的质量分数。此方法在药物分析中用得较多。

用以下公式计算:

$$样品中被测物含量\ \omega = \frac{(E_{cm}^{\%})_{样}}{(E_{cm}^{\%})_{标}} \times 100\% \quad (8-5)$$

式中 $E_{cm}^{\%}$——溶液浓度1%、液层厚度1cm时的吸光度。

注:这里标准样品准确的吸收系数是用经反复纯制并检定过的标准品在多台经检定过的分光光度计上测定出来的。若无这种标准品,采用文献上的吸收系数不一定可靠。

(四)解联立方程法

用分光光度法可同时测定溶液中两种或两种以上待测组分,若溶液中存在两种组分 x 和 y,它们的吸收光谱不重叠或在波长 λ_1 时 x 有吸收而 y 不吸收,在波长 λ_2 时 y 有吸收而 x 不吸收。此时可以在波长 λ_1 时测定 x 的含量,在波长 λ_2 时测定 y 的含量,相互不干扰。波长选取方法如图8-2所示。

当组分 x 与组分 y 的吸收光谱重叠时,如图8-3所示,可采用解联立方程法计算各组分浓度。

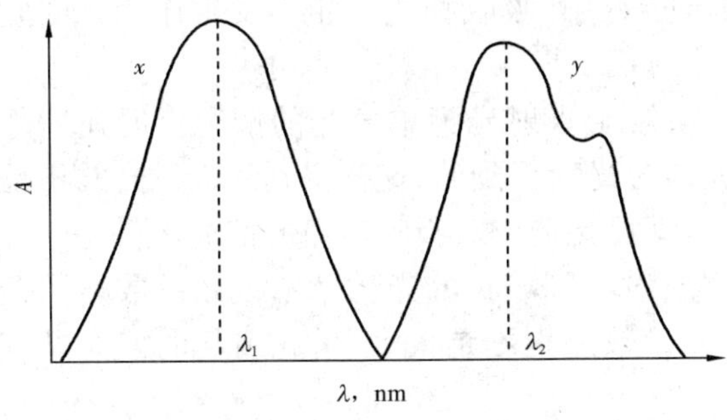

图 8－2　x 和 y 两组分吸收光谱不重叠

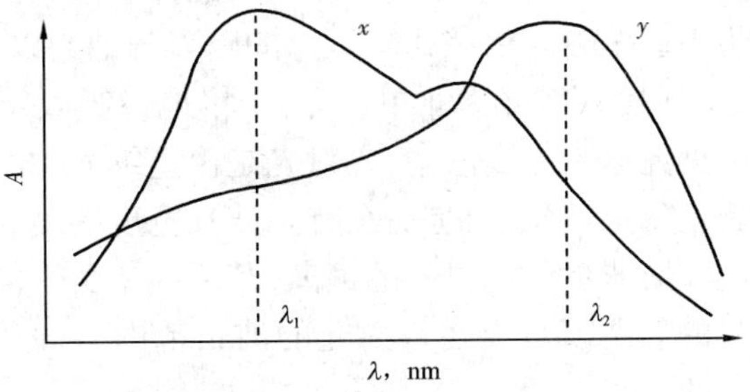

图 8－3　x 和 y 两组分吸收光谱重叠

选定两个组分吸光度差值较大的波长 λ_1 和 λ_2，测定吸光度。若各组分的吸光性能符合比耳定律，则其总吸光度为各组分吸光度之和（吸光度加和性），在波长 λ_1 和 λ_2 处测定吸光度 A_1 和 A_2，可得到如下联立方程：

$$\begin{cases} A_1 = \varepsilon_{x1} c_x + \varepsilon_{y1} c_y \\ A_2 = \varepsilon_{x2} c_x + \varepsilon_{y2} c_y \end{cases} \tag{8－6}$$

式中　c_x、c_y——x 和 y 的浓度；

ε_{x1}、ε_{y1}——x 和 y 在波长 λ_1 时的摩尔吸收系数；

ε_{x2}、ε_{y2}——x 和 y 在波长 λ_2 时的摩尔吸收系数。

摩尔吸收系数可以分别配制 x 和 y，标准溶液在波长 λ_1 和 λ_2 处测定吸光度后求得。将摩尔吸收系数代入联立方程，解联立方程，求出两种组分的浓度。

解联立方程组法也可用于溶液中两种以上组分的同时测定，但是测量组分增多，分析结果的误差也增大。

第二节　紫外可见分光光度法的影响因素

一、朗伯—比耳定律的适用范围

朗伯定律对于各种有色的均匀溶液都适用，但比耳定律只在一定浓度范围内，吸光度 A 才和浓度呈直线关系。在实际工作中，吸光度与不同浓度标准溶液形成的标准工作曲线常常发生偏离，特别是当吸光物质的浓度高时，明显的表现为标准工作曲线向上或向下偏离（图8－4），因此在使用中应注意朗伯—比耳定律的适用范围。

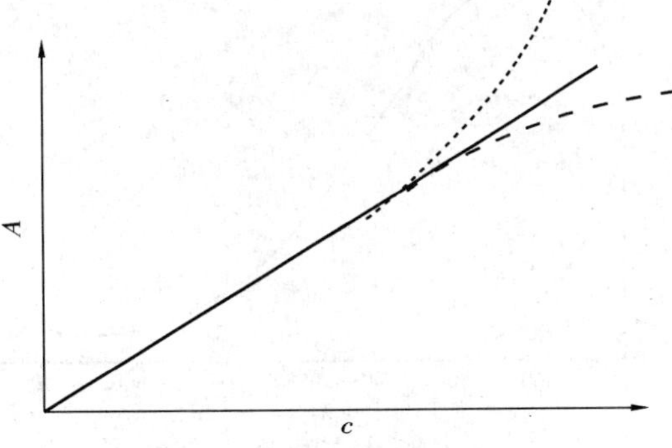

图 8－4　标准曲线弯曲情况

朗伯—比耳定律应用的条件：一是必须使

用单色光;二是吸收发生在均匀的稀溶液;三是吸收过程中,吸收物质互相不发生作用。因此将引起偏离朗伯—比耳定律的因素归纳为以下几个方面。

(1)入射光为非单色光:严格地说吸收定律只适用于入射光为单色光的情况。但在紫外可见光分光光度法中,入射光是由连续光源经分光器分光后得到的,这样得到的入射光并不是真正的单色光,而是一个有限波长宽度的复合光,这就可能造成对吸收定律的偏离。

对非单色光引起的偏离,其原因是由于同一物质对不同波长的光的摩尔吸光系数不同造成的。所以只要在入射光的波长范围内,摩尔吸光系数差别不是太大,由此引起的偏离是较小的。

在实际中通常选择样品的最大吸收波长作为分析波长,这样不仅能保证测定有较高的灵敏度,而且此处曲线较为平坦,偏离朗伯—比耳定律的程度就比较小。

(2)由于溶液本身的化学或物理因素引起的偏离,如由于溶液的不均匀性而引起的偏离。当被测试液是胶体溶液、乳浊液或悬浊液时,入射光通过溶液后,除了一部分被溶液吸收外,还有一部分因散射而损失,使透光度减小,吸光度增加,导致偏离朗伯—比耳定律。

(3)由于溶液中的化学反应而引起的偏离,溶液中的吸光物质常因离解作用、酸效应或溶剂作用而导致偏离朗伯—比耳定律。

离解作用:在可见光区域的分析中常常是将待测组分同某种试剂反应生成有色配合物来进行测定的。有色配合物在水中不可避免地要发生离解,从而使得有色配合物的浓度要小于待测组分的浓度,导致对吸收定律的偏离。特别是在稀溶液中时,更是如此。

酸效应:如果待测组分存在于一种酸碱平衡体系中,溶液的酸度将会使得待测组分的存在形式发生变化,而导致对吸收定律的偏离。

溶剂作用:溶剂对吸收光谱的影响是比较大的,溶剂不同时,物质的吸收光谱不同。

二、正确选择入射光的波长

当用分光光度计进行测定时,应先做出吸收曲线,选用吸收曲线上最大吸收波长进行测定。入射光波长的选择必须从灵敏度与选择性两方面来考虑,当无干扰元素时,应选择在最大吸收波长处进行测定,这样灵敏度最高,偏离朗伯—比耳定律的程度较小。但当有干扰元素时,就必须同时考虑选择性的问题,以达到选择最适宜的波长。例如,用丁二肟比色法测定样品中的镍时,丁二肟镍的络合物的最大吸收波长为470nm左右(图8-5)。样品中铁用酒石酸钾钠掩蔽后,在该波长下也有吸收,干扰镍的测定。此时可选择波长为520nm处来测定镍,虽然此时测定的灵敏度有所降低,但是干扰小得多。

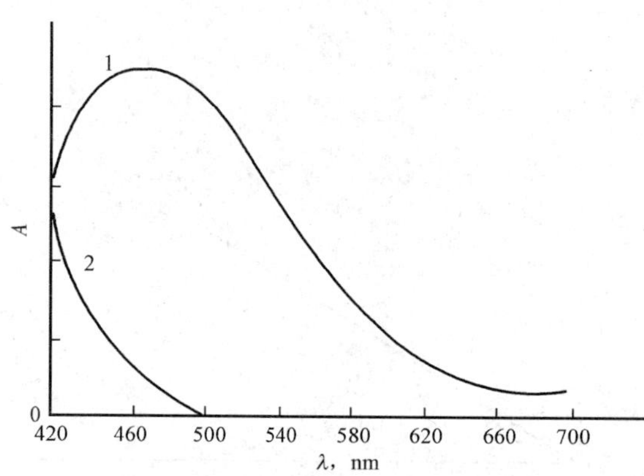

图8-5 吸收曲线

1—丁二酮肟镍的吸收曲线;2—酒石酸铁的吸收曲线

三、显色反应条件的选择

分光光度分析有两种,一种是利用物质

本身对紫外及可见光的吸收进行测定,另一种是生成有色化合物,即"显色"以后测定。

虽然不少无机离子在紫外和可见光区有吸收,但因一般强度较弱,所以直接用于定量分析的较少。

加入显色剂使待测物质转化为在近紫外和可见光区有吸收的化合物来进行光度测定,是目前应用最广泛的测试手段,在分光光度法中占有重要地位。

在光度分析中,将试样中被测组分转变成有色化合物的反应称为显色反应。能与被测组分生成有色物质的试剂称为显色剂。络合反应和氧化还原反应以及增加生色基团的衍生化反应都是常见的显色反应类型。其中络合反应是最主要的显色反应。

(一)对显色反应的要求

(1)显色反应选择性好。一种显色剂最好只与一种被测组分起显色反应,或显色剂与干扰离子生成的有色化合物的吸收峰与被测组分的吸收峰相距较远,这样干扰较少。

(2)显色反应灵敏度高。反应的生成物必须在紫外可见光区有较强的吸光能力,即有色化合物的摩尔吸收系数大。

(3)有色络合物的离解常数要小。有色络合物的离解常数越小,络合物就越稳定。络合越稳定,光度测定的准确度就越高,并且还可以避免或减少试样中其他离子的干扰。

(4)有色络合物的组成要恒定,化学性质要稳定。

(5)如果显色剂有颜色,则要求有色化合物与显色剂之间的颜色差别要大,以减小试剂空白。一般要求有色化合物与显色剂的最大吸收波长之差在60nm以上。

(6)显色反应的条件要易于控制。如果条件要求过于严格,难以控制,测定结果的再现性就差。

(二)显色反应条件的选择

显色反应能否满足分光光度法的要求,除了选择显色剂以外,控制好反应条件是十分重要的。

1. 显色剂用量

显色反应可用下式表示:

$$\underset{\text{被测离子}}{M} + \underset{\text{显色剂}}{R} = \underset{\text{有色配合物}}{MR}$$

显色反应进行的程度可根据有色配合物的稳定常数 K 值分析:

$$\frac{[MR]}{[M]} = K \cdot [R] \qquad (8-7)$$

式(8-7)左边的比值越大,说明显色反应越完全。由于 K 值是常数(一般仅略受温度变化影响),因此只要控制显色剂的浓度[R],就可以控制显色反应的程度,[R]值越大,显色反应就越完全。因此,加入过量的显色剂是必要的。但是显色剂过量太多,有时会引起副反应,或改变有色配合物的配位比,当显色剂本身有色时会增大试剂空白。显色剂的适宜用量可通过实验来确定。其方法是固定被测组分浓度和其他条件,取数份溶液,加入不同量的显色剂测定其吸光度,绘制吸光度 $A-c$ 关系曲线。一般可得到如图 8-6 所示的三种情况。

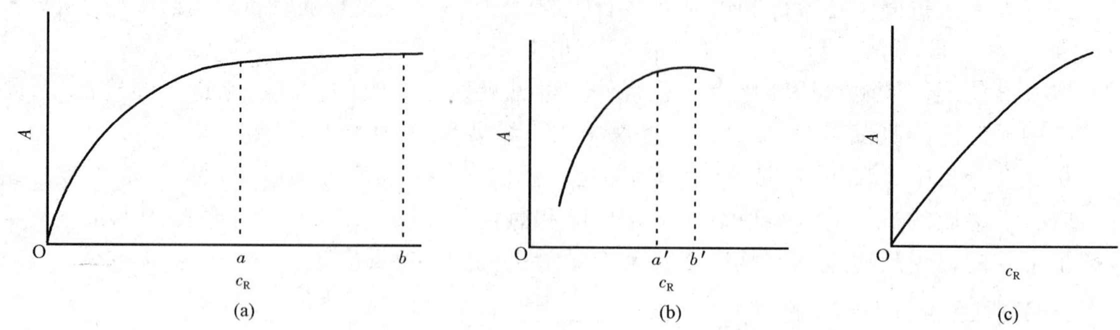

图 8-6 吸光度和显色剂浓度的关系曲线

图 8-6(a)曲线表明,在浓度 $a \sim b$ 范围内,吸光度出现稳定值,可在 $a \sim b$ 间选择合适的显色剂用量。图 8-6(b)曲线表明,显色剂浓度在 $a' \sim b'$ 这一较窄的范围内,吸光度值比较稳定,必须严格控制显色剂浓度。图 8-6(c)曲线表明,随着显色剂浓度增大,吸光度不断增大,必须十分严格地控制显色剂用量。

2. 溶液酸度

溶液的酸度对吸光度测定有显著影响,它影响待测组分的吸收光谱、显色剂的形态、待测组分的化合状态及显色化合物的组成。

(1)酸度不同时,显色化合物的组成和颜色可能不同。例如,Fe^{3+} 与磺基水杨酸作用,在不同的 pH 值条件下,能形成 1∶1、1∶2、1∶3 三种不同颜色配合物。由此可见必须控制溶液的 pH 值在一定范围内,才能获得组成恒定的有色配合物,得到正确的测定结果。

(2)溶液酸度变化,显色剂的颜色可能发生变化,这是因为很多有机显色剂是酸碱指示剂,其颜色随 pH 值变化而变化。

(3)溶液酸度过高会降低配合物的稳定性,特别是对弱酸型有机显色剂和金属离子形成的配合物影响较大。

(4)溶液酸度过低会引起金属离子水解生成氢氧化物沉淀。这种现象常发生在有色配合物的稳定度不是很大,并且被测金属离子所形成的氢氧化物的溶解度又很小的情况下。

由于酸度对显色反应的影响很大,因此,某一显色反应最适宜的酸度必须通过实验来确定。其方法是通过实验做吸光度 A—pH 值关系曲线,选择曲线平坦部分对应的 pH 值作为应该控制的酸度范围。

3. 温度的影响

大多数的显色反应在室温下即可进行,有些显色反应需加热至一定的温度才能完成,而有些有色配合物在较高的温度下容易分解,因此,对不同的显色反应应通过实验选择其适宜的显色温度。

由于温度对光的吸收及颜色的深浅都有影响,因此在绘制标准曲线和进行样品测定时,应使温度保持一致。

4. 显色时间

所谓显色时间指的是溶液颜色达到稳定时的时间。不少显色反应需要一定时间才能完成,而且形成的有色配合物的稳定性也不一样。因此,必须在显色后一定的时间内进行比色测定。通常有以下几种情况:

(1)加入显色剂后,有色配合物立即生成,并且生成的有色配合物很稳定。此时可在显色后较长时间内进行测定。

(2)加入显色剂后,有色配合物的形成需要一定时间,但生成的有色配合物也很稳定。对这类反应可在完全显色后放置一些时间内进行测定。

(3)加入显色剂后,有色溶液立即生成,但放置一段时间后,由于空气的氧化、试剂的分解或挥发、光的照射等原因,会使溶液颜色发生变化,故应在规定时间内完成比色。

适宜的显色时间和有色溶液的稳定程度可以通过实验来确定。

方法是配制一份显色溶液,从加入显色剂起计算时间,每隔几分钟、几十分钟或数小时测定一次吸光度,绘制吸光度 A—t 曲线,从曲线确定适宜的显色时间。

5. 溶剂

紫外及可见分光光度测定通常是在溶液中进行,因此,需要选用合适的溶剂将各种试样转变为溶液。选择溶剂的一般原则为:对试样有良好的溶解能力和选择性;在测定波段,溶剂本身无明显吸收(由于大多数溶剂在可见区是透明的,所以应重点注意紫外区的溶剂选择);被测组分在溶剂中具有良好的吸收峰形;溶剂挥发性小、不易燃、无毒性以及价格便宜。更重要的是所选择的溶剂必须不和被测组分发生化学反应。

四、共存离子的干扰及消除方法

(一)干扰现象

当溶液中的其他成分影响被测组分吸光度值时就构成了干扰。干扰离子的影响有以下几种类型:

(1)与试剂生成有色配合物。如用铝蓝法测硅时,磷也能生成磷钼蓝,使结果偏高。

(2)干扰离子本身有颜色。

(3)与试剂反应,生成的配合物虽然无色,但消耗大量显色剂,使被测离子的显色反应不完全。

(4)与被测离子结合成离解度小的另一种化合物,使被测离子与显色剂不反应。例如,由于 F^- 的存在,与 Fe^{3+} 生成 FeF_6^{3-}。若用 SCN^- 显色则不会生成 $Fe(SCN)_3$。

(二)干扰消除方法

干扰消除的方法分为两类,一类是不分离的情况下消除干扰,另一类是分离杂质消除干扰。应尽可能采用第一类方法。

消除干扰的一般方法如下:

(1)控制溶液的酸度是消除干扰的简便而重要的方法。控制酸度可以使待测离子显色,干扰离子不能生成有色化合物。

(2)加入掩蔽剂也是消除干扰的有效和常用的方法。掩蔽剂不与被测离子反应,且掩蔽剂和掩蔽产物的颜色不干扰测定。例如,用硫氰酸盐作显色剂测定 Co^{2+} 时,Fe^{3+} 有干扰。可加入氟化物为掩蔽剂,使 Fe^{3+} 与 F^- 生成无色而稳定的 $FeF_6{}^{3-}$,消除了干扰。

(3)利用氧化还原反应,改变干扰离子的价态,使干扰离子不与显色剂反应。

(4)选择适当的参比溶液,消除显色剂本身颜色和某些共存的有色离子的干扰。

(5)选择适当的波长消除干扰。

(6)采用适当的分离方法除去干扰离子。

(7)利用导数光谱法、双波长法等新技术来消除干扰。

五、参比溶液的选择

用参比溶液调节分光光度计的吸光度为 0,然后测定试样溶液或标准溶液的吸光度值。参比溶液的作用除了消除吸收池壁对入射光的反射和散射等影响外,合理选用时还可消除其他干扰,使测得的吸光度正确反映被测物的浓度,提高测定的准确度。

选择参比溶液可分为以下几种情况:

(1)溶剂参比:显色剂及其他试剂均无色,被测溶液中又无其他有色离子时,可用溶剂(如蒸馏水或其他有机溶剂)作参比溶液。

(2)试剂参比:显色剂本身有颜色,可用不加试样的其他试剂作参比溶液。

(3)试液参比:显色剂无色,被测溶液中有其他有色离子,可采用不加显色剂的被测溶液作参比溶液。

(4)其他参比:当显色剂有色,试液中的有色成分干扰测定时,可在一份试液中加入适当的掩蔽剂,将被测组分掩蔽起来,然后加入显色剂和其他试剂,以此作为参比溶液。另一种方法,是用不含被测组分的试样与被测试样同时进行相同的处理,得到平行操作参比溶液。如血液中药物浓度监测,取不含药物的血样制备平行操作参比溶液。

六、吸光度范围的控制

从吸光度测量误差来考虑,不同的吸光度读数对测定带来不同的误差,因此要选择适宜的吸光度范围,以使测量结果的误差尽量减小。

一般来说,当透射比为15% ~65%(吸光度0.2 ~0.8)时,浓度测量的相对误差较小,这就是适宜的吸光度范围。为此可采取如下办法:

(1)调节溶液浓度:当被测组分含量较高时,称样量可少些,或增大稀释倍数。

(2)使用厚度不同的吸收池:因吸光度 A 与吸收池的厚度 L 成正比,因此增加吸收池的厚度,吸光度值也增加。

七、吸收池(比色皿)误差

引起池误差的主要原因是吸收池不匹配、吸收池透光面不平行、吸收池定位的不确定和对光方向的不同,使透光率产生差异,使测定结果产生误差。

由于吸收池厚度存在一定误差,其材质对光不是完全透明,在做定量分析时,对吸收池应做配套性试验,以避免测定误差。

配对条件:在规定波长下,两个吸收池的吸光度之差应不大于0.005。必要时,可在最终测量中扣除吸收池间的误差修正值。

吸收池有两个透光面，一个透光面是光的入口，另一个透光面是光的出口，在同一个试验中做不同的标样或样品时最好保持光的入口光面和出口光面方向一致，这样可以减少或避免由于吸收池带来的测定误差。有的吸收池为了方便记录入口和出口，在吸收池的上方有字母标记，如果没有标记的吸收池，也可以自己做一个简单的标记。

第三节　紫外可见分光光度法使用的仪器

测量物质分子对不同波长（或特定波长）的光的吸收强度的仪器称为紫外可见分光光度计。

一、紫外可见分光光度计的组成

分光光度计的主要部件包括光源、单色器、吸收池、检测器及测量系统等（图 8－7）。通过棱镜或光栅得到一束近似的单色光，波长可调，故选择性好，准确度高。

图 8－7　分光光度计的组成框图

（一）光源

光源要求发出所需波长范围内的连续光谱，有足够的光强度。在紫外可见分光光度计中，常用的光源有两类：热辐射光源和气体放电光源。热辐射光源用于可见光区，如用钨丝灯或卤钨灯为光源，波长范围为 320～2500nm。其中卤钨灯加入卤素或卤化物，提高了使用寿命，且发光效率也比钨丝灯高，现在很多分光光度计都使用卤钨灯；气体放电光源用于紫外光区，如常用氢灯、氘灯为光源，波长范围为 200～375nm。氙灯的强度一般高于氢灯，但欠稳定，适用的波长范围为 180～1000nm，常用作荧光分光光度计的激发光源。

（二）单色器

单色器是将光源发射的复合光分解为单色光的光学装置。单色器一般由五部分组成：入光狭缝、准光器（一般由透镜或凹面反光镜使入射光成为平行光束）、色散器、投影器（一般是一个透镜或凹面反射镜将分光后的单色光投影至出光狭缝）、出光狭缝。

色散器是单色器的核心部分，常用的色散元件是棱镜或光栅。棱镜是利用不同波长的光在棱镜内折射率不同将复合光色散为单色光。棱镜通常由玻璃或石英制成，玻璃棱镜色散能力大，但吸收紫外光，只能用于 350～820nm 的分析测定，在紫外区必须用石英棱镜。

光栅是在镀铝的玻璃表面刻有数量很大的等宽度等间距条痕（600、1200、2400 条/mm）的一种色散元件，利用光通过光栅时发生衍射和干涉现象而分光。光栅的分辨率比棱镜高，可用的波长范围也比棱镜宽。玻璃棱镜、石英棱镜及光栅单色器的色散特性如图 8－8 所示。

单色器的狭缝包括入射狭缝和出射狭缝。单色器的狭缝设计一定的宽度，经过狭缝的单色光是一个具有一定光谱宽度的谱带，称为光谱带宽（光谱通带）。狭缝的宽度越小，波长越

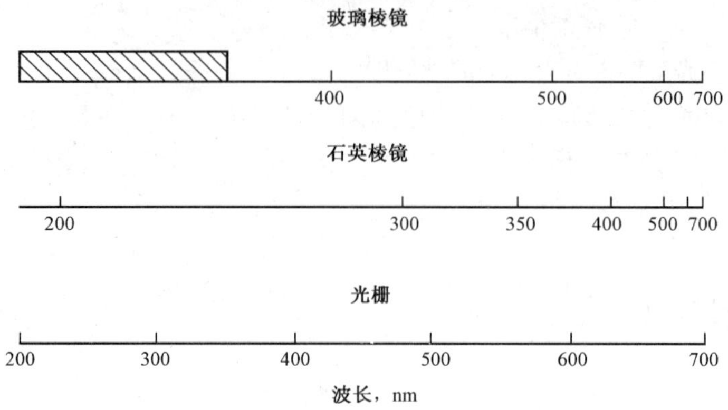

图 8－8　三种单色器的色散特性

接近单色光,但带宽太小,将使单色光的强度减小,使光电流信号减弱,降低信噪比。

由于分子吸收光谱的吸收峰比较宽和平滑,一般情况下光谱带宽 2 ~ 6nm 对分析结果影响不大。

(三)吸收池

吸收池又称为比色皿,是盛放样品溶液的容器,它具有两个相互平行、透光且具有精确厚度的平面。按材质不同,吸收池分为两种:玻璃吸收池和石英吸收池。玻璃吸收池用于可见光区,石英吸收池用于紫外光区。吸收池的光程长度一般为 1 ~ 10cm。使用时应配对使用,进行配套性试验。

(四)检测器

检测器是一种光电转换设备,将光强度转变为电信号显示出来。常用的检测器有光电池、光电管或光电倍增管等。

(五)测量系统

测量系统包括放大器和结果显示装置。低档仪器,采用刻度显示;中高档仪器,采用数字显示,在主机中装备有微处理机或外接微型计算机,控制仪器操作和处理测量数据,使测量精密度、自动化程度提高,应用功能增加。

二、紫外可见分光光度计的类型及特点

紫外可见分光光度计可归纳为 5 种类型,即单光束分光光度计、双光束分光光度计、双波长分光光度计、多通道分光光度计和探头式分光光度计。前三种类型较为普遍。

(一)单光束分光光度计

单光束分光光度计的光路如图 8 －9 所示,经单色器分光后的一束平行光,轮流通过参比溶液和样品溶液,以进行吸光度的测定。这种简易型分光光度计结构简单,操作方便,维修容易,适用于常规分析。其不足之处是测定结果受光源强度波动的影响较大,因而给定量分析结果带来较大误差。

722S、722N、722E 等 722 系列可见分光光度计是目前分析实验室广泛应用的单光束可见分光光度计。

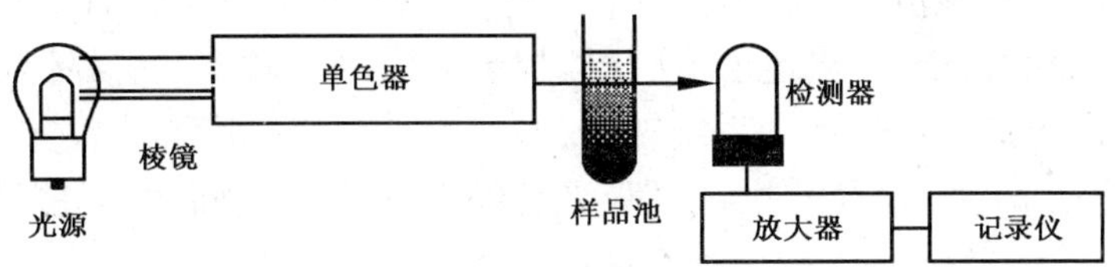

图 8－9　可变波长单光束紫外可见分光光度计示意图

（二）单波长双光束分光光度计

单波长双光束分光光度计的光路如图 8－10 所示。经单色器分光后经反射镜（M_1）分解为强度相等的两束光，一束通过参比池，另一束通过样品池。

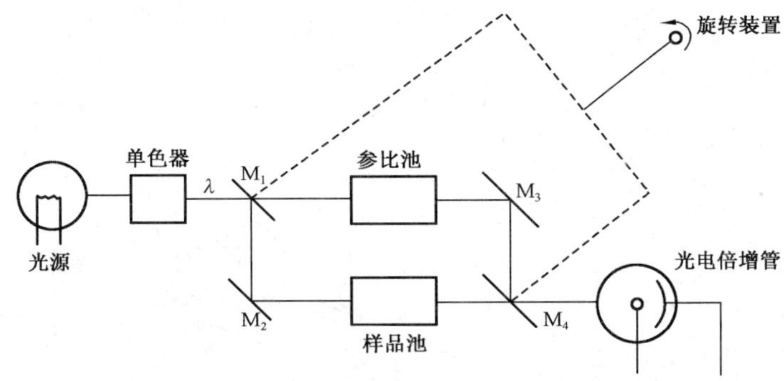

图 8－10　单波长双光束分光光度计的光路示意图

M_1、M_2、M_3、M_4—反射镜

光度计能自动比较两束光的强度，此比值即为试样的透射比，经对数变换将它转换成吸光度并作为波长的函数记录下来。由于两束光同时分别通过参比池和样品池，还能自动消除光源强度变化所引起的误差。对于必须在较宽的波长范围内获得复杂的吸收光谱曲线的分析，此类仪器极为合适。

岛津的 UV—2450/2550 紫外可见分光光度计是典型的单波长双光束分光光度计。

（三）双波长分光光度计

双波长分光光度计的基本光路如图 8－11 所示。由同一光源发出的光被分成两束，分别经过两个单色器，得到两束不同波长（λ_1 和 λ_2）的单色光；利用切光器使两束光以一定的频率交替照射同一吸收池，然后经过光电倍增管和电子控制系统，最后由显示器显示出两个波长处的吸光度差值 ΔA（$\Delta A = A_{\lambda 1} - A_{\lambda 2}$）。

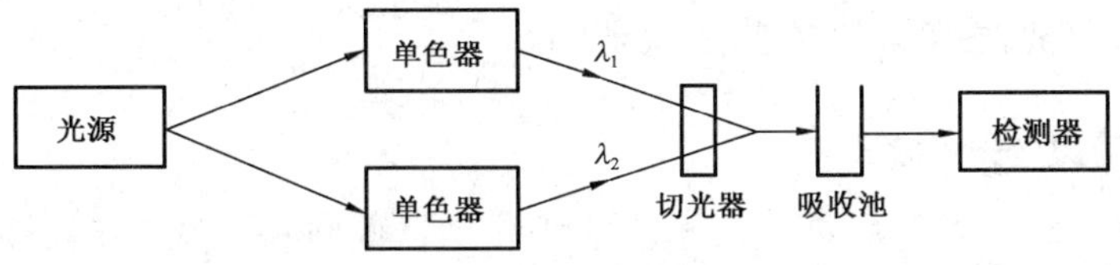

图 8－11　双波长分光光度计的基本光路图

对于多组分混合物、混浊试样(如生物组织液)分析,以及存在背景干扰或共存组分吸收干扰的情况下,利用双波长分光光度法,往往能提高方法的灵敏度和选择性。利用双波长分光光度计,能获得导数光谱。通过光学系统转换,使双波长分光光度计能很方便地转化为单波长工作方式。如果能在 λ_1 和 λ_2 处分别记录吸光度随时间变化的曲线,还能进行化学反应动力学研究。

(四)多通道分光光度计

多通道分光光度计的光路原理如图 8-12 所示。由于光源发射出的复合光先通过样品池后再经全息光栅色散,色散后的单色光由光二极管阵列中的光二极管接收,能同时检测 190 ~ 900nm 波长范围,因此在极短的时间内(≪1s)给出整个光谱的全部信息。这种光度计特别适用于进行快速反应动力学研究和多组分混合物的分析,也已被用作高效液相色谱和毛细管电泳仪的检测器。

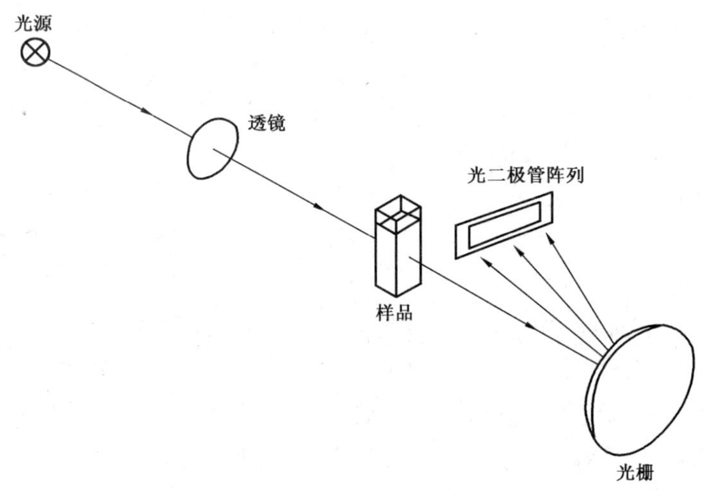

图 8-12 光学多通道分光光度计光路示意图

HP 8452A 为典型的多通道二极管阵列分光光度计。

(五)光导纤维探头式分光光度计

光导纤维探头式分光光度计的探头由两根相互隔离的光导纤维组成。由钨灯发射的光由其中一根光纤传导至试样溶液,再经反射镜反射后由另一根光纤传导,通过干涉滤光片后由光电二极管接收转变为电信号。这类光度计不需要吸收池,直接将探头插入样品溶液中进行原位检测,不受外界光线的影响。这类光度计常用于环境和过程分析。

三、紫外可见分光光度分析的典型仪器

(一)722 系列可见分光光度计

722S、722N、722E 等 722 系列可见分光光度计是目前分析实验室广泛应用的单光束可见分光光度计,采用先进的微机处理技术,自动调 0% *T*,调 100% *T*,实现 *T/A* 无误差转换,具有浓度直读功能。并且采用 1200 条/mm 高性能光栅,单色性好,杂散光低;采用进口的钨灯,发

光效率高,使用寿命长,功耗低;特有的4nm带宽,与同类可见光仪器相比,测试性能更佳。超大样品室,可选购放置100mm的比色皿,特别适合进行微量组分分析。

1. 仪器主要技术参数

光源:钨卤素灯,12V/30W;

分光元件:光栅,1200线/mm;

检测器:光电管;

波长范围:330~800nm;

波长准确度:±2nm;

波长重复性:1nm;

光谱带宽:4nm;

测光精度:≤0.5%T。

2. 722系列分光光度计的使用方法

(1)检查仪器电源接线牢固,接地良好,插上电源插头,开启电源开关,指示灯亮。调节波长手轮至所需波长,仪器在此状态下预热20min。

(2)将选择开关置于“T”。

(3)打开试样室盖(光门自动关闭),按下“0% T”按钮,使数字显示为“00.0”。盖上样品室盖,将参比池推入光路,按下“100% T”按钮,使数字显示屏显示为“100.0”。

(4)重复开试样室盖调 $T=0\%$ 和盖样品室盖调 $T=100\%$ 操作,至仪器显示稳定。

(5)将样品溶液推入光路,数字表上直接读出被测溶液的透过率(T)值。

(6)将选择开关置于“A”,将参比池推入光路,按下“吸光度调零”按钮,使得数字显示为0.000,然后将样品溶液推入光路,数字显示值即为试样的吸光度值。

(7)读完数以后应立即打开样品室盖。

(8)测量完毕,取出吸收池,洗净。电源开关置于“关”,切断电源。

3. 注意事项

(1)仪器在使用过程中时,应随时进行调 $T=0\%$ 和 $T=100\%$ 的工作,使仪器的测定状态保持稳定。

(2)722S和722N型可见分光光度计将试样室盖作为光门的“开关门”,通过试样室盖开闭,实现光门自动闭开,保护光电管的目的;而722E型可见分光光度计设置有专门的“挡光体”,通过将“挡光体”推入和移出光路,也实现了保护光电管的目的。

(二)UV—2450/2550紫外可见分光光度计

岛津的UV—2450/2550紫外可见分光光度计是典型的单波长双光束分光光度计,性能卓越且操作简便,与最尖端的软件组合,具备高解析能力。可使用新开发的多联池系统,实现多个样品的自动测定。可用于有机、无机化合物的分析和DNA、酶等生物化学样品、光学材料的特性测定等紫外可见分光分析。

1. 仪器特点

(1)UV—2450采用单单色器的光学系统,杂散光仅为0.015%。UV—2550采用优异的

DDM(双闪耀衍射光栅、双单色器)技术,实现了超低杂散光和高光通量。

(2)对应 Windows NT:在 Windows NT 环境下运行,为紫外分光光度计的标准软件配备新一代的 UV 软件 UV Probe。UV Probe 具有多任务、报告功能等,能适应网络新时代的要求,协助分析人员的测定工作、有效地提供重要数据。

(3)计算机自动进行基线校正。

(4)可以实现 190 ~ 1100nm 全波段自动扫描。

(5)可以将某一分光光度分析的试验条件和通过试验获得的标准工作曲线存储在计算机存储系统,随时调用,在标准工作曲线的有效使用时间内,很方便地实现未知样品含量的测定。

2. 主要技术参数

光源:50W 卤素灯(2000h 寿命)和氘灯(插座型),内置光源位置自动调整机构;

检测器:光电倍增管;

分光器:UV—2450:单单色器,使用高性能闪耀全息光栅;

UV—2450:双闪耀衍射光栅、双单色器;

测试波长范围:190 ~ 1100nm

衍射光栅刻线数:1600 线/mm;

波长准确性:±0.3nm;

波长重复精度:±0.1nm;

波长扫描速度:900 ~ 160nm/min;

波长设定:扫描开始波长和扫描结束能够以 1nm 单位设置;其他为 0.1nm 单位;

光源切换波长:和波长同步自动切换,切换波长可在 282 ~ 393nm 范围任意设定;

谱带宽度:0.1、0.2、0.5、1、2、5nm 6 段转换;

分辨率:0.1nm;

杂散光:0.015% 以下(220nm,NaI 10g/L 溶液),0.015% 以下(340nm,UV - 39 滤光片);

测光类型:吸光度(Abs),透射率(%),反射率,能量(E);

测光准确度:±0.002Abs(0 ~ 0.5Abs)、±0.004Abs(0.5 ~ 1.0Abs)、±0.03% T(0 ~ 100T)。

3. 仪器使用方法

1)样品吸光度(或透过率)测定操作

通过“模式选择”进入吸光度(或透过率)测定。

设置波长值 λ,分别将参比溶液和样品溶液放入参比池和样品池内。由于两束光同时分别通过参比池和样品池,光度计能自动比较通过参比池和测量池的两束光的强度,此比值即为试样的透射比,经对数变换将它转换成吸光度。

2)“光谱模式”操作

通过“模式选择”进入光谱模式测定,该模式用于测量光谱。

(1)设定光谱模式下测量方式、扫描范围、记录范围、扫描速度、显示模式等工作参数,这些参数可以被保存下来。

(2)将参比溶液和样品溶液分别放入参比池和测量池内,按设置的波长范围进行扫描,测量完成后，即获得随波长变化的样品的吸光度的光谱图。

(3)对获得的光谱进行数据处理，如峰检出、平滑处理等，即获得该样品的分光光度分析的最大吸收波长。

3)"定量模式"操作

通过"模式选择"进入定量模式测试画面，用于以标准样品制作校准曲线而定量测量未知样品。

(1)设定定量模式下测量方法(常用波长定量法，同时输入测量波长)、定量方法(包括 K 系数法、单点校准曲线法、多点校准曲线法)、测量重复次数、单位等工作参数，这些参数可以被保存。

(2)定量方法选定后，根据选定的定量方法按屏幕提示设置对应的试验参数。再根据具体试验情况设置进样组件参数，包括进样组件类型、吸收池数量、是否使用试剂空白校正和池空白校正等。

(3)选择单点标准曲线(曲线为通过原点的一元一次方程)或多点标准曲线(曲线为一元一次方程，具有曲线斜率和截距)，在测量未知样品前，对标准样品进行测量以制作校准曲线。校准曲线方程可同其他参数一样存储为数据文件。

(4)测量未知样品(定量)：调用存储曲线后，将空白试样和测试试样分别放入参比池和测量池内，开始测量并显示测量结果。

第四节　分光光度计的维护、保养及测定中注意事项

分光光度计是光学、精密机械和电子技术三者紧密结合而成的光谱仪器。正确安装、使用和保养对保持仪器良好的性能和保证测试的准确度有重要作用。

一、分光光度计实验室环境

(1)室温宜保持在 15 ~28℃。

(2)相对湿度宜控制在 45% ~65%，不要超过 70%。

(3)防尘、防震和防电磁干扰。仪器周围不应有强磁场，应远离电场及发生高频波的电器设备。

(4)防腐蚀。应防止腐蚀性气体，如 SO_2、NO_2 及酸雾等侵蚀仪器部件。应与化学操作室隔开。当测量具有挥发性或腐蚀性样品溶液时，吸收池应加盖。

(5)要有良好的接地线，电流波动大时应安装稳压器。

二、仪器保养和维护方法

对分光光度计维护保养是为了保持单色光的纯度和准确度，以及测量的灵敏度和稳定性。维护保养主要针对光源、单色器、吸收池、光电元件和电源部分。

(1)使用仪器前，使用者应该首先了解本仪器的结构和工作原理，以及各个操作旋钮的功能。在未接通电源前，应该对仪器的安全性进行检查，电源线接线应牢固、接地要良好、各个调

节旋钮的起始位置应该正确,然后再接通电源开关。仪器的工作电源一般允许 220V ± 10% 的电压波动。为保持光源灯和检测系统的稳定性,在电源电压波动较大的实验室最好配备稳压器(有过电压保护)。

(2)在不使用时不要开光源灯。如灯泡发黑(钨灯)、亮度明显减弱或不稳定,应及时更换新灯。更换后要调节好灯丝位置。不要用手直接接触窗口或灯泡,避免油污玷污,若不小心接触过,要戴手套,用无水乙醇擦拭。

(3)单色器是仪器的核心部分,装在密封的盒内,一般不宜拆开擦拭,否则将损坏仪器光学表面,增加杂散光。要经常更换单色器盒内的干燥剂,防止色散元件受潮生霉。

(4)使用吸收池过程中,必须注意以下几点:

① 玻璃吸收池只适用于可见光区,在紫外区测定时要用石英吸收池;

② 拿吸收池时只能拿毛玻璃面,不能拿透光面;

③ 用后要及时洗涤,含有腐蚀玻璃的物质(F^-、$SnCl_2$ 等)的溶液,不得长时间盛放在吸收池中;有色物污染可以用 3mol/L HCl 和等体积乙醇的混合液浸泡洗涤;生物样品、胶体或其他在吸收池透光面上形成薄膜的物质要用适当的溶剂洗涤;如上述方法处理不好,必要时可用重铬酸钾—硫酸洗液泡洗 1 ~2min,用自来水冲洗后,再用蒸馏水处理干净;不能用碱溶液洗涤,更不能用毛刷刷洗;

④ 不能将吸收池光学面与硬物或脏物接触,滤纸只用于沾去倒液时不慎挂在比色皿外壁上的液体,而不能用滤纸擦透光面,只能用擦镜纸或软布擦拭透光面;

⑤ 吸收池冲洗干净,用擦镜纸或软布擦干,晾干后,放入吸收池盒内,防尘保存。

⑥ 不得在火焰或电炉上加热或烘烤吸收池。

(5)光电器件应避免强光照射或受潮积尘。光电池受光连续照射一段时间会产生疲劳现象而使光电流下降,要在暗中放置一些时候才能恢复。为了防止检测器疲劳,在间断使用或更换溶液时应切断光路。

仪器在使用前应先检查一下放大器暗盒的硅胶干燥筒(在仪器的左侧),如受潮变色,应更换干燥的蓝色硅胶,或者倒出原硅胶,烘干后再用。在更换硅胶干燥剂时,应切断电源。

(6)仪器停用期间,应用防尘罩罩住整个仪器,并在样品室和防尘罩内放置数袋防潮硅胶,以免灯室受潮,反射镜面有霉点及玷污。

(7)仪器经过运输和搬运等原因,会影响波长精度,吸光度精度,请根据仪器调校步骤进行调整,然后投入使用。

三、分光光度计的检验

为保证测试结果的准确可靠,新制造、使用中和修理后的分光光度计都应定期进行检定。通常紫外可见分光光度计的检定周期为 1 年,但在此期间内,如仪器经修理,或对测量结果有怀疑时,应及时进行检定。

分光光度计的检定一般由专业检定部门进行,我们分析岗位人员只需要了解检验项目和简单的检验方法即可。下面简单介绍紫外可见分光光度计的几项主要技术指标的检验方法。

(一)稳定度

在仪器接受元件不受光情况下,调整仪器零点,使透射比显示值为 0% ,观察 3min,记录透射比示值最大变化即为暗电流稳定度。

在仪器接受元件受光情况下。于仪器波长范围两端内缩 10nm 处，调整透射比 100%，观察 3min（波长切换时 5min），记录透射比示值最大变化即为光电流稳定度。

（二）波长准确度

由于环境因素对机械部分的影响，仪器的波长经常会略有变动，因此除应定期对所用的仪器进行全面校正检定外，还应于测定前校正测定波长。常用汞灯中的较强谱线 237.83nm、253.65nm、275.28nm、296.73nm、313.16nm、334.15nm、365.02nm、404.66nm、435.83nm、546.07nm 与 576.96nm，或用仪器中氘灯的 486.02nm 与 656.10nm 谱线进行校正，钬玻璃在 279.4nm、287.5nm、333.7nm、360.9nm、418.5nm、460.0nm、484.5nm、536.2nm 与 637.5nm 波长处有尖锐吸收峰，也可作波长校正用，但因来源不同或随着时间的推移会有微小的差别，使用时应注意。

（三）吸光度的准确度

可用重铬酸钾的硫酸溶液检定。称取在 120℃ 干燥至恒重的基准重铬酸钾约 60g（精确至 ±0.1mg），用 0.005mol/L 硫酸溶液溶解并稀释至 1000mL，在规定的波长处测定并计算其吸收系数，并与规定的吸收系数比较，应符合表 8－1 中的规定。

表 8－1 测定波长处吸收系数的许可范围

波长，nm	235	257	313	350
吸收系数的规定	124.5	144.0	48.62	106.6
吸收系数的许可范围	123.0～126.0	142.8～146.2	47.0～50.3	105.5～108.5

四、分光光度计的调校和故障处理

分光光度计使用较长时间后，与其他仪器一样，可能发生一些故障，或者仪器的性能指标有所变化，需要进行调校或修理，现分别简单介绍如下，以供使用维护者参考。

（一）故障分析

1. 初步检查

当仪器一旦出现故障，首先关闭主机电源开关，然后按下列步骤进行初步检查：

（1）开启仪器电源，钨灯是否亮。

（2）波长盘读数指示是否在选定波长上。

（3）仪器灵敏度开关是否选择适当。

（4）T、A、C 开关是否选择在相应的状态。

（5）试样室盖是否关紧。

（6）仪器调零及调 100% 时是否选择在相应的旋钮调节。

2. 仪器的机械系统、光学系统及电子系统检查

仪器的机械系统、光学系统及电子系统为一个整体，工作过程中互有牵制，为了缩小范围及早发现故障所在，按下列试验可以原则上区分故障性质。

1)光学系统试验

(1)将灯电源开关按下,点亮钨灯。仪器工作波长选择在580nm。

(2)打开试样室盖,用白纸插入光路聚焦位置,应见到一较亮、完整的长方形光斑。手调波长向长波,白纸上应见到光斑由紫逐渐变红;手调波长向短波,白纸上应见到光斑由红逐渐变紫。

(3)波长为330~800nm,改变相应的灵敏度档,调节100%T按钮,观察数字表读数显示能否达到100.0值。

上述试验通过,光学系统原则上正常。

2)机械系统试验

(1)手调波长为330~800nm,往返手感平滑无明显卡阻。

(2)检查各按钮、旋钮、开关及比色皿选择拉杆手感是否灵活。

上述试验通过,机械系统原则上正常。

3)电子系统试验

(1)灯电源按钮按下,点亮钨灯,选择波长580nm;

(2)打开试样室盖,将开关置于"T"档,调节调零钮,观察数字显示读数应为00.0,左右可调。

(3)关上试样室盖,调节100%旋钮,观察数字显示读数应为100.0,左右可调。

(4)当完成仪器调零及调100%后,将选择开关置于"A"档,调节消光调零旋钮,观察数字显示读数应为0.000,左右可调。上述试验通过,电子系统原则上正常。

(二)故障处理

当仪器工作不正常时,如数字表无亮光、光源灯不亮、开关指示灯无信号,应检查仪器后盖保险丝是否损坏,然后查电源线是否接通,再查电路。如果熔断丝未断,电源线接通正常,电路无故障,但光源灯仍然不亮,就应判断是光源灯损坏,应请专业人士进行更换安装和调试,以排除故障。

五、测定中注意事项

(1)进行分光光度测定时,空白试剂和样品溶剂要求来自同一个试剂瓶。

(2)由于吸收池和溶剂本身可能有空白吸收,因此测定试样的吸光度后应减去空白读数,或由仪器自动扣除空白读数后再计算含量。

(3)对溶剂的选择要求:含有杂原子的有机溶剂,通常均具有很强的末端吸收。因此,当作溶剂使用时,它们的使用范围均不能小于截止使用波长。例如甲醇、乙醇的截止使用波长为205nm。另外,当溶剂不纯时,也可能增加干扰吸收。因此,在测定样品前,应先检查所用的溶剂在试样所用的波长附近是否符合要求,即将溶剂置于1cm石英吸收池中,以空气为空白(即空白光路中不置任何物质)测定其吸收度。溶剂和吸收池的吸光度,在220~240nm范围内不得超过0.40,在241~250nm范围内不得超过0.20,在251~300nm范围内不得超过0.10,在300nm以上时不得超过0.05。

(4)吸收池的配套性试验和校准:配套性试验的方法是,在同一光径的石英吸收池中装蒸馏水在波长为 220nm、700nm 处测定；玻璃吸收池装 30mg/L 的 $K_2Cr_2O_7$ 溶液，在波长 440nm 处测定，装蒸馏水在波长 700nm 处测定。将一个吸收池的吸光度值调至 0 后，分别测定其他吸收池的吸光度值，如果测得 A 为 0 ~ 0.005，即可配套为一套。

实际工作中的校准方法为：将干净的吸收池的磨砂面用铅笔编号，装入测定用溶剂，在测定波长下，以其中一个为参比，测定其他吸收池的吸光度。选出吸光度最小的吸收池作参比调至 $A=0$，测出其他吸收池的吸光度值，作为修正值。实际分析时，将待测溶液装入校准过的吸收池中，将测得的吸光度值减去吸收池的吸光度修正值，即为吸光度测定真实值。透光率没有加和性，必须将透光率换算为吸光度后才能加减。

(5) 匹配好的吸收池要注意以下几点：一是保持好它们的匹配；二是注意保持吸收池的清洁，不能沾有指纹、油腻或其他沉积物。

(6) 样品池内有吸收池架，是为了保证把吸收池准确地置于光路中，使吸收池的光学平面与光束垂直，因此在放吸收池时，要特别注意它在架上的位置。

(7) 更换吸收池中测试样品时，应用待测溶液冲洗吸收池 3 ~ 4 次，用干净软布或擦镜纸擦净吸收池的透光面而不留斑痕。溅在样品室内的溶液，应立即用滤纸或软布擦干，擦样品室内窗口时，要像擦吸收池一样小心。

(8) 仪器经过搬动，应及时检查并纠正波长精度；为保证测定的准确度，应经常校准波长精度。

(9) 分光光度计使用时，应首先检查仪器本身有无对光的吸收，即在选定工作波长下，在样品室内无吸收池的情况下，调整好仪器零点，拉动吸收池架，检查在不同定位处有无吸收，如果有吸收，仪器应修理后再使用。

第五节 紫外可见分光光度分析应用实例

一、应用实例一

乙二醇中醛含量（以甲醛计）的测定，参考 GB/T 14571.3—2008《工业用乙二醇中醛含量的测定 分光光度法》。

（一）测定原理

试样中的脂肪族醛，在氯化铁存在下，与 3 - 甲基 - 2 - 苯并噻唑酮腙（MBTH）反应，生成蓝绿色稠合阳离子，在波长 620nm 处用分光光度计测量吸光度。

（二）测试步骤

1. 工作曲线的绘制

在 6 个 50mL 容量瓶中分别加入甲醛标准溶液（甲醛含量约为 4.0μg/mL）0mL、1.0mL、2.0mL、3.0mL、4.0mL、5.0mL，再依次分别加入水 5.0mL、4.0mL、3.0mL、2.0mL、1.0mL、0mL，摇匀，然后各加入 5.0mL 0.3% MBTH 溶液，充分摇匀，在室温下反应 30min。然后再各加入氧化剂溶液（1.0% 氯化铁 + 1.2% 氨基磺酸）5.0mL，充分摇匀，放置 20min。最后用蒸馏水稀释至刻度，于 620nm 处，以去离子水作参比液，使用 1cm 吸收池测定其吸光度。

以甲醛的质量(μg)为横坐标,以相应的净吸光度(扣去试剂空白的吸光度)为纵坐标,绘制工作曲线。工作曲线的方程以 $c = K \cdot A + B$ 表示,相关系数应大于 0.99。

2. 试样测定

于 50mL 容量瓶中称取适量试样(精确至 0.0002g),加入 4.0mL 水,以后步骤同 1。同时做一试剂空白试验。

(三)计算

在工作曲线方程上,根据净吸光度计算醛的质量(μg),然后按式(8-8)计算试样中醛的质量分数(以甲醛计):

$$w = m_1 \times 10^{-4} / m$$

式中 w——试样中醛的质量分数,%;

m_1——由工作曲线方程,根据净吸光度计算的醛的质量,μg;

m——试样质量,g。

(四)测定中注意事项

(1)操作中应避免阳光直射,试剂空白的吸光度一般应小于 0.070。

(2)如果空白溶液的吸光度超过控制的上限,则必须重新清洗玻璃器皿,并再进行重新校准。

二、应用实例二

乙二醇紫外透光率的测定,参考 GB/T 14571.4—2008《工业用乙二醇紫外透光率的测定 紫外分光光度法》。

(一)仪器及试剂

(1)紫外分光光度计,以氢灯或氘灯为光源,在 190~350nm 波长范围内测量透光率,误差应不超过 1%。

注:仪器波长和透光率的准确度是保证有效测量的关键,特别在 220nm 处,因为此处的透光率曲线斜率较大。

(2)光径 1cm 石英比色皿。

(3)蒸馏水:符合一级水要求。

(二)测定步骤

(1)仔细清洗所用的石英比色皿(不能用丙酮),进行比色皿的配套性检验。

(2)在参比池内注入蒸馏水,在样品池内注入待测的乙二醇试样。测量 220nm、275nm、350nm 三个波长条件下的透光率。必要时,需对测得的透光率进行比色皿差异和仪器基线漂移的校正。

第九章　原子吸收光谱分析

第一节　原子吸收光谱法的原理及仪器

一、测试原理

原子吸收法是将含有待测金属元素的试样经原子化处理后使待测金属元素呈气态的自由原子状态，当与待测元素相同的原子发射出的特征谱线通过待测元素时，待测元素的原子吸收了特征谱线而发生外层电子由较低能级跃迁至较高能级，产生了原子吸收，其吸光度的大小与待测组分的浓度之间符合朗伯—比耳定律，根据吸光度的大小就可以定量测定待测元素的含量。

二、原子吸收光谱仪

（一）原子吸收光谱仪的结构

原子吸收光谱仪由光源、原子化器、分光系统、检测系统、记录系统等几大部分组成（图9－1）。

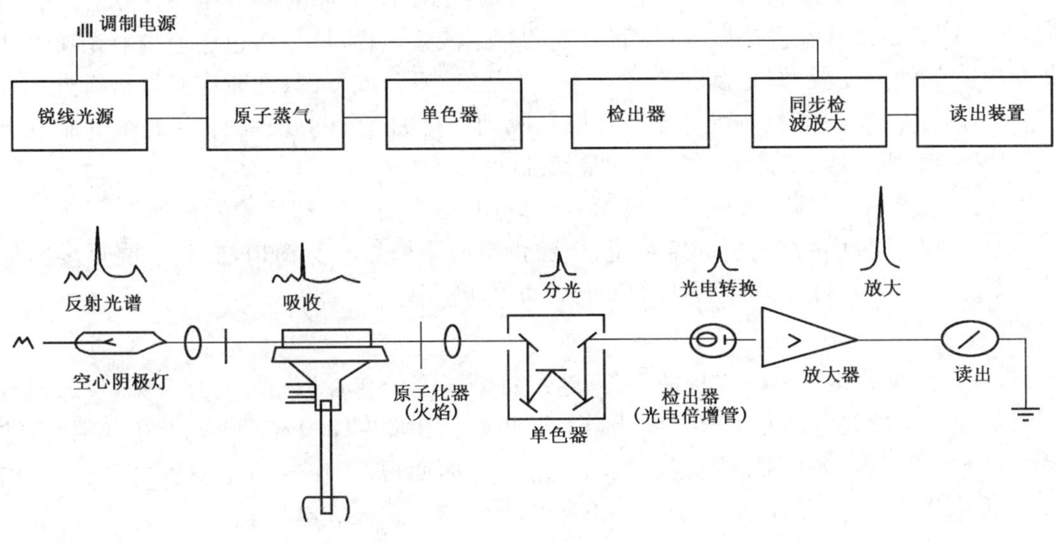

图9－1　原子吸收光谱仪的基本构造示意图

1. 光源

原子吸收光谱仪光源的功能是发射被测元素基态原子所吸收的特征共振辐射光谱。为保证峰值吸收的测量，要求是锐线光源，发射辐射的波长半宽度要明显小于吸收线的半宽度，辐射强度足够大且稳定性好，背景低，噪声小，使用寿命长。为提供锐线光源，目前应用最广泛的是空心阴极灯和无极放电灯。

1)空心阴极灯

图9-2是目前应用最广的锐线光源,它是一种特殊的气体放电灯。

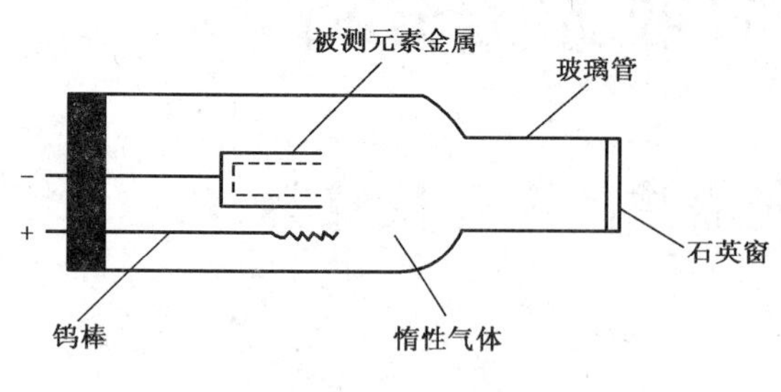

图9-2 空心阴极灯

空心阴极灯主要是由被测元素材料制成的空腔阴极和一个钨制阳极组成。为保证光源仅发射频率范围很窄的锐线,要求阴极材料具有很高的纯度。通常单元素的空心阴极灯只能用于一种元素的测定,若阴极材料使用多种元素的合金,可制得多元素灯。但只限于两三种元素。

空心阴极灯所发射的谱线强度及宽度主要与灯的工作电流有关。当处于适宜的工作电流(一般是几毫安至几十毫安)时,阴极温度不高,由于灯内气压很低,金属原子密度又很小,所以各种因素引起的变宽均很小,所得谱线较窄。增大灯电流虽然可以增加发射强度,但自吸收现象也相应增强,发射线变宽,同时也影响灯的使用寿命。灯电流过低将使光强减弱,导致稳定性和信噪比下降,因此,实际工作中,应选择合适的工作电流。

空心阴极灯的日常维护和使用注意事项:

(1)空心阴极灯使用前应经过一段预热时间,使灯的发光强度达到稳定。预热时间随灯元素的不同而不同,一般在20~30min以上。

(2)灯在点燃后可从灯的阴极辉光的颜色判断灯的工作是否正常,判断的一般方法为:充氖气的灯负辉光的正常颜色是橙红色;充氧气的灯是淡紫色;汞灯是蓝色。灯内有杂质气体存在时,负辉光的颜色变淡,如充氖气的灯颜色变为粉红、发蓝或发白,此时应对灯进行处理。

(3)元素灯长期不用时,应定期(每月或每隔两三个月)点燃处理,即在工作电流下点燃1h。若灯内有杂质气体,辉光不正常,可进行反接处理。

(4)使用元素灯时,应轻拿轻放。低熔点的灯用完后,要等冷却后才能移动。

(5)为了使空心阴极灯发射强度稳定,要保持空心阴极灯石英窗口洁净,点亮后要盖好灯室盖,测量过程中不要打开,使外界环境不破坏灯的热平衡。

2)无极放电灯

无极放电灯又称微波激发无极放电灯,这种灯的强度比空心阴极灯大几个数量级,没有自吸,谱线更纯。无极放电灯的发射强度比空心阴极灯大100~1000倍,谱线半宽度很窄,适用于难激发的As、Se、Sn等元素的测定。且这种灯预热周期短,工作寿命及搁置寿命长,结构简单,成本低,使用方便。目前已有Al、As、Rb等数十种商品无极放电灯。

2. 原子化器

将试样中待测元素变成气态的基态原子的过程称为试样的“原子化”。完成试样的原子化所用的设备称为原子化器或原子化系统。

原子化器的功能是提供能量,使试样干燥,蒸发和原子化。在原子吸收光谱分析中,试样中被测元素的原子化是整个分析过程的关键环节。原子化系统在原子吸收光谱仪中是一个关键装置,它的质量对原子吸收光谱分析法的灵敏度和准确度以及测定的重现性有很大的影响,甚至起到决定性的作用,也是分析误差最大的一个来源,因此要求它具有原子化效率高,记忆效应小和噪声低等特点。

实现原子化的方法,最常用的有以下两种。

1)火焰原子化法

利用火焰热能使试样转化为气态原子。火焰原子化法操作简单、快速,有较高的灵敏度。

火焰原子化器由雾化器、预混合室、燃烧器和火焰等部分组成。

(1)雾化器。

雾化器的作用是将试样溶液雾化,使之在火焰中能产生较多且稳定的基态原子。由于它的性能对分析结果的精密度、测定方法的灵敏度以及样品溶液的化学干扰有显著影响,因此要求它雾化效率高,产生的雾滴要细小、均匀和稳定。目前仪器上普遍采用的是同轴型雾化器,如图 9-3 所示。

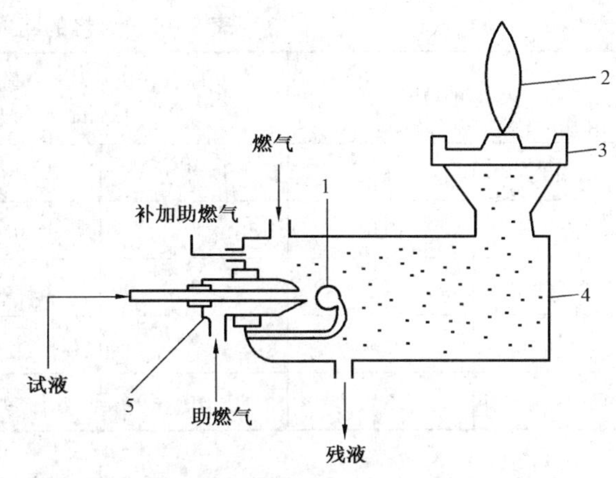

图 9-3 火焰原子化器示意图

1—碰撞球;2—火焰;3—燃烧器;4—雾室;5—雾化器

雾化器中连接试样溶液的毛细管位于中心轴上,外面是和毛细管同轴的助燃气管道,两者在出口处形成一环形空隙。当高压助燃气通过时,在中心毛细管尖端处形成负压区,使溶液从毛细管吸入,并在出口处被高速气流分散成气溶胶(即雾滴),雾滴再与雾化器前的撞击球碰撞进一步分散成细雾。影响雾化器的因素很多,如溶液的表面张力和粘度等物理性质、毛细管孔径的大小、助燃气的流速等,因此分析中应注意控制合适的条件以消除这些影响。

(2)预混合室。

试样溶液经雾化后进入预混合室(雾室)使溶液进一步雾化并与燃气充分混合均匀。雾室内有一扰流器,它对较大的雾滴有阻挡作用,因此可以降低火焰噪声;同时可使燃气和助燃气充分混匀,使火焰更加稳定。较大雾滴凝结在室壁上,并与未被充分雾化的溶液一起从下方废液管排出。预混合室的记忆性要小、废液排出要快。

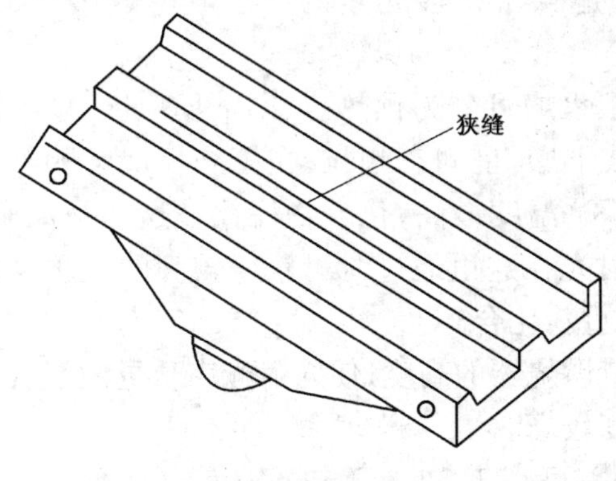

图 9-4 长缝型燃烧器

(3)燃烧器。

燃烧器的作用是使燃气在助燃气的作用下形成火焰,使进入火焰的试样微粒原子化。燃烧器应能使火焰燃烧稳定,原子化程度高,并能耐高温耐腐蚀。预混合型原子化器通常采用不锈钢制成长缝型燃烧器(图 9-4),对于乙炔—空气等燃烧速度较低的火焰一般使用缝长 100 ~

120mm,缝宽 0.5 ~0.7mm 的燃烧器,而对乙炔—氧化亚氮等燃烧速度较高的火焰,一般用缝长 50mm,缝宽 0.5mm 长缝燃烧器。也有多缝燃烧器,它可增加火焰宽度。

(4)火焰。

化合物在燃烧过程中经历干燥、熔化、解离、激发和化合等复杂过程。在此过程中,除产生大量的被测元素基态原子外,还产生少量的激发态原子、离子和分子等其他粒子,选择合适的火焰类型及气体流量比是原子吸收分析的关键之一。

火焰的种类很多,常用的有空气—乙炔焰和氧化亚氮—乙炔焰两种,见表 9 -1。

表 9 -1 火焰的组成及最高温度

火焰组成		化学计量火焰的气体注速 L/min		燃烧速率 cm/s	最高温 ℃
助燃气	燃气	助燃气	燃气		
空气	丙烷	8	0.4	82	2200
空气	氢气	8	6	320	2300
空气	乙炔	8	1.4	160	2500
氧化亚氮	乙炔	10	4	220	3200

前者的温度约 2300℃,适用于一般元素的分析;后者约 3000℃,可用于在火焰中能生成耐热(难熔)氧化物的元素,如铝、硅、硼等的测定,这种火焰在使用时要注意安全,因其属于易爆炸气体。

空气—乙炔焰的燃气和助燃气比例不一样时,可获得三种类型的火焰:

(1)贫燃性火焰:呈蓝色,氧化性较强,在助燃气流量大、燃气流量小时形成,适用于易电离碱金属元素等的分析。空气: 乙炔约为(5 ~6)∶1。

(2)富燃性火焰:呈黄色,层次模糊,温度稍低,火焰的还原性较强,形成于助燃气流量小、燃气流量大时,有利于许多易形成难离解氧化物元素的原子化。空气: 乙炔约为(2 ~3)∶1。

(3)化学计量性火焰:在燃气和助燃气的比例与两者之间化学反应计量关系相近时形成,具有稳定、温度高、噪声小和背景低等特点,适合于很多元素的测定。空气: 乙炔约为4: 101。

此外,火焰温度还与火焰的位置有关。预混合型火焰可分为预热区、第一反应区、中间薄层区(原子化区)和第二反应区。试样在预热区中被干燥,呈固态颗粒;在第一反应区颗粒被熔化和蒸发,此区火焰呈蓝色;中间薄层区(原子化区)温度最高,化合物往往在这里被离解、还原,产生大量基态原子,因此,在一般情况下,入射光在这里通过时可获得较高的分析灵敏度;火焰的第二反应区温度又开始下降,部分原子又重新化合。

在进行原子吸收法分析时,要根据具体元素调节燃烧器的高度,使入射光束从灵敏度较高的区域通过,如 Cr、Ca 等元素在第一反应区的灵敏度较高。

火焰原子化器操作简便,重现性好,相对平均偏差可小于 3%,测定灵敏度一般为 10^{-6} 数量级。但由于原子化效率低,自由原子在吸收区域停留时间短(约为 10^{-3}s),这样就限制了测定灵敏度的提高，同时这种原子化方法要求有较多的试样（一般为几毫升），使试样量少或贵重试样的分析受到限制，且无法直接分析粘稠液体和固体试样。不过近年来随着分析技术和方法的不断提高和改进，使其在试样用量、测定灵敏度等方面有了很大的改进，如脉冲雾化技术，这种方法试样用量少，可测定含盐量高的试样溶液而不致造成燃烧器缝口堵塞，适合少量试样的多元素测定。又如，采用原子捕集技术可使火焰原子吸收光谱法的测定灵敏度提高几个数量级，这也是在火焰原子吸收光谱法中直接对被测原子进行浓缩的预富集技术。

2）无焰原子化器

利用电加热或化学还原等方式使试样转化为气态原子。非火焰原子化法的原子化效率高，试样用量少，适用于作高灵敏度的分析。其中应用最广的是石墨炉电热原子化法。

石墨炉电热原子化器（图 9－5）的特点为：原子化效率高，接近 100%，自由原子在吸收区域停留时间长（约 10^{-1}s），特征质量可达 10^{-13}～10^{-10}g；试样用量少，液体为几微升至几十微升，固体为几毫克；几乎不受试样形态限制，可直接分析悬浮液、乳状液、粘稠液体和一些固体试样；因为石墨炉的保护气体（如氩气等）在真空紫外区域几乎无吸收，所以可直接测定共振吸收线位于真空紫外光谱区域的一些元素；由于操作几乎是在封闭系统内进行，故可对有毒和放射性物质进行分析，比火焰法安全可靠。常用的电热原子化器是管式石墨炉原子化器。

它使用低压（10～25V）电流（400～600A）来加热石墨管，可升温至 3000℃，当高达几百安培的大电流通过具有高阻值的石墨管时，产生高温，使试样蒸发、分解和原子化。在分析时，必须往炉中通入惰性气体，如氩气、氮气等，以保护石墨管、清洗样品或残渣，同时也保护被测物质在原子化高温条件下不被空气氧化。在石墨炉原子化器中还设有水冷却系统，以便能迅速降低炉温，进行新的升温。石墨炉的升温过程分为干燥、灰化（热解）、原子化、净化（除残）4 个阶段，如图 9－6 所示。

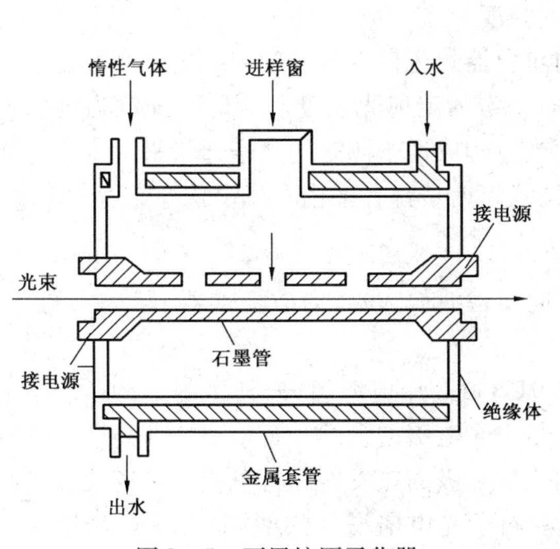

图 9－5 石墨炉原子化器

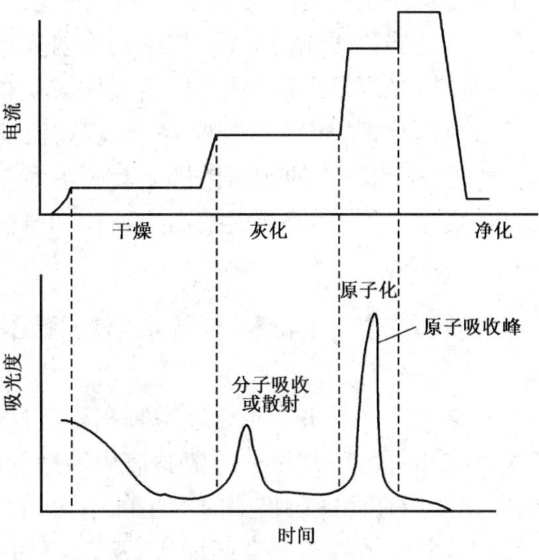

图 9－6 石墨炉的升温过程

(1)干燥阶段。

干燥温度一般仅110℃左右,时间取决于试样体积,一般溶液每微升需1.5～2.0s,其目的主要是除去试样中的水分等溶剂,以免因溶剂存在引起灰化和原子化过程飞溅。

(2)灰化(热解)阶段。

灰化阶段的温度根据被测元素及其化合物的性质选择,其最高温度选择原则以不损失待测元素为限,且保持时间在0.5s～5min,其作用相当于化学预处理,使基体组分破坏和蒸发,从而减小或消除原子化阶段中分子吸收的干扰。

(3)原子化阶段。

原子化阶段温度的选择随元素性质而定,一般为1500～3000℃,在保证元素完全原子化的前提下,时间越短越好,一般为310s。

(4)净化阶段。

当一个样品测定结束后还必须用更高的温度(比原子化温度高200～500℃),以除去石墨管中的残留物,消除其记忆效应,以便开始下一次试样分析。

石墨炉原子吸收光谱法的准确度和精密度均不如火焰原子吸收光谱法,其相对平均偏差可达5%～10%,干扰情况也较严重,操作过程复杂,最佳原子化条件不易掌握。随着石墨炉原子吸收技术的不断发展,对上述这些缺点已有了很大的改进。

3. 分光系统

分光系统由入射狭缝、出射狭缝和色散元件(棱镜或光栅)、反射镜等组成,又称单色系统或单色器。它的作用是将待测元素的吸收线与邻近谱线分开。

单色器的性能主要指色散率、分辨率和集光本领。色散率是指色散元件将波长相差很小的两条谱线分开所成的角度(角色散率)或两条谱线投射到聚焦面上的距离(线色散率)。分辨率是指将波长相近的两条谱线分开的能力。色散元件的分辨率越高,色散率越大。集光本领是指单色器传递光的本领,它影响出射光谱线的强度。

由锐线光源发出的共振线,谱线比较简单,对单色器的色散率和分辨率要求不高。在进行原子吸收测定时,单色器既要将谱线分开,又要有一定的出射光强度。所以当光源强度一定时,就需要选用适当的光栅色散率和狭缝宽度配合,以构成适于测定的光谱通带来满足上述要求。在实际工作中,通常根据谱线结构和待测共振线邻近是否有干扰来决定狭缝宽度。

4. 检测系统

检测系统主要由检测器(光电倍增管元件)、同步检波放大器、对数变换器、显示装置(记录器)等所组成。

光电元件一般采用光电倍增管和稳定性达0.01%负高压电源组成,其作用是将经过原子蒸气吸收和单色器分光后的微弱信号转换为电信号。光电倍增管的一个重要特性是它的暗电流,即无光照在光敏阴极上时产生的电流,它是由光敏电极的热发射和打拿极间的场致发射产生的。暗电流随温度上升而增大,从而增加噪声。对于光电倍增管的使用,应注意避免强照射,并尽可能降低增益,这样才能保证光电倍增管良好的工作特性,否则会引起光电倍增管的“疲劳”乃至失效。(“疲劳”是指光电倍增管刚开始工作时灵敏度下降,过一段时间趋于稳定,但长时间使用灵敏度又下降的光电转换不成线性的现象。）

原子吸收光谱仪的工作波长通常为190～900nm。

放大器作用是将光电倍增管输出的电压信号放大后送入显示器。目前广泛采用的是交流选频放大和相敏放大器。

对于放大器放大后的信号的处理，目前原子吸收光谱仪几乎都配备了微机处理系统，具有自动调零、曲线校直、浓度直读、标尺扩展、自动增益等性能，并附有记录器、打印机、自动进样器、阴极射线管荧光屏及电脑等装置，大大提高了仪器的自动化程度。

第二节　原子吸收光谱分析实验技术

一、样品的制备和处理

（一）样品的预处理

被测样品需要事先转化为溶液样品。要求试样分解完全，在分解过程中不引入杂质和造成待测组分的损失，所用试剂及反应产物对后续测定无干扰。

1. 样品溶解

选择适当的溶剂（水、酸、熔融剂、有机溶剂）将分析试样进行溶解，并稀释成合适的浓度范围进行分析测定。

2. 样品消化

对于无法直接溶解的样品可采用干式消化或湿式消化的方式将样品转化为可溶解的物质。无论选用何种消化方式，样品消化的原则是被测物质（元素）不损失、不污染。干式消化中应注意温度的控制和消化残渣的完全溶解，湿式消化更多的应防止器皿、试剂及消化过程的污染。

3. 被测元素的分离与富集

分离共存干扰组分时使被测组分得到富集是提高痕量组分测定相对灵敏度的有效途径。目前常用的分离与富集方法有沉淀和共沉淀法、萃取法、离子交换法、电解预富集技术及应用泡沫塑料、活性炭等的吸附技术。其中应用较普遍的是萃取和离子交换法。

（二）标准样品溶液的配制及稀释

标准样品的组成要尽可能接近未知试样的组成。标准溶液通常使用各元素的合适盐类或相应的高纯（99.99%以上）金属物质配制成一定浓度值的储备溶液，也可直接购买。

配置的标准溶液的浓度下限取决于检出限，从测定精度的观点出发，合适的浓度范围应该是在能产生0.1～0.6单位吸光度或10%～60%透射比之间的浓度。配制标准溶液应使用去离子水，保证玻璃器皿纯净，防止玷污。溶解高纯金属使用的硝酸、盐酸应为优级纯。在配制标准溶液时，一般避免使用磷酸或硫酸。常用储备标准液的配制方法见表9－2。

表 9-2 常用储备标准液的配制

金属	基准物	配制方法(浓度 1mg/mL)
Ag	金属银(99.99%)	溶解 1.000g 银于(1+1)硝酸中,用水稀释至 1L
	$AgNO_3$	溶解 1.575g 硝酸银于 50mL 水中,加 10mL 浓硝酸,用水稀释至 1L
Au	金属金	将 0.1000g 金溶解于数毫升王水中,在水浴上蒸干,用盐酸和水溶解,稀释到 100mL,盐酸浓度约 1mol/L
Ca	$CaCO_3$	将 2.4972g 在 110℃烘干过的碳酸钙溶于(1+4)硝酸中,用水稀释至 1L
Cd	金属镉	溶解 1.000g 金属镉于(1+1)硝酸中,用水稀释至 1L
Co	金属钴	溶解 1.000g 金属钴于(1+1)盐酸中,用水稀释至 1L
Cr	$K_2Cr_2O_7$	溶解 2.829g 重铬酸钾于水中,加 20mL 硝酸,用水稀释至 1L
	金属铬	溶解 1.000g 金属铬于(1+1)盐酸中,加热使之溶解完全,冷却,用水稀释至 1L
Cu	金属铜	溶解 1.000g 金属铜于(1+1)硝酸中,用水稀释至 1L
Fe	金属铁	溶解 1.000g 金属铁于(1+1)盐酸中,用水稀释至 1L
K	KCl	称取 1.907g 在 500℃灼烧过的氯化钾溶于水中,稀释至 1L
Mg	金属镁	溶解 1.000g 金属镁于(1+4)硝酸中,稀释至 1L
Mn	金属锰	溶解 1.000g 锰于(1+1)硝酸中,用水稀释至 1L
Na	NaCl	称取 2.542g 在 500℃灼烧过的氯化钠溶于水中,稀释至 1L
Ni	金属镍	溶解 1.000g 金属镍于(1+1)硝酸中,用水稀释至 1L
Pb	金属铅	溶解 1.000g 金属铅于(1+1)硝酸中,用水稀释至 1L
Zn	金属锌	溶解 1.000g 金属锌于(1+1)盐酸中,用水稀释至 1L

二、测定条件的选择

(一)吸收波长的选择

为了提高测定的灵敏度,一般情况下应选用其中最灵敏线作分析。通常共振线具有最高的灵敏度。但如果测定元素的浓度很高,或为了消除邻近光谱线的干扰等,也可以选用次灵敏线。例如,试液中铷的测定其最灵敏的吸收线是 780.0nm,但为了避免钠、钾的干扰,可选用 794.0nm 次灵敏线作吸收线。但对低含量组分的测量,应尽可能选最灵敏线作分析线。若从稳定性考虑,由于空气—乙炔火焰在短波区域对光的透过性较差,噪声大,若灵敏线处于短波方向,则可以考虑选择波长较长的灵敏线。原子吸收分光光度中常用的元素分析线见表 9-3。

表 9-3 原子吸收分光光度中常用的元素分析线 单位:nm

元素	分析线	元素	分析线	元素	分析线
Ag	328.1,338.3	Ge	265.2,275.5	Re	346.1,346.5
Al	309.3,308.2	Hf	307.3,288.6	Sb	217.6,206.8
As	193.6,197.2	Hg	253.7	Sc	391.2,402.0
Au	242.3,267.6	In	303.9,325.6	Se	196.1,204.0
B	249.7,249.8	K	766.5,769.9	Si	251.6,250.7
Ba	553.6,455.4	La	550.1,413.7	Sn	224.6,286.3
Be	234.9	Li	670.8,323.3	Sr	460.7,407.8
Bi	223.1,222.8	Mg	285.2,279.6	Ta	271.5,277.6
Ca	422.7,239.9	Mn	279.5,403.7	Te	214.3,225.9
Cd	228.8,326.1	Mo	313.3,317.0	Ti	364.3,337.2
Ce	520.0,369.7	Na	589.0,330.3	U	351.5,358.5
Co	240.7,242.5	Nb	334.4,358.0	V	318.4,385.6
Cr	357.9,359.4	Ni	232.0,341.5	W	255.1,294.7
Cu	324.8,327.4	Os	290.9,305.9	Y	410.2,412.8
Fe	248.3,352.3	Pb	216.7,283.3	Zn	213.9,307.6
Ga	287.4,294.4	Pt	266.0,306.5	Zr	360.1,301.2

(二)光谱通带宽度的选择

选择光谱通带,实际上就是选择狭缝的宽度。单色器的狭缝宽度主要是根据待测元素的谱线结构和所选的吸收线附近是否有干扰线来选择的。当吸收线附近无干扰线存在时,放宽狭缝,可以增加光谱通带。若吸收线附近有干扰线存在,在保证一定强度的情况下,应适当调窄一些,光谱通带一般在 0.5 ~4nm 之间选择。

合适的狭缝宽度可以通过实验的方法确定。具体方法为:逐渐改变单色器的狭缝宽度使检测器输出信号最强,即吸光度最大为止。当然,还可以根据文献资料进行确定。表 9-4 列出了一些元素在测定时经常选用的光谱通带。根据仪器说明书上列出的单色器线色散率倒数,用光谱通带宽度 = 线色散率倒数 × 狭缝宽度,计算出不同的光谱通带宽度所相应的狭缝宽度。如果仪器上的狭缝不是连续可调的,而是一些固定的数值,这时应根据要求的通带选一个适当的狭缝。

表 9-4 不同元素所选用的光谱通带

单位:nm

元素	共振线	通带	元素	共振线	通带
Al	309.3	0.2	Mn	279.5	0.5
Ag	328.1	0.5	Mo	313.3	0.5
As	193.7	<0.1	Na	589.0①	10
Au	242.8	2	Pb	217.0	0.7
Be	234.9	0.2	Pd	244.8	0.5
Bi	223.1	1	Pt	265.9	0.5
Ca	422.7	3	Rb	780.0	1
Cd	228.8	1	Rh	343.5	1
Co	240.7	0.1	Sb	217.6	0.2
Cr	357.9	0.1	Se	196.0	2
Cu	324.7	1	Si	251.6	0.2
Fe	248.3	0.2	Sr	460.7	2
Hg	253.7	0.2	Te	214.3	0.6
In	302.9	1	Ti	364.3	0.2
K	766.5	5	Tl	377.6	1
Li	670.9	5	Sn	286.3	1
Mg	285.2	2	Zn	213.9	5

注:① 使用10nm通带时,单色器通过的是589.0nm和589.6nm双线。若用4nm通带,测定589.0nm线,灵敏度提高。

(三)空心阴极灯工作电流的选择

灯工作电流的大小直接影响灯放电的稳定性和锐线光的输出强度。灯电流小,能使辐射的锐线光谱变窄、使测量灵敏度高,但灯电流太小时由于透过光太弱,需提高光电倍增管灵敏度的增益,此时会增加噪声、降低信噪比;若灯电流过大,会使辐射的锐线光谱带产生热变宽和碰撞变宽,灯内自吸收增大,使辐射锐线光的强度下降,背景增大,也使灵敏度下降,还会加快灯内惰性气体的消耗,缩短灯的使用寿命。空心阴极灯上都标有最大工作电流(额定电流,约为5~10mA),对大多数元素,日常分析的工作电流保持额定电流的40%~60%较为合适,可保证稳定、合适的锐线光谱的输出。也可由实验绘出吸光度(A)—灯电流(I)关系曲线,选用与最大吸光度读数对应的最小灯电流值。空心阴极灯在5mA工作电流下,其使用寿命可达1000h。通常对高熔点的镍、钴、铁、钼、锆等的空心阴极灯使用电流可大些,对低熔点易溅射的铋、钾、钠、铷、铯、锗、镓等的空心阴极灯,使用电流以小些为宜。

三、干扰及其消除技术

原子吸收光谱法的干扰较少,通常原子吸收光谱的干扰基本可分为四种:电离干扰、基体干扰、化学干扰和光谱干扰。下面讨论其产生原因及消除方法。

(一)电离干扰及其消除

电离干扰是由于被测元素在原子化过程中发生电离,使参与吸收的基态原子数量减少而造成吸光度下降的现象。电离效应随温度升高、电离平衡常数增大而增大,随被测元素浓度增高而减小。

消除电离干扰可采用低温火焰,但往往受到条件限制。通常方法是在待测试样中加入消电离剂。消电离剂是在火焰中能提供大量电子而又不会在所用波长发生吸收的易电离元素,通常为碱金属。它们在火焰中强烈电离,从而抑制了待测元素基态原子的电离作用。

(二)基体干扰及消除

基体干扰又称为物理干扰,是指试样在转移、蒸发和原子化过程中由于试样物理特性的变化而引起吸光度下降的效应。基体干扰是非选择性干扰,对试样中各元素的影响基本相似。

火焰原子化法中属于这类干扰的因素有:试样溶液的粘度、助燃气的压力,吸液毛细管的直径等;试样溶液表面张力、溶剂蒸汽压、大量基体元素的存在等因素,最终都影响进入火焰中待测元素的原子数量,因而影响吸光度的测定。

石墨炉原子化器中这类干扰因素有:进样量大小和进样位置。进样量大,部分原子蒸气会逸出石墨管外,不能参与吸收;进样位置改变会影响吸收信号接收。保护气流量的改变将影响原子在管内的平均滞留时间;灰化过程中,基体元素与待测元素的共挥发;低沸点待测元素在灰化阶段中的损失等,都将影响测定的结果。消除方法如下:

(1)配制与待测样品溶液相似的标准溶液是消除基体干扰的较好办法。在无法配制时,可采用标准加入法。另外,待测元素的浓度不太低时,简单稀释溶液也可以减少基体干扰。

(2)使用多波道原子吸收分光光度计,采用内标法消除基体干扰。

(3)为防止待测元素在石墨炉中灰化阶段的挥发或共挥发损失,可加入基体改进剂,使其与待测元素生成难挥发化合物以减少损失。

(三)化学干扰及消除

化学干扰是指被测元素在溶液或原子化过程中与其他组分之间发生化学反应而影响被测元素化合物的离解和原子化。产生化学干扰的主要原因是由于被测元素不能全部从它的化合物中解离出来,从而使参与锐线吸收的基态原子数目减少,而影响结果的准确性。

被测元素与共存元素之间形成热力学更稳定的化合物,是产生化学干扰的重要原因之一,此外,被测元素在火焰中形成稳定的氧化物、碳化物或氮化物也是引起化学干扰的重要原因。化学干扰是一种选择性干扰。常用消除化学干扰的方法有:

(1)使用高温火焰:任何难挥发、难解离的化合物在一定的高温下总是能挥发并离解成自由基态原子的。因此许多低温火焰中出现的干扰,在改用高温火焰后,便能得到完全或部分消除。

(2)加入释放剂:使其与干扰元素形成更稳定难解离的化合物,而将待测元素从原来难解离化合物中释放出来,使之有利于原子化,从而消除干扰。例如,PO_4^{3-} 干扰 Ca 的测定,当加入 $LaCl_3$ 后,生成更为稳定的 $LaPO_4$,干扰就被消除。

(3)加入保护剂:保护剂能与待测元素形成络合物,阻止了待测元素与干扰元素之间的结合。EDTA、乙二醇等都可作为保护络合剂。

(4)加入缓冲剂:在试样溶液和标准溶液中均加入过量的干扰元素,使干扰效应达到“饱和”点,使干扰不再随干扰元素的量的改变而变化,或者变化很小。用氧化亚氮—乙炔火焰测定钛时,加入 200μg/mL 以上的铝,使铝对钛的干扰趋于稳定。此法的缺点在于会显著降低方法的灵敏度。

(5)加入基体改进剂:在石墨炉原子化中加入基体改进剂,提高被测物质的灰化温度或降低其原子化温度以消除干扰,见表 9-5。

表 9-5 用于抑制干扰的一些试剂

试剂	干扰成分	测定元素	试剂	干扰成分	测定元素
La	Al,Si,PO_4^{3-},SO_4^{2-}	Mg	NH_4Cl		Na,Cr
Sr	Al, Be, Fe, Se, NO_3^-, SO_4^{2-},PO_4^{3-}	Mg,Ca,Sr	NH_4Cl	Al	Mo
			NH_4Cl	Sr,Ca,Ba,PO_4^{3-}	Cr
Mg	Al,Si,PO_4^{3-},SO_4^{2-}	Ca	乙二醇	SO_4^{2-},Fe,Mo,W,Mn	Ca
Ba	Al,Fe	Mg,K,Na	甘露醇	PO_4^{3-}	Ca
Ca	Al,F	Mg	葡萄糖	PO_4^{3-}	Ca,Sr
Sr	Al,F	Mg	水杨酸	PO_4^{3-}	Ca
$Mg+HClO_4$	Al,Si,PO_4^{3-},SO_4^{2-}	Ca	乙酰丙酯	Al	Ca
$Sr+HClO_4$	Al,P,S	Ca,Mg,Ba	蔗糖	Al	Ca,Sr
Nd,Fr	Al,P,B	Sr	EDTA	P,B	Mg,Ca
Nd,Sm,Y	Al,P,B	Ca,Sr	ε-羟基喹啉	Al	Mg,Ca
Fe	Si	Cu,Zn	啉	Al	Cr
La	Al,P	Cr	$K_2S_2O_7$	Al,Fe,Ti	Cr
Y	Al,B	Cr	Na_2SO_4	可抑制 16 种元素的干扰	Cr
Ni	Al,Si	Mg	$Na_2SO_4+H_2SO_4$	可抑制 Mg 等十几种元素的干扰	
甘油,高氯酸	Al,Fe,Th,稀土,Si,B,Cr,Ti,PO_4^{3-},SO_4^{2-}	Mg,Ca,Sr,Ba			

(6)化学分离干扰物质:若以上方法都不能有效地消除化学干扰时,可采用离子交换、沉淀分离、有机溶剂萃取等方法,将待测元素与干扰元素分离开来,然后进行测定。

(四)光谱干扰

光谱干扰是指原子光谱对分析线的干扰,常见的有以下两种:

（1）非吸收线未能被单色器分离：在所选通带内，除了被测元素所吸收的谱线之外，还有其他一些不被吸收的谱线，它们同时到达检测器，又同时被检测器检测，从而造成干扰。消除这种干扰的方法是减小狭缝，使光谱通带小到可以分开这种干扰。另外也可适当减小灯电流，以降低灯内干扰元素发光强度。

（2）吸收线重叠：当共存元素的吸收线与被测元素的吸收线相距很近，两谱线重叠，以致同时吸收光源发射的谱线，这种干涉使吸光度增加，导致分析结果偏高。消除的办法是另选被测元素的其他吸收线或用化学方法分离干扰元素。

（3）原子化器内直流发射干扰：为了消除原子化器内的直流发射干扰，可以对光源进行机械调制，或者是对空心阴极灯采用脉冲供电。

（五）背景吸收干扰

背景吸收是一种非原子性吸收，是指在原子化过程中，由于分子吸收和光散射作用而产生的干扰，背景干扰使吸光度增加，因而导致测定结果偏高。它包括分子吸收、光的散射及折射和火焰气体的吸收等。

1. 背景吸收的种类

（1）分子吸收：它是指原子化过程中氧化物（无机酸）和盐类等一类分子或游离基对入射光的吸收产生的干扰。如 NaCl、KCl、$NaNO_3$ 等在紫外区有很强的分子吸收带；在波长小于250nm 时，硫酸和磷酸等分子有很强的吸收，而硝酸和盐酸、高氯酸的吸收则较小，这是原子吸收光谱法中常用 HNO_3、HCl 及其混合液作为试样预处理的主要试剂的原因。

（2）光的散射和折射：由原子化过程中产生的高度分散的固体微粒与光子发生碰撞从而导致散射和折射，使部分光不能进入单色器而形成假吸收。波长越短，基体物质浓度越大，光散射的影响就越大。

（3）火焰气体的吸收：火焰气体中含有许多未燃烧完全的分子或分子片断，特别是在富燃火焰中，这些粒子在紫外区也有很强的吸收，波长小于 250nm 时尤强。这类吸收属于分子吸收，改变火焰种类和燃助比可使之减小，也可用调零法加以消除。

2. 背景干扰的消除

为校正背景干扰，可采用以下几种方法：

（1）用双波长法扣除背景：先用吸收线测量待测元素吸收和背景吸收的总和，再用另一非吸收线测量背景吸收，从总和中扣除背景吸收，可获得准确的待测元素的吸收值。例如，用217. 0nm 锐线测铅，可用 217. 0nm 的测量值减去 220. 4nm（非吸收线）的测量值，就得到扣除背景后的结果。

（2）用氘灯校正背景：先用空心阴极灯发出的锐线光通过原子化器，测量待测元素和背景吸收的总和，再用氘灯发出的连续光通过原子化器，测量出背景吸收。此时待测元素的基态原子对氘灯连续光谱的吸收可以忽略。因此，当空心阴极灯和氘灯的光束交替通过原子化器时，背景吸收的影响就可被扣除，从而进行了校正。但此法只能在氘灯的辐射波长范围（190 ~ 360nm）内使用，且仅能校正比较低的背景。

（3）用自吸收方法校正背景：当空心阴极灯在高电流下工作时，其阴极发射的锐线光会被灯内处于基态的原子吸收，使发射的锐线光谱变宽，吸光度下降，灵敏度也下降。这种自吸收现象是无法避免的,因此可首先在空心阴极灯低电流下工作,使锐线光通过原子化器,测得待测元素和背景吸收的总和,然后使它再在高电流下工作,再通过原子化器,测得相当于背景的吸收。将两次测得的吸光度数值相减,就可扣除背景的影响。此法的优点是使用同一光源,在相同波长下进行的校正,校正能力强。不足之处是长期使用此法会使空心阴极灯加速老化,并降低测量的灵敏度。

(4)用塞曼效应校正背景:当使用石墨炉进行原子化时,常利用塞曼效应进行背景校正。塞曼效应是指光经过强磁场时,引起光谱线发生分裂的现象。通过对存在磁场和不存在磁场的两次测定结果之差,即对背景进行了校正。使用塞曼效应进行背景校正时,由于使用同一光源在同一光路上进行测量,所以能够精确的进行背景校正。这是最理想的校正方法。

四、定量分析

应用原子吸收光谱法进行定量测定时,可使用标准工作曲线法、标准加入法、稀释法和内标法。最常用的定量法就是标准工作曲线法。

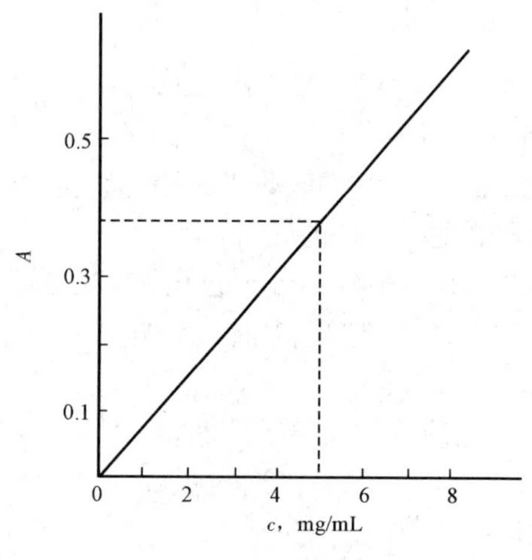

图 9－7 标准曲线法

原子吸收光谱分析的标准工作曲线法和分光光度法相似。根据样品的实际情况配制一组浓度适宜的标准溶液,在选定的操作条件下,将标准溶液由低浓度到高浓度依次喷入火焰中,分别测出各溶液的吸光度,以待测元素的浓度 c 作横坐标,以吸光度 A 作纵坐标,绘制 $A—c$ 标准工作曲线。然后在相同的实验条件下,喷入待测试液,测其吸光度,再从标准工作曲线上查出该吸光度所对应的浓度,即为试液中待测元素的浓度,通过计算可求出试样中待测元素的含量,如图 9－7 所示。

为保证测定的准确性和重复性,测定时应注意以下几点:

(1)标准溶液与试液的基体(指溶液中除待测组分外的其他成分的总体)要相似,以消除基体效应。若标准溶液与试样溶液基体差别较大,则在测定中会引入误差。标准溶液的浓度范围应将试液中待测元素的浓度包括在内。

(2)在测定过程中要吸喷去离子水或空白溶液,以校正基线(零点)的漂移。

(3)由于燃气流量的变化或空气流量变化所引起的吸喷速率变化,会引起测定过程中标准曲线斜率发生变化。因而在测定过程中,要用标准溶液检查测试条件有没有发生变化,以保证在测定过程中标准溶液及试样溶液测试条件完全一致。

在实际分析中,当待测元素浓度较高时,常看到工作曲线向浓度坐标弯曲,这是由于待测元素含量较高时,吸收线产生热变宽和压力变宽,使锐线光源辐射的共振线的中心波长与共振吸收线的中心波长错位,使吸光度减小而造成的。这种情况下可通过稀释样品,使得测定吸光度在线性范围内测定。最佳的吸光度应在 0.8 以下。

此外,化学干扰和物理干扰的存在也会导致工作曲线弯曲。

标准工作曲线法简便、快速，适用于样品组成简单或共存元素无干扰的情况，可用于同类大批量样品的分析。主要缺点在于基体影响大，同时由于各种因素的影响，会使曲线发生弯曲，减小了曲线的线性范围。采用高强度空心阴极灯、较低的工作电流等，会在一定程度上扩大工作曲线的线性范围。

五、原子吸收光谱仪使用注意事项

(一)关机注意事项

(1)放干净空压机贮气灌内的冷凝水、检查燃气是否关好；用水彻底冲洗排废系统；

(2)如果用了有机溶剂，则要倒干净废液罐中的废液，并用自来水冲洗废液罐；

(3)高含量样品做完，应取下燃烧头放在自来水下冲洗干净并用滤纸仔细把缝口积炭擦除然后甩掉水滴晾干以备下次再用，同时继续用纯水喷雾几分钟以清洗雾化器；

(4)清除灯窗和样品盘上的液滴或溅上的样液水渍，并用棉球擦干净，将测试过的样品瓶等清理好，拿出仪器室，擦净实验台；

(5)关闭通风设施，检查所有电源插座是否已切断，水源、气源是否关好；

(6)使用石墨炉系统时，要注意检查自动进样针的位置是否准确，原子化温度一般不超过265℃并尽可能驱尽试液中的强酸和强氧化剂，确保石墨管的寿命。

(二)每月维护项目

(1)检查撞击球是否有缺损和位置是否正常，必要时进行调整；

(2)检查毛细管是否有阻塞，若有应按说明书的要求疏通，注意疏通时只能用软细金属丝；

(3)检查燃烧器混合室内是否有沉积物，若有要用清洗液或超声波清洗；

(4)检查贮气罐有无变化，有变化时检查泄漏，检查阀门控制；每次钢瓶换气后或重新连接气路，都应按要求检漏；

(5)整个仪器室的卫生除尘；

(三)更换石墨管时的注意事项

(1)石墨炉的清洁：当新放入一只石墨管时，特别是管子结构损坏后更换新管，应当用清洁器或清洁液(20mL 氨水 +20mL 丙酮 +100mL 去离子水)清洗石墨锥的内表面和石墨炉炉腔，除去炭化物的沉积。

(2)石墨管的热处理：新的石墨管安放好后，应进行热处理，即空烧，重复3 ~4 次。

(3)石墨锥的维护：更换新的石墨锥时，要保证新的锥体正确装入。

(四)紧急情况的处理方法

(1)停电：仪器工作时，如果遇到突然停电，此时如正在做火焰分析，则应迅速关闭燃气；若正在做石墨炉分析时，则迅速切断主机电源；然后将仪器各部分的控制机构恢复到停机状态，待通电后，再按仪器的操作程序重新开启。

(2)停水：在做石墨炉分析时，如遇到突然停水，应迅速切断主电源，以免烧坏石墨炉。

(3)漏气：操作时如嗅到乙炔或石油气的气味，这是由于燃气管道或气路系统某个连接头处漏气，应立即关闭燃气进行检测，待查出漏气部位并密封后再继续使用。

(4)回火:如在工作中万一发生回火,应立即关闭燃气,以免引起爆炸,然后再将仪器开关、调节装置恢复到启动前的状态,待查明回火原因并采取相应措施后再继续使用。

(五)日常维护

(1)检查和维修单色器内部时,不能碰触光学元件表面。

(2)维修印刷电路板时,不要损伤电路板上的印刷电路。

(3)维修前要切断原子化系统的气源、水源,关闭气体钢瓶的总阀,以防造成事故。

(4)定期检查管道、阀门接头等各部分是否漏气,漏气处,应及时修复或更换。

(5)经常察看空气压缩机的回路中是否有水,如果存水,要及时排除。对储水器及分水过滤器中的水分要经常排放,避免积水过多而将水分带给流量计。

(6)对无噪声的空压机,由于使用了油润滑,要定期排放过滤器及储气罐内的油水,并经常察看压缩机气缸是否需要加油。仪器长期置于潮湿的环境中或气路中存有水分,在机器使用频率不高的情况下,会使气路中阀门、接口等处生锈,造成气孔阻塞,气路不通。当遇到气路不通的情况时,应采取下列办法检查:关闭乙炔等易燃气体的总阀门,打开空气压缩机,检查空气压缩机是否有气体排出。若没有,说明空气压缩机出了问题,此时应找专业人员维修。若有气体排出,则将空气压缩机的输出端接到原子吸收分光光度计助燃器的入口处,掀开仪器的盖板,逐段检查通气管道,找出阻塞的位置,并将其排除。重新安装时,要注意接口处的密封性,保证接口处不漏气。然后将空气压缩机输出口接到原子吸收分光光度计燃气输入口,按上述办法逐段检查,一一排除,直到全部阻塞故障排除。

第三节 原子吸收光谱法的应用实例

原子吸收法测定精对苯二甲酸(PTA)装置中控物料中的金属含量(以 PE3300 火焰原子吸收仪为例)。

一、适用范围

本标准适用于用原子吸收法测定 PTA 装置中控物料中金属含量。金属含量的测试范围为 0.5 ~ 500mg/kg。

二、方法概述

将待测试样用水稀释后通过原子吸收测定,用适当的金属标液标定。原子吸收采用空气—乙炔焰。

三、分析步骤

(1)仪器准备:首先打开风机开关,再依次打开空气、乙炔阀门。

(2)开机:依次打开稳压器、主机、计算机、打印机电源开关,预热 15min。

(3)由计算机控制操作,开机后直接进入工作站,双击程序 GEM - AA - INST,待 EXE3300 点亮后,双击 Manual 选择已建立的元素文件。

(4)样品处理:样品中如果有沉淀,必须先过滤,然后根据样品中金属含量,进行下述处理。

① 稀释处理:移取1.0mL 样品于100mL 容量瓶,用减量法称重(精确到0.01g),用水稀释至刻度,待用。

② 非稀释处理:移取10.0mL 样品于小烧杯中,用减量法称重(精确到0.01g),待用。

③ 样品稀释的倍数要根据样品中金属含量的多少而定。

四、样品测定

(1)配制与样品浓度相匹配的单点校正标液,在相同的条件下同时测定。

(2)点火,于 Flame Control 窗口下单击 Flame。

(3)输入 ID/Weight 文件。

(4)依次吸入空白,单点校正标液,待测样品,测定。记录结果。

五、结果计算与表示

样品中金属含量由仪器根据单点校正曲线自动打出结果。取两次测定结果的算术平均值作为测定结果,精确至小数点后一位。

六、关机

(1)灭火,分析结束后,吸2% ~5%硝酸溶液5~10min,吸蒸馏水5~10min,彻底清洗喷雾器,再熄灭火焰。

(2)关乙炔气,然后点 Bleed Gases 至出现 No Fuel Pressure OK 为止,关空气,退到DOS,依次关计算机、主机、稳压器、风机。

七、误差来源

(1)背景干扰:一般情况下可采用空白溶液校正背景,在PE3300原子吸收仪中,可采用氘灯背景扣除法。

(2)化学干扰:通过加入光谱化学缓冲剂,来抑制或减少干扰。本方法中可采用加入氧化镧水溶液来消除干扰。

八、PE3300 原子吸收仪日常维护

(1)保证测试样品无固体杂质,防止吸液管堵塞。

(2)定期拆洗雾化器,保持清洁。

(3)定期检查针状毛细管,保证吸液畅通。

(4)定期清理燃烧头,保证狭缝清洁。

(5)每次测试结束后,要吸喷5%的硝酸溶液,再吸喷去离子水,彻底清洗进样及雾化器燃烧头系统。

(6)定期检查燃气管线,保证无泄漏。

(7)测定过程中,要打开排风扇,防止吸入样品蒸汽。

九、PE3300 原子吸收仪常见故障及处理方法

PE3300 原子吸收仪常见故障及处理方法见表 9 - 6。

表 9 - 6 PE3300 火焰原子吸收仪常见的故障及处理方法

故障现象	产生原因	处理方法
空心阴极灯点不亮	灯电源已坏或未接通	灯头接线断路或灯头与灯座接触不良,可分别检查灯电源、连线及相关接插件
空心阴极灯内跳火放电	灯阴极表面有氧化物或杂质	加大灯电流到十几毫安,直到火花放电现象停止。若无效,需换新灯
空心阴极灯辉光颜色不正常	灯内惰性气体不纯	在工作电流下反向通电处理,直到辉光颜色正常为止
背景校正噪声大	光路未调到最佳位置	重新调整氘灯与空心阴极灯的位置,使两者光斑重合
	高压调得太大	适当降低高压
	原子化温度太高	选用适宜的原子化条件
	氘灯能量大	适当降低氘灯能量,在分析灵敏度允许的情况下,增加狭缝宽度
点不着火或火焰突然熄灭	燃气(乙炔)压力不足	更换新的乙炔钢瓶,检查气体导管是否有泄漏,确保燃气压力充足
	空气与乙炔气配比不当	打开火焰控制窗口,重新调整助/燃比例
	点火器连锁出现错误	检查点火器连锁杆是否松动,重新连接点火器连锁
	排液连锁出现错误	检查排液连锁器,重新连接,向排液管内注入清水,使排液连锁磁感应器正常连接或更换新的磁感应器
	燃烧头堵塞	拆下燃烧头清理干净,或更换新的燃烧头
火焰出现异常声音	废液排放不畅通,燃烧头积液	疏通废液排放管,使排液畅通
	废液桶满	清空废液桶
输出能量在短波或者部分波长范围内较低	波长超差;阴极灯老化;外光路不正;透镜或单色器被严重污染	检查灯源及光路系统的故障
输出能量在全波长范围内降低	放大器系统增益下降	重点检查光电倍增管是否老化,放大电路有无故障
仪器出现错误信息提示:无法找到测定波长	空心阴极灯电源未接通或空心阴极灯坏	检查空心阴极灯电源连接是否正常,打开灯调节窗口,检查空心阴极灯位号是否正确,工作电流设定是否正常,或更换新的空心阴极灯
	空心阴极灯工作电流设定为0	打开灯调节窗口,检查并设定正确的空心阴极灯工作电流
	空心阴极灯测定波长错误或灯安装错误	打开灯调节窗口,检查测定波长及空心阴极灯(元素)是否正确

续表

故障现象	产生原因	处理方法
吸光度信号太低	吸液系统堵塞,未吸入试液	疏通吸液管及针状毛细管,或更换新的吸液管
	空心阴极灯能量低或空心阴极灯坏	检查并重新设定空心阴极灯工作电流、测定波长,重新调整空心阴极灯达到最佳位置
	光电倍增管灵敏度下降	维修或更换光电倍增管
	燃烧头位置不正确	应用调整旋钮,调整燃烧头上下、水平及前后位置,确保燃烧头中缝与光源同轴,高度不挡光
	雾化器雾化效率低	应用雾化器调整旋钮,调整雾化率,保证试液吸光度值最大
	调错方法文件,测定元素或测定波长错误	检查方法文件,打开文件库,调用正确的方法文件
测定值重复性差	仪器受潮或预热时间不够	用热风机除潮或按规定时间预热后再操作使用
	空心阴极灯能量下降,发光不稳定	打开灯调节窗口,检查灯能量,通过调整灯位置、加大工作电流等手段,提高灯能量,或重新更换新的空心阴极灯
	火焰燃烧不稳定	打开火焰控制窗口,检查并调整助/燃气比例,使火焰燃烧稳定
	吸液系统不畅通	更换新的吸液管,疏通针状毛细管
	雾化率不正常	打开雾化率锁定旋钮,调整最佳雾化率
	光电倍增管故障	更换光电倍增管
灵敏度低	阴极灯工作电流大,造成谱线变宽,产生自吸收	在光源发射强度满足要求的情况下,尽可能采用低的工作电流
	管路堵塞造成雾化效率低	将助燃气的流量开大,用手堵住喷嘴,使其畅通后放开
	撞击球与喷嘴的相对位置没有调整好,造成雾化效率低	调整到雾呈烟状液粒很小时为最佳
	燃气与助燃气之比选择不当	重新调整燃气与助燃气的比例
	燃烧器与外光路不平行	使光轴通过火焰中心,狭缝与光轴保持平行
	分析谱线没找准	选择较灵敏的共振线作为分析谱线
	样品及标准溶液被污染或存放时间过长变质	将容器冲洗干净,重新配制
校准曲线线性差	光源灯老化或使用高的灯电流引起分析谱线扩宽	及时更换光源灯或调低灯电流
	狭缝过宽,使通过的分析谱线超过一条	减小狭缝
	测定样品的浓度太大	缩小测量浓度的范围或用灵敏度较低的分析谱线

第十章 电感耦合等离子体(ICP)发射光谱

第一节 原子发射光谱基本原理

一、原子发射光谱的产生

在正常的情况下,原子处于稳定状态,它的能量是最低的,这种状态称为基态。但当原子受到外界能量(如热能、电能等)的作用时,原子被激发。处于激发态的原子是十分不稳定的,在极短的时间内(约 10^{-8}s)便跃迁至基态或其他较低的能级上。原子从较高能级跃迁到基态或其他较低能级的过程中,将释放出多余的能量,这种能量是以一定波长的电磁波的形式辐射出去的,其辐射的能量可用下式表示

$$\Delta E = E_2 - E_1 = h\nu = \frac{hc}{\lambda} \qquad (10-1)$$

式中 ΔE——两能级间的能量差;

E_1——高能级的能量;

E_2——低能级的能量;

h——普朗克常数,6.626×10^{-34} J · s;

ν——所发射电磁波的频率;

λ——所发射电磁波的波长;

C——光在真空中的速度,等于 2.997×10^{10} cm/s。

由式(10-1)可知,每一条所发射的谱线的波长,取决于跃迁前后两个能级的能量之差。由于原子的能级很多,原子在被激发后,其外层电子会有不同的跃迁,但这些跃迁应遵循一定的规则,因此特定元素的原子可产生一系列不同波长的特征光谱线,这些谱线按一定的顺序排列,并保持一定的强度比例。原子的各个能级是不连续的,电子的跃迁也是不连续的,这是原子光谱为线状光谱的根本原因。

二、原子发射光谱法测试原理

原子发射光谱法分析就是从识别这些元素的特征光谱来鉴别元素的存在(定性分析),而这些光谱线的强度又与试样中该元素的含量有关,因此又可利用这些谱线的强度来测定元素的含量(定量分析)。这就是发射光谱分析的基本原理。

三、原子发射光谱分析的特点

(1)多元素同时检测的能力。可同时测定一个样品中的多种元素。每一个样品一经激发

后,不同元素都发射特征光谱,这样就可同时测定多种元素。

(2)分析速度快。可在几分钟内同时对几十种元素进行定量分析。

(3)选择性好。每种元素因其原子结构不同,发射各自不同的特征光谱。在分析化学上,这种性质上的差异,对于一些化学性质极相似的元素具有特别重要的意义。例如,铌和钽、锆和铪、十几种稀土元素用其他方法分析都很困难,而原子发射光谱分析可以毫无困难地将它们区分开来,并分别加以测定。

(4)检出限低。经典光源可达0.1~10μg/g(或μg/mL)。电感耦合等离子体(ICP)光源可达ng/mL级。

(5)准确度较高。经典光源相对误差为5%~10%,ICP相对误差可达1%以下。

(6)应用广泛。不论气体、固体和液体样品,都可以直接激发。试样消耗少。

(7)校准曲线线性动态范围经典光源只有1~2个数量级,ICP光源可达4~6个数量级。

(8)原子发射光谱分析的缺点:常见的非金属元素(如氧、硫、氮、卤素等)谱线在远紫外,目前一般的光谱仪还不能实现这些元素的检测;还有一些非金属元素(如P、Se、Te等),由于其激发能高,灵敏度较低。

第二节 电感耦合等离子体(ICP)发射光谱分析法

一、电感耦合等离子体(ICP)发射光谱法测试原理

(一)等离子体

等离子体是由被剥夺了部分电子的原子及原子被电离后产生的正负离子组成的离子化气体状物质,它广泛存在于宇宙中,常被视为是除去固、液、气外,物质存在的第四态。等离子体是一种很好的导电体,利用经过巧妙设计的磁场可以捕捉、移动和加速等离子体。ICP就是利用高频感应加热使流经石英管的工作气体电离而产生的火焰状等离子体,被认为是最有发展前途的光源之一。由于ICP法检测能力强、精密度好、动态范围宽和基体效应小,其发展极为迅速,目前已在实际中得到广泛应用。

(二)电感耦合等离子体(ICP)

在电感耦合等离子体(ICP)发射光谱仪中,ICP即为光源。其作用是使试样蒸发成基态的原子蒸气,再吸收能量跃迁至激发态,返回基态时发射出元素的特征光谱信号。ICP由高频发生器和离子体炬管以及雾化器组成。当高频发生器接通电源后,高频电流通过感应线圈产生交变磁场,炬管内的氩气由高压电火花触发少量电离后,在高频交变磁场的作用下,带电粒子高速运动,碰撞气体原子,使之迅速、大量电离,产生等离子体气流,并在垂直于磁场方向的截面上产生很大的感应电流,所产生的高温进一步将气体加热、电离,在管口形成等离子体焰炬,其外形像火焰,但不是化学燃烧火焰,而是气体放电形成的高温。

二、电感耦合等离子体(ICP)发射光谱仪结构及工作原理

电感耦合等离子体(ICP)发射光谱分析仪主要由ICP光源、分光系统及检测系统三部分

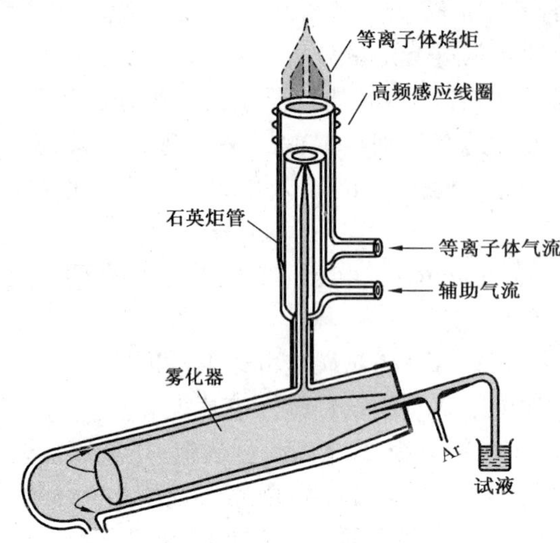

图 10－1　ICP 结构示意图

组成。

(一)ICP 光源

光源的基本功能是提供使试样中被测元素原子化和原子激发发光所需要的能量。对光源的要求为:灵敏度高、稳定性好、光谱背景小、结构简单、操作安全。ICP 光源一般由高频感应线圈、等离子体焰炬和雾化器组成,如图 10－1 所示。

以 PE2100 为例,ICP 光源的高频发生器采用 40.68MHz 的是自激式固态射频发生器,产生具有一定功率及频率的高频信号,将炬管中的 Ar 电离形成并维持等离子体,激发样品释放出特征辐射。发生器的输出功率范围为 750～1500W,由计算机控制,功率调节最小步长为 1W,不同的样品可以选择最佳的功率。射频发生器可自动监测等离子体状态,如果等离子体不稳定,射频发生器会自动关闭以保护仪器。

PE2100 的等离子炬管如图 10－2 所示,为三层同心石英玻璃炬管,置于高频感应线圈中,等离子体工作气体 Ar 从管内通过,试样在雾化器中雾化后,由中心管进入火焰,外层 Ar 从切线方向进入,保护石英管不被烧熔,中层 Ar 用来点燃等离子体。

PE2100 的雾化器有两种配置,一种是宝石喷嘴十字交叉雾化器,另一种是石英同心雾化器。宝石喷嘴十字交叉雾化器适用于分析各种无机酸,以及盐分低于 5% 的样品,是通用型最强的雾化器。液体试样由蠕动泵导入雾化器中,与 Ar 流混合雾化,由石英炬管中心进入离子焰炬中。

(二)分光系统

分光系统的作用是将光源发射的电磁辐射进行色散。目前,ICP 光谱仪的分光系统较多使用中阶梯光栅,与普通光栅相比,其刻线数较少,且呈锯齿状,每一个阶梯状刻槽的宽度是其高度的几倍,阶梯之间的距离是欲色散

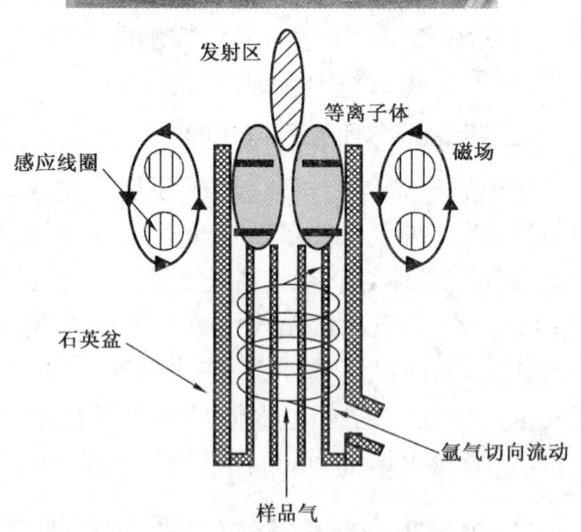

图 10－2　等离子炬管

波长的10~200倍,闪耀角大,可以达到很高的分辨率。配合阵列检测器,可实现多元素的同时测定。

(三)检测系统

发射光谱仪中采用的检测器主要有光电倍增管和阵列检测器两类。目前阵列检测器的发展迅速,应用越来越普遍,主要有光敏二极管阵列检测器、光导摄像管阵列检测器、电荷转移阵列检测器。其中电荷阵列检测器已被应用到ICP发射光谱仪中。检测器单元是通过硅半导体基体吸收光子后产生流动的电荷,进行转移、收集、放大及检测,可分为电感耦合阵列检测器(CCD)和电荷注入阵列检测器(CID)。在CID阵列中,采用的是n型硅半导体材料作为基体,检测器收集的是光照产生的孔穴。在CCD阵列中采用的是p型硅半导体材料作为基体,检测器收集的是光照产生的电子。

以PE2100光谱仪为例,其分析流程如图10-3所示。液体样品由蠕动泵导入雾化器,在雾化器中由氩气流分散雾化,通过样品喷射管进入等离子体炬管,在焰炬内被激发辐射出系列谱线,辐射光通过光学系统分光后经检测器检测,由光信号转变为电信号输送到计算机数据处理系统。

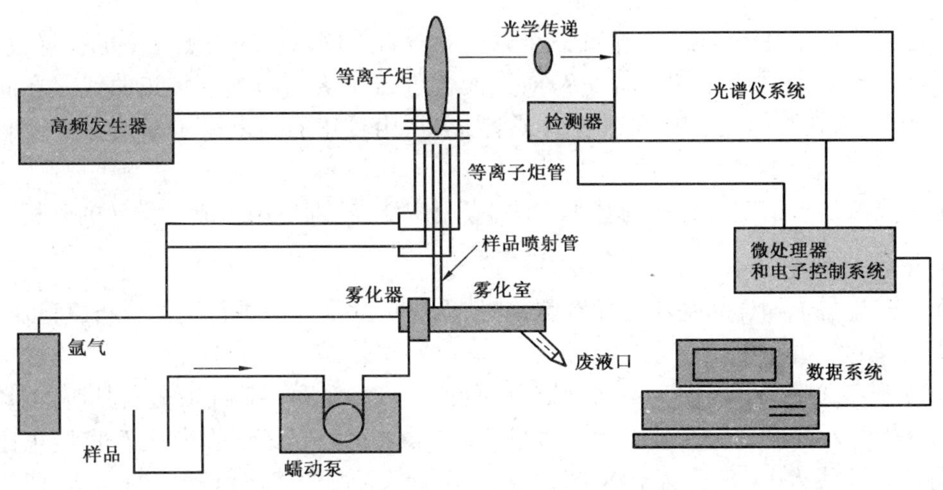

图10-3 PE2100光谱仪测定流程图

三、电感耦合等离子体发射光谱分析方法

(一)光谱定性分析法

元素的发射光谱具有特征性和唯一性,这是定性的依据,但元素一般都有许多条特征谱线,分析时不必将所有谱线全部检出,只要检出该元素的两条以上的灵敏线(能级跃迁最易、最强的谱线称为灵敏线)就可以确定该元素的存在。

(二)光谱定量分析方法

1. 内标法

光谱定量分析的依据为:

$$I = Ac^b \text{ 或 } \lg I = b\lg c + \lg A$$

式中 b、A——常数；

I——光强度；

c——待测元素的浓度。

内标法是一种相对强度法，即在被测元素的谱线中选择一条分析线，强度为 I，再选择内标元素的一条谱线，强度为 I_0，组成分析线对，则相对强度 R 为：

$$R = \frac{I}{I_0} = Ac^b$$

则

$$\lg R = b\lg c + \lg A$$

以 $\lg R$ 对应 $\lg c$ 作图，绘制标准曲线，在相同条件下，测定试样待测元素的 $\lg R$，在标准曲线上即可求得未知试样的 $\lg c$。

2. 校正曲线法

在选定的分析条件下，测定三个或三个以上的含有不同浓度的被测元素的标样，以分析线强度 I（或者分析线对强度比 R 或者 $\lg R$）对元素含量 c（或者 $\lg c$）建立校正曲线。在同样的分析条件下，测量未知试样光谱的 I（或者 R 或者 $\lg R$），由校正曲线求得未知试样中被测元素含量 c。

校正曲线法是光谱定量分析的基本方法，应用广泛，特别适用于成批样品的分析。

3. 标准加入法

在标准样品与未知样品基体匹配有困难时，采用标准加入法进行定量分析，可以得到比校正曲线法更好的分析结果。

在几份未知试样中分别加入不同已知量的被测元素，在同一条件下激发光谱，测量不同加入量时的分析线对强度比。在被测元素含量低时，常数 b 为 1，谱线强度比 R 直接正比于元素含量 c，将校正曲线 R—c 延长交于横坐标，交点至坐标原点的距离所对应的含量，即为未知试样中被测元素的含量。

第三节 电感耦合等离子体(ICP)发射光谱仪应用实例

ICP 法测定 PTA 产品中金属含量（以 PE2100 等离子发射光谱仪为例）。

一、范围

本方法适用于测定 PTA 产品中金属含量。方法的最小检出限为 0.1mg/kg。

二、方法原理

将样品按要求进行处理，在 ICP 发射光谱仪上测定，通过比较标样与试样中被测元素的特征发射线强度,计算出试样中被测金属的含量。

三、试剂

(1)金属离子贮备液(每种金属离子浓度为100μg/mL)。

(2)去离子水:符合实验室二级水规格。

(3)盐酸(AR)。

(4)氩气:纯度大于99.99%。

四、操作步骤

(一)仪器准备

(1)打开氩气、空气、冷凝水开关,打开排风扇开关。

(2)按顺序打开主机、计算机、ICP电源开关。

(3)在显示器桌面上点击Winlab32,进入仪器操作系统。选取文件菜单,点击打开方法,调出所需的分析方法。

(4)选取工作菜单,点击方法编辑器,按顺序检查定义元素、标样及浓度是否正确。

(二)样品处理

准确称取50g(精确到0.01g)的样品,置于铂金坩埚中,放在煤气喷灯上燃烧炭化,炭化完全后,将坩埚置于600~800℃马弗炉中进一步灰化,或者将样品放进微波马弗炉中直接进行灰化(600~800℃)。30min后取出,置于干燥器中冷却至室温,用5mL盐酸溶解,用去离子水定量转移到100mL容量瓶中定容(同时做试剂空白)。如果样品中金属离子浓度过高,可用去离子水进行适当稀释。

(三)标液配制

用移液管准确移取0.1mL、0.5mL、1.0mL金属离子贮备液,分别置于100mL容量瓶中,用去离子水定容,配制成金属离子浓度分别为0.1mg/L、0.5mg/L、1.0mg/L的工作标准溶液。

(四)测定

(1)点击等离子体,点火。

(2)选取手工控制菜单,选择并打开所用数据组名称。

(3)按顺序吸入空白(去离子水)、标液、试样溶液,分别点击分析空白、分析标样、试剂空白、分析试样,进行测定。结束后,关闭等离子体。

(4)数据处理:选取光谱检查菜单,调出所用的数据组,重新确定每一个光谱图的基点,并分别更新每个元素的方法参数。选取再处理菜单,点击并选择所要处理的数据组名称,选择标样数据,在分析菜单下点击新建校准功能,点击再处理,仪器重新绘制工作曲线。选取再处理菜单,点击并选择所要处理的数据组名称,选择试样数据,在表格中输入样品初始重量、初始体积试样单位、试样体积等信息,点击再处理。

(5)查看报告:点击结果菜单,查看并记录数据。

(6)关闭主机、计算机、ICP电源,关闭氩气、空气、冷凝水开关。

五、误差来源

(1)PTA 粉末灰化过程中,有可能引进金属杂质,灰化温度过高可引起金属元素钛流失。

(2)PTA 粉末灰化后,用酸溶解其中的金属氧化物不彻底,可引起误差。

(3)应用仪器测定过程中,室内要保持恒温,温度变化会造成仪器反复提示进行光学校正,不进行校正的话,会引起误差。

六、PE2100 等离子发射光谱仪日常维护

(1)保证测试样品溶液无固体杂质,防止堵塞雾化器喷嘴及导液管。

(2)保证测试样品溶液为无机水溶液,酸含量不能超过 5%,禁止测定有机溶液或碱性溶液。

(3)保证氩气及空气清洁、干燥,在通入仪器前,要进行过滤。

(4)定期清洗雾化器系统,确保喷嘴畅通。

(5)定期更换蠕动泵导液管,保证其具有弹性。

(6)定期检查炬管,如果污染严重,要进行清理或更换。

(7)仪器测定过程中,必须打开排风扇,防止吸入样品蒸汽。

七、PE2100 等离子发射光谱仪常见故障及处理方法

PE2100 等离子发射光谱仪常见故障及处理方法见表 10 - 1。

表 10 - 1　PE2100 等离子发射光谱仪常见故障及处理方法

故障现象	产生原因	处理方法
离子炬无法点燃或突然熄灭	氩气供应不足	检查氩气管线是否有泄漏,更换新的氩气钢瓶
	测试样中有机组分或酸度太大	重新处理测试样品,最佳测试样品为水溶液
	射频发生器冷却系统未通入冷却水	检查冷却水循环系统,确保通入冷却水,并保证冷却水温度为仪器设定值
	氩气纯度不够	保证氩气纯度大于 99.99%
蠕动泵运转正常,但无法吸入测试液	蠕动泵导液管故障	重新调整蠕动泵导液螺栓,对于失去弹性的导液管要进行更换
	雾化器喷嘴堵塞	按操作说明书操作,拆下雾化器喷嘴,用水或稀硝酸清洗
	废液桶已满,排液不畅通	及时清理废液桶
测定结束后不显示光谱图,提示测定信号饱和	测试液中被测组分浓度过高	重新稀释测试液
	所选择的测定波长灵敏度过高	选择次灵敏线,重新测定
	测试空白溶液有污染,信号值过饱和	重新配制空白溶液
	雾化器喷嘴堵塞	拆下雾化器,清洗喷嘴

续表

故障现象	产生原因	处理方法
吸入标准溶液后,仪器不自动绘制标准曲线	吸入的标准溶液浓度顺序错误	打开再处理数据组,按正确的浓度顺序重新处理,建立新的标准曲线
	吸入的标准溶液中待测元素错误	重新制备标准溶液
标样或样品光谱信号值太低	标样或样品中,待测元素浓度太小	配制高浓度标样或浓缩样品
	未选用最灵敏线	选用最灵敏线作为分析线
	雾化器喷嘴堵塞或导液管故障,样品未达到炬管内	按操作说明书操作,拆下雾化器喷嘴或更换导液管
测定信号稳定性差	蠕动泵导液故障	调整导液螺栓或更换导液管
	雾化器故障	清洗喷嘴或疏通废液排放管
	未进行光学系统校正	保证环境温度恒温(20℃),避免光学系统反复校正

第十一章 红外吸收光谱法

第一节 概　　述

一、概述

红外吸收光谱又称为分子振动和转动光谱，是分子振动能级和转动能级的跃迁的结果，波长在0.78～1000μm范围内。

红外吸收光谱属于带状光谱，它可在不同波长范围内，表征出有机化合物分子中各种不同官能团的特征吸收峰位，从而作为鉴别分子中各种官能团的依据，并进而推断分子的整体结构。

二、红外区的划分及应用

红外光谱区介于可见光区和微波光区之间。根据实验技术和应用的不同，通常将红外区划分成三个波区，见表11－1：近红外光区为0.78～2.5μm、中红外光区为2.5～50μm、远红外光区为50～1000μm。

表11－1　红外光谱的三个波区

区　　域	λ，μm	$\tilde{\nu}$，cm^{-1}	能级跃迁类型
近红外区（泛频区）	0.78～2.5	12800～4000	OH、NH及CH键的倍频吸收
中红外区（基本振动区）	2.5～50	4000～200	分子振动，伴随转动
远红外区（转动区）	50～1000	200～10	分子转动，晶格振动

三、红外光谱法的特点

与紫外—可见吸收光谱不同，产生红外光谱的红外光的波长要长得多，因此光子能量低。

物质分子吸收红外光后，只能引起振动和转动能级跃迁，不会引起电子能级跃迁，所以红外光谱一般称为振动—转动光谱。

红外光谱具有特征性，根据谱带的波数位置、波峰的数目及其强度，反映了分子结构上的特点，可以用来鉴定未知物的分子结构组成或确定其化学基团；而吸收谱带的吸收强度与分子组成或其化学基团的含量有关，可用作进行定量分析和纯度鉴定。

红外光谱分析对气体、液体、固体样品都可测定，具有用量少、分析速度快、不破坏试样等特点，使红外光谱法成为现代分析化学和结构化学的不可缺少的工具。

红外吸收光谱的局限性表现为：

(1)某些物质,如线性 CO_2 分子,做对称的伸缩振动时,无偶极矩的变化,因而不能产生红外吸收光谱。

(2)对具有同核的双原子分子,如 H_2、N_2,也不显示红外吸收活性。

(3)对另一些物质,如具有不同相对分子质量的同一种高分子聚合物或同一化合物的旋光异构体,也不能用红外吸收光谱进行鉴别。此外,使用红外吸收光谱法进行定量分析的灵敏度和准确度均低于紫外可见吸收光谱法。

(4)进行红外吸收光谱分析时,为获取准确的定性鉴定和结构测定的结果,对欲分析样品应尽量采用多种分离方法进行提纯,如分馏、萃取、重结晶、升华、柱色谱、薄层色谱等。分离过程应尽可能避免引入其他杂质,尤其对使用的溶剂和产生的吸附效应要特别注意,否则样品不纯会给谱图解析带来困难。

第二节　红外光谱的基本原理

一、红外光谱的基本术语

(1)基频峰:分子吸收红外光后,由基态振动能级($\nu=0$)跃迁至第一振动激发态($\nu=1$)时,所产生的吸收峰为基频峰。在红外光谱中绝大部分吸收都属于此类。

(2)倍频峰:分子吸收红外光后,由振动能级基态跃迁到第二、第三激发态时所产生的吸收峰,由于振动能级间隔不是等距离的,通常基频峰强度要大于倍频峰,所以倍频峰不是基频峰的整数倍,而是略小一些。

(3)组频峰:一种频率红外光同时被两个振动所吸收,光的能量用于两种振动能级的跃迁。组频峰和倍频峰统称为泛频峰。由于它们不符合跃迁规律,发生的概率很小,在谱图中均显示为弱峰。

(4)特征峰:能用于鉴定官能团存在的并具有较高强度的吸收峰。特征峰的频率称为特征频率。

(5)相关峰:一个官能团除了有特征峰外,还有很多其他的振动形式吸收峰,通常把这些相互依存而又可相互佐证的吸收峰称为相关峰。利用一组相关峰的存在与否,作为鉴别官能团的依据是红外吸收光谱解析有机物化合物分子结构的一个重要原则。

(6)特征区:通常把红外吸收光谱中波数 4000 ~ 1300cm^{-1}范围称为特征频率区或称特征区。特征区可作为官能团定性分辨的主要依据。

(7)指纹区:红外吸收光谱中波数在 1300 ~ 650cm^{-1}范围内称为指纹区。指纹区是特征区的补充。

(8)振动耦合:当相同的两个基团相邻,且振动频率相近时,会发生振动耦合,结果引起吸收频率偏离基频,一个移向高频方向,一个移向低频方向。

(9)费密共振:费密共振也是一种振动耦合现象,只不过它是基频与倍频或组频之间发生的振动耦合。当倍频峰或组频峰与某基频峰相近时,发生相互作用,使原来很弱的倍频或组频吸收峰强度增强。

二、红外吸收光谱特征

(一)红外光谱产生的条件

(1)红外光的能量等于分子的振动能量:

$$E_{红外光} = \Delta E_{分子振动} \tag{11-1}$$

这个条件也可从另一个角度来表达,即:

$$\nu_{红外光} = \nu_{分子振动} \tag{11-2}$$

(2)红外光与分子之间有耦合作用,为了满足这个条件,分子振动时其偶极矩(μ)必须发生变化,即 $\Delta\mu \neq 0$。

红外光谱产生的第二个条件实际上是保证红外光的能量传递给分子。这种能量的传递是通过分子振动偶极矩的变化来实现的。并非所有的振动都会产生红外吸收,只有发生偶极矩变化($\Delta\mu \neq 0$)的振动才能引起可观测的红外吸收谱带,我们称这种振动为红外活性的,反之则称为非红外活性的。一般来说,对称分子没有偶极矩变化,辐射不能引起共振,是非红外活性的(如 N_2、O_2、Cl_2 等);非对称分子,有偶极矩变换,是红外活性的。

(二)吸收谱带的强度

红外吸收谱带的强度取决于分子振动时偶极矩的变化,而偶极矩与分子结构的对称性有关。振动的对称性越高,振动中分子偶极矩变化越小,谱带强度也就越弱。因而一般说来,极性较强的基团(如 C═O ,C—X 等)振动,吸收强度较大;极性较弱的基团(如 C═C 、C—C、 N═N 等)振动,吸收较弱。红外光谱的吸收强度一般定性地用很强(vs)、强(s)、中(m)、弱(w)和很弱(vw)等来表示。

(三)基团频率

1. 官能团具有特征吸收频率

红外光谱的最大特点是具有特征性,这种特征性与各种类型化学键振动的特征相联系。从实践中总结出了一定的官能团总对应有一定的特征吸收。也就是说,在研究了大量化合物的红外光谱后发现,不同分子中同一类型的基团的振动频率是非常相近的,都在一较窄的频率区间出现吸收谱带,这种吸收谱带的频率称为基团频率。在不同分子内,和一个特定的基团有关的振动频率基本上是相同的。

2. 基团频率区和指纹区

中红外光谱区可分成4000 ~ 1300cm^{-1}和1300 ~ 400cm^{-1}两个区域。最有分析价值的基团频率在4000 ~ 1300cm^{-1}之间,这一区域称为基团频率区、官能团区或特征区。区内的峰比较稀疏,易于辨认,常用于鉴定官能团。

1300 ~ 400cm^{-1}的区域称为指纹区。指纹区对于指认结构类似的化合物很有帮助,而且可以作为化合物存在某种基团的旁证。

3. 影响基团频率的因素

基团频率主要是由基团中原子的质量及原子间的化学键力常数决定。影响基团频率位移的因素大致可分为内部因素和外部因素。

1）内部因素

（1）电子效应：电子效应包括诱导效应和共轭效应，它们都是由于化学键的电子分布不均匀而引起的。

① 诱导效应：由于取代基具有不同的电负性，通过静电诱导作用，引起分子中电子分布的变化，从而改变了键力常数，使基团的特征频率发生位移。例如，一般来说，随着取代基数目的增加或取代基电负性的增大，这种静电的诱导效应也增大，从而导致基团的振动频率向高频移动。

② 共轭效应：当分子中形成大π键时所引起的电子云密度平均化效应称为共轭效应。共轭效应使原来的双键略有伸长（即电子云密度降低）、力常数减小，使其吸收频率往往向低波数方向移动。例如，酮的羰基 C═O ，因与苯环共轭而使 C═O 的力常数减小，振动频率降低。

在一个有机化合物分子中，诱导效应和共轭效应往往同时存在，哪种效应占优势，吸收谱带就向哪个方向移动。

（2）空间效应：空间效应主要为空间位阻效应和环张力效应。

① 位阻效应：前述羰基与苯环共轭时具有平面性，其 $\nu_{C=O}$ 吸收峰会向低波数移动，但若分子结构中存在位阻效应，破坏了平面共轭效应，则 $\nu_{C=O}$ 吸收峰又会向高波数移动。

② 环张力（键角张力）效应：多元脂环上的羰基或脂环外的双键，会随环的减小，环的张力增加，而对应官能团的吸收峰的波数会增加。例如，环已酮、环戊酮、环丁酮的 $\nu_{C=O}$ 分别为 $1716cm^{-1}$、$1745cm^{-1}$、$1775cm^{-1}$。若为脂环内双键，则随环的减小，环张力增加，而使 $\nu_{C=C}$ 吸收峰移向低波数。

（3）氢键效应：氢键的形成对吸收峰的位置和强度都有很大的影响，无论分子间还是分子内氢键的形成，都会使电子云密度平均化，使键力常数减小，使伸缩振动频率向低波数方向移动。

（4）费米共振：一个振动的基频与另一个振动的倍频发生相互作用而产生吸收峰裂分的现象，称为费米共振。

（5）振动耦合：当两个振动频率很相近的基团相互作用时，会使谱峰裂分成两个，一个高于正常频率，另一个低于正常频率，称为振动的耦合。如乙酸中羰基的基频振动频率约为 $1780cm^{-1}$，而乙酸酐中，由于两个羰基振动耦合，使羰基的基频振动分裂成 $1820cm^{-1}$ 和 $1750cm^{-1}$ 两个吸收峰。

（6）样品物理状态的影响：同一种化合物在气、液、固态时的红外吸收光谱图不完全相同。在气态时，分子间作用力很弱，在低气压下可获得游离分子的吸收峰；在液态时，由于分子间氢键存在，产生分子缔合或形成分子内氢键，吸收峰的位置和强度都会改变。如丙酮气态时 $\nu_{C=O}$ 为 $1738cm^{-1}$，而在液态时则为 $1715cm^{-1}$。在固态时，由于晶格力场的作用，会因引起分子振动与晶格振动的耦合而出现新的吸收峰。因此在查阅谱图时，要注意试样的状态和制样方法。

（7）分子的对称性：分子的对称性将直接影响红外吸收峰的强度，它还将使其某些能级兼并，从而减少吸收峰的数目。

2)外部因素

外部因素的影响主要指使用的溶剂、制样条件和仪器色散元件对基团特征吸收峰位置的影响。

(1)溶剂的影响:在绘制红外吸收光谱时,应选用自身红外吸收峰较少的溶剂,如 CS_2、$CC1_4$、$CHC1_3$、CH_2Cl_2、丙酮等溶解样品。它们的沸点低、易挥发、对样品溶解能力强。选择溶剂时还应考虑样品与溶剂间的相互作用,以及由此引起的吸收谱带的位移或强度的变化。

(2)制样条件的影响:无论是用薄膜法、成浆法还是压片法,所制得样品的厚度要适当,应使其对应吸收曲线的基线透光率在80%以上,大部分样品的透光率在20% ~60%之间,最强吸收峰的透光率为1% ~5%。否则会因样品层太厚引起谱图失真,或因样品层太薄使特征峰强度太弱,造成丢失。因此制得厚度适当的样品(0.05 ~0.10mm)是获得清晰可信的红外吸收光谱图的前提。

(3)仪器色散元件的影响:在红外吸收光谱仪中使用的色散元件为衍射光栅或棱镜,其分辨率要高,特别是在4000 ~1330cm^{-1}特征频率峰的范围内,要有良好的分辨率。

第三节　红外吸收光谱仪

测定红外吸收的仪器有三种类型:

(1)光栅色散型,主要用于定性分析。

(2)傅里叶变换红外光谱仪,适宜于进行定性和定量分析测定。

(3)非色散型,主要用于大气中各种有机质的测定。

一、色散型红外光谱仪基本结构和工作原理

色散型红外光谱仪又称经典红外光谱仪。红外光谱仪主要由红外辐射光源、吸收池、单色器、检测器和放大器、数据记录系统5个部分组成,以下分别加以介绍。

(一)基本结构

1. 红外辐射光源

红外辐射光源通常是一种惰性固体,加热后能发射高强度连续红外辐射,常用的光源见表11 -2。

表11 -2　常用的红外辐射光源

名　称	适用波数范围,cm^{-1}	说　明
能斯特灯	5000 ~400	ZrO_2、ThO_2 等烧结制成
硅碳棒	5000 ~200	需用水冷或风冷
炽热镍铬丝圈	5000 ~200	需用风冷
碘钨灯	10000 ~5000	用于近红外光区
高压汞灯	<200	用于远红外光区

红外吸收光谱仪的最常用光源为能斯特灯和硅碳棒。

能斯特灯由氧化锆、氧化钇和氧化钍烧结制成，为直径1～3mm、长约20～50mm的中空或实心棒，两端绕有Pt丝作为导线，在室温下它是非导体，但加热至800°C就成为导体并有负的电阻特性。工作之前要由一个辅助加热器进行预热，待发光后立即切断预热器电源，否则会烧坏辅助加热器。此光源在1750°C左右工作，功率50～200W。优点是发光强度高，使用寿命约一年，缺点是机械强度差、易因受压或扭动而损坏。

硅碳棒为两端粗中间细的实心棒，中间为发光部分，两端粗是为降低两端的电阻，使其在工作状态时两端呈冷态。此棒直径约5mm，长约50mm，它在室温下是导体，具有正的电阻温度系数，工作前不必预热，工作温度1200～1400℃，功率200～400W。优点是坚固耐用寿命长，发光面积大；缺点是工作时电极接触部分需用水冷却。

2. 吸收池

吸收池又称样品池或样品室，它是一个可插入固体盐片、薄膜或液体样品池的样品槽。

对不同的分析样品(气体、液体和固体)应选用相应的吸收池。吸收池的盐窗材料，必须能很好地透过光源辐射的红外光，几种常用的池窗材料见表11－3。

表11－3 常用的吸收池池窗材料

材　料	透光波长范围①，μm	注意事项
氯化钠	0.2～25	易潮解，应在低于40%的湿度下使用
溴化钾	0.25～40	易潮解，应在低于35%的湿度下使用
氟化钙	0.13～12	不溶于水，可测水溶液红外吸收光谱
氯化银	0.2～25	不溶于水，可测水溶液红外吸收光谱
KRS－5(TlBr42%，TlI58%)	0.5～40	微溶于水，可测水溶液红外吸收光谱

注：① 此数值表示盐窗厚度为2mm，透射率大于10%的范围。

3. 单色器

单色器位于吸收池和检测器之间，其作用是把通过吸收池进入入射狭缝的复合光分解成单色光再照射到检测器上。

单色器由可变的入射和出射狭缝、用于聚焦和反射光束的准直反射镜和色散元件按一定的组合构成。在红外吸收光谱仪中一般不使用透镜，以避免产生色差。色散元件主要有三棱镜和衍射光栅。

4. 检测器

检测器的作用是把照射到它上面的红外光转变成电信号，由于射向检测器的红外光很弱，因此作为检测器应具备以下条件：

(1)具有灵敏的红外光接受面积；

(2)热容量低、热灵敏度高；

(3)响应快；

(4)因热波动产生的噪声小；

(5)对红外光的吸收没有选择性。

常用的红外吸收检测器为真空热电偶、高莱盒和热电量热计。

(1)真空热电偶:真空热电偶的结构如图 11 - 1 所示。热电偶封装在真空度为 0.013Pa,带有溴化钾盐窗的真空腔内,以避免热损失和受到环境的热干扰。热电偶以一片涂黑的金箔(或表面沉积一层绒毛状金黑的铂箔)作为接收红外光的吸热元件,其接受面积约 0.5mm^2,它焊接两种不同性质,具有高电导性的热电材料,构成热电偶的"热接点"。当红外辐射通过溴化钾盐窗进入真空腔,投射在涂黑的金箔上时,会使热接点的温度升高,热电偶产生温差电动势,在闭路情况下,回路中有电流产生。由于热电偶的阻抗很低(10Ω 左右),在与前置放大器耦合时需使用升压变压器。

(2)高莱盒:高莱盒的结构如图 11 - 2 所示。入射的红外光通过溴化钾盐窗,被气胀室的吸收膜(表面经真空镀铝而涂黑的,厚 0.05μm 的硝化纤维素膜)所吸收。由于吸收膜温度升高,从而加热了气胀室中充填的低热容量的氮气,气体膨胀产生压力,使气胀室另一端挠性膜(表面经真空镀锑作反射镜用,厚 0.03μm 的硝化纤维素膜)变形。为防止室温变化影响检测器,在气胀室和贮气槽间有一细的平衡沟槽,可使在入射光不变的情况下,两边的压力相等,使挠性膜保持平面状态。由检测器中光源射出的可见光经聚光透镜和线栅到达挠性膜上。若挠性膜处于平面状态,则凹面镜使挠性膜反射出来的上部分线栅像和下部分线栅像完全重合,通过平面镜射向光电管的光强最大。但当挠性膜变形曲率变化时,线栅像就会发生位移,而使射向光电管的光强变弱。极微小的线栅像位移(10^{-9}cm)就能使光电管有所反应。它可检测输入低至 5×10^{-9}W 的电信号,是灵敏度比较高的检测器,主要用于远红外光的检测。

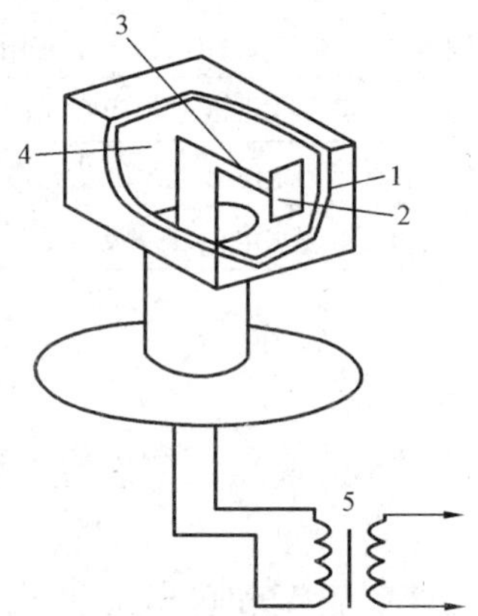

图 11 - 1 真空热电偶检测器

1—盐窗;2—涂黑的金箔;
3—两种不同金属丝的热电偶;
4—真空腔;5—升压变压器

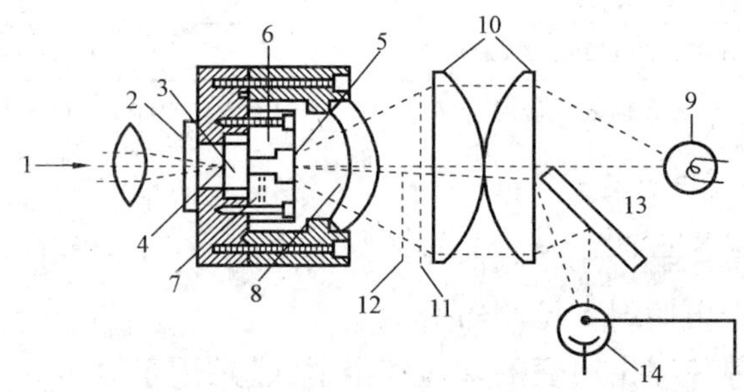

图 11 - 2 高莱盒检测器

1—入射红外光;2—盐窗;3—气胀室(充氮);4—吸收膜;5—挠性膜;
6—贮气槽;7—平衡沟槽;8—凹面镜;9—可见光源;10—聚光透镜;
11—线栅;12—线栅像;13—平面镜;14—光电管

(3)热电量热计:前面介绍的两种红外吸收检测器因其响应时间常数较大,都不适用于作高速扫描红外检测器。热电量热计因其响应时间常数很小,在通常红外光区扫描一次仅需 1s,故现在已在傅里叶变换红外吸收光谱仪中获得到广泛应用。

热电量热计结构如图 11 - 3 所示。它的检测元件是一种热电材料,最常使用的是硫酸三甘肽[$(NH_2CH_2COOH)_3\cdot H_2SO_4$,简称 TGS]薄片,厚 10 ~ 20μm,面积 3 × 1mm^2。其正面真空镀铬,呈半透明状,用以接收红外辐射,背面镀金(沉积层),薄片的正、反两面构成两个电极。薄片正面沿边缘粘结于带有矩形孔的金属片上,TGS 热电量热计以限定检测器的孔径,并可散热。正面电极用一滴冷凝的银浆连接导线，背面电极用导电胶连接在金属片上，再连同前级放大器和次级集成电路放大器一起封装入带有红外透光盐窗的外壳中，并封真空以提高灵敏度。TGS 也是一种铁电磁体（居里点 49°C），在居里点之下，它能显示很大的极化效应，且因温度变化而改变极化度。将此材料薄片（热电轴垂直于薄片的面）的正、背面与电极相连就形成一个电容器。当正面吸收红外辐射引起极化度改变时，两电极产生感应电流，当接入外电阻时，就可以电流或电压的形式进行检测。此检测器的热电材料还可使用氘化硫酸三甘肽（DTGS），其居里点达 62℃。

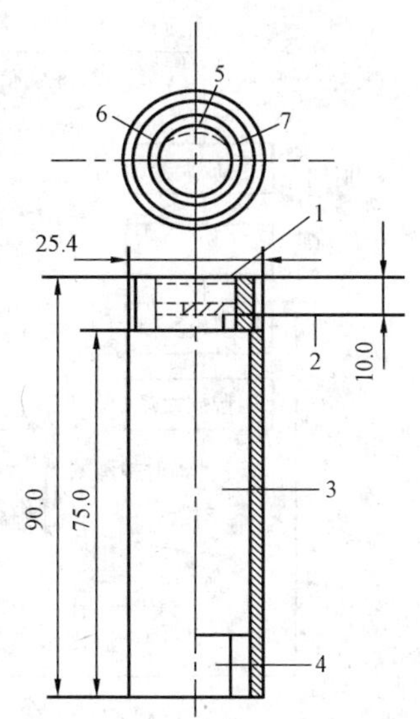

图 11－3 TGS 热电量热计

1—红外透光窗；2—TGS 正面；3—固体电路放大器；4—插座；5—信号；6—地线；7—正电压

（4）汞镉碲（MCT）检测器：它是由半金属化合物硝化汞和碲化镉混合而成，其组成为 $Hg_{1-x}Cd_xTe$，$x=0.2$，改变 x 值能改变混合物组成，获得测量波段不同、灵敏度各异的各种汞镉碲检测器。这种检测器的灵敏度高，响应速度快，适合于快速扫描测量和 GC/FTIR 联机检测。此种检测器分为两类：一类是光电导型，利用入射光子与检测器材料中的电子起作用，产生载带电流以进行检测；另一类是光电伏型，利用不均匀半导体受光照射，产生电位差的光电伏效应进行检测。汞镉碲检测器需要在液氮温度下工作，其灵敏度比热电量热计高约 10 倍。

5. 放大器与数据记录系统

新型的红外吸收光谱仪都配有微处理机，不仅可绘出红外吸收谱图，还可控制仪器的操作参数，进行差谱操作和谱图检索等多种运行功能。

（二）工作原理

光栅型双光路光学零位平衡红外吸收光谱仪的整体结构原理图如图 11－4 所示。工作原理如下：

光源发出的红外辐射被两个凹面镜反射成两束收敛光，分别形成测试光路和参比光路。两束光首先通过样品室，然后到达斩光器，使测试光路和参比光路的光交替通过入射狭缝成像，并进入单色器，经衍射光栅色散后，按照频率的高低，依次通过出射狭缝，由滤光器滤去非红外波长范围的辐射后，被反射镜聚焦在真空热电偶检测器上。

当测试光路的光被样品吸收而减弱后，由于测试光路和参比光路的能量不平衡，使到达检测器的光强度以斩光器的转动频率为周期交替变化，使检测器的输出信号在恒定电压的基础上，伴随着斩光器频率的交变电压而不断变化。此交流信号经放大器放大后，就可驱动记录笔伺服马达，记录样品吸收情况的变化。与此同时，光栅也按一定速度运动，使到达检测器上的红外入射光的波数随之改变。这样由于记录纸与光栅的同步运动，就可绘出光吸收强度随波数变化的红外吸收光谱图。

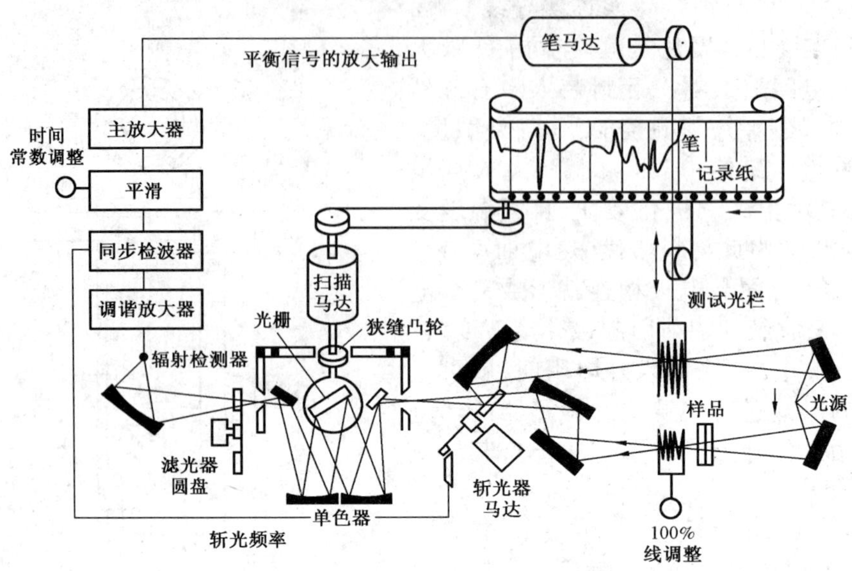

图 11－4　光栅型双光路光学零位平衡红外吸收光谱仪结构原理图

二、傅里叶变换红外光谱仪

傅里叶变换红外光谱仪(FTIR),它不使用色散元件,而由光学探测和计算机两部分组成。光学探测部分为迈克尔逊干涉仪,可将光源系统送来的干涉信号变为电信号,以干涉图形式送往计算机,经计算机进行快速傅里叶变换数学处理计算后,可将干涉图转换成红外光谱图。

傅里叶变换红外光谱仪由光源(硅碳棒、高压汞灯)、迈克尔逊干涉仪、样品室、检测器(热电量热计、汞镉碲光检测器)、计算机系统和记录显示装置组成。

傅里叶变换红外光谱仪的工作原理如图 11－5 所示。

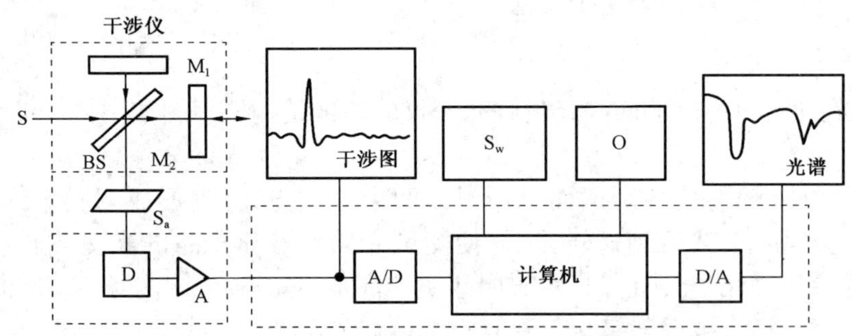

图 11－5　傅里叶变换红外吸收光谱仪工作原理示意图

S—光源;M_1—定镜;M_2—动镜;BS—分束器;D—探测器;S_a—样品;A—放大器;A/D—模数转换器;D/A—数模转换器;S_w—键盘;O—外部设备

由红外光源 S 发出的红外光经准直为平行光束进入干涉仪。干涉仪由定镜 M_1、动镜 M_2 和与 M_1 和 M_2 分别成 45°角的光束分离器 BS 组成。定镜 M_1 固定不动,动镜 M_2 可沿入射光方向作平行移动,光束分离器 BS 可让入射的红外光一半透光,另一半被反射。当光源 S 的红外光进入干涉仪后，通过 BS 的光束Ⅰ入射到动镜 M_2，另一半被 BS 反射到定镜 M_1 成光束Ⅱ；光束Ⅰ、Ⅱ又会被动镜 M_2 和定镜 M_1 反射回到 BS，并通过样品室 Sa，再被反射到检测器 D。当两束光Ⅰ、Ⅱ到达 D 时，其光程差将随动镜 M_2 的往复运动周期性地变化，从而产生干涉现象。当进入干涉仪的是波长为 λ 的单色光，开始时因 M_1 和 M_2 与 BS 的距离相等（此时 M_2 可看作在零位），两束光Ⅰ和Ⅱ到达检测器 D 的相位相同，就发生相长干涉，产生的干涉光强度最大；当动镜 M_2 移动到入射光的 $1/4\lambda$ 距离时，则光束Ⅰ的光程变化为 $1/2\lambda$，在检测器 D 上与光束Ⅱ的相位差为 180°角，光束Ⅰ和Ⅱ会产生相消干涉，使干涉光的强度最小。由此可知，当动镜 M_2 移动距离为 $1/4\lambda$ 的偶数倍时，产生相长干涉；若动镜 M_2 移动距离为 $1/4\lambda$ 的奇数倍时，产生相消干涉。因此，当动镜 M_2 匀速移动时，即匀速连续改变光束Ⅰ和Ⅱ的光程差，就得到如图 11－6 所示的单色光的干涉图，呈现余弦形式的谐振曲线。

当进入干涉仪的入射光为连续波长的复色光时，得到的是所有各种单色光干涉图的加和（图 11－7），表现为中心有极大值并向两边对称衰减的曲线。

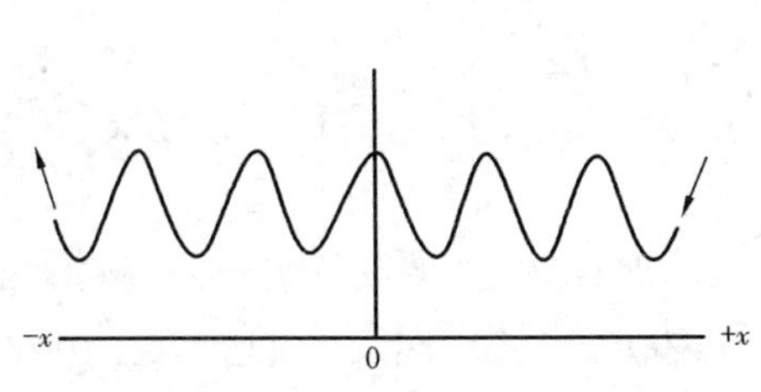

图 11－6　单色光的干涉图

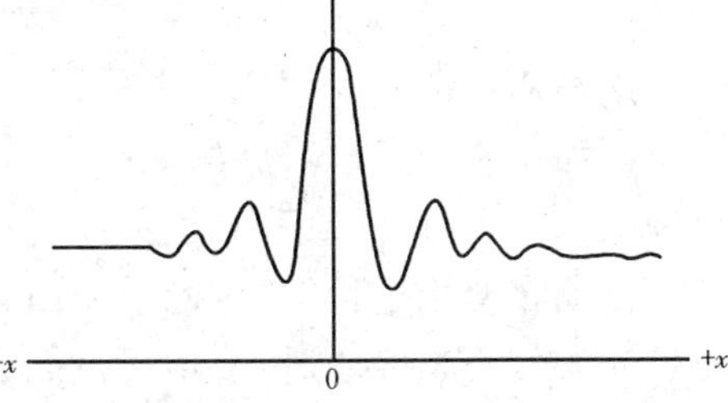

图 11－7　复色光的干涉图

实测时，当复色干涉光通过试样时，由于样品对不同波长光的选择性吸收，使含有光谱信息的干涉信号到达检测器 D 后，将干涉信号转变成电信号，经放大后输入到模/数（A/D）转换器。此时的干涉信号是一个时间函数，由干涉信号可绘出干涉图，其纵坐标为干涉光强度，横坐标是动镜 M_2 的移动时间或移动距离。上述干涉电信号经过模/数（A/D）转换器送到计算机，由计算机进行傅里叶变换的快速计算后，可获得随波数（$\tilde{\nu}$）变化的光谱图。然后再通过数/模（D/A）转换器输入到绘图仪，绘出人们熟悉的透光率（T）随波数（$\tilde{\nu}$）变化的标准红外吸收光谱图。

傅里叶变换红外光谱仪的优点：

（1）响应速度快，可在 1s 内完成红外光谱范围的扫描；

（2）传输通路多，可对全部频率范围同时进行测量；

（3）能量输出大，干涉光全部进入检测器，检测灵敏度高；

（4）波数测量精确度高，可测准至 $0.01cm^{-1}$；

（5）峰形分辨能力高，可达 $0.1cm^{-1}$；

（6）光学部件结构简单，测量过程仅有一个动镜移动。

傅里叶变换红外光谱仪可通过一个连接界面（光管或流通式）实现与气相色谱、高效液相色谱、超临界液体色谱的联用（GC－FTIR、HPLC－FTIR、SFC－FTIR），为有机结构分析提供新的有效手段。

三、非色散型红外光度计

非色散型红外光度计是用滤光片,或者用滤光器代替色散元件,甚至不用波长选择设备(非滤光型)的一类简易式红外流程分析仪。由于非色散型仪器结构简单、价格低廉,尽管它们仅局限于气体或液体分析,仍然是一种最通用的分析仪器。滤光型红外光度计主要用于大气中各种有机物质,如卤代烃、光气、氢氰酸、丙烯腈等的定量分析。非滤光型的光度使用于单一组分的气流监测,如气体混合物中的一氧化碳,在工业上用于连续分析气体试样中的杂质监测。显然,这些仪器主要适于在被测组分吸收带的波长范围以内,其他组分没有吸收或仅有微弱的吸收时,进行连续测定。

四、红外光谱仪的日常维护

(1)红外光谱实验室要求温度适中,湿度不得超过60%,为此,要求实验室应装配空调和除湿机。

(2)仪器应放在防震的台子上或安装在振动甚少的环境中。

(3)仪器使用的电源要远离火花发射源和大功率磁电设备,采用电源稳压设备,并应设置良好的接地线。

(4)仪器在使用过程中,对光学镜面必须严格防尘、防腐蚀,并且要特别防止机械摩擦。

(5)光源使用温度要适宜,不得过高,否则将缩短其寿命;更换、安装光源时要十分小心,以免光源受力折断。

(6)各运动部件要定期用润滑油润滑,以保持运转轻快。

(7)仪器长期不用,再用时要对其性能进行全面检查。

第四节　红外光谱的实验室技术

一、样品的制备

(一)制备试样的要求

红外试样可以是固体、液体或气体,但一般应符合下列要求:

(1)试样应该是单一组分的纯物质,纯度应大于98%或符合商业标准,这样才利于与纯化合物的标准光谱或商业光谱进行比对。多组分样品应在测定前用分馏、萃取、重结晶、离子交换、色谱或其他方法进行分离提纯,否则各组分光谱相互重叠,难以解析。

(2)试样中应不含游离水。水本身有红外吸收,会严重干扰样品谱图,还会浸蚀吸收池的盐窗。所用试样应当经过干燥处理。对含水试样应使用 CaF_2、AgCl 或 KRS-5 吸收池,并可用差谱技术减除水对谱图的干扰。

(3)试样的浓度和厚度应选择适当,以使光谱图中大多数峰的透射比在10%~80%范围内。

(二)制备试样的方法

试样的制备方法应根据试样的不同性质及状态而定。

1. 气体试样

气体样品一般都灌注于如图 11 - 8 所示的玻璃气槽内进行测定。它的两端结合有可透过红外光的窗片。窗片的材质一般是 NaCl 或 KBr。进样时,一般先把气槽抽真空,然后再灌注样品。为消除水蒸气对谱图的干扰,使用后的气体池,应用干燥的氮气吹洗以保持干燥。

2. 液体试样

1)液膜法

液膜法也可称为夹片法,即在可拆池两侧之间,滴上 1 ~2 滴液体样品,使之形成一层薄薄的液膜。液膜厚度可借助于池架上的固紧螺丝作微小调节。该法操作简便,适用于对高沸点及不易清洗的样品进行定性分析。

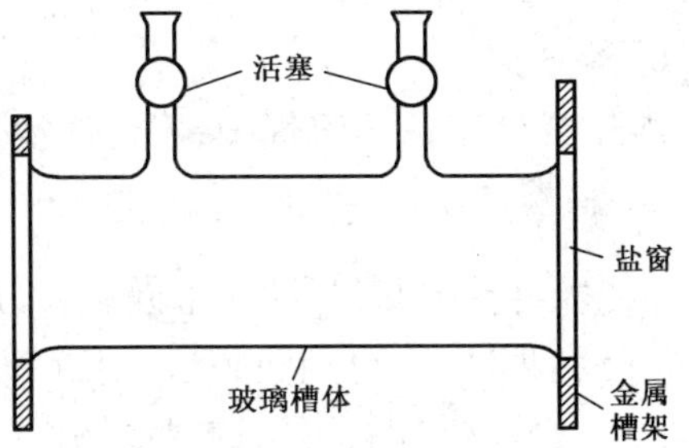

图 11 - 8　红外气体槽

2)溶液法

将溶液(或固体)样品溶于适当的红外用溶剂中,如 CS_2、CCl_4、$CHCl_3$ 等,然后注入固体池中进行测定。该法特别适用于定量分析。此外,它还能用于红外吸收很强、用液膜法不能得到满意谱图的液体样品的定性分析。在使用溶液法时,必须特别注意红外溶剂的选择,要求溶剂对溶质有较大的溶解度,在较大范围内无吸收,且红外透光性好,不腐蚀窗片。样品的吸收带尽量不被溶剂吸收带所干扰,同时还要考虑溶剂对样品吸收带的影响(如形成氢键等溶剂效应)。溶剂产生的吸收峰可用差减法校正。

3)多重衰减全反射法(ATR)

该方法试样溶液点于 ATR 晶体两侧,待溶剂挥发形成薄膜。测定时红外光在试样薄膜之间多次全反射,被选择吸收,只需极少量的试样(单分子层的膜)就可获得清晰的红外光谱。

3. 固体试样

1)压片法

把 1 ~2mg 固体样品放在玛瑙研钵中研细,加入 100 ~200mg 磨细干燥的碱金属卤化物(多用 KBr)粉末,混合均匀后,加入压模内,在压片机上边抽真空加压,制成厚约 1mm、直径约为 10mm 的透明片,然后进行测谱。该方法操作方便,且吸收光度 A 正比于试样质量 m,而与片的厚度 l 无关,可用于定量分析。该方法的缺点是需要专用模具和油压机,另外 KBr 易吸水,干扰烃基的测定。

2)石蜡糊法

将固体样品研成细末,与糊剂(如液体石蜡油)混合成糊状,然后夹在两窗片之间进行测谱。石蜡油是一精制过的长链烷烃,具有较大的粘度和较高的折射率。用石蜡油作成糊剂不能用于测定饱和碳氢键的吸收情况,此时可以用氯丁二烯代替石蜡油做糊剂。

3)薄膜法

把固体样品制成薄膜的制备方法有两种:一种是直接将样品放在盐窗上加热,熔融样品涂成薄膜;另一种是先把样品溶于挥发性溶剂中制成溶液然后滴在盐片上,待溶剂挥发后,样品遗留在盐片上而形成薄膜。

4)熔融成膜法

样品置于晶面上,加热熔化,合上另一晶片,适于熔点较低的固体样品。

5)漫反射法

样品加分散剂研磨,加到专用漫反射装置中,适用于某些在空气中不稳定,高温下能升华的样品。

6)溶液法

将试样溶于适当溶剂中,用液体池测定。

4. 聚合物样品

根据聚合物物态和性质不同主要分以下几种类型:

(1)粘稠液体,可用液膜法、溶液挥发成膜法、加液加压液膜法、全反射法、溶液法。

(2)薄膜状样品,可用透射法、镜面反射法、全反射法。

(3)能磨成粉的样品,可用漫反射法、压片法。

(4)能溶解的样品,可用溶解成膜法、溶液法。

(5)纤维、织物等,可用全反射法。

(6)单丝或以单丝排列的纤维样品采用显微测量技术。

(7)不熔、不溶的高聚物,如硫化橡胶、交联聚苯乙烯等,可用热裂解法。

二、载体材料的选择

目前以中红外区(波长范围为4000 ~ 400cm^{-1})应用最广泛,一般的光学材料为氯化钠(4000 ~ 600cm^{-1})、溴化钾(4000 ~ 400cm^{-1})。对含水样品的测试应采用 KRS - 5 窗片(4000 ~ 250cm^{-1})、ZnSe(4000 ~ 500cm^{-1})和 CaF_2(4000 ~ 1000cm^{-1})等材料。近红外光区用石英和玻璃材料,远红外光区用聚乙烯材料。

三、红外光谱分析技术

(一)镜面反射技术

镜面反射技术是收集平整、光洁的固体表面的光谱信息,如金属表面的薄膜、金属表面处理膜、食品包装材料和饮料罐表面涂层、厚的绝缘材料、油层表面、矿物摩擦面、树脂和聚合物涂层、铸模塑料表面等。

(二)漫反射光谱技术

漫反射光谱技术是收集高散射样品的光谱信息,适合于粉末状的样品。

(三)衰减全反射光谱技术

衰减全反射光谱(ATR)技术是收集材料表面的光谱信息,适合于普通红外光谱无法测定的厚度大于0.1mm 的塑料、高聚物、橡胶和纸张等样品。

第五节　红外光谱的应用

红外光谱应用主要包括对物质的定性分析和定量分析。现在红外光谱已经广泛用于有机化合物的定性鉴定和结构分析。

一、定性分析

红外光谱的定性分析,大致可以分为官能团定性和结构分析两个方面。官能团定性是据化合物的特征基团频率来检测待测物质含有哪些基团,从而确定有关化合物的类别。结构分析,则由化合物的红外吸收光谱并结合其他实验资料来推断有关化合物的化学结构式。对已知物及其纯度进行定性鉴定,只要在得到样品的红外光谱图后,与纯物质的标准谱图进行对照即可。

(一)谱图解析的要点

当解析红外吸收谱图时,应特别注意以下两点。

1. 红外吸收峰的位置、峰形和强度

1)谱峰位置

谱峰位置即谱带的特征振动频率,是对官能团进行定性分析的基础,依据特征峰的位置可确定化合物的类型。

2)谱带形状

谱带形状包括谱带是否分裂。可用来研究分子内是否存在缔合,以及分子的对称性、互变异构等结构特征。

3)谱带强度

谱带强度与分子振动时偶极矩的变化率有关,同时又与分子的含量成正比,因此可作为定量分析的基础。

在获得谱带的位置、形状和强度三要素后,应当与已知标准物的红外吸收谱图比较,才能综合得出比较可靠的结论。同时也要考虑测定的外部条件变化对红外吸收光谱峰位和形状的影响。

2. 特征峰与相关峰

要牢记与同一官能团的几种振动形式对应的相关峰是与特征峰同时存在的,因此单凭一个特征峰就下结论是不充分的,要尽可能把一个基团的每个相关峰都找到再做出结论。例如,对甲基基团,其不仅在 $2960cm^{-1}$、$2870cm^{-1}$ 存在对称和不对称的伸缩振动,还在 $1380cm^{-1}$ 存在面内弯曲振动。当多个甲基共存时还会在 $1385cm^{-1}$ 和 $1370cm^{-1}$ 产生异丙基分裂的双峰,或在 $1397cm^{-1}$ 和 $1367cm^{-1}$ 出现异丁基分裂的双峰。

3. 谱图解析的两种方式

谱图解析的程序一般可归纳为以下两种方式:

(1)按光谱图中吸收峰强度顺序解析。即首先识别特征区的最强峰,然后是次强峰或较弱峰,它们分别属于何种基团,同时查对指纹区的相关峰加以验证,以初步推断试样物质的类别,最后详细地查对有关光谱资料来确定其结构。

(2)以化合物中特征官能团吸收峰的峰位顺序解析,即首先按 C═O 、O—H、C—O、C═C(包括芳环)、C≡N 和—NO_2 等几个主要基团的顺序,采用肯定与否定的方法,判断试样光谱中这些主要基团特征吸收峰存在与否,以获得分子结构的概貌,然后查对其细节,确定其结构。

在解析过程中,要特别关注吸收峰强度大的主要官能团的特征峰和相关峰,它们易于识别,无论肯定或否定其存在,都可缩小进一步查找范围。

对于接近 3000cm^{-1}的 ν_{C-H}吸收不要急于分析,因为几乎所有有机化合物都有这一吸收带。此外也不必为基团某些吸收峰位置有所差别而困惑。由于这些基团的吸收峰都是强峰或较强峰,因此易于识别,并且含有这些基团的化合物属于一大类,所以无论是肯定或否定其存在,都可大大缩小进一步查找的范围从而能较快地确定试样物质的结构。对于一般的有机化合物,通过以上的解析过程,再仔细观察谱图中的其他光谱信息,并查阅较为详细的基团特征频率材料,就能较为满意地确定试样物质的分子结构。对于复杂有机化合物的结构分析,往往还需要与其他结构分析方法配合使用,详细情况可查阅有关专著。

(二)定性分析的一般步骤

1. 定性分析的一般步骤

测定未知物的结构,是红外光谱定性分析的一个重要用途,它的一般步骤如下。

1)试样的分离和精制

用各种分离手段(如分馏、萃取、重结晶、层析等)提纯未知试样,以得到单一的纯物质。否则,试样不纯不仅会给光谱的解析带来困难,还可能造成结果错误。

2)收集未知试样的有关资料和数据

了解试样的来源、纯度、外观、元素分析值、相对分子质量、熔点、沸点、溶解度等有关的化学性质,以及紫外吸收光谱、核磁共振波谱、质谱等,这对图谱的解析有很大的帮助,可以大大节省谱图解析的时间。

3)确定未知物的不饱和度

未知物的不饱和度(Ω)表示有机分子中碳原子的饱和程度。计算不饱和度的公式为:

$$\Omega = 1 + n_4 + \frac{1}{2}(n_3 - n_1) \qquad (11-3)$$

式中 n_1、n_3、n_4——分子式中一价、三价和四价原子的数目。

通常规定双键和饱和环状结构的不饱和度为 1,三键的不饱和度为 2,苯环的不饱和度为 4。

4)谱图解析

由绘制的红外吸收谱图来确定样品含有的官能团,并推测其可能的分子结构。

按官能团吸收峰的峰位顺序解析红外吸收谱图的一般方法如下:

(1)查找羰基吸收峰 $\nu_{C=O}$ 1900 ~ 1650cm^{-1}是否存在,若存在,再查找下列羰基化合物。

① 羧酸：查找ν_{O-H}3300～2500cm^{-1}宽吸收峰是否存在。

② 酸酐：查找$\nu_{C=O}$ 1820cm^{-1}和1750cm^{-1}的羰基振动耦合双峰是否存在。

③ 酯：查找ν_{C-O}1300～1100cm^{-1}的特征吸收峰是否存在。

④ 酰胺：查找ν_{N-H}3500～3100cm^{-1}的中等强度的双峰是否存在。

⑤ 醛：查找—CHO官能团ν_{C-H}和δ_{C-H}倍频共振产生的2820cm^{-1}和2720cm^{-1}两个特征双吸收峰是否存在。

⑥ 酮：若查找以上各官能团的吸收峰都不存在，则此羰基化合物可能为酮，应再查找$\nu_{as,C-C-C}$在1300～1000cm^{-1}存在的一个弱吸收峰，以便确认。

(2)若无羰基吸收峰，可查找是否存在醇、酚、胺、醚类化合物。

① 醇或酚：查找ν_{O-H}3700～3000cm^{-1}的宽吸收峰和ν_{C-O}和δ_{O-H}相互作用在1410～1050cm^{-1}的强特征吸收峰，以及酚类因缔合产生的γ_{O-H}720～600cm^{-1}宽谱带吸收峰是否存在。

② 胺：查找ν_{N-H}3500～3100cm^{-1}的两个中等强度吸收峰和δ_{N-H}1650～1580cm^{-1}的特征吸收峰是否存在。

③ 醚：查找ν_{C-O}1250～1100cm^{-1}的特征吸收峰是否存在，并且没有醇、酚ν_{O-H}3700～3000cm^{-1}的特征吸收峰。

(3)查找烯烃和芳烃化合物。

① 烯烃：查找$\nu_{C=C}$ 1680～1620cm^{-1}强度较弱的特征吸收峰及$\nu_{C=C-H}$在3000cm^{-1}以上的小肩峰是否存在。

② 芳烃：查找$\nu_{C=C}$在1620～1450cm^{-1}出现的4个吸收峰，其中1450cm^{-1}为最弱吸收峰；其余3个吸收峰分别为1600cm^{-1}、1580cm^{-1}和1500cm^{-1}。以1500cm^{-1}吸收峰最强，1600cm^{-1}吸收峰居中，1580cm^{-1}吸收峰最弱，并常被1600cm^{-1}处吸收峰掩盖而成肩峰。因此，1500cm^{-1}和1600cm^{-1}双峰是判定芳烃是否存在的依据。此外还可查找$\nu_{C=C-H}$在3000cm^{-1}以上低吸收强度的小肩峰是否存在。

(4)查找炔烃、氰基和共轭双键化合物。

① 炔烃：查找$\nu_{C\equiv C}$ 2200～2100cm^{-1}的尖锐特征吸收峰和$\nu_{C\equiv C-H}$ 3300～3100cm^{-1}的尖锐的特征吸收峰是否存在。此吸收峰易与其他不饱和烃区分开。

② 氰基：查找$\nu_{C\equiv N}$ 2260～2220cm^{-1}特征吸收峰是否存在。

③ 共轭双键：查找$\nu_{C=C=C}$ 1950cm^{-1}特征吸收峰是否存在。

(5)查找烃类化合物。

查找甲基—CH_3，ν_{C-H}在2960cm^{-1}(ν_{as})和2870cm^{-1}(ν_s)2个吸收峰；亚甲基—CH_2—，ν_{C-H}在2925cm^{-1}(ν_{as})和2850(ν_s)的2个吸收峰；甲基和亚甲基的$\delta_{C-H(as)}$在1460cm^{-1}的吸收峰；甲基的$\delta_{C-H(s)}$在1380cm^{-1}的吸收峰；4个以上亚甲基的φ_{-CH_2-}在722cm^{-1}吸收峰(它随CH_2个数减少，吸收峰向高波数方向移动)；亚甲基—CH_2—，γ_{C-H}在910cm^{-1}的强吸收峰；次甲基—C—H，$\gamma_{C\to H}$在995cm^{-1}的强吸收峰。

上述诸多吸收峰的是否存在，可作判定烃类存在与否的依据。

对一般有机化合物，通过以上解析过程，再查阅谱图中其他光谱信息，与文献中提供的官能团特征吸收频率相比较,就能比较满意的确定被测样品的分子结构。

2. 谱图解析结果的确证

当谱图解析确定了样品组成后,还要查阅标准红外吸收光谱图,进行对比,以确证解析结果的正确性。

现有3种标准红外吸收谱图,即萨特勒红外标准谱图集、分子光谱文献穿孔卡片和ALDRICH红外光谱库。现在最常用和收集谱图最多的是萨特勒红外标准谱图集。

二、定量分析

(一)红外光谱定量分析基本原理

与紫外吸收光谱一样,红外吸收光谱的定量分析也遵循朗伯—比耳定律,即在某一波长的单色光,吸光度与物质的浓度呈线性关系。根据测定吸收峰峰尖处的吸光度 A 来进行定量分析。其测定有以下两种方法。

1. 峰高法

将测量波长固定在被测组分有明显的最大吸收而溶剂只有很小或没有吸收的波数处,使用同一吸收池,分别测定样品及溶剂的透光率,则样品的透光率等于两者之差,并由此求出吸光度。

2. 基线法

实验中峰高法采用的补偿往往不十分满意,且误差较大,因而可采用基线法。所谓基线法,就是用直线来表示分析峰不存在时的背景吸收线,并用它来代替记录纸上的100%(透过坐标)。画基线的方法有以下几种:

(1)当分析峰不受其他峰的干扰,且分析峰对称时,可按图11-9(1)的方法画基线。图中AB为基线,即在过峰的两肩作切线,过峰顶C作基线的垂线,与基线相交于E,则峰顶C处的吸光度 $A=\lg(T_0/T)$。

(2)如果分析峰受邻近峰的干扰,则可以单点水平切线为基线,如图11-9(2)中的切线。

(3)如果干扰峰和分析峰紧靠在一起,但当浓度变化时,干扰峰的峰肩位置变化不是太历

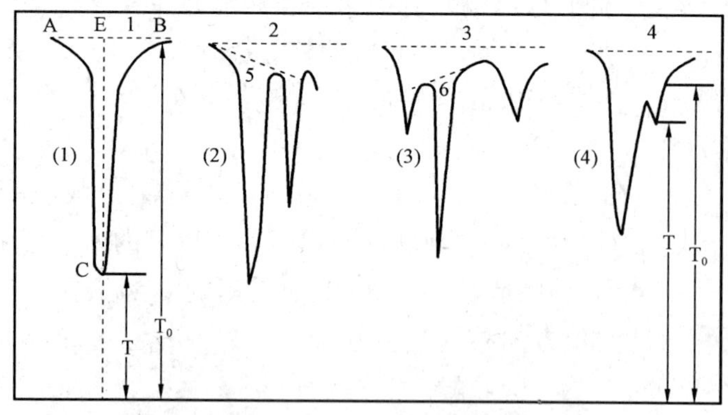

图11-9 基线画法示意图

害，则可以图 11－9(3)中的 3 线作为基线。

(4)对图 11－9 中(2)与(3)的情况也可以 5 线和 6 线为基线，但切点不应随浓度的变化而有较大的变化。一般采用水平基线可保证分析的准确度。

(二)定量分析测量和操作条件的选择

(1)定量谱带的选择：理想的定量谱带应该是孤立的，吸收强度大，遵守吸收定律，不受溶剂和样品中其他组分的干扰，尽量避免在水蒸气和 CO_2 的吸收峰位置。当对应不同定量组分而选择两条以上定量谱带时，谱带强度应尽量保持在相同数量级。对于固体样品，由于散射强度和波长有关，所以选择的谱带最好在较窄的波数范围内。

(2)吸收：为消除溶剂吸收带影响，可采用差谱技术计算。

(3)选择合适的透射区域：透射比应控制在 20%～65% 范围内。

(4)测量条件的选择：定量分析要求 FTIR 仪器的室温恒定，每次开机后均应检查仪器的光通量，保持相对恒定。定量分析前要对仪器的 100% 线、分辨率、波数精度等各项性能指标进行检查，先测参比(背景)光谱，可减少 CO_2 和水的干扰。用 FTIR 进行定量分析，其光谱是把多次扫描的干涉图进行累加平均，得到的信噪比与累加次数的平方根成正比。

(三)红外光谱定量分析方法

1. 工作曲线法

在固定液层厚度及入射光的波长和强度的情况下，测定一系列不同浓度标准溶液的吸光度。以对应分析谱带的吸光度为纵坐标，标准溶液浓度为横坐标作图，得到一条通过原点的直线，该直线为标准曲线或工作曲线。在相同条件下测得试液的吸光度，从工作曲线上可查出试液的浓度。

2. 比例法

工作曲线法的样品和标准溶液都使用相同厚度的液体吸收池，且其厚度可准确测定。当其厚度不定或不易准确测定时，可采用比例法。它的优点在于不必考虑样品厚度对测量的影响，这在高分子物质的定量分析上应用较普遍。

比例法主要用于分析二元混合物中两个组分的相对含量。对于二元体系，若两组分定量谱带不重叠，则：

$$R = \frac{A_1}{A_2} = \frac{a_1 b c_1}{a_2 b c_2} = \frac{a_1 c_1}{a_2 c_2} = K\frac{c_1}{c_2} \quad (11-4)$$

因 $c_1 + c_2 = 1$

$$c_1 = \frac{R}{R+K} \quad (11-5)$$

$$c_2 = \frac{K}{R+K} \quad (11-6)$$

式中，$K = \frac{a_1}{a_2}$是两组分在各自分析波数处的吸收系数之比，可由标准样品测得；R 是被测样品二组分定量谱带峰值吸光度的比值,由此可计算出两组分的相对含量 c_1 和 c_2。

3. 内标法

当用 KBr 压片、糊状法或液膜法时,光通路厚度不易确定,在有些情况下可以采用内标法。内标法是比例法的特例。该方法是选择一标准化合物,它的特征吸收峰与样品的分析峰互不干扰,取一定量的标准物质与样品混合,将此混合物制成 KBr 片或油糊制红外吸收光谱图,则有:

$$A_s = a_s b_s c_s \tag{11-7}$$

$$A_r = a_r b_r c_r \tag{11-8}$$

将这两式相除,因 $b_s = b_r$,则得:

$$\frac{A_s}{A_r} = \frac{a_s c_s}{a_r c_r} \tag{11-9}$$

以吸光度比为纵坐标,以 c_s 为横坐标,做工作曲线。在相同条件下测得试液的吸光度,从工作曲线上可查出试液的浓度。

用的内标物有:$Pb(SCN)_2$,2045cm^{-1};$Fe(SCN)_2$,1635cm^{-1}、2130cm^{-1};KSCN,2100cm^{-1};NaN_3,64cm^{-1}、2120cm^{-1};C_6Br_6,1300cm^{-1}、1255cm^{-1}。

4. 差示法

该法可用于测量样品中的微量杂质,例如有两组分 A 和 B 的混合物,微量组分 A 的谱带被主要组分 B 的谱带严重干扰或完全掩蔽,可用差示法来测量微量组分 A。很多红外光谱仪中都配有能进行差谱的计算机软件功能,对差谱前的光谱采用累加平均处理技术,对计算机差谱后所得的差谱图采用平滑处理和纵坐标扩展,可以得到十分优良的差谱图,以此可以得到比较准确的定量结果。

第六节　红外光谱技术的进展和联用技术

一、红外光谱技术的进展

(一)近红外光谱

自 1800 年 Herschel 第一次发现近红外(NIR)区域,至今已有 200 年的历史。19 世纪末,Abney 和 Festing 在 NIR 短波区首先记录了有机化合物的近红外光谱,1928 年 Brackett(布拉开)测得第一张高分辨的 NIR 谱图,并解释了有关基团的光谱特性。由于缺乏可靠的仪器基础,在 20 世纪 50 年代以前,NIR 只局限在为数不多的几个实验室里进行研究工作,实际应用甚少。20 世纪 80 年代以来,由于计算机技术的发展和化学计量学的应用,高性能的计算机与准确、合理的计量学方法相结合,使光谱工作者能在较短的时间内完成大量光谱数据的处理,NIR 分析也得到迅速发展。

近红外光谱的波长范围是 780~2500nm,通常又划分为近红外短波区 780~1100nm,(又称 Herschel 光谱区)和近红外长波区 1100 ~ 2500nm。近红外光谱源于化合物中含氢基团,如 C—H、O—H、N—H、S—H 等振动光谱的倍频及合频吸收,其强度往往只有基频的 1‰ ~ 10%。不同基团在该区域光谱的峰位、峰强和峰形不同,这是近红外光谱进行定性和定量分析的依据。鉴于 NIR 的谱图特性,一般需采用全谱扫描或宽波段扫描才能得到准确的定性和定量结果,且需采用合理的化学计量学方法并借助计算机才能识别。

近红外光谱的测量有透射方式和漫反射方式两种基本方法。透射测定法与分光光度法类似,用透射比(T)或吸光度(A)表示样品对光的吸收程度,吸光度与组分浓度的关系符合 Lambert - Beer 定律。漫反射法是对固体样品进行近红外测定的常用方法。当光源垂直于样品表面,有一部分漫反射光会向各个方向散射,将检测器放在与垂直光呈 45°角,测定的散射光强称为漫反射法。漫反射光强度 A 与反射率 R 的关系为:

$$A = \lg(1/R) = \lg(R_0/R_1) \tag{11-10}$$

式中 R_1——反射光强;

R_0——完全不吸收的表面反射光强。

20 世纪 90 年代以来,光纤技术在 NIR 中得到广泛应用,以适应不同物质在不同状态时直接测定其近红外光谱。光纤除用做传输光谱信号外,还设计成多种测样附件。

NIR 是一种无损分析技术,不需预处理样品,在测量过程中不产生污染,通过光纤可对危险环境中的样品进行遥测。因此 NIR 可称为绿色分析技术,已广泛用于农产品与食品、石油化工产品、生命科学与医学、聚合物合成加工、化学品分析、纺织、轻工、环境等领域。

(二)远红外光谱

远红外通常是指 400 ~ 10cm^{-1} 的光谱区,由于光的能量太低,测量非常困难,现在应用 Fourier 变换红外光谱仪能获得低至 5cm^{-1} 的远红外光谱。该波段对芳香族化合物的异构体、杂环化合物和脂肪族烃类的定性十分有用,光谱具有指纹识别的特性,适用于鉴别分子结构的微小差异。例如,苯环上的间、对、邻位二取代,某些金属阳离子化合价的改变,在远红外光谱上都有反映。远红外光谱还能显示分子内部的骨架振动特性和晶体的晶格振动,为研究分子的构象和晶格动力学提供信息。

二、红外光谱的联用

(一)热红联用仪

热红联用仪是指热重分析仪和红外光谱仪的联用。该仪器突破了热重分析仪只能笼统了解物质热重变化过程而无法同时测量变化过程中生成物具体成分的局限性。主要用于处理物质在不同条件下的热重变化过程,得到热重曲线(TG);以及实时对热重过程中的气体组分进行定性分析。可用于研究煤、高分子固体材料的燃烧,热解特性以及对其整个热重过程中气体产物进行实时在线分析。

(二)气红联用仪

气红联用仪是指气相色谱仪与红外光谱仪联用,利用气相色谱仪较强的分离能力和红外光谱仪的定性能力,可以解决复杂样品的分离分析问题。对于难挥发和热不稳定的物质(高分子物质),可用裂解气相色谱将相对分子质量大的物质在高温下裂解后进行分析鉴定。累计气相色谱—红外光谱联用仪具有强大的分离与鉴定高分子材料及其他复杂有机物样品的能力,可以用于高分子及其他材料精细结构与性能的研究。

(三)显微红外光谱仪

显微红外光谱仪指的是显微镜与红外光谱仪联用。该仪器广泛应用于法医鉴定、药物开发、宝石鉴定、表面分析、超薄膜及其单分子层结构研究、横断切片的分层结构分析、污染物和松散材料的分析、生物和生物聚合物材料分析,痕量检测等领域。

参考文献

[1] 王秀芳. 无机化学. 北京:化学工业出版社,1995.
[2] 甘兰若. 无机化学. 江苏:江苏科学技术出版社,1983.
[3] 古国榜. 无机化学. 北京:化学工业出版社,2005.
[4] 贺红举. 有机化学. 北京:化学工业出版社,2007.
[5] 魏荣宝. 有机化学. 北京:化学工业出版社,2005.
[6] 徐寿昌. 有机化学. 北京:人民教育出版社,1982.
[7] 侯祥麟. 中国炼油技术. 北京:中国石化出版社,2009.
[8] 李大东. 加氢处理工艺与工程. 北京:中国石化出版社,2004.
[9] 刘珍. 化验员读本. 北京:化学工业出版社,2004.
[10] 邹红梅,伊冬梅. 仪器分析. 银川:宁夏人民出版社,2007.
[11] 杜一平. 现代仪器分析. 上海:华东理工大学出版社,2008.
[12] 叶宪曾,张新祥. 仪器分析教程. 北京:北京大学出版社,2007.
[13] 金钦汉,任玉林,孙长青. 仪器分析. 长春:吉林大学出版社,1989.
[14] 刘珍. 化验员读本. 北京:化学工业出版社,2003.
[15] 史景江,于世林. 等. 电化学分析法. 重庆:重庆大学出版社,1989.
[16] 清华大学分析化学教研室. 现代仪器分析. 北京:清华大学出版社,1983.
[17] 吴烈钧. 气相色谱检测方法. 北京:化学工业出版社,2005.
[18] 傅若农. 色谱分析概论. 北京:化学工业出版社,2005.
[19] 刘国诠,余兆楼. 色谱柱技术. 北京:化学工业出版社,2006.
[20] 史景江. 色谱分析法. 重庆:重庆大学出版社,1990.
[21] 吴方迪. 色谱仪器维护与故障排除. 北京:化学工业出版社,2004.
[22] 许国旺. 现代实用气相色谱法. 北京:化学工业出版社,2004.
[23] 云自厚,欧阳津,张晓彤. 液相色谱检测方法. 北京:化学工业出版社,2005.
[24] 于世林. 高效液相色谱方法及应用. 北京:化学工业出版社,2005.
[25] 盛龙生,苏焕华,郭丹滨. 色谱质谱联用技术. 北京:化学工业出版社,2006.
[26] 丛浦珠,苏克曼. 分析化学手册 第九分册质谱分析. 北京:化学工业出版社出版,2003.
[27] 〔美〕W. H. 麦克法登,色相色谱—质谱联用技术在有机分析中的应用. 周自衡,等,译. 北京:科学出版社,1983.
[28] 夏玉宇. 化验员实用手册. 2 版. 北京:化学工业出版社,2004.
[29] 中国石油化工总公司生产部质量处. 化验工必读. 北京:中国石化出版社,1993.
[30] 张扬祖. 原子吸收光谱分析应用基础. 上海:华东理工大学出版社,2007.
[31] 刘世纯,戴文凤,张德胜. 分析化验工. 北京:化学工业出版社,2004.